Automorphe Formen

Anton Deitmar

Automorphe Formen

 Springer

Prof. Dr. Anton Deitmar
Universität Tübingen
Institut für Mathematik
Auf der Morgenstelle 10
72076 Tübingen
Deutschland
deitmar@uni-tuebingen.de

ISBN 978-3-642-12389-4   e-ISBN 978-3-642-12390-0
DOI 10.1007/978-3-642-12390-0
Springer Heidelberg Dordrecht London New York

Die Deutsche Nationalbibliothek verzeichnet diese Publikation in der Deutschen Nationalbibliografie; detaillierte bibliografische Daten sind im Internet über http://dnb.d-nb.de abrufbar.

Mathematics Subject Classification (2010): 11F70, 11F12, 11F41, 22E50, 22E55

Einbandentwurf: WMXDesign GmbH, Heidelberg

Gedruckt auf säurefreiem Papier

Springer ist Teil der Fachverlagsgruppe Springer Science+Business Media (www.springer.de)

Einführung

Dieses Buch ist eine Einführung in die Theorie der automorphen Formen. Beginnend mit klassischen Modulformen, führt es bis zur Darstellungstheorie der adelischen GL(2) und den zugehörigen L-Funktionen. Die klassischen Modulformen sind hierbei ein roter Faden, der an allen Stellen als Beispiel für die entwickelte Theorie dient. Wir führen sie als holomorphe Funktionen auf der oberen Halbebene mit einem Invarianzverhalten unter ganzzahligen Transformationen ein. Indem wir Funktionen auf der Halbebene als Funktionen der Gruppe $SL_2(\mathbb{R})$ auffassen, ermöglichen wir den Einsatz darstellungstheoretischer Methoden in der Theorie der automorphen Formen. Schließlich werden die Grundringe auf Adele-Ringe erweitert, was dazu führt, dass zahlentheoretische Fragestellungen sozusagen in die Struktur eingebaut werden und mit analytischen Methoden behandelt werden können. Die Vorkenntnisse, die der Leser mitbringen sollte, umfassen etwas Algebra und komplexe Analysis im Umfang einer jeweils einsemestrigen Einführungsvorlesung. Es sollte zum Beispiel bekannt sein, was eine Gruppenoperation ist oder ein Ring, ferner sollte der Leser im Stande sein, den Residuensatz anzuwenden. Darüber hinaus sind Kenntnisse der Lebesgueschen Maß- und Integrationstheorie von Vorteil. Man braucht aus dieser Theorie einerseits die Grundbegriffe wie σ-Algebren und Maße und andererseits einige Sätze wie die Konvergenzsätze der majorisierten und monotonen Konvergenz oder die Vollständigkeit der L^p-Räume. Diese Dinge sind in einem kleinen Appendix zur Maß- und Integrationstheorie zusammengefasst. Dieses Buch setzt den Schwerpunkt auf das Verhältnis von automorphen Formen zu L-Funktionen. Um die Zugänglichkeit zu erhöhen, wird versucht, die zentralen Resultate dieses Gebiets mit minimalem Theorieaufwand zu erreichen. Notwendigerweise muss dann auf die größtmögliche Allgemeinheit der Darstellung verzichtet werden, für den interessierten Leser werden weiterführende Literaturhinweise gegeben.

Im ersten Kapitel wird der klassische Zugang zu Modulformen über doppeltperiodische Funktionen gewählt. Durch Betrachtung der Weierstraßschen $\wp$-Funktion gelangt man rasch zu den Eisenstein-Reihen und damit zur Theorie der Modulformen. Diese Theorie wird, für die klassische Modulgruppe, im zweiten Kapitel betrachtet, wo auch die L-Funktionen eingeführt werden. Nach Dieudonné hat die Theorie der automorphen Formen zwei Revolutionen erlebt: die *Intervention der Lie-Gruppen* und die *Intervention der Adele*. Die Lie-Gruppen intervenieren im dritten Kapitel, die Adele im Rest des Buches, wobei wir versuchen, die Kontinuität der Darstellung zu bewahren, indem wir immer wieder auf die ersten Beispiele, die klassischen Spitzenformen, zurückkommen. Die Kapitel vier und fünf bereiten den Boden für die Doktorarbeit von John Tate, die im sechsten Kapitel dargestellt wird, allerdings in einer vereinfachten Form, da wir nur über den rationalen Zahlen arbeiten und nicht über einem beliebigen Zahlkörper. Für unsere Zwecke ist das eher förderlich, da wir die zentralen Ideen so besser herausarbeiten können. Im siebenten Kapitel werden automorphe Formen auf der Gruppe der invertierbaren zwei mal zwei Matrizen mit adelischen Einträgen untersucht und im achten Kapitel übertragen wir die Ideen von Tates Doktorarbeit auf den Fall von zwei mal zwei Matrizen und erhalten hierdurch die analytische Fortsetzung der L-Funktionen. Für die klassischen Spitzenformen rechnen wir am Ende nach, dass die neue, allgemeinere Methode in diesem Spezialfall dasselbe Ergebnis liefert wie die Methode aus dem zweiten Kapitel. Ich bedanke mich für das Korrekturlesen dieses Buches und viele nützliche Hinweise bei Ralf Beckmann, Judith Ludwig, Frank Monheim und Martin Raum.

Tübingen, Mai 2010   Anton Deitmar

Notation

Wir schreiben $\mathbb{N} = \{1, 2, 3, \dots\}$ für die Menge der natürlichen Zahlen und $\mathbb{N}_0 = \{0, 1, 2, \dots\}$ für die Menge der natürlichen Zahlen mit Null, sowie $\mathbb{Z}, \mathbb{Q}, \mathbb{R}$ und $\mathbb{C}$ für die Mengen der ganzen, rationalen, reellen und komplexen Zahlen.

Ist A eine Teilmenge einer Menge X, so bezeichnen wir mit $\mathbf{1}_A : X \to \mathbb{C}$ die *Indikatorfunktion* von A, d. h., es ist

$$\mathbf{1}_A(x) = \begin{cases} 1 & \text{falls } x \in A\,, \\ 0 & \text{falls } x \notin A\,. \end{cases}$$

Ein *Ring* ist stets kommutativ mit Eins. Ist R ein Ring, so bezeichnen wir mit $R^\times$ die Gruppe der Einheiten von R, d. h., die multiplikative Gruppe der invertierbaren Elemente von R.

Inhaltsverzeichnis

Kapitel 1
Doppelt-periodische Funktionen

Wir beginnen mit meromorphen Funktionen der komplexen Ebene, die periodisch in zwei Richtungen sind. Diese lassen sich durch eine Summenkonstruktion gewinnen. Die Abhängigkeit dieser Summenkonstruktion von dem Gitter führt uns dann direkt zum Begriff der Modulformen.

1.1 Definition und erste Eigenschaften

Wir erinnern als erstes an den Begriff einer meromorphen Funktion. Sei D eine offene Teilmenge der komplexen Ebene $\mathbb{C}$. Eine *meromorphe Funktion* f auf D ist eine holomorphe Funktion $f : D \smallsetminus P \to \mathbb{C}$, wobei $P \subset D$ eine abzählbare Teilmenge ist und die Funktion f in den Punkten von P Pole hat.

Hierbei kann die Polstellenmenge P auch leer sein, also ist jede holomorphe Funktion auch meromorph. Da ein Häufungspunkt von Polen stets eine wesentliche Singularität ist, wir wesentliche Singularitäten aber ausgeschlossen haben, folgt, dass P in D keinen Häufungspunkt hat, die Pole können sich also höchstens am Rand häufen.

Sei $\widehat{\mathbb{C}} = \mathbb{C} \cup \{\infty\}$ die Riemannsche Zahlenkugel und sei f meromorph auf D mit Polstellenmenge P. Wir erweitern f zu einer Abbildung $f : D \to \widehat{\mathbb{C}}$, indem wir $f(p) = \infty$ setzen, falls $p \in P$ ist. Meromorphe Funktionen werden also auch als überall definierte, $\widehat{\mathbb{C}}$-wertige Abbildungen aufgefasst.

Ist $p \in D$ ein Punkt und f meromorph auf D, so existiert genau eine ganze Zahl $r \in \mathbb{Z}$ so dass $f(z) = h(z)(z - p)^r$ gilt, wobei h eine Funktion ist, die in $z = p$ holomorph ist und in p nicht verschwindet. Diese Zahl r nennt man die *Ordnung* von f in p, geschrieben

$$r = \operatorname{ord}_{z=p} f(z) = \operatorname{ord}_p f.$$

Merke: Die Ordnung von f in p ist positiv, wenn p eine Nullstelle ist und negativ, falls in p ein Pol vorliegt.

A. Deitmar, *Automorphe Formen*
DOI 10.1007/978-3-642-12390-0, © Springer 2010

Definition 1.1.1 Ein *Gitter* in $\mathbb{C}$ ist eine Untergruppe Λ der additiven Gruppe $(\mathbb{C}, +)$ der Form

$$\Lambda = \Lambda(a,b) = \mathbb{Z}a \oplus \mathbb{Z}b = \{ka + lb : k, l \in \mathbb{Z}\},$$

wobei $a, b \in \mathbb{C}$ linear unabhängig über $\mathbb{R}$ sind. In diesem Fall sagt man, dass das Gitter von a und b erzeugt wird, oder dass a, b eine $\mathbb{Z}$-*Basis* des Gitters ist.

Ein Gitter hat viele Untergitter, zum Beispiel ist $\Lambda(na, mb)$ ein Untergitter von $\Lambda(a,b)$, falls $n, m \in \mathbb{N}$. Eine Untergruppe $\Sigma \subset \Lambda$ ist genau dann ein Untergitter, falls die Quotientengruppe Λ/Σ endlich ist (siehe Aufgabe 1.2). Es gilt zum Beispiel:

$$\Lambda(a,b)/\Lambda(ma, nb) \cong \mathbb{Z}/m\mathbb{Z} \times \mathbb{Z}/n\mathbb{Z}.$$

Definition 1.1.2 Sei Λ ein Gitter in $\mathbb{C}$. Eine meromorphe Funktion f auf $\mathbb{C}$ heißt *doppelt-periodisch* zum Gitter Λ oder Λ-*periodisch*, falls

$$f(z + \lambda) = f(z)$$

für jedes $z \in \mathbb{C}$ und jedes $\lambda \in \Lambda$ gilt. Ist f doppelt-periodisch zum Gitter Λ, so auch zu jedem Untergitter. Zur Erklärung dieser Sprechweise verweisen wir auf Aufgabe 1.1.

Proposition 1.1.3 *Eine holomorphe doppelt-periodische Funktion ist konstant.*

Beweis: Sei f holomorph und doppelt-periodisch. Dann gibt es ein Gitter $\Lambda = \Lambda(a,b)$ mit $f(z + \lambda) = f(z)$ für jedes $\lambda \in \Lambda$. Sei

$$\mathcal{F} = \mathcal{F}(a,b) = \{ta + sb : 0 \le s, t < 1\}.$$

Dann ist $\mathcal{F}$ eine beschränkte Teilmenge von $\mathbb{C}$, also ist ihr Abschluss $\overline{\mathcal{F}}$ kompakt. Die Menge $\mathcal{F}$ heißt *Fundamentalmasche* des Gitters Λ.

Wir sagen: zwei Punkte $z, w \in \mathbb{C}$ sind *konjugiert modulo* Λ, wenn $z - w \in \Lambda$.

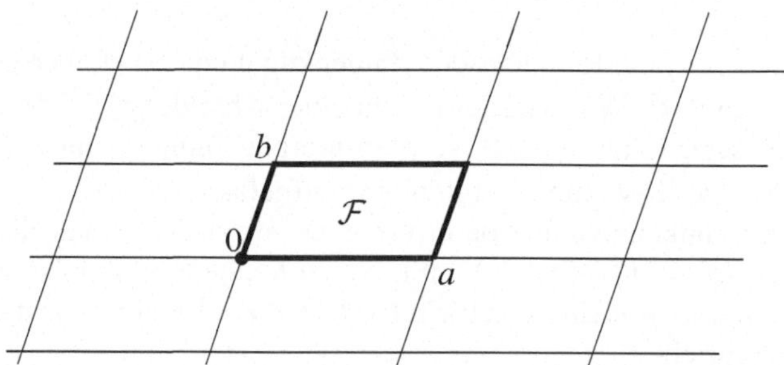

Lemma 1.1.4 *Sei $\mathcal{F}$ eine Fundamentalmasche des Gitters $\Lambda \subset \mathbb{C}$. Dann ist $\mathbb{C} = \mathcal{F} + \Lambda$, genauer gilt: zu jedem $z \in \mathbb{C}$ existiert genau ein $\lambda \in \Lambda$ so dass $z + \lambda \in \mathcal{F}$. Wir können auch sagen: jeder Punkt von $\mathbb{C}$ ist modulo Λ konjugiert zu genau einem Punkt von $\mathcal{F}$.*

Beweis: Sei a, b die $\mathbb{Z}$-Basis von Λ, zu der $\mathcal{F}$ assoziiert ist, also $\mathcal{F} = \mathcal{F}(a, b)$. Da a und b über $\mathbb{R}$ linear unabhängig sind, bilden sie eine $\mathbb{R}$-Basis von $\mathbb{C}$, für ein gegebenes $z \in \mathbb{C}$ gibt es also $r, v \in \mathbb{R}$ mit $z = ra + vb$. Man kann dann eindeutig bestimmte $m, n \in \mathbb{Z}$ finden und $t, s \in [0, 1)$ so dass

$$r = m + t \quad \text{und} \quad v = n + s.$$

Dann folgt

$$z = ra + vb = \underbrace{ma + nb}_{\in \Lambda} + \underbrace{ta + sb}_{\in \mathcal{F}}$$

und diese Darstellung ist eindeutig. $\qquad\square$

Wir beweisen nun die Proposition. Da die Funktion f holomorph ist, ist sie insbesondere stetig, also ist $f\left(\overline{\mathcal{F}}\right)$ kompakt, also beschränkt. Für ein beliebiges $z \in \mathbb{C}$ gibt es nach dem Lemma ein $\lambda \in \Lambda$ mit $z + \lambda \in \mathcal{F}$, also gilt $f(z) = f(z + \lambda) \in f(\mathcal{F})$, damit ist die Funktion f überhaupt beschränkt, nach dem Satz von Liouville also konstant. $\qquad\square$

Proposition 1.1.5 *Sei $\mathcal{F}$ eine Fundamentalmasche eines Gitters Λ und sei f eine Λ-periodische meromorphe Funktion. Dann existiert $w \in \mathbb{C}$ so dass f keinen Pol auf dem Rand der verschobenen Fundamentalmasche $\mathcal{F}_w = \mathcal{F} + w$ hat. Für jedes solche w gilt dann*

$$\int\limits_{\partial \mathcal{F}_w} f(z) \, dz = 0,$$

wobei $\partial \mathcal{F}_w$ der positiv orientierte Rand von $\mathcal{F}_w$ ist.

Beweis: Hat f Pole auf dem Rand von $\mathcal{F}_w$ für jedes w, dann muss f überabzählbar viele Pole haben, was der Meromorphie von f widerspricht. Sei also w so gewählt, dass keine Pole von f auf dem Rand von $\mathcal{F}_w$ liegen.

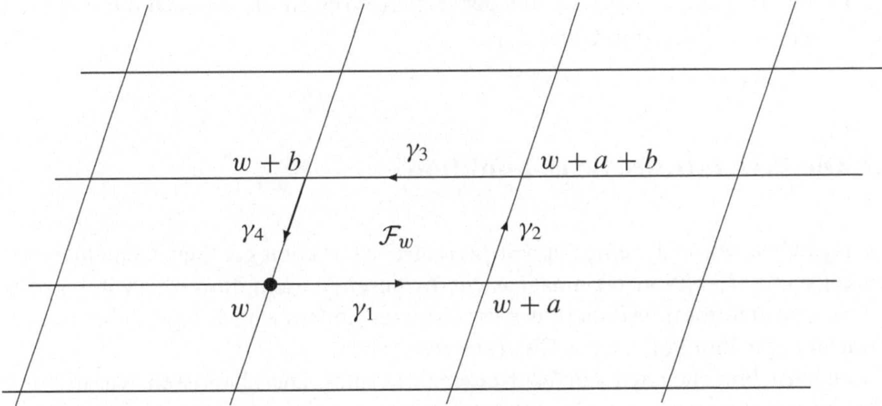

Der Integrationsweg $\partial \mathcal{F}_w$ zerlegt sich in die Wege $\gamma_1, \gamma_2, \gamma_3, \gamma_4$ wie im Bild. Nun ist γ_3 derselbe Weg wie γ_1, nur um $b \in \Lambda$ verschoben und in der umgekehrten

Richtung laufend. Die Funktion f ändert sich nicht, wenn man das Argument um b verschiebt und die Umkehrung der Integrationsrichtung hat einen Zeichenwechsel zur Folge. Zusammen ergibt sich

$$\int_{\gamma_1} f(z)\,\mathrm{d}z + \int_{\gamma_3} f(z)\,\mathrm{d}z = 0 \quad \text{und analog} \quad \int_{\gamma_2} f(z)\,\mathrm{d}z + \int_{\gamma_4} f(z)\,\mathrm{d}z = 0,$$

also insgesamt $\int_{\partial \mathcal{F}_w} f(z)\,\mathrm{d}z = 0$ wie behauptet. $\qquad\qquad\square$

Proposition 1.1.6 *Sei f periodisch zum Gitter Λ und $\mathcal{F}$ eine Fundamentalmasche von Λ. Für jedes $w \in \mathbb{C}$ gilt*

$$\sum_{z \in \mathcal{F}_w} \mathrm{res}_z(f) = 0.$$

Beweis: Ist kein Pol auf dem Rand von $\mathcal{F}_w$, so folgt die Aussage aus dem Residuensatz. Allgemein folgt sie, weil die Summe gar nicht von w abhängt, denn die Residuen Λ-konjugierter Punkte sind gleich und damit folgt

$$\sum_{z \in \mathcal{F}_w} \mathrm{res}_z(f) = \sum_{z \in \mathbb{C} \bmod \Lambda} \mathrm{res}_z(f).$$

$\qquad\qquad\square$

Proposition 1.1.7 *Sei $\mathcal{F}$ eine Fundamentalmasche zu dem Gitter Λ und f sei eine Λ-periodische meromorphe Funktion. Dann ist für jedes $w \in \mathbb{C}$ die Anzahl der Nullstellen von f in $\mathcal{F}_w$ gleich der Anzahl der Polstellen von f in $\mathcal{F}_w$. Beide werden hierbei mit Vielfachheiten gezählt.*

Beweis: Eine komplexe Zahl z_0 ist genau dann eine Null- oder Polstelle von f der Ordnung $k \in \mathbb{Z}$, wenn die Funktion $\frac{f'}{f}$ einen einfachen Pol in z_0 vom Residuum k hat. Damit folgt die Proposition aus der letzten Proposition, da auch die Funktion $\frac{f'}{f}$ doppelt-periodisch zum Gitter Λ ist. $\qquad\qquad\square$

1.2 Die Weierstraßsche $\wp$-Funktion

Bislang haben wir noch keine doppelt-periodische Funktion gesehen, wenn man von den konstanten Funktionen einmal absieht. In diesem Abschnitt werden wir doppelt-periodische meromorphe Funktionen konstruieren, indem wir Mittag-Leffler-Reihen betrachten, die ihre Pole in den Gitterpunkten haben.

Zunächst brauchen wir ein Konvergenzkriterium. Dies beweisen wir in einer schärferen Form als wir jetzt im Moment brauchen, was sich später als nützlich erweisen wird. Sei $b \in \mathbb{C} \setminus \{0\}$ fest gewählt. Für jedes $a \in \mathbb{C} \setminus \mathbb{R}b$ ist $\Lambda_a = \mathbb{Z}a \oplus \mathbb{Z}b$ ein Gitter.

Lemma 1.2.1 *Sei $\Lambda \subset \mathbb{C}$ ein Gitter und sei $s \in \mathbb{C}$. Die Reihe*

$$\sum_{\substack{\lambda \in \Lambda \\ \lambda \neq 0}} \frac{1}{|\lambda|^s}$$

konvergiert absolut, wenn $\mathrm{Re}(s) > 2$. Wir verschärfen diese Aussage wie folgt. Wir fixieren $b \in \mathbb{C} \smallsetminus \{0\}$ und betrachten die Gitter Λ_a wie oben. Die Summe $\sum_{\substack{\lambda \in \Lambda_a \\ \lambda \neq 0}} \frac{1}{|\lambda|^s}$ konvergiert gleichmäßig für $(a,s) \in C \times \{\mathrm{Re}(s) \geq \alpha\}$, wobei C eine kompakte Teilmenge von $\mathbb{C} \smallsetminus \mathbb{R}b$ und $\alpha > 2$ ist.

Beweis: Sein α und C wie im Lemma gegeben. Wir können uns auf den Fall $\mathrm{Re}(s) > 0$ einschränken, da sonst das absolute Glied der Reihe nicht einmal gegen Null geht. Außerdem reicht es, den Fall $s \in \mathbb{R}$ zu betrachten, da für $s \in \mathbb{C}$ gilt $|(|\lambda|^{-s})| = |\lambda|^{-\mathrm{Re}(s)}$. Dann ist die Funktion $x \mapsto x^s$ für $x > 0$ monoton wachsend. Sei $\mathcal{F}(a)$ eine Fundamentalmasche von Λ_a und sei

$$\psi_{a,s}(z) \;=\; \sum_{\substack{\lambda \in \Lambda_a \\ \lambda \neq 0}} \frac{1}{|\lambda|^s} \mathbf{1}_{\mathcal{F}(a)+\lambda}(z) \,.$$

Nach Konstruktion gilt

$$|\mathcal{F}(a)| \sum_{\substack{\lambda \in \Lambda_a \\ \lambda \neq 0}} \frac{1}{|\lambda|^s} \;=\; \int_{\mathbb{C}} \psi_{a,s}(x + iy)\, \mathrm{d}x\, \mathrm{d}y \,,$$

wobei $|\mathcal{F}(a)|$ der Flächeninhalt von $\mathcal{F}(a)$ ist. Die stetige Abbildung $a \mapsto |\mathcal{F}(a)|$ nimmt auf dem Kompaktum C Maximum und Minimum an. Es gilt $\psi_{a,s} \leq \psi_{a,\alpha}$ falls $s \geq \alpha$, es reicht also, die (in a) gleichmäßige Konvergenz von $\int_{\mathbb{C}} \psi_{a,\alpha}(z)\, \mathrm{d}x\, \mathrm{d}y$ zu zeigen.

Sei $r > 0$ so groß, dass für jedes $a \in C$ der *Durchmesser* der Fundamentalmasche $\mathcal{F}(a)$,

$$\mathrm{diam}(\mathcal{F}(a)) \;=\; \sup\{|z - w| : z, w \in \mathcal{F}(a)\}$$

kleiner als r ist. Für jedes $z \in \mathbb{C}$ ist $\psi_{a,\alpha}(z) = \frac{1}{|\lambda_{a,z}|^s}$ für ein $\lambda_{a,z} \in \Lambda_a$ mit $|z - \lambda_{a,z}| < r$. Es gilt dann für jedes $a \in C$ und $z \in \mathbb{C}$ mit $|z| \geq r$,

$$|\lambda_{a,z}| \;=\; |\lambda_{a,z} - z + z| \;\leq\; |\lambda_{a,z} - z| + |z| \;<\; r + |z| \;\leq\; 2|z| \,.$$

Auf der anderen Seite gilt für $|z| \geq 2r$,

$$|\lambda_{a,z}| \;=\; |\lambda_{a,z} - z - (-z)| \;\geq\; \big||\lambda_{a,z} - z| - |z|\big| \;\geq\; \tfrac{1}{2}|z| \,.$$

Setze $R = 2r$, dann gilt für $|z| \geq R$, dass $\frac{1}{2^s}|z|^{-s} \leq \psi_a(z) \leq 2^s|z|^{-s}$ für jedes $a \in C$. Die stetige Abbildung $a \mapsto \int_{|z| \leq R} \psi_a(z)\, \mathrm{d}x\, \mathrm{d}y$ ist auf der kompakten Menge C beschränkt. Es folgt, dass die Reihe gleichmäßig für $a \in C$ konvergiert, wenn $\int_{|z|>R} \frac{1}{|z|^\alpha}\,\mathrm{d}x\,\mathrm{d}y < \infty$ gilt. Wir benutzen nun die *Polarkoordinaten Transformation* auf $\mathbb{C}$. Hierzu erinnern wir uns, dass die Abbildung $P : (0, \infty) \times (-\pi, \pi] \to \mathbb{C}$, gegeben durch

$$P(r, \theta) = re^{i\theta} = r\cos\theta + ir\sin\theta$$

eine Bijektion auf das Bild $\mathbb{C} \smallsetminus \{0\}$ ist. Die Funktionaldeterminante dieser Transformation ist r, also ergibt die Transformationsformel:

$$\int_{\mathbb{C}^\times} f(x + iy)\,\mathrm{d}x\,\mathrm{d}y = \int_{-\pi}^{\pi} \int_0^\infty f(re^{i\theta})r\,\mathrm{d}r\,\mathrm{d}\theta$$

für jede integrierbare Funktion f. Hieraus folgt

$$\int_{|z|>R} \frac{1}{|z|^\alpha}\,\mathrm{d}x\,\mathrm{d}y = 2\pi \int_R^\infty r^{1-\alpha}\,\mathrm{d}r\,,$$

was die Behauptung liefert. $\square$

In dem folgenden Satz definieren wir die Weierstraßsche $\wp$-Funktion.

Satz 1.2.2 *Sei Λ ein Gitter in $\mathbb{C}$. Die Reihe*

$$\wp(z) \overset{\text{def}}{=} \frac{1}{z^2} + \sum_{\lambda \in \Lambda \smallsetminus \{0\}} \frac{1}{(z - \lambda)^2} - \frac{1}{\lambda^2}$$

konvergiert lokal gleichmäßig absolut in $\mathbb{C} \smallsetminus \Lambda$. Sie definiert eine meromorphe, Λ-periodische Funktion, die Weierstraßsche $\wp$-Funktion.

Beweis: Für $|z| < \frac{1}{2}|\lambda|$ gilt $|\lambda - z| \geq \frac{1}{2}|\lambda|$. Ferner gilt $|2\lambda - z| \leq \frac{5}{2}|\lambda|$. Also ist

$$\left| \frac{1}{(z-\lambda)^2} - \frac{1}{\lambda^2} \right| = \left| \frac{\lambda^2 - (z-\lambda)^2}{\lambda^2(z-\lambda)^2} \right| = \left| \frac{z(2\lambda - z)}{\lambda^2(z-\lambda)^2} \right| \leq \frac{|z|\frac{5}{2}|\lambda|}{|\lambda|^2\frac{1}{4}|\lambda|^2} = \frac{10|z|}{|\lambda|^3}\,,$$

so dass mit Lemma 1.2.1 die lokal-gleichmäßige Konvergenz folgt.

Die Periodizität ist nicht sofort klar. Wir zeigen zunächst, dass $\wp$ eine gerade Funktion ist:

$$\wp(-z) = \frac{1}{z^2} + \sum_{\lambda \in \Lambda \smallsetminus \{0\}} \frac{1}{(z+\lambda)^2} - \frac{1}{\lambda^2} = \frac{1}{z^2} + \sum_{\lambda \in \Lambda \smallsetminus \{0\}} \frac{1}{(z-\lambda)^2} - \frac{1}{\lambda^2} = \wp(z)$$

durch ersetzen von λ durch $-\lambda$. Da die Reihe lokal gleichmäßig konvergiert, dürfen wir gliedweise differenzieren. Die Ableitung,

$$\wp'(z) \;=\; -2 \sum_{\lambda \in \Lambda} \frac{1}{(z - \lambda)^3}$$

ist offensichtlich Λ-periodisch. Daher ist für $\lambda \in \Lambda$ die Funktion $\wp(z + \lambda) - \wp(z)$ konstant. Für $z = -\frac{\lambda}{2}$ bestimmen wir diese Konstante zu $\wp\left(\frac{\lambda}{2}\right) - \wp\left(-\frac{\lambda}{2}\right) = 0$, da $\wp$ gerade ist. $\square$

Satz 1.2.3 (Laurent-Entwicklung von $\wp$) *Sei $r = \min\{|\lambda| : \lambda \in \Lambda \smallsetminus \{0\}\}$. Für $0 < |z| < r$ gilt*

$$\wp(z) \;=\; \frac{1}{z^2} + \sum_{n=1}^{\infty} (2n + 1) G_{2n+2} z^{2n} \,,$$

wobei $G_k = G_k(\Lambda) = \sum_{\lambda \in \Lambda \smallsetminus \{0\}} \frac{1}{\lambda^k}$ für $k \geq 4$.

Beweis: Für $0 < |z| < r$ und $\lambda \in \Lambda \smallsetminus \{0\}$ gilt $|z/\lambda| < 1$, also

$$\frac{1}{(z - \lambda)^2} \;=\; \frac{1}{\lambda^2 \left(1 - \frac{z}{\lambda}\right)^2} \;=\; \frac{1}{\lambda^2} \left(1 + \sum_{k=1}^{\infty} (k + 1) \left(\frac{z}{\lambda}\right)^k \right),$$

und damit

$$\frac{1}{(z - \lambda)^2} - \frac{1}{\lambda^2} \;=\; \sum_{k=1}^{\infty} \frac{k + 1}{\lambda^{k+2}} z^k .$$

Wir summieren über alle λ und finden

$$\wp(z) \;=\; \frac{1}{z^2} + \sum_{k=1}^{\infty} (k + 1) \sum_{\lambda \neq 0} \frac{1}{\lambda^{k+2}} z^k \;=\; \frac{1}{z^2} + \sum_{k=1}^{\infty} (k + 1) G_{k+2} z^k ,$$

wobei wir die Summationsreihenfolge vertauscht haben, was wegen absoluter Konvergenz der Doppelsumme erlaubt ist. Diese absolute Konvergenz wiederum folgt aus

$$\sum_{k=1}^{\infty} \frac{k + 1}{|\lambda|^{k+2}} |z|^k \;\leq\; \frac{1}{|\lambda|^3} \sum_{k=1}^{\infty} \frac{k + 1}{|\lambda|^{k-1}} |z|^k$$

und Lemma 1.2.1. Da $\wp$ gerade ist, verschwinden die G_{k+2} für ungerades k. $\square$

1.3 Die Differentialgleichung der $\wp$-Funktion

Wir zeigen die Differentialgleichung der Weierstraßschen $\wp$-Funktion, deren Koeffizienten, die Eisenstein-Reihen, die ersten Beispiele von Modulformen sind. Außerdem liefert diese Differentialgleichung einen Zusammenhang zwischen doppelt periodischen Funktionen und elliptischen Kurven, siehe hierzu die Anmerkungen am Ende des Kapitels.

Satz 1.3.1 *Die $\wp$-Funktion erfüllt die Differentialgleichung*

$$\left(\wp'(z)\right)^2 = 4\wp^3(z) - 60G_4\wp(z) - 140G_6\,.$$

Beweis: Wir zeigen, dass die Differenz beider Seiten keinen Pol bei Null mehr hat, also eine holomorphe Λ-periodische Funktion ist, somit konstant.

In einer Umgebung der Null gilt

$$\wp'(z) = -\frac{2}{z^3} + 6G_4 z + 20G_6 z^3 + \dots,$$

also

$$\left(\wp'(z)\right)^2 = \frac{4}{z^6} - \frac{24G_4}{z^2} - 80G_6 + \dots.$$

Andererseits

$$4\wp^3(z) = \frac{4}{z^6} + \frac{36G_4}{z^2} + 60G_6 + \dots,$$

so dass

$$\left(\wp'(z)\right)^2 - 4\wp^3(z) = -\frac{60G_4}{z^2} - 140G_6 + \dots.$$

Wir erhalten schließlich

$$\left(\wp'(z)\right)^2 - 4\wp^3(z) + 60G_4\wp(z) = -140G_6 + \dots$$

wobei die linke Seite eine holomorphe Λ-periodische Funktion ist, also konstant. Auswertung der rechten Seite in $z = 0$ zeigt, dass diese Konstante gleich $-140G_6$ ist. $\qquad\square$

1.4 Eisenstein-Reihen

Für einen beliebigen Ring R sei $\mathrm{M}_2(R)$ die Menge aller 2×2 Matrizen mit Einträgen aus R. In der Linearen Algebra beweist man, dass eine Matrix $\left(\begin{smallmatrix} a & b \\ c & d \end{smallmatrix}\right) \in \mathrm{M}_2(R)$ genau dann invertierbar ist, wenn ihre Determinante in R invertierbar ist, wenn also gilt $ad - bd \in R^\times$. Das wird zwar in der Regel nur für Körper formuliert, geht für einen beliebigen Ring aber genauso. Sei dann $\mathrm{GL}_2(R)$ die Gruppe aller invertierbaren Matrizen in $\mathrm{M}_2(R)$. Diese enthält die Untergruppe $\mathrm{SL}_2(R)$ aller Matrizen mit

Determinante 1. Betrachten wir das Beispiel $R = \mathbb{Z}$. Es ist $\mathbb{Z}^\times = \{1, -1\}$. Daher ist $\mathrm{GL}_2(\mathbb{Z})$ die Gruppe aller Matrizen mit Determinante ± 1. Die Untergruppe $\mathrm{SL}_2(\mathbb{Z})$ ist daher eine Untergruppe vom Index 2.

Für $k \in \mathbb{N}$, $k \geq 4$ konvergiert die Reihe $G_k(\Lambda) = \sum_{\lambda \in \Lambda \smallsetminus \{0\}} \lambda^{-k}$. Ist nun $w \in \mathbb{C}^\times$, dann ist $w\Lambda$ ebenfalls ein Gitter und es gilt

$$G_k(w\Lambda) = w^{-k} G_k(\Lambda).$$

Sind $\alpha, \beta \in \mathbb{C}$ linear unabhängig über $\mathbb{R}$, dann ist

$$\Lambda(\alpha, \beta) = \mathbb{Z}\alpha \oplus \mathbb{Z}\beta$$

ein Gitter in $\mathbb{C}$. Ist $z \in \mathbb{C}$ mit $\mathrm{Im}(z) > 0$, dann sind 1 und z linear unabhängig über $\mathbb{R}$. Wir definieren die Eisenstein-Reihen als Funktionen auf der *oberen Halbebene*

$$\mathbb{H} = \{z \in \mathbb{C} : \mathrm{Im}(z) > 0\}$$

durch

$$G_k(z) = G_k(\Lambda(z, 1)) = \sum_{(m,n) \neq (0,0)} \frac{1}{(mz + n)^k},$$

wobei die Summe über alle $m, n \in \mathbb{Z}$ erstreckt wird, die nicht beide Null sind. In Matrizenschreibweise ist $mz + n = (z\ 1)\begin{pmatrix} m \\ n \end{pmatrix}$. Die Gruppe $\Gamma = \mathrm{SL}_2(\mathbb{Z})$ operiert auf allen Paaren $\begin{pmatrix} m \\ n \end{pmatrix}$ durch Multiplikation von links. Sei also $\gamma = \begin{pmatrix} a & b \\ c & d \end{pmatrix} \in \Gamma$, so gilt insbesondere

$$\begin{aligned}
G_k(z) &= \sum_{m,n} \left((z\ 1)\begin{pmatrix} m \\ n \end{pmatrix} \right)^{-k} & &= \sum_{m,n} \left((z\ 1)\gamma^t \begin{pmatrix} m \\ n \end{pmatrix} \right)^{-k} \\
&= \sum_{m,n} \left((z\ 1)\begin{pmatrix} a & c \\ b & d \end{pmatrix}\begin{pmatrix} m \\ n \end{pmatrix} \right)^{-k} & &= \sum_{m,n} \left((az + b, cz + b)\begin{pmatrix} m \\ n \end{pmatrix} \right)^{-k} \\
&= (cz + d)^{-k} \sum_{m,n} \left(\left(\frac{az + b}{cz + d}, 1 \right)\begin{pmatrix} m \\ n \end{pmatrix} \right)^{-k} & &= (cz + d)^{-k} G_k\left(\frac{az + b}{cz + d} \right),
\end{aligned}$$

oder

$$G_k\left(\frac{az + b}{cz + d} \right) = (cz + d)^k G_k(z).$$

Proposition 1.4.1 *Ist $k \geq 4$ gerade, so gilt* $\lim_{y \to \infty} G_k(iy) = 2\zeta(k)$, *wobei*

$$\zeta(s) = \sum_{n=1}^{\infty} \frac{1}{n^s}, \qquad \mathrm{Re}(s) > 1,$$

die Riemannsche Zetafunktion ist. (Siehe Aufgabe 1.3.)

Beweis: Es gilt

$$G_k(iy) \;=\; 2\zeta(k) + \sum_{\substack{(m,n) \\ m \neq 0}} \frac{1}{(miy+n)^k}\,.$$

Wir behaupten, dass der zweite Summand für $y \to \infty$ gegen Null geht. Dafür schätzen wir ab

$$\left| \sum_{\substack{(m,n) \\ m \neq 0}} \frac{1}{(miy+n)^k} \right| \;\le\; \sum_{\substack{(m,n) \\ m \neq 0}} \frac{1}{n^k + m^k y^k}\,.$$

Jeder einzelne Summand auf der rechten Seite geht monoton fallend gegen Null, wenn $y \to \infty$. Daher geht die gesamte Summe gegen Null nach dem Satz der Monotonen Konvergenz. $\qquad\square$

1.5 Bernoulli-Zahlen und Zetawerte

Wir haben gesehen, dass die Eisenstein-Reihen bei Unendlich Zetawerte annehmen. Später werden wir die genauen Werte dieser Zahlen benötigen, weshalb wir sie hier berechnen. In dem folgenden Lemma definieren wir die Bernoulli-Zahlen B_k.

Lemma 1.5.1 *Für $k = 1, 2, 3, \ldots$ gibt es eindeutig bestimmte rationale Zahlen B_k so dass für $|z| < 2\pi$ gilt*

$$\frac{z}{\mathrm{e}^z - 1} + \frac{z}{2} \;=\; \frac{z}{2}\frac{\mathrm{e}^z + 1}{\mathrm{e}^z - 1} \;=\; 1 - \sum_{k=1}^{\infty} (-1)^k B_k \frac{z^{2k}}{(2k)!}\,.$$

Die ersten Werte sind $B_1 = \frac{1}{6}$, $B_2 = \frac{1}{30}$, $B_3 = \frac{1}{42}$, $B_4 = \frac{1}{30}$, $B_5 = \frac{5}{66}$.

Beweis: Sei $f(z) = \frac{z}{\mathrm{e}^z - 1} + \frac{z}{2} = \frac{z}{2}\frac{\mathrm{e}^z + 1}{\mathrm{e}^z - 1}$. Dann ist f holomorph in $\{|z| < 2\pi\}$, also konvergiert auch die Potenzreihenentwicklung von f in diesem Kreis. Wir zeigen, dass f gerade ist:

$$f(-z) = -\frac{z}{2}\frac{\mathrm{e}^{-z} + 1}{\mathrm{e}^{-z} - 1} = -\frac{z}{2}\frac{1 + \mathrm{e}^z}{1 - \mathrm{e}^z} = f(z)\,.$$

Daher gibt es die Entwicklung mit Zahlen $B_k \in \mathbb{C}$.

Sei dann $g(z) = \frac{z}{\mathrm{e}^z - 1} = \sum_{k=0}^{\infty} c_k z^k$. Wir haben zu zeigen, dass die c_k rational sind. Die Gleichung $z = g(z)(\mathrm{e}^z - 1)$ liefert

$$z \;=\; \sum_{n=0}^{\infty} z^n \left(\sum_{j=0}^{n-1} \frac{c_j}{(n-j)!} \right)\,.$$

Man erhält $c_0 = 1$ und für jedes $n \geq 2$ ist c_{n-1} eine rationale Linearkombination der c_j mit $j < n - 1$. Induktiv folgt also $c_j \in \mathbb{Q}$. $\square$

Proposition 1.5.2 *Für jede ganze Zahl $k \geq 1$ gilt*

$$\zeta(2k) = \frac{2^{2k-1}}{(2k)!} B_k \pi^{2k} .$$

Die ersten Werte sind $\zeta(2) = \frac{\pi^2}{6}$, $\zeta(4) = \frac{\pi^4}{90}$, $\zeta(6) = \frac{\pi^6}{945}$.

Beweis: Nach Definition des Kotangens gilt

$$z \cot z = zi \frac{e^{iz} + e^{-iz}}{e^{iz} - e^{-iz}} .$$

Indem wir z durch $z/2i$ ersetzen wird daraus

$$\frac{z}{2i} \cot\left(\frac{iz}{2}\right) = \frac{z}{2} \frac{e^z + 1}{e^z - 1} = f(z) .$$

Hieraus ergibt sich

$$z \cot z = 1 - \sum_{k=1}^{\infty} B_k \frac{2^{2k} z^{2k}}{(2k)!} .$$

Die Partialbruchzerlegung des Kotangens (siehe Aufgabe 1.6) lautet

$$\pi \cot(\pi z) = \frac{1}{z} + \sum_{m=1}^{\infty} \left(\frac{1}{z+m} + \frac{1}{z-m}\right) .$$

Es folgt

$$z \cot z = 1 + 2 \sum_{n=1}^{\infty} \frac{z^2}{z^2 - n^2\pi^2} = 1 - 2 \sum_{n=1}^{\infty} \sum_{k=1}^{\infty} \frac{z^{2k}}{n^{2k} \pi^{2k}} ,$$

so dass wir erhalten

$$\sum_{k=1}^{\infty} B_k \frac{2^{2k} z^{2k}}{(2k)!} = 2 \sum_{n=1}^{\infty} \sum_{k=1}^{\infty} \frac{z^{2k}}{n^{2k} \pi^{2k}} .$$

Die Behauptung folgt durch Koeffizientenvergleich. $\square$

1.6 Aufgaben und Anmerkungen

Aufgabe 1.1 Sei $a \in \mathbb{C} \smallsetminus \{0\}$. Eine Funktion f auf $\mathbb{C}$ heißt *einfach periodisch* zur Periode a, oder a-periodisch, falls $f(z + a) = f(z)$ für jedes $z \in \mathbb{C}$ gilt. Zeige:

Sind $a, b \in \mathbb{C}$ linear unabhängig über $\mathbb{R}$, so ist eine Funktion f genau dann $\Lambda(a, b)$-periodisch, wenn sie a-periodisch und b-periodisch ist. Diese Tatsache erklärt den Terminus *doppelt-periodisch*.

Aufgabe 1.2 Eine Untergruppe $\Lambda \subset \mathbb{C}$ der additiven Gruppe $(\mathbb{C}, +)$ heißt *diskrete Untergruppe*, falls Λ in der Teilraumtopologie diskret ist, d. h., wenn es für jedes $\lambda \in \Lambda$ eine offene Menge $U_\lambda \subset \mathbb{C}$ gibt, so dass $\Lambda \cap U_\lambda = \{\lambda\}$ ist. Zeige

(a) Eine Untergruppe $\Lambda \subset \mathbb{C}$ ist genau dann diskret, wenn es eine offene Menge $U_0 \subset \mathbb{C}$ gibt mit $U_0 \cap \mathbb{C} = \{0\}$.

(b) Ist $\Lambda \subset \mathbb{C}$ eine diskrete Untergruppe, so gibt es drei Möglichkeiten: entweder ist $\Lambda = \{0\}$, oder es gibt ein $\lambda_0 \in \Lambda$ mit $\Lambda = \mathbb{Z}\lambda_0$, oder Λ ist ein Gitter.

(c) Eine diskrete Untergruppe $\Lambda \subset \mathbb{C}$ ist genau dann ein Gitter, wenn die Quotientengruppe $\mathbb{C}/\Lambda$ in der Quotiententopologie kompakt ist.

(d) Ist $\Lambda \subset \mathbb{C}$ ein Gitter, so ist eine Untergruppe $\Sigma \subset \Lambda$ genau dann ein Gitter, wenn sie endlichen Index hat, wenn also die Gruppe Λ / Σ endlich ist.

Aufgabe 1.3 Zeige, dass die Summe, die die Riemannsche Zetafunktion definiert, $\zeta(s) = \sum_{n=1}^{\infty} n^{-s}$ für $\mathrm{Re}(s) > 1$ absolut konvergiert. Hierbei kann der Beweis von Lemma 1.2.1 zur Orientierung dienen.

Aufgabe 1.4 Seien $\alpha, \beta, \alpha'\beta' \in \mathbb{C}$ mit $\mathbb{C} = \mathbb{R}\alpha + \mathbb{R}\beta = \mathbb{R}\alpha' + \mathbb{R}\beta'$. Zeige, dass die Gitter $\Lambda(\alpha, \beta)$ und $\Lambda(\alpha', \beta')$ genau dann übereinstimmen, wenn es ein $\left(\begin{smallmatrix} a & b \\ c & d \end{smallmatrix}\right) \in \mathrm{GL}_2(\mathbb{Z})$ gibt mit

$$\begin{pmatrix} \alpha' \\ \beta' \end{pmatrix} = \begin{pmatrix} a & b \\ c & d \end{pmatrix} \begin{pmatrix} \alpha \\ \beta \end{pmatrix}.$$

Aufgabe 1.5 Sei f meromorph auf $\mathbb{C}$ und Λ-periodisch für ein Gitter Λ. Sei $\mathcal{F}_w = \mathcal{F} + w$ eine verschobene Fundamentalmasche zu Λ so dass auf $\partial \mathcal{F}_w$ keine Pol- oder Nullstelle von f liegt. Sei $S(0)$ die Summe aller Nullstellen von f in $\mathcal{F}$ (mit Vielfachheiten). Sei $S(\infty)$ die Summe aller Polstellen von f in $\mathcal{F}$ (mit Vielfachheiten). Zeige:

$$S(0) - S(\infty) \in \Lambda.$$

(Hinweis: Integriere $z f'(z)/f(z)$.)

Aufgabe 1.6 Zeige die Partialbruchentwicklung des Kotangens:

$$\pi \cot(\pi z) = \frac{1}{z} + \sum_{m=1}^{\infty} \left(\frac{1}{z+m} + \frac{1}{z-m} \right).$$

(Hinweis: die Differenz beider Seiten ist periodisch und ganz. Zeige, dass sie beschränkt ist.)

Aufgabe 1.7 Seien $z, w \in \mathbb{C}$ und sei $\wp$ die Weierstraß-$\wp$-Funktion zum Gitter Λ. Zeige, dass $\wp(z) = \wp(w)$ genau dann, wenn $z + w$ oder $z - w$ im Gitter Λ liegt.

Aufgabe 1.8 Sei Λ ein Gitter in $\mathbb{C}$ und $\wp$ die Weierstraß-$\wp$-Funktion zu Λ.

(a) Seien $a_1, \ldots, a_n$ und $b_1, \ldots, b_m$ komplexe Zahlen. Zeige dass die Funktion

$$f(z) \; = \; \frac{\prod_{i=1}^{n} \wp(z) - \wp(a_i)}{\prod_{j=1}^{m} \wp(z) - \wp(b_j)}$$

eine gerade Λ-periodische Funktion ist.

(b) Zeige, dass jede gerade meromorphe Λ-periodische Funktion eine rationale Funktion von $\wp$ ist.

(c) Zeige, dass jede Λ-periodische meromorphe Funktion von der Form $R(\wp(z)) + \wp'(z) Q(\wp(z))$ ist, wobei R und Q rationale Funktionen sind.

Anmerkungen

Setzt man $g_4 = 15 G_4$ und $g_6 = 35 G_6$ so sieht man, dass $(x, y) = (\wp, \wp'/2)$ die Gleichung

$$y^2 \; = \; x^3 - g_4 x - g_6$$

erfüllt. Dies bedeutet, dass die Abbildung $z \mapsto (\wp(z), \wp'(z)/2)$ die komplexe Mannigfaltigkeit $\mathbb{C}/\Lambda$ bijektiv auf die durch die obige Gleichung beschriebene *elliptische Kurve* abbildet. Man erhält in der Tat alle elliptischen Kurven über $\mathbb{C}$ auf diese Weise, elliptische Kurven werden also durch Gitter in $\mathbb{C}$ parametrisiert. In dem Buch [29] findet man eine gute Einführung in die Theorie der elliptischen Kurven.

Die in diesem Abschnitt auftretende Riemannsche Zetafunktion besitzt eine meromorphe Fortsetzung auf die ganze komplexe Ebene und erfüllt eine Funktionalgleichung, wie in 6.1.2 gezeigt wird. Die berühmte *Riemann Hypothese* besagt, dass jede Nullstelle der Funktion $\zeta(s)$ im Streifen $0 < \mathrm{Re}(s) < 1$ bereits bei $\mathrm{Re}(s) = \frac{1}{2}$ liegt. Diese Aussage gilt als die am härtesten umkämpfte ungelöste Vermutung der gesamten Mathematik.

Kapitel 2
Modulformen für $\mathrm{SL}_2(\mathbb{Z})$

In diesem Kapitel führen wir den Begriff der Modulform und ihrer L-Funktion ein. Wir bestimmen den Raum der Modulformen, indem wir eine explizite Basis angeben. Wir betrachten Hecke-Operatoren und zeigen, dass die L-Funktion einer Hecke-Eigenform sich in ein Euler-Produkt entwickeln lässt.

2.1 Die Modulgruppe

Wir erinnern an den Begriff einer Gruppenoperation.

Definition 2.1.1 Sei G eine Gruppe und X eine Menge. Eine *Operation* der Gruppe G auf X ist eine Abbildung

$$G \times X \ \to \ X\,,$$

geschrieben $(g, x) \mapsto gx$, derart dass gilt

$$1x = x \quad \text{und} \quad g(hx) = (gh)x\,,$$

wobei $x \in X$ und $g, h \in G$ beliebige Elemente sind und 1 für das Einselement der Gruppe G steht.

Dies ist der übliche Begriff einer Gruppenoperation, bei der die Gruppe von links operiert. Es gibt aber auch noch den Begriff der Rechtsoperation, der in Lemma 2.2.2 erklärt wird.

Unter diesen Umständen ist die Abbildung $x \mapsto gx$ stets invertierbar, denn ihre Umkehrabbildung ist $x \mapsto g^{-1}x$.

Die Gruppe $\mathrm{GL}_2(\mathbb{C})$ operiert auf der Menge $\mathbb{C}^2 \smallsetminus \{0\}$ durch Matrizenmultiplikation. Da diese Operation linear ist, operiert die Gruppe auch auf dem projektiven Raum $\mathbb{P}^1(\mathbb{C})$, den wir als die Menge aller eindimensionalen Untervektorräume von $\mathbb{C}^2$ definieren. Jeder Vektor in $\mathbb{C}^2 \smallsetminus \{0\}$ spannt einen solchen Unterraum auf und zwei Vektoren geben genau dann denselben Unterraum, wenn sie durch die natürli-

A. Deitmar, *Automorphe Formen*
DOI 10.1007/978-3-642-12390-0, © Springer 2010

che $\mathbb{C}^\times$-Operation auseinander hervorgehen. Mit anderen Worten, wir haben einen kanonischen Isomorphismus

$$\mathbb{P}^1(\mathbb{C}) \cong \left(\mathbb{C}^2 \smallsetminus \{0\}\right) / \mathbb{C}^\times \,.$$

Die Elemente von $\mathbb{P}^1(\mathbb{C})$ schreibt man als $[z, w]$, wobei $(z, w) \in \mathbb{C}^2 \smallsetminus \{0\}$ und

$$[z, w] = [z', w'] \ \Leftrightarrow \ \exists \lambda \in \mathbb{C}^\times : (z', w') = (\lambda z, \lambda w) \,.$$

Ist $w \neq 0$, so existiert genau ein Vertreter der Form $[z, 1]$ und die Abbildung $z \mapsto [z, 1]$ ist eine Injektion $\mathbb{C} \hookrightarrow \mathbb{P}^1(\mathbb{C})$, mittels der wir $\mathbb{C}$ als eine Teilmenge von $\mathbb{P}^1(\mathbb{C})$ auffassen können. Das Komplement von $\mathbb{C}$ in $\mathbb{P}^1(\mathbb{C})$ besteht aus einem einzigen Punkt $\infty = [1, 0]$, so dass $\mathbb{P}^1(\mathbb{C})$ die Einpunktkompaktifizierung $\widehat{\mathbb{C}} = \mathbb{C} \cup \{\infty\}$ ist, die wir auch als *Riemannsche Zahlenkugel* kennen. Wir lassen nun $GL_2(\mathbb{C})$ operieren via $g.(z, w) = (z, w)g^t$, dann ist mit $g = \left(\begin{smallmatrix} a & b \\ c & d \end{smallmatrix}\right)$,

$$g.[z, 1] \ = \ [az + b, cz + d] \ = \ \left[\frac{az + b}{cz + d}, 1\right],$$

falls $cz + d \neq 0$. Die rationale Funktion $\frac{az+b}{cz+d}$ hat genau einen Pol in $\widehat{\mathbb{C}}$, also wird hierdurch eine Operation von $GL_2(\mathbb{C})$ auf der Riemannschen Zahlenkugel definiert:

$$g.z \ = \ \frac{az + b}{cz + d} \,,$$

wobei wir setzen $g.z = \infty$, falls $cz + d = 0$. Man beachte, dass $cz + d$ und $az + b$ nicht gleichzeitig Null sein können (Aufgabe 2.1). Auf der anderen Seite gilt

$$g.\infty \ = \ \lim_{z \to \infty} g.z \ = \ \begin{cases} \frac{a}{c} & \text{falls } c \neq 0 \,, \\ \infty & \text{sonst.} \end{cases}$$

Die Matrizen der Form $\left(\begin{smallmatrix} \lambda & \\ & \lambda \end{smallmatrix}\right)$ mit $\lambda \neq 0$ operieren trivial. Daher reicht es, die Operation auf die Gruppe $SL_2(\mathbb{C}) = \{g \in GL_2(\mathbb{C}) : \det(g) = 1\}$ einzuschränken. Man beachte, dass das Element $-1 = \left(\begin{smallmatrix} -1 & \\ & -1 \end{smallmatrix}\right)$ trivial operiert.

Lemma 2.1.2 *Die Gruppe* $SL_2(\mathbb{C})$ *operiert transitiv auf der Zahlenkugel* $\widehat{\mathbb{C}}$. *Das Element* $\left(\begin{smallmatrix} -1 & \\ & -1 \end{smallmatrix}\right)$ *operiert trivial. Wenn wir diese Operation auf die Untergruppe* $G = SL_2(\mathbb{R})$ *einschränken, zerfällt* $\widehat{\mathbb{C}}$ *in drei Bahnen:* $\mathbb{H}$ *und* $-\mathbb{H}$, *sowie die Menge* $\widehat{\mathbb{R}} = \mathbb{R} \cup \{\infty\}$.

Beweis: Sei $z \in \mathbb{C}$, dann gilt $z = \left(\begin{smallmatrix} z & z^{-1} \\ 1 & 1 \end{smallmatrix}\right).\infty$, also ist die Operation transitiv. Ferner folgt, dass $\widehat{\mathbb{R}}$ in der G-Bahn von ∞ liegt.

Für $g = \left(\begin{smallmatrix} a & b \\ c & d \end{smallmatrix}\right) \in G$ und $z \in \mathbb{C}$ rechnet man leicht nach, dass gilt

$$\mathrm{Im}(g.z) \ = \ \frac{\mathrm{Im}(z)}{|cz + d|^2} \,.$$

Damit lässt die Operation von G die drei genannten Mengen invariant. Es ist leicht zu sehen, dass $\widehat{\mathbb{R}}$ eine G-Bahn ist. Wir zeigen, dass G auf $\mathbb{H}$ transitiv operiert. Sei $z = x + iy \in \mathbb{H}$, dann gilt

$$z = \begin{pmatrix} \sqrt{y} & \frac{x}{\sqrt{y}} \\ 0 & \frac{1}{\sqrt{y}} \end{pmatrix} i \, .$$

$\square$

Definition 2.1.3 Sei GITT die Menge aller Gitter in $\mathbb{C}$. Sei BAS die Menge aller $\mathbb{R}$-Basen von $\mathbb{C}$, also die Menge aller Paare $(z, w) \in \mathbb{C}^2$, die über $\mathbb{R}$ linear unabhängig sind. Sei BAS^+ die Teilmenge aller Basen, die im Uhrzeigersinn orientiert sind, also aller $(z, w) \in \mathrm{BAS}$ mit $\mathrm{Im}(z/w) > 0$. Wir erhalten eine natürliche Abbildung:

$$\Psi : \mathrm{BAS}^+ \ \to \ \mathrm{GITT} \, ,$$

indem wir definieren

$$\Psi(z, w) \ = \ \mathbb{Z}z \oplus \mathbb{Z}w \, .$$

Dies Abbildung ist surjektiv, aber nicht injektiv, denn z. B. $\Psi(z+w, w) = \Psi(z, w)$. Die Gruppe $\Gamma = \mathrm{SL}_2(\mathbb{Z})$ operiert auf BAS^+ durch $\gamma.(z, w) = (z, w)\gamma^t = (az + bw, cz + dw)$ falls $\gamma = \left(\begin{smallmatrix} a & b \\ c & d \end{smallmatrix} \right)$. Hierbei sei daran erinnert, dass eine invertierbare reelle Matrix die Orientierung einer Basis genau dann erhält, wenn ihre Determinante positiv ist.

Die Gruppe $\Gamma = \mathrm{SL}_2(\mathbb{Z})$ wird die *Modulgruppe* genannt.

Lemma 2.1.4 *Zwei Basen werden unter Ψ genau dann auf dasselbe Gitter abgebildet, wenn sie in derselben Γ-Bahn liegen. Also stiftet Ψ eine Bijektion*

$$\Psi : \Gamma \backslash \mathrm{BAS}^+ \ \overset{\cong}{\longrightarrow} \ \mathrm{GITT} \, .$$

Beweis: Seien (z, w) und (z', w') zwei im Uhrzeigersinn orientierte Basen mit $\Psi(z, w) = \Lambda = \Psi(z', w')$. Da z', w' Elemente des von z und w erzeugten Gitters sind, gibt es $a, b, c, d \in \mathbb{Z}$ mit $(z', w') = (az + bw, bz + dw) = (z, w) \left(\begin{smallmatrix} a & b \\ c & d \end{smallmatrix} \right)$. Da andersherum z und w in dem von z' und w' erzeugten Gitter liegen, gibt es $\alpha, \beta, \gamma, \delta \in \mathbb{Z}$ mit $(z, w) = (z'w') \left(\begin{smallmatrix} \alpha & \beta \\ \gamma & \delta \end{smallmatrix} \right)$, ergo $(z, w) \left(\begin{smallmatrix} a & b \\ c & d \end{smallmatrix} \right) \left(\begin{smallmatrix} \alpha & \beta \\ \gamma & \delta \end{smallmatrix} \right) = (z, w)$. Da z und w über $\mathbb{R}$ linear unabhängig sind, folgt hieraus $\left(\begin{smallmatrix} a & b \\ c & d \end{smallmatrix} \right) \left(\begin{smallmatrix} \alpha & \beta \\ \gamma & \delta \end{smallmatrix} \right) = \left(\begin{smallmatrix} 1 & \\ & 1 \end{smallmatrix} \right)$ und damit ist $\gamma = \left(\begin{smallmatrix} a & b \\ c & d \end{smallmatrix} \right)$ ein Element von $\mathrm{GL}_2(\mathbb{Z})$. Damit ist $\det(\gamma) = \pm 1$. Da γ eine im Uhrzeigersinn orientierte Basis, nämlich (z, w) auf eine im Uhrzeigersinn orientierte Basis, nämlich (z', w') abbildet, ist $\det(\gamma) > 0$, also $\det(\gamma) = 1$ und damit $\gamma \in \Gamma$, also liegen die beiden Basen in derselben Γ-Bahn. Die andere Richtung ist trivial.

$\square$

Die Menge BAS^+ ist etwas unhandlich, deshalb dividiert man noch eine $\mathbb{C}^\times$-Operation heraus. Die Gruppe $\mathbb{C}^\times$ operiert auf BAS^+ durch Multiplikation $\xi(a, b) = (\xi a, \xi b)$. Es ist $(a, b) = b(a/b, 1)$, also hat jede $\mathbb{C}^\times$-Bahn genau einen

Vertreter der Form $(z, 1)$ mit $z \in \mathbb{H}$. Diese Operation kommutiert mit der Operation von Γ, also operiert $\mathbb{C}^\times$ auf $\Gamma \backslash \mathrm{BAS}^+$. Ferner operiert $\mathbb{C}^\times$ durch Multiplikation auf GITT und die Abbildung Ψ übersetzt eine Operation in die andere, d. h. es gilt $\Psi(\lambda(z, w)) = \lambda \Psi(z, w)$. Da Ψ bijektiv ist, sind also die beiden $\mathbb{C}^\times$-Operationen isomorph und insbesondere wirft Ψ die Bahnenräume bijektiv aufeinander, stiftet also eine Bijektion

$$\Psi : \Gamma \backslash \mathrm{BAS}^+ / \mathbb{C}^\times \xrightarrow{\cong} \mathrm{GITT} / \mathbb{C}^\times.$$

Sei nun $z \in \mathbb{H}$, dann ist $(z, 1) \in \mathrm{BAS}^+$. Ist $\gamma = \left(\begin{smallmatrix} a & b \\ c & d \end{smallmatrix}\right) \in \Gamma$, dann ist modulo der $\mathbb{C}^\times$-Operation:

$$(z, 1)\gamma^t \mathbb{C}^\times \; = \; (az + b, cz + d)\mathbb{C}^\times \; = \; \left(\frac{az + b}{cz + d}, 1\right) \mathbb{C}^\times.$$

Das bedeutet, wenn wir Γ durch gebrochen lineare Transformationen auf $\mathbb{H}$ operieren lassen, ist die Abbildung $z \mapsto (z, 1)\mathbb{C}^\times$ äquivariant unter Γ.

Satz 2.1.5 *Die Abbildung $z \mapsto \mathbb{Z}z + \mathbb{Z}$ liefert eine Bijektion*

$$\Gamma \backslash \mathbb{H} \xrightarrow{\cong} \mathrm{GITT} / \mathbb{C}^\times.$$

Beweis: Die Abbildung ist die Verkettung der Abbildungen

$$\Gamma \backslash \mathbb{H} \xrightarrow{\varphi} \Gamma \backslash \mathrm{BAS}^+ / \mathbb{C}^\times \xrightarrow{\cong} \mathrm{GITT} / \mathbb{C}^\times$$

und damit wohldefiniert. Wir müssen nur zeigen, dass φ bijektiv ist. Für die Surjektivität sei $(v, w) \in \mathrm{BAS}^+$, dann ist $(v, w)\mathbb{C}^\times = (v/w, 1)\mathbb{C}^\times$ und $v/w \in \mathbb{H}$, also ist φ surjektiv. Für die Injektivität nimm an: $\varphi(\Gamma z) = \varphi(\Gamma w)$. Das bedeutet $\Gamma(z, 1)\mathbb{C}^\times = \Gamma(w, 1)\mathbb{C}^\times$, es existieren also $\gamma = \left(\begin{smallmatrix} a & b \\ c & d \end{smallmatrix}\right) \in \Gamma$ und $\lambda \in \mathbb{C}^\times$ mit $(w, 1) = \gamma(z, 1)\lambda$. Die rechte Seite ist

$$\gamma(z, 1)\lambda \; = \; \lambda(az + b, cz + d) \; = \; (w, 1),$$

woraus durch Vergleich der zweiten Komponenten folgt, dass $\lambda = (cz + d)^{-1}$ gilt und somit $w = \frac{az+b}{cz+d} = \gamma.z$, wie behauptet. $\qquad\Box$

Die folgende Definition ist durch den Umstand motiviert, dass das Element $-1 = \left(\begin{smallmatrix} -1 & \\ & -1 \end{smallmatrix}\right)$ trivial auf der oberen Halbebene $\mathbb{H}$ operiert.

Definition 2.1.6 Sei $\overline{\Gamma} = \Gamma / \pm 1$. Für eine Untergruppe Σ von Γ sei $\overline{\Sigma}$ das Bild von Σ in $\overline{\Gamma}$. Es gilt dann

$$[\overline{\Gamma} : \overline{\Sigma}] \; = \; \begin{cases} [\Gamma : \Sigma] & \text{falls} -1 \in \Sigma, \\ \frac{1}{2}[\Gamma : \Sigma] & \text{sonst.} \end{cases}$$

Seien

$$S \stackrel{\text{def}}{=} \begin{pmatrix} 0 & -1 \\ 1 & 0 \end{pmatrix}, \qquad T \stackrel{\text{def}}{=} \begin{pmatrix} 1 & 1 \\ 0 & 1 \end{pmatrix}.$$

Es gilt

$$Sz = \frac{-1}{z}, \qquad Tz = z + 1,$$

sowie $S^2 = -1 = (ST)^3$. Es sei D die Menge aller $z \in \mathbb{H}$ mit $|\operatorname{Re}(z)| < \frac{1}{2}$ und $|z| > 1$, siehe das weiter unten folgende Bild. Sei $\overline{D}$ der Abschluss von D in $\mathbb{H}$. Die Menge D ist ein sogenannter *Fundamentalbereich* für die Gruppe $\mathrm{SL}_2(\mathbb{Z})$, siehe Definition 2.5.15.

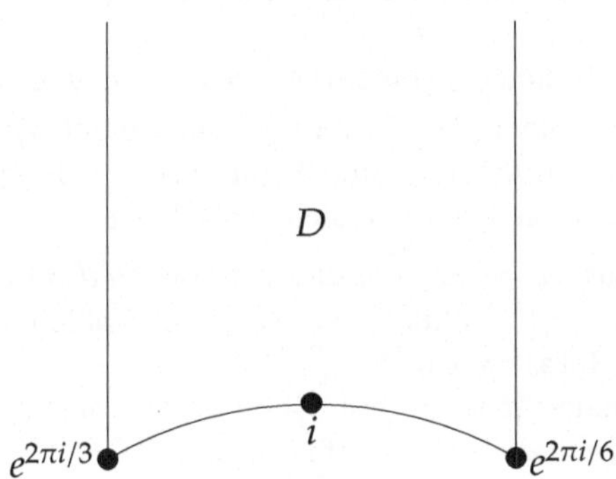

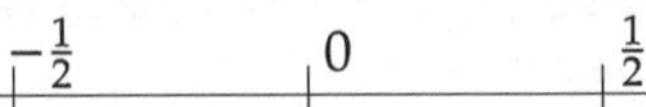

Satz 2.1.7 (a) *Für jedes $z \in \mathbb{H}$ gibt es ein $\gamma \in \Gamma$ mit $\gamma z \in \overline{D}$.*

(b) *Liegen $z, w \in \overline{D}$ mit $z \neq w$ in derselben Γ-Bahn, dann gilt $\operatorname{Re}(z) = \pm\frac{1}{2}$ und $z = w \pm 1$, oder $|z| = 1$ und $w = -1/z$. In jedem Fall liegen beide Punkte auf dem Rand von D.*

(c) *Für $z \in \mathbb{H}$ sei Γ_z der Stabilisator von z in Γ. Für $z \in \overline{D}$ ist $\Gamma_z = \{\pm 1\}$ außer wenn*

- *$z = i$, dann ist Γ_z von der Ordnung vier, erzeugt von S,*
- *$z = \rho = e^{2\pi i/3}$, dann ist Γ_z von Ordnung sechs, erzeugt von ST,*
- *$z = -\overline{\rho} = e^{\pi i/3}$, dann ist Γ_z von Ordnung sechs, erzeugt von TS.*

(d) *Die Gruppe Γ wird erzeugt von S und T.*

Beweis: Sei Γ' die Untergruppe von Γ erzeugt von S und T. Wir zeigen dass es zu jedem $z \in \mathbb{H}$ ein $\gamma' \in \Gamma'$ gibt mit $\gamma' z \in \overline{D}$. Sei also $g = \left(\begin{smallmatrix} a & b \\ c & d \end{smallmatrix} \right)$ in Γ'. Für $z \in \mathbb{H}$ gilt

$$\mathrm{Im}(gz) \; = \; \frac{\mathrm{Im}(z)}{|cz + d|^2} \, .$$

da c und d ganze Zahlen sind, ist für jedes $M > 0$ die Menge aller Paare (c, d) mit $|cz + d| < M$ endlich. Daher existiert $\gamma \in \Gamma'$ so dass $\mathrm{Im}(\gamma z)$ maximal ist. Wähle eine ganze Zahl n so dass $T^n \gamma z$ einen Realteil in $[-1/2, 1/2]$ hat. Wir behaupten dass das Element $w = T^n \gamma z$ in $\overline{D}$ liegt. Es reicht zu zeigen, dass $|w| \geq 1$ ist. Wäre $|w| < 1$, so hätte das Element $-1/w = Sw$ einen Imaginärteil echt größer als $Im(w)$, was nicht möglich ist. Also ist in der Tat $w = T^n \gamma z$ in $\overline{D}$ und insbesondere ist Teil (a) bewiesen.

Wir beweisen Teil (b) und (c) gemeinsam. Sei $z \in \overline{D}$ und sei $1 \neq \gamma = \left(\begin{smallmatrix} a & b \\ c & d \end{smallmatrix} \right) \in \Gamma$ mit $\gamma z \in \overline{D}$. Wir können das Paar (z, γ) auch durch $(\gamma z, \gamma^{-1})$ ersetzen und können annehmen, dass $\mathrm{Im}(\gamma z) \geq \mathrm{Im}(z)$ gilt, also $|cz + d| \leq 1$. Dies ist nicht möglich für $|c| \geq 2$, also bleiben die Fälle $c = 0, 1, -1$.

- Ist $c = 0$, dann muss $d = \pm 1$ sein und wir können $d = 1$ annehmen. Dann ist $\gamma z = z + b$ und $b \neq 0$. Da die Realteile beider Zahlen in $[-1/2, 1/2]$ liegen, folgt $b = \pm 1$ und $\mathrm{Re}(z) = \pm 1/2$.
- Ist $c = 1$, so impliziert $|z + d| \leq 1$ schon $d = 0$, außer im Fall $z = \rho, -\overline{\rho}$ in welchem Fall wir auch $d = 1, -1$ haben können.

  - Ist $d = 0$, dann ist $|z| = 1$ und $ad - bc = 1$ impliziert $b = -1$, also $gz = a - 1/z$ und hieraus ergibt sich $a = 0$ außer im Fall $\mathrm{Re}(z) = \pm\frac{1}{2}$, also $z = \rho, -\overline{\rho}$.
  - ist $z = \rho$ und $d = 1$, so folgt $a - b = 1$ und $g\rho = a - 1/(1 + \rho) = a + \rho$, also $a = 0, 1$. Der Fall $z = -\overline{\rho}$ ist ähnlich.

- Ist $c = -1$, so kann man die ganze Matrix durch ihr negatives ersetzen und ist auf den Fall $c = 1$ zurückgeführt.

Es bleibt zu zeigen $\Gamma = \Gamma'$. Hierzu sei $\gamma \in \Gamma$ und $z \in D$. Dann existiert ein $\gamma' \in \Gamma'$ mit $\gamma' \gamma z = z$, also $\gamma = \gamma'^{-1} \in \Gamma'$. $\square$

2.2 Modulformen

Wir führen nun die Protagonisten dieses Kapitels ein. Dies geschieht in Definition 2.2.9. Vorher beginnen wir mit schwach modularen Funktionen.

Definition 2.2.1 Sei $k \in \mathbb{Z}$. Eine meromorphe Funktion f auf $\mathbb{H}$ heißt *schwach modular vom Gewicht k*, falls gilt

$$f\left(\frac{az + b}{cz + d} \right) \; = \; (cz + d)^k f(z)$$

für jedes $z \in \mathbb{H}$, in dem f definiert ist, und jedes $\left(\begin{smallmatrix} a & b \\ c & d \end{smallmatrix} \right) \in \mathrm{SL}_2(\mathbb{Z})$.

Beachte: Existiert eine solche Funktion $f \neq 0$, so muss k gerade sein, da die Matrix $\begin{pmatrix} -1 & \\ & -1 \end{pmatrix}$ in $\mathrm{SL}_2(\mathbb{Z})$ liegt.

Für $\sigma = \begin{pmatrix} a & b \\ c & d \end{pmatrix} \in G$ bezeichnen wir die induzierte Abbildung $z \mapsto \sigma z = \frac{az+b}{cz+d}$ ebenfalls mit σ. Dann gilt

$$\frac{d(\sigma z)}{dz} = \frac{1}{(cz+d)^2}.$$

Das bedeutet, dass eine holomorphe Funktion genau dann schwach modular vom Gewicht 2 ist, wenn die Differentialform $\omega = f(z)dz$ auf $\mathbb{H}$ invariant unter Γ ist, d. h., wenn $\gamma^* \omega = \omega$ für jedes $\gamma \in \Gamma$ gilt, wobei $\gamma^* \omega$ die unter der Abbildung $\gamma : \mathbb{H} \to \mathbb{H}$ zurückgezogene Differentialform bezeichnet.

Allgemeiner definieren wir für $k \in \mathbb{Z}$ und $f : \mathbb{H} \to \mathbb{C}$:

$$f|_k \sigma(z) \stackrel{\mathrm{def}}{=} (cz+d)^{-k} f\left(\frac{az+b}{cz+d}\right),$$

wobei $\sigma = \begin{pmatrix} a & b \\ c & d \end{pmatrix} \in G$. Wenn k fest gewählt ist, lassen wir es in der Notation weg, d. h., wir schreiben $f|\sigma = f|_k\sigma$.

Lemma 2.2.2 *Durch $f \mapsto f|\sigma$ wird eine lineare (Rechts-)Operation der Gruppe G auf dem Raum der Funktionen $f : \mathbb{H} \to \mathbb{C}$ definiert, d. h.,*

- *für jedes $\sigma \in G$ ist die Abbildung $f \mapsto f|\sigma$ linear,*
- *es gilt $f|1 = f$ und $f|(\sigma\sigma') = (f|\sigma)|\sigma'$.*

Jede Rechtsoperation lässt sich durch Inversenbildung in eine Linksoperation verwandeln, d. h. man definiert $\sigma f = f|\sigma^{-1}$ und hat dann $(\sigma\sigma')f = \sigma(\sigma'f)$.
Beweis: Die einzige nichttriviale Aussage ist $f|(\sigma\sigma') = (f|\sigma)|\sigma'$. Für $k = 0$ ist diese Aussage einfach:

$$f|(\sigma\sigma')(z) = f(\sigma\sigma'z) = f|\sigma(\sigma'z) = (f|\sigma)|\sigma'(z).$$

Sei $j(\sigma, z) = (cz + d)$. Man rechnet nach, dass dieser „Automorphiefaktor" eine sogenannte Cozykelrelation erfüllt:

$$j(\sigma\sigma', z) = j(\sigma, \sigma'z)j(\sigma', z).$$

Nun ist ja $f|_k\sigma(z) = j(\sigma, z)^{-k} f|_0\sigma(z)$, also

$$f|_k(\sigma\sigma')(z) = j(\sigma\sigma', z)^{-k} f|_0(\sigma\sigma')(z) = j(\sigma, \sigma'z)^{-k} j(\sigma', z)^{-k} (f|_0\sigma)|_0\sigma'(z)$$
$$= (f|_k\sigma)|_k\sigma'(z). \qquad \square$$

Lemma 2.2.3 *Sei $k \in 2\mathbb{Z}$. Eine meromorphe Funktion f auf $\mathbb{H}$ ist genau dann schwach modular vom Gewicht k, wenn für jedes $z \in \mathbb{H}$ gilt*

$$f(z + 1) = f(z) \quad und \quad f(-1/z) = z^k f(z).$$

Beweis: Nach Definition ist f genau dann modular, wenn gilt $f|_k\gamma = f$ für jedes $\gamma \in \Gamma$, also wenn f unter der Gruppenaktion von Γ invariant ist. Es reicht, diese Invarianz auf den beiden Erzeugern S und T zu überprüfen. $\qquad\square$

Wir kommen nun zur Definition einer modularen Funktion. Sei zunächst f eine schwach modulare Funktion. Wir stellen fest, dass die Abbildung $q : z \mapsto e^{2\pi i z}$ die obere Halbebene surjektiv auf die punktierte Kreisscheibe $\mathbb{D}^* = \{z \in \mathbb{C} : 0 < |z| < 1\}$ abbildet. Zwei Punkte z, w in $\mathbb{H}$ haben genau dann dasselbe Bild unter q, wenn es ein $k \in \mathbb{Z}$ gibt, so dass $w = z + k$ ist. Also induziert q eine Bijektion $q : \mathbb{Z}\backslash\mathbb{H} \to \mathbb{D}^*$. Insbesondere gibt es zu jeder schwach modularen Funktion f auf $\mathbb{H}$ eine Funktion $\tilde{f}$ auf $\mathbb{D}^* \smallsetminus \{\text{Polstellen}\}$ mit

$$f(z) = \tilde{f}(q(z)).$$

Das bedeutet, dass für $w \in \mathbb{D}^*$ gilt

$$\tilde{f}(w) = f\left(\frac{\log w}{2\pi i}\right),$$

wobei $\log w$ ein beliebiger Zweig des holomorphen Logarithmus ist, der in einer Umgebung von w definiert ist. Es folgt, dass $\tilde{f}$ eine meromorphe Funktion auf der punktierten Kreisscheibe ist.

Definition 2.2.4 Eine schwach modulare Funktion f vom Gewicht k heißt *modulare Funktion* vom Gewicht k, falls die induzierte Funktion $\tilde{f}$ meromorph auf der Kreisscheibe $\mathbb{D} = \{z \in \mathbb{C} : |z| < 1\}$ ist.

Man sagt zu dieser Eigenschaft auch, dass f *meromorph im Unendlichen* ist. Dies bedeutet, dass $\tilde{f}(q)$ in $q = 0$ höchstens einen Pol besitzt. Es folgt, dass die Pole von $\tilde{f}$ in $\mathbb{D}^*$ sich nicht in $q = 0$ häufen können, da sonst eine wesentliche Singularität vorläge. Für die Funktion f bedeutet dies, dass es eine Schranke $T = T_f > 0$ gibt, so dass f keine Pole in $\{z \in \mathbb{H} : \mathrm{Im}(z) > T\}$ hat.

Wir brauchen die Fourier-Entwicklung der Funktion f. Wir müssen wissen, dass die Fourier-Reihe gleichmäßig konvergiert. Dies zeigen wir in folgendem Lemma, wobei $C^\infty(\mathbb{R}/\mathbb{Z})$ verstanden werden kann als die Menge aller unendlich oft stetig differenzierbaren Funktionen $g : \mathbb{R} \to \mathbb{C}$, die periodisch sind mit Periode 1, für die also gilt $g(x + 1) = g(x)$, $x \in \mathbb{R}$.

Definition 2.2.5 Sei $D \subset \mathbb{R}$ eine unbeschränkte Menge. Eine Funktion $f : D \to \mathbb{C}$ heißt *schnell fallend*, falls für jedes $N \in \mathbb{N}$ die Funktion $x^N f(x)$ auf dem Definitionsbereich D beschränkt ist.

Für $D = \mathbb{N}$ erhält man als Spezialfall den Begriff einer schnell fallenden Folge.

Beispiele 2.2.6 • Für $D = \mathbb{N}$ ist die Folge $a_k = \frac{1}{k!}$ schnell fallend.
- Für $D = [0, \infty)$ ist die Funktion $f(x) = e^{-x}$ ist schnell fallend.
- Für $D = \mathbb{R}$ ist die Funktion $f(x) = e^{-x^2}$ schnell fallend.

Proposition 2.2.7 (Fourier-Reihe) *Ist $g \in C^\infty(\mathbb{R}/\mathbb{Z})$, so gilt für jedes $x \in \mathbb{R}$,*

$$g(x) = \sum_{k \in \mathbb{Z}} c_k(g) e^{2\pi i k x},$$

wobei $c_k(g) = \int_0^1 g(t) e^{-2\pi i k t}\, dt$ ist und die Summe gleichmäßig konvergiert. Die Fourier-Koeffizienten $c_k = c_k(g)$ sind schnell fallend in $k \in \mathbb{Z}$.

Die Fourier-Koeffizienten $c_k(g)$ sind eindeutig in dem folgenden Sinne. Sei $(a_k)_{k \in \mathbb{Z}}$ eine Familie komplexer Zahlen so dass für jedes $x \in \mathbb{R}$ gilt

$$g(x) = \sum_{k=-\infty}^{\infty} a_k e^{2\pi k x},$$

wobei die Reihe lokal-gleichmäßig konvergiert, dann ist $a_k = c_k(g)$ für jedes $k \in \mathbb{Z}$.

Beweis: Wir wenden partielle Integration an und erhalten für $k \neq 0$

$$|c_k(g)| = \left| \int_0^1 g(t) e^{-2\pi i t k}\, dt \right| = \left| \frac{1}{-2\pi i k} \int_0^1 g'(t) e^{-2\pi i k t}\, dt \right|$$

$$= \left| \frac{1}{-4\pi^2 k^2} \int_0^1 g''(t) e^{-2\pi i k t}\, dt \right| \leq \frac{1}{4\pi^2 k^2} \int_0^1 |g''(t)|\, dt\,.$$

Durch Iteration erhalten wir, dass $c_k(g)$ schnell fallend ist. Insbesondere folgern wir, dass $\sum_{k \in \mathbb{Z}} |c_k(g)| < \infty$, also konvergiert die Reihe $\sum_{k \in \mathbb{Z}} c_k(g) e^{2\pi i k x}$ gleichmäßig. Wir müssen nur feststellen, dass sie gegen g konvergiert. Es reicht dies im Punkte $x = 0$ zu tun, denn nehmen wir an, wir haben die Aussage für $x = 0$ gezeigt, dann sei $g_x(t) = g(x + t)$, so gilt

$$g(x) = g_x(0) = \sum_k c_k(g_x)\,.$$

Es ist nun $c_k(g_x) = \int_0^1 g(t + x) e^{-2\pi i k t}\, dt = e^{2\pi i k x} c_k(g)$, also folgt die Behauptung. Wir müssen also nur zeigen $g(0) = \sum_k c_k(g)$. Wir können uns auf den Fall $g(0) = 0$ zurückziehen indem wir $g(x)$ durch $g(x) - g(0)$ ersetzen. Wir nehmen also an, dass $g(0) = 0$ und müssen zeigen, dass $\sum_k c_k(g) = 0$. Sei

$$h(x) = \frac{g(x)}{e^{2\pi i x} - 1}\,.$$

Da $g(0) = 0$, ist $h \in C^\infty(\mathbb{R}/\mathbb{Z})$ und es gilt

$$c_k(g) = \int_0^1 h(x)(e^{2\pi i x} - 1) e^{-2\pi i k x}\, dx = c_{k-1}(h) - c_k(h)\,.$$

Da $h \in C^\infty(\mathbb{R}/\mathbb{Z})$, konvergiert die Reihe $\sum_k c_k(h)$ ebenfalls absolut und es gilt $\sum_k c_k(g) = \sum_k (c_{k-1}(h) - c_k(h)) = 0$.

Nun zur Eindeutigkeit der Fourier-Koeffizienten. Sei $(a_k)_{k \in \mathbb{Z}}$ wie in der Proposition. Wegen der lokal-gleichmäßigen Konvergenz ist die folgende Vertauschung von Integration und Summation gerechtfertigt. Für $l \in \mathbb{Z}$ gilt

$$c_l(g) \;=\; \int_0^1 g(t) \mathrm{e}^{-2\pi i l t}\, \mathrm{d}t \;=\; \int_0^1 \sum_{k=-\infty}^{\infty} a_k \mathrm{e}^{2\pi k t} \mathrm{e}^{-2\pi i l t}\, \mathrm{d}t$$

$$=\; \sum_{k=-\infty}^{\infty} a_k \int_0^1 \mathrm{e}^{2\pi k t} \mathrm{e}^{-2\pi i l t}\, \mathrm{d}t\,.$$

Nun ist

$$\int_0^1 \mathrm{e}^{2\pi k t} \mathrm{e}^{-2\pi i l t}\, \mathrm{d}t \;=\; \int_0^1 \mathrm{e}^{2\pi (k-l) t}\, \mathrm{d}t \;=\; \begin{cases} 1 & \text{falls } k = l\,, \\[2mm] 0 & \text{sonst.} \end{cases}$$

Hieraus folgt $c_l(g) = a_l$. $\qquad\qquad\qquad\qquad\qquad\qquad\qquad\qquad\qquad\qquad$ $\square$

Dieser hübsche Beweis für die Konvergenz von Fourier-Reihen geht auf H. Jacquet zurück.

Sei f eine schwach modulare Funktion vom Gewicht k. Da $f(z) = f(z+1)$ und f (außer in den Polen) unendlich oft reell stetig differenzierbar ist, kann man f in eine Fourier-Reihe entwickeln:

$$f(x + iy) \;=\; \sum_{n=-\infty}^{+\infty} c_n(y) \mathrm{e}^{2\pi i n x}\,,$$

falls auf der Geraden $\mathrm{Im}(w) = y$ kein Pol von $f(w)$ liegt, was für alle bis auf abzählbar viele $y > 0$ der Fall ist. Für ein solches y ist die Folge $(c_n(y))_{n \in \mathbb{Z}}$ schnell fallend.

Lemma 2.2.8 *Sei f eine modulare Funktion auf $\mathbb{H}$ und sei $T > 0$ so dass f keine Pole in $\{\mathrm{Im}(z) > T\}$ hat. Für jedes $n \in \mathbb{Z}$ und $y > T$ gilt $c_n(y) = a_n \mathrm{e}^{-2\pi n y}$ für eine Konstante a_n. Es gilt*

$$f(z) \;=\; \sum_{n=-N}^{+\infty} a_n \mathrm{e}^{2\pi i n z}\,,$$

wobei $-N$ die Polordnung der induzierten meromorphen Funktion $\tilde{f}$ im Punkte $q = 0$ ist. Für jedes $a > 0$, ist die Folge $a_n \mathrm{e}^{-a|n|}$ schnell fallend.

Beweis: Die induzierte Funktion $\tilde{f}$ mit $f(z) = \tilde{f}(q(z))$ oder $\tilde{f}(q) = f\left(\frac{\log q}{2\pi i}\right)$ ist meromorph. Es folgt, dass $\tilde{f}$ in einer punktierten Umgebung der Null eine Laurent-Entwicklung hat

$$\tilde{f}(w) = \sum_{n=-\infty}^{\infty} a_n w^n .$$

ersetzt man w durch $q(z)$, so erhält man

$$f(z) = \sum_{n=-\infty}^{+\infty} a_n e^{2\pi i n z} .$$

Wegen der Eindeutigkeit der Fourier-Koeffizienten folgt die Behauptung. $\qquad\square$

Wir halten insbesondere fest, dass die Fourier-Entwicklung einer modularen Funktion gleich der Laurent-Entwicklung der induzierten Funktion $\tilde{f}$ im Nullpunkt ist.

Definition 2.2.9 Eine modulare Funktion f heißt *Modulform*, falls f holomorph ist in $\mathbb{H}$ und *holomorph in* ∞, d. h. $a_n = 0$ für jedes $n < 0$.

Eine Modulform f heißt *Spitzenform*, falls zusätzlich $a_0 = 0$ gilt. Man sagt dann auch, dass f in ∞ verschwindet.

Als Beispiele betrachten wir die Eisenstein-Reihen G_k für $k \geq 4$. Wir schreiben $q = e^{2\pi i z}$.

Proposition 2.2.10 *Für gerades $k \geq 4$ gilt*

$$G_k(z) = 2\zeta(k) + 2\frac{(2\pi i)^k}{(k-1)!} \sum_{n=1}^{\infty} \sigma_{k-1}(n) q^n ,$$

wobei $\sigma_k(n) = \sum_{d\,|\,n} d^k$ die k-te Teilerpotenzsumme *ist.*

Beweis: Auf der einen Seite haben wir die Partialbruchzerlegung des Kotangens

$$\pi \cot(\pi z) = \frac{1}{z} + \sum_{m=1}^{\infty} \left(\frac{1}{z+m} + \frac{1}{z-m} \right).$$

Andererseits gilt

$$\pi \cot(\pi z) = \pi \frac{\cos(\pi z)}{\sin(\pi z)} = i\pi \frac{q+1}{q-1} = \pi i - \frac{2\pi i}{1-q} = \pi i - 2\pi i \sum_{n=0}^{\infty} q^n .$$

Also

$$\frac{1}{z} + \sum_{m=1}^{\infty} \left(\frac{1}{z+m} + \frac{1}{z-m} \right) = \pi i - 2\pi i \sum_{n=0}^{\infty} q^n .$$

Durch wiederholtes Differenzieren beider Seiten bekommen wir für $k \geq 4$

$$\sum_{m \in \mathbb{Z}} \frac{1}{(z+m)^k} = \frac{1}{(k-1)!}(-2\pi i)^k \sum_{n=1}^{\infty} n^{k-1} q^n .$$

Die Eisenstein-Reihe ist nun

$$G_k(z) = \sum_{(n,m) \neq (0,0)} \frac{1}{(nz+m)^k} = 2\zeta(k) + 2 \sum_{n=1}^{\infty} \sum_{m \in \mathbb{Z}} \frac{1}{(nz+m)^k}$$

$$= 2\zeta(k) + \frac{2(-2\pi i)^k}{(k-1)!} \sum_{d=1}^{\infty} \sum_{a=1}^{\infty} d^{k-1} q^{ad}$$

$$= 2\zeta(k) + \frac{2(2\pi i)^k}{(k-1)!} \sum_{n=1}^{\infty} \sigma_{k-1}(n) q^n .$$

Damit ist die Proposition bewiesen. $\qquad\qquad\qquad\qquad\qquad\qquad\qquad$ $\square$

Sei f eine modulare Funktion vom Gewicht k. Für $\gamma \in \Gamma$ zeigt die Formel $f(\gamma z) = (cz+d)^k f(z)$, dass die Verschwindungsordnungen von f in z und γz übereinstimmen. Das bedeutet, dass $\mathrm{ord}_z f$ nur vom Bild von z in $\Gamma \backslash \mathbb{H}$ abhängt.

Wir definieren außerdem $\mathrm{ord}_\infty(f)$ als die Verschwindungsordnung von $\tilde{f}(q)$ in $q = 0$, wobei $\tilde{f}(\mathrm{e}^{2\pi i z}) = f(z)$. Schließlich sei für $z \in \mathbb{H}$ die Zahl $2e_z$ die Ordnung der Stabilisatorgruppe von z in Γ, also $e_z = \frac{|\Gamma_z|}{2}$. Es gilt dann

$$e_z = \begin{cases} 2 & z \text{ konjugiert zu } i \bmod(\Gamma) \\ 3 & z \text{ konjugiert zu } \rho = \mathrm{e}^{2\pi i/3} \bmod(\Gamma) \\ 1 & \text{sonst.} \end{cases}$$

Satz 2.2.11 *Sei $f \neq 0$ eine modulare Funktion vom Gewicht k. Dann gilt*

$$\mathrm{ord}_\infty(f) + \sum_{z \in \Gamma \backslash \mathbb{H}} \frac{1}{e_z} \mathrm{ord}_z(f) = \frac{k}{12} .$$

Beweis: Zunächst bemerken wir, dass die Summe sinnvoll ist, d. h., f hat nur endlich viele Null- und Polstellen modulo Γ. In der Tat, in $\Gamma \backslash \mathbb{H}$ können sich diese nicht häufen nach dem Identitätssatz. Aber auch bei ∞ können sie sich nicht häufen, da f auch bei ∞ meromorph ist.

Wir schreiben die Behauptung als

$$\mathrm{ord}_\infty(f) + \frac{1}{2} \mathrm{ord}_i(f) + \frac{1}{3} \mathrm{ord}_\rho(f) + \sum_{\substack{z \in \Gamma \backslash \mathbb{H} \\ z \neq i, \rho}} \mathrm{ord}_z(f) = \frac{k}{12} .$$

Sei D der Fundamentalbereich von Γ wie in Abschn. 2.1. Wir integrieren die Funktion $\frac{1}{2\pi i}\frac{f'}{f}$ über den Rand von D wie in folgendem Bild.

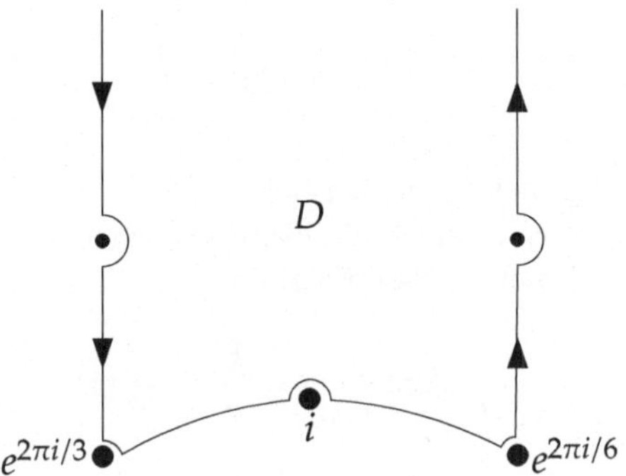

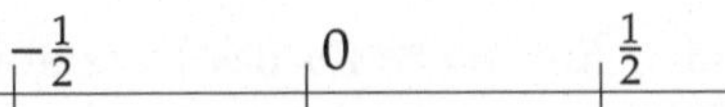

Nehmen wir zunächst an, dass f keine Null oder Polstellen auf dem Rand von D hat außer vielleicht in i oder $\rho, -\overline{\rho}$. Sei γ der positiv orientierte Rand von D, bis auf $i, \rho, -\overline{\rho}$, denen wir auf Kreissegmente nach innen von D ausweichen, wie im Bild ersichtlich, sowie die Strecke $\frac{1}{2} + iT, -\frac{1}{2} + iT$ für ein $T > 0$, dass größer ist als jeder Imaginärteil eines Poles von f. Es folgt

$$\frac{1}{2\pi i}\int_\gamma \frac{f'}{f} = \sum_{\substack{z \in \Gamma \backslash \mathbb{H} \\ z \neq i,\rho}} \operatorname{ord}_z(f)\,.$$

Andererseits:

(a) Die Substitution $q = e^{2\pi i z}$ transformiert die Strecke $\frac{1}{2} + iT, -\frac{1}{2} + iT$ in einen Kreis ω um $q = 0$ von negativer Orientierung. Also

$$\frac{1}{2\pi i}\int_{\frac{1}{2}+iT}^{-\frac{1}{2}+iT} \frac{f'}{f} = \frac{1}{2\pi i}\int_\omega \frac{f'}{f} = -\operatorname{ord}_\infty(f)\,.$$

(b) Das Kreissegment $k(\rho)$ um ρ hat Radius $\frac{2\pi}{6}$, also gilt nach Aufgabe 2.4:

$$\frac{1}{2\pi i}\int_{k(\rho)} \frac{f'}{f} \to -\frac{1}{6}\operatorname{ord}_\rho(f)\,,$$

wenn der Radius des Kreissegmentes gegen Null geht. Ebenso mit den Kreissegmenten $k(i)$ und $k(-\bar{\rho})$,

$$\frac{1}{2\pi i} \int_{k(i)} \frac{f'}{f} \;\to\; -\frac{1}{2}\operatorname{ord}_i(f), \qquad \frac{1}{2\pi i} \int_{k(-\bar{\rho})} \frac{f'}{f} \;\to\; -\frac{1}{6}\operatorname{ord}_\rho(f)\,.$$

(c) Die senkrechten Wegintegrale heben sich auf.

(d) Die beiden Segmente s_1, s_2 des Einheitskreises gehen durch die Transformation $z \mapsto Sz = -z^{-1}$ ineinander über. Es gilt

$$\frac{f'}{f}(Sz)S'(z) = \frac{k}{z} + \frac{f'}{f}(z)\,.$$

Also

$$\frac{1}{2\pi i}\int_{s_1} \frac{f'}{f} + \frac{1}{2\pi i}\int_{s_2} \frac{f'}{f} = \frac{1}{2\pi i}\int_{s_1} \left(\frac{f'}{f}(z) - \frac{f'}{f}(Sz)S'(z)\right)\,\mathrm{d}z$$

$$= -\frac{1}{2\pi i}\int_{s_1} \frac{k}{z}\,\mathrm{d}z \;\to\; \frac{k}{12}\,.$$

Vergleicht man die beiden Ausdrücke für das Integral und macht den Grenzübergang, so folgt die Behauptung.

Hat f weitere Pole oder Nullstellen auf dem Rand, modifiziert man den Weg γ, so dass der diese umgeht. $\qquad\qquad\qquad\qquad\qquad\qquad\qquad\qquad\square$

Sei $\mathcal{M}_k = \mathcal{M}_k(\Gamma)$ der komplexe Vektorraum der Modulformen vom Gewicht k und S_k der Raum der Spitzenformen vom Gewicht k. Dann ist $S_k \subset \mathcal{M}_k$ der Kern der linearen Abbildung $f \mapsto f(\infty)$.

Beachte, dass eine holomorphe Funktion f auf $\mathbb{H}$ mit $f|_k\gamma = f$ für jedes $\gamma \in \Gamma$ genau dann in $\mathcal{M}_k$ liegt, wenn der Limes

$$\lim_{\operatorname{Im}(z)\to\infty} f(z)$$

existiert.

In der Differentialgleichung der $\wp$-Funktion erscheinen die Koeffizienten

$$g_4 = 60G_4, \qquad g_6 = 140G_6\,.$$

Es folgt $g_4(\infty) = 120\zeta(4)$ und $g_6(\infty) = 280\zeta(6)$. Nach Proposition 1.5.2 gilt

$$\zeta(4) = \frac{\pi^4}{90}, \quad \text{und} \quad \zeta(6) = \frac{\pi^6}{945}\,.$$

Also folgt mit

$$\Delta = g_4^3 - 27g_6^2,$$

dass $\Delta(\infty) = 0$, d. h., Δ ist eine Spitzenform vom Gewicht 12.

> **Satz 2.2.12** *Sei k eine gerade ganze Zahl.*
>
> (a) *Für $k < 0$ und $k = 2$ ist $\mathcal{M}_k = 0$.*
> (b) *Für $k = 0, 4, 6, 8, 10$ ist $\mathcal{M}_k$ ein eindimensionaler Vektorraum mit Basis $1, G_4, G_6, G_8, G_{10}$. In diesen Fällen ist $S_k = 0$.*
> (c) *Multiplikation mit Δ definiert einen Isomorphismus*
>
> $$\mathcal{M}_{k-12} \xrightarrow{\cong} S_k .$$

Beweis: Sei $f \in \mathcal{M}_k$ nicht Null. Alle Terme links in der Gleichung

$$\operatorname{ord}_\infty(f) + \frac{1}{2}\operatorname{ord}_i(f) + \frac{1}{3}\operatorname{ord}_\rho(f) + \sum_{\substack{z \in \Gamma \backslash \mathbb{H} \\ z \neq i, \rho}} \operatorname{ord}_z(f) = \frac{k}{12}$$

sind ≥ 0. Daher ist $k \geq 0$ und auch $k \neq 2$, denn $1/6$ kann nicht in der Form $a + b/2 + c/3$ geschrieben werden mit $a, b, c \in \mathbb{N}_0$. Damit ist (a) bewiesen.

Ist $0 \leq k < 12$, dann muss $\operatorname{ord}_\infty(f) = 0$ sein und daher folgt $S_k = 0$ und damit $\dim \mathcal{M}_k \leq 1$. Damit folgt (b).

Die Funktion Δ hat Gewicht 12, also $k = 12$. Sie ist eine Spitzenform, also $\operatorname{ord}_\infty(\Delta) > 0$. Es folgt, dass $\operatorname{ord}_\infty(\Delta) = 1$ und dass Δ keine weiteren Nullstellen hat. Die Multiplikation mit Δ ist injektiv und für $0 \neq f \in S_k$ ist $f/\Delta \in \mathcal{M}_{k-12}$, also ist die Multiplikation mit Δ auch surjektiv. $\qquad\square$

Korollar 2.2.13 (a) *Es gilt*

$$\dim \mathcal{M}_k = \begin{cases} [k/12] & k \equiv 2 \bmod 12,\ k \geq 0 \\ [k/12] + 1 & k \not\equiv 2 \bmod 12,\ k \geq 0. \end{cases}$$

(b) *Der Raum $\mathcal{M}_k$ hat als Basis die Familie von Monomen $G_4^m G_6^n$ wobei $m, n \in \mathbb{N}_0$ und $4m + 6n = k$.*

Beweis: (a) ist klar nach Satz 2.2.12. Für (b) zeigen wir zunächst, dass die Monome die Räume erzeugen. Dies ist in Satz 2.2.12 enthalten für $k \leq 6$. Für $k \geq 8$ gehen wir induktiv vor. Wähle $m, n \in \mathbb{N}_0$ so dass $4m + 6n = k$ gilt. Die Modulform $g = G_4^m G_6^n$ erfüllt $g(\infty) \neq 0$. Für $f \in \mathcal{M}_k$ existiert also ein $\lambda \in \mathbb{C}$ so dass $f - \lambda g$ eine Spitzenform ist, also gleich Δh für ein $h \in \mathcal{M}_{k-12}$. Nach Induktionsvoraussetzung ist h im Span der Monome, damit auch f.

Es bleibt zu zeigen, dass die Monome linear unabhängig sind. Wäre dem nicht so, so würde die Funktion G_4^3/G_6^2 eine nichttriviale polynomiale Gleichung über $\mathbb{C}$ erfüllen, wäre also konstant. Dies ist aber unmöglich, denn mit der Ordnungsformel aus Satz 2.2.11 sieht man, dass G_4 in ρ verschwindet, G_6 aber nicht. $\qquad\square$

Sei $M = \bigoplus_{k=0}^{\infty} \mathcal{M}_k$ die graduierte Algebra der Modulformen, dann kann man das Korollar auch so formulieren, dass die Abbildung

$$\mathbb{C}[X, Y] \to M, \qquad X \mapsto G_4, \quad Y \mapsto G_6$$

ein Isomorphismus von $\mathbb{C}$-Algebren ist.

Wir haben gesehen, dass

$$G_k(z) = 2\zeta(k) + 2\frac{(2\pi i)^k}{(k-1)!} \sum_{n=1}^{\infty} \sigma_{k-1}(n)q^n ,$$

wobei $\sigma_k(n) = \sum_{d\mid n} d^k$. Sei nun $E_k(z) = G_k(z)/(2\zeta(k))$, mit $\gamma_k = (-1)^{k/2}\frac{2k}{B_{k/2}}$ gilt also

$$E_k(z) = 1 + \gamma_k \sum_{n=1}^{\infty} \sigma_{k-1}(n)q^n .$$

Beispiele.

$$E_4 = 1 + 240 \sum_{n=1}^{\infty} \sigma_3(n)q^n \qquad E_6 = 1 - 504 \sum_{n=1}^{\infty} \sigma_5(n)q^n$$

$$E_8 = 1 + 480 \sum_{n=1}^{\infty} \sigma_7(n)q^n \qquad E_{10} = 1 - 264 \sum_{n=1}^{\infty} \sigma_9(n)q^n$$

$$E_{12} = 1 + \frac{65520}{691} \sum_{n=1}^{\infty} \sigma_{11}(n)q^n .$$

Bemerkung. Da die Räume der Modulformen vom Gewicht 8 und 10 Dimension 1 haben, folgt sofort

$$E_4^2 = E_8, \quad E_4 E_6 = E_{10} .$$

Dies ist äquivalent zu

$$\sigma_7(n) = \sigma_3(n) + 120 \sum_{m=1}^{n-1} \sigma_3(m)\sigma_3(n-m)$$

und

$$11\sigma_9(n) = 21\sigma_5(n) - 10\sigma_3(n) + 5040 \sum_{m=1}^{n-1} \sigma_3(m)\sigma_5(n-m) .$$

2.3 Abschätzung der Fourier-Koeffizienten

Wir wollen den Modulformen sogenannte L-Funktionen zuordnen, indem wir ihre Fourier-Koeffizienten in Dirichlet-Reihen einspeisen. Um zu zeigen, dass diese Dirichlet-Reihen konvergieren, müssen wir das Wachstum der Fourier-Koeffizienten kontrollieren. Sei

$$f(z) \;=\; \sum_{n=0}^{\infty} a_n q^n, \quad q = \mathrm{e}^{2\pi i z}$$

eine Modulform vom Gewicht k, $k \geq 4$.

Proposition 2.3.1 *Ist $f = G_k$, dann wachsen die Koeffizienten a_n wie n^{k-1}. Genauer: es existieren* $\mathrm{A}, \mathrm{B} > 0$ *mit*

$$\mathrm{A}n^{k-1} \;\leq\; |a_n| \;\leq\; \mathrm{B}n^{k-1}.$$

Beweis: Es gibt eine Konstante $\mathrm{A} > 0$ so dass für $n \geq 1$ gilt $|a_n| = \mathrm{A}\sigma_{k-1}(n) \geq \mathrm{A}n^{k-1}$. Auf der anderen Seite:

$$\frac{|a_n|}{n^{k-1}} \;=\; \mathrm{A}\sum_{d\,|\,n}\frac{1}{d^{k-1}} \;\leq\; \mathrm{A}\sum_{d=1}^{\infty}\frac{1}{d^{k-1}} \;=\; \mathrm{A}\zeta(k-1) \;<\; \infty. \qquad \square$$

Satz 2.3.2 (Hecke) *Ist f eine Spitzenform vom Gewicht k, dann gilt*

$$a_n \;=\; O(n^{k/2}).$$

Beweis: Da f eine Spitzenform ist, gilt $f(z) = O(q) = O(\mathrm{e}^{-2\pi y})$ für $q \to 0$ oder $y \to \infty$. Sei $\phi(z) = y^{k/2}|f(z)|$. Dann folgt, dass ϕ invariant unter Γ ist. Ferner ist ϕ stetig und $\phi(z) \to 0$ für $y \to \infty$. Also ist ϕ beschränkt, es existiert also eine Konstante $\mathrm{C} > 0$ mit $|f(z)| \leq \mathrm{C}y^{-k/2}$. Es gilt $a_n = \int_0^1 f(x + iy)q^{-n}\,\mathrm{d}x$, damit also $|a_n| \leq \mathrm{C}y^{-k/2}\mathrm{e}^{2\pi n y}$. Diese Abschätzung gilt für jedes $y > 0$. Für $y = 1/n$ erhält man $|a_n| \leq \mathrm{e}^{2\pi}\mathrm{C}n^{k/2}$. $\qquad \square$

Bemerkung. Der Exponent kann verbessert werden. Deligne hat gezeigt, dass für eine Spitzenform gilt

$$a_n \;=\; O\left(n^{\frac{k}{2}-\frac{1}{2}+\varepsilon}\right)$$

für jedes $\varepsilon > 0$.

Korollar 2.3.3 *Für jede Funktion $f \in \mathcal{M}_k(\Gamma)$ mit Fourier-Entwicklung $f(z) = \sum_{n=0}^{\infty} a_n \mathrm{e}^{2\pi i n z}$ gilt*

$$a_n \;=\; O(n^{k-1}).$$

Beweis: Dies folgt aus Korollar 2.2.13, sowie Proposition 2.3.1 und Satz 2.3.2. $\quad \square$

2.4 *L*-Funktionen

In diesem Abschnitt kommen wir zu der Kernfrage, warum Modulformen auch für andere Zweige der Mathematik so wichtig sind. Den Modulformen werden *L*-Funktionen zugeordnet, indem man ihre Fourier-Koeffizienten zu Koeffizienten von Dirichlet-Reihen, den sogenannten *L*-Funktionen, macht. Diese *L*-Funktionen sind vermutungsweise universell in dem Sinne, dass *L*-Funktionen, die in ganz anderen Kontexten definiert sind, sich als identisch mit modularen *L*-Funktionen erweisen. Im Beispiel der *L*-Funktionen bestimmter elliptischer Kurven ist dies von Andrew Wiles bewiesen worden und war die Grundlage für seinen Beweis von Fermats letztem Satz [35].

Definition 2.4.1 Sei f eine Spitzenform vom Gewicht k. Dann hat f eine Fourier-Entwicklung

$$f(z) = \sum_{n=1}^{\infty} a_n e^{2\pi i n z} \, .$$

Sei

$$L(f,s) = \sum_{n=1}^{\infty} a_n \frac{1}{n^s}, \quad s \in \mathbb{C}$$

die *L-Reihe* oder *L-Funktion* zu f.

Lemma 2.4.2 *Die Reihe $L(f,s)$ konvergiert lokal-gleichmäßig absolut im Bereich* $\mathrm{Re}(s) > \frac{k}{2} + 1$.

Beweis: In Satz 2.3.2 haben wir gezeigt, dass $a_n = O(n^{k/2})$. Dann ist $a_n n^{-s} = O(n^{\frac{k}{2} - \mathrm{Re}(s)})$. Damit folgt die Behauptung. $\square$

Definition 2.4.3 Die *Gamma Funktion* ist für $\mathrm{Re}(z) > 0$ definiert durch das Integral

$$\Gamma(z) = \int_0^{\infty} e^{-t} t^{z-1} \, \mathrm{d}t \, .$$

Lemma 2.4.4 *Das Gamma-Integral konvergiert lokal gleichmäßig absolut im Bereich* $\mathrm{Re}(z) > 0$ *und definiert dort eine holomorphe Funktion. Sie erfüllt die Funktionalgleichung*

$$\Gamma(z+1) = z\Gamma(z) \, .$$

Die Gamma-Funktion kann zu einer meromorphen Funktion auf $\mathbb{C}$ mit einfachen Polen in $z = -n$, $n \in \mathbb{N}_0$ fortgesetzt werden. Das Residuum in $z = -n$ ist $\frac{(-1)^n}{n!}$. Ansonsten ist $\Gamma(z)$ holomorph.

Beweis: Da e^{-t} schneller fällt als jede Potenz von t, konvergiert das Integral $\int_1^\infty e^{-t} t^{z-1}\, dt$ für jedes $z \in \mathbb{C}$, und zwar lokal-gleichmäßig. Für $0 < t < 1$ ist der Integrand $\leq t^{\mathrm{Re}(z)-1}$, also konvergiert das Integral $\int_0^1 e^{-t} t^{z-1}\, dt$ lokal-gleichmäßig für $\mathrm{Re}(z) > 0$. Da $z t^{z-1}$ die Ableitung von t^z ist, rechnet man mit Hilfe von partieller Integration:

$$z\Gamma(z) \;=\; \int_0^\infty e^{-t} (t^z)'\, dt \;=\; \underbrace{-e^{-t} t^z \big|_0^\infty}_{=0} + \underbrace{\int_0^\infty e^{-t} t^z\, dt}_{=\Gamma(z+1)}\,.$$

Nun ist $\Gamma(z)$ holomorph in $\mathrm{Re}(z) > 0$. Die Formel $\Gamma(z) = \frac{1}{z}\Gamma(z+1)$ setzt dann $\Gamma(z)$ nach $\mathrm{Re}(z) > -1$ mit einem einfachen Pol bei $z = 0$ vom Residuum $\Gamma(1) = \int_0^\infty e^{-t}\, dt = 1$ fort. Die weitere meromorphe Fortsetzung erhält man durch Iteration dieses Argumentes. $\qquad\square$

Satz 2.4.5 *Sei f eine Spitzenform vom Gewicht k. Dann hat die L-Funktion $L(f,s)$ eine analytische Fortsetzung zu einer ganzen Funktion. Die Funktion*

$$\Lambda(f,s) \overset{\mathrm{def}}{=} (2\pi)^{-s} \Gamma(s) L(f,s)$$

ist ebenfalls ganz und erfüllt die Funktionalgleichung

$$\Lambda(f,s) \;=\; (-1)^{k/2} \Lambda(f, k-s)\,.$$

Die Funktion $\Lambda(f,s)$ ist auf jedem Vertikalstreifen beschränkt, d. h., für jedes $T > 0$ existiert ein $C_T > 0$ so dass $|\Lambda(f,s)| \leq C_T$ für jedes $s \in \mathbb{C}$ mit $|\mathrm{Re}(s)| \leq T$ gilt.

Beweis: Sei $f(z) = \sum_{n=1}^\infty a_n q^n$. Nach Satz 2.3.2 gibt es eine Konstante $C > 0$ so dass $|a_n| \leq C n^{k/2}$ gilt für jedes $n \in \mathbb{N}$. Daher ist für $y \geq \varepsilon$, wobei $\varepsilon > 0$ gegeben ist:

$$|f(iy)| \;=\; \left| \sum_{n=1}^\infty a_n e^{-2\pi n y} \right| \;\leq\; C \sum_{n=1}^\infty n^{k/2} e^{-2\pi n y} \;\leq\; D e^{-\pi y}\,,$$

wobei $D = C \sum_{n=1}^\infty n^{k/2} e^{-\varepsilon \pi n} < \infty$. Also ist $f(iy)$ schnell fallend für $y \geq \varepsilon$. Dasselbe gilt auch für die Funktion $y \mapsto \sum_{n=1}^\infty |a_n| e^{-2\pi y n}$. Wir erhalten also für jedes $s \in \mathbb{C}$,

$$\int_\varepsilon^\infty \sum_{n=1}^\infty |a_n| e^{-2\pi y n} |y^{s-1}|\, dy \;<\; \infty\,.$$

Wir dürfen also im Folgenden wegen absoluter Konvergenz für Integration und Summation vertauschen:

$$\int_\varepsilon^\infty f(iy) y^{s-1}\,\mathrm{d}y = \int_\varepsilon^\infty \sum_{n=1}^\infty a_n e^{-2\pi ny} y^{s-1}\,\mathrm{d}y$$

$$= \sum_{n=1}^\infty a_n \int_\varepsilon^\infty e^{-2\pi ny} y^{s-1}\,\mathrm{d}y$$

$$= \sum_{n=1}^\infty a_n (2\pi n)^{-s} \int_\varepsilon^\infty e^{-y} y^{s-1}\,\mathrm{d}y\,.$$

Für $\mathrm{Re}(s) > \frac{k}{2} + 1$ konvergiert die rechte Seite gegen

$$(2\pi)^{-s}\Gamma(s)L(f,s) \;=\; \Lambda(f,s)\,,$$

wenn ε gegen Null geht. Andererseits gilt $f(i\frac{1}{y}) \;=\; f(-\frac{1}{iy}) \;=\; (yi)^k f(iy)$, so dass auch $f(i/y)$ schnell fallend ist. Daher konvergiert die linke Seite gegen $\int_0^\infty f(iy) y^{s-1}\,\mathrm{d}y$, wenn $\varepsilon \to 0$. Zusammen folgt für $\mathrm{Re}(s) > \frac{k}{2} + 1$, dass

$$\int_0^\infty f(iy) y^{s-1}\,\mathrm{d}y \;=\; \Lambda(f,s)\,.$$

Wir schreiben das Integral als Summe $\int_0^1 + \int_1^\infty$. Da $f(iy)$ schnell fallend ist, konvergiert das Integral $\Lambda_1(f,s) \;=\; \int_1^\infty f(iy) y^{s-1}\,\mathrm{d}y$ für jedes $s \in \mathbb{C}$ und definiert daher eine ganze Funktion. Wegen

$$|\Lambda_1(f,s)| \;\le\; \int_1^\infty |f(iy)| y^{\mathrm{Re}(s)-1}\,\mathrm{d}y,$$

ist die Funktion $\Lambda_1(f,s)$ auf allen Vertikalstreifen beschränkt.

Für das zweite Integral gilt

$$\Lambda_2(f,s) = \int_0^1 f(iy) y^s \frac{\mathrm{d}y}{y} \;=\; \int_1^\infty f\left(i\frac{1}{y}\right) y^{-s} \frac{\mathrm{d}y}{y} \;=\; (-1)^{k/2} \int_1^\infty f(iy) y^{k-s} \frac{\mathrm{d}y}{y},$$

also $\Lambda_2(f,s) = (-1)^{k/2}\Lambda_1(f,k-s)$. Damit folgt die Behauptung. $\square$

Satz 2.4.6 (Heckes Umkehrsatz) *Sei a_n eine Folge in $\mathbb{C}$ so dass die Dirichlet-Reihe $L(s) = \sum_{n=1}^{\infty} a_n n^{-s}$ für $\mathrm{Re}(s) > C$ konvergiert für ein $C \in \mathbb{R}$. Falls die Funktion $\Lambda(s) = (2\pi)^{-s}\Gamma(s)L(s)$ sich zu einer ganzen Funktion fortsetzt, die die Funktionalgleichung*

$$\Lambda(s) = (-1)^{k/2}\Lambda(k - s)$$

erfüllt, dann gibt es eine Spitzenform $f \in S_k$ mit $L(s) = L(f, s)$.

Beweis: Wir machen eine Anleihe aus der Analysis in Form der Inversionsformel der Fourier-Transformation: Für $f \in L^1(\mathbb{R})$ sei

$$\hat{f}(y) = \int_{\mathbb{R}} f(x)\mathrm{e}^{-2\pi i x y}\,\mathrm{d}x\,.$$

Ist f zweimal stetig differenzierbar so dass $f, f', f'' \in L^1(\mathbb{R})$, dann ist $\hat{f}(y) = O((1 + |y|)^{-2})$, also ist $\hat{f} \in L^1(\mathbb{R})$. Es gilt dann die *Fourier-Inversionsformel*:

$$\hat{\hat{f}}(x) = f(-x)\,.$$

Einen Beweis findet man in jedem der Bücher [7, 27, 32]. Wir benutzen diese Aussage nun zum Beweis der Mellin-Inversionsformel.

Satz 2.4.7 (Mellin-Inversionsformel) *Sei g zweimal stetig differenzierbar auf dem Intervall $(0, \infty)$ und für ein $c \in \mathbb{R}$ gelte*

$$x^c g(x), x^{c+1}g'(x), x^{c+2}g''(x) \in L^1\left(\mathbb{R}_+, \frac{\mathrm{d}x}{x}\right)\,.$$

Dann existiert die Mellin Transformation

$$\mathcal{M}g(s) \stackrel{\text{def}}{=} \int_0^{\infty} x^s g(x)\frac{\mathrm{d}x}{x}$$

für $\mathrm{Re}(s) = c$, es gilt $\mathcal{M}g(c + it) = O((1 + |t|)^{-2})$, sowie

$$g(x) = \frac{1}{2\pi i} \int_{c-i\infty}^{c+i\infty} x^{-s}\,\mathcal{M}g(s)\,\mathrm{d}s\,.$$

Beweis: Sei $\mathrm{Re}(s) = c$. Wir schreiben dann $s = c - 2\pi i y$ für ein $y \in \mathbb{R}$. Substituieren wir $x = \mathrm{e}^t$, so erhalten wir

$$\mathcal{M}g(s) \;=\; \int_{\mathbb{R}} \mathrm{e}^{st} g(\mathrm{e}^t)\, \mathrm{d}t \;=\; \int_{\mathbb{R}} \mathrm{e}^{ct} g(\mathrm{e}^t)\, \mathrm{e}^{-2\pi i y t}\, \mathrm{d}t \;=\; \hat{F}(y),$$

für $F(t) = \mathrm{e}^{ct} g(\mathrm{e}^t)$. Aus den Voraussetzungen folgt, dass F zweimal stetig differenzierbar ist und dass $F, F', F'' \in L^1(\mathbb{R})$ gilt. Ferner ist $\hat{F}(y) = \mathcal{M}g(c - 2\pi i y)$. Daher folgt nach der Fourier-Inversionsformel:

$$\mathrm{e}^{ct} g(\mathrm{e}^t) \;=\; F(t) \;=\; \hat{\hat{F}}(-t) \;=\; \int_{\mathbb{R}} \hat{F}(y) \mathrm{e}^{2\pi i y t}\, \mathrm{d}y$$

$$=\; \int_{\mathbb{R}} \mathcal{M}g(c - 2\pi i y) \mathrm{e}^{2\pi i y t}\, \mathrm{d}y$$

$$=\; \frac{\mathrm{e}^{ct}}{2\pi i} \int_{c-i\infty}^{c+i\infty} \mathcal{M}g(s)\, \mathrm{e}^{-st}\, \mathrm{d}s.$$

Damit ist der Satz bewiesen. $\square$

Wir beweisen nun Heckes Umkehrsatz. Sei also a_n eine Folge in $\mathbb{C}$ so dass die Dirichlet-Reihe $L(s) = \sum_{n=1}^{\infty} a_n n^{-s}$ für $\mathrm{Re}(s) > C$ konvergiert für ein $C \in \mathbb{R}$. Wir definieren

$$f(z) \;=\; \sum_{n=1}^{\infty} a_n \mathrm{e}^{2\pi i n z}.$$

Es gibt ein $N \in \mathbb{N}$ so dass für $\mathrm{Re}(s) \geq N$ die Dirichlet-Reihe $L(s)$ absolut konvergiert. Daher ist $a_n = O(n^N)$, also konvergiert die Reihe $f(z)$ lokal gleichmäßig in $\mathbb{H}$ und definiert eine holomorphe Funktion auf $\mathbb{H}$. Wir müssen zeigen, dass f eine Spitzenform vom Gewicht k ist. Da Γ von S und T erzeugt wird, reicht es, zu zeigen $f(-1/z) = z^k f(z)$. Da f holomorph ist, reicht es nach dem Identitätssatz, zu zeigen dass $f(i/y) = (iy)^k f(iy)$ für $y > 0$ gilt.

Zunächst wollen wir zeigen, dass die Mellin-Transformation der Funktion $g(y) = f(iy)$ existiert und dass die Mellin-Inversionsformel gilt. Es gilt

$$|f(iy)| \;=\; \left| \sum_{n=1}^{\infty} a_n \mathrm{e}^{-2\pi n y} \right| \;\leq\; \text{konst.} \underbrace{\sum_{n=1}^{\infty} n^N \mathrm{e}^{-2\pi n y}}_{= g_N(y)}.$$

Sei nun

$$g_0(y) = \sum_{n=0}^{\infty} \mathrm{e}^{-2\pi n y} \;=\; \frac{1}{1 - \mathrm{e}^{-2\pi y}} \;=\; \frac{1}{2\pi y} + h(y)$$

für ein in $y = 0$ holomorphes h. Dann ist

$$g_N(y) = \frac{1}{(-2\pi)^N} g_0^{(N)}(y) = \frac{c_1}{y^{N+1}} + h^{(N)}(y),$$

also $|g_N(y)| \leq \frac{C}{y^{N+1}}$ für $y \to 0$. Damit gilt dieselbe Abschätzung für $f(iy)$. Für $y > 1$ ist $|f(iy)|$ kleiner als eine Konstante mal

$$g_N(y) = \sum_{n=1}^{\infty} n^N e^{-2\pi ny} \leq e^{-2\pi(y-1)} \sum_{n=1}^{\infty} n^N e^{-2\pi n} = e^{-2\pi y} e^{2\pi} g_N(1).$$

Also ist $f(iy)$ schnell fallend für $y \to \infty$. Dieselben Abschätzungen gelten auch für jede Ableitung von f, wobei eventuell N vergrößert werden muss. Damit konvergiert das Mellin-Integral $\mathcal{M}g(s)$ für $\mathrm{Re}(s) > N+1$ und da $f(iy)$ schnell fallend ist für $y \to \infty$, sind auch die Voraussetzungen der Mellin-Inversionsformel erfüllt.

Nach der Mellin-Inversionsformel gilt für jedes $c > N + 1$,

$$f(iy) = \frac{1}{2\pi i} \int_{c-i\infty}^{c+i\infty} \Lambda(s) y^{-s} \, ds.$$

Wir brauchen ein klassisches Resultat der komplexen Analysis, welches seinerseits aus dem Maximum-Prinzip folgt.

Lemma 2.4.8 (Phragmen-Lindelöf Prinzip) *Sei $\phi(s)$ eine holomorphe Funktion auf dem Streifen $a \leq \mathrm{Re}(s) \leq b$ für reelle Zahlen $a < b$. Für jedes $a \leq \sigma \leq b$ gelte $\phi(\sigma + it) = O(e^{|t|^{\alpha}})$ für ein $\alpha > 0$. Es gebe ein $M \in \mathbb{R}$ mit $\phi(\sigma + it) = O((1 + |t|)^M)$ für $\sigma = a$ und $\sigma = b$. Dann gilt $\phi(\sigma + it) = O((1 + |t|)^M)$ gleichmäßig für alle $\sigma \in [a, b]$.*

Beweis: Siehe etwa [6], Kapitel VI, oder [30, 31]. $\square$

Wir wenden dieses Prinzip auf den Fall $\phi = \Lambda$ und $a = k - c$ sowie $b = c$ an. Wir verschieben den Integralweg nach $\mathrm{Re}(s) = c' = k - c$, wo das Integral nach der Funktionalgleichung ja auch konvergiert. Diese Verschiebung ist möglich nach dem Phragmen-Lindelöf Prinzip. Es folgt

$$f(iy) = \frac{1}{2\pi i} \int_{k-c-i\infty}^{k-c+i\infty} \Lambda(s) y^{-s} \, ds = \frac{(-1)^{k/2}}{2\pi i} \int_{k-c-i\infty}^{k-c+i\infty} \Lambda(k-s) y^{-s} \, ds$$

$$= \frac{(-1)^{k/2}}{2\pi i} \int_{c-i\infty}^{c+i\infty} \Lambda(s) y^{s-k} \, ds = (iy)^{-k} f(i/y).$$

$\square$

2.5 Hecke-Operatoren

Wir führen die Hecke-Operatoren ein, die durch Summation über Nebenklassen von Matrizen fester Determinante entstehen. Später werden wir eine Interpretation dieser Operatoren in adelischem Rahmen kennenlernen.

Sei $n \in \mathbb{N}$ und sei M_n die Menge aller Matrizen in $\mathrm{M}_2(\mathbb{Z})$ mit Determinante n. Wir lassen die Gruppe $\Gamma = \mathrm{SL}_2(\mathbb{Z})$ durch Multiplikation von links auf M_n operieren.

Lemma 2.5.1 *Die Menge M_n zerfällt in endlich viele Γ-Bahnen unter der Multiplikation von links. Genauer ist die Menge*

$$R_n = \left\{ \begin{pmatrix} a & b \\ & d \end{pmatrix} : a, d \in \mathbb{N},\ ad = n,\ 0 \leq b < d \right\}$$

ein Vertretersystem von $\Gamma \backslash M_n$.

Schreibweise: Hier und im Rest des Buches benutzen wir die Konvention, dass wir den Eintrag Null in einer Matrix weglassen können, d. h., $\begin{pmatrix} a & b \\ & d \end{pmatrix}$ steht für die Matrix $\begin{pmatrix} a & b \\ 0 & d \end{pmatrix}$.

Beweis: Wir müssen zeigen, dass jede Γ-Bahn die Menge R_n in genau einem Element trifft. Hierzu sei $\begin{pmatrix} a & b \\ c & d \end{pmatrix} \in M_n$. Für $x \in \mathbb{Z}$ ist

$$\begin{pmatrix} 1 & \\ x & 1 \end{pmatrix} \begin{pmatrix} a & b \\ c & d \end{pmatrix} = \begin{pmatrix} a & b \\ c + ax & d + bx \end{pmatrix}.$$

Man kann also, modulo Γ, annehmen, dass $0 \leq c < |a|$ gilt. Wegen

$$\begin{pmatrix} & -1 \\ 1 & \end{pmatrix} \begin{pmatrix} a & b \\ c & d \end{pmatrix} = \begin{pmatrix} -c & -d \\ a & b \end{pmatrix}$$

kann man abwechselnd a und c (bis aufs Vorzeichen) vertauschen und reduzieren, so dass man schließlich $c = 0$ erhält. Wir haben also gezeigt, dass jede Γ-Bahn ein Element der Form $\begin{pmatrix} a & b \\ & d \end{pmatrix}$ enthält. Es ist dann $ad = \det = n$ und da $-1 \in \Gamma$, kann man $a, d \in \mathbb{N}$ annehmen. Wegen

$$\begin{pmatrix} 1 & x \\ & 1 \end{pmatrix} \begin{pmatrix} a & b \\ & d \end{pmatrix} = \begin{pmatrix} a & b + \mathrm{d}x \\ & d \end{pmatrix}$$

kann man schließlich verlangen $0 \leq b < d$, also trifft jede Γ-Bahn die Menge R_n. Bleibt zu zeigen, dass zwei Elemente in R_n, die in derselben Γ-Bahn liegen, gleich sind. Seien hierzu $\begin{pmatrix} a & b \\ & d \end{pmatrix}, \begin{pmatrix} a' & b' \\ & d' \end{pmatrix} \in R_n$ in derselben Γ-Bahn. Dann gibt es ein $\begin{pmatrix} x & y \\ z & w \end{pmatrix} \in \Gamma$ mit

$$\begin{pmatrix} a' & b' \\ & d' \end{pmatrix} = \begin{pmatrix} x & y \\ z & w \end{pmatrix} \begin{pmatrix} a & b \\ & d \end{pmatrix} = \begin{pmatrix} * & * \\ az & * \end{pmatrix}.$$

Da $a \neq 0$, folgt $z = 0$. Dann ist $xw = 1$, also $x = w = \pm 1$. Wegen

$$\begin{pmatrix} x & y \\ & w \end{pmatrix} \begin{pmatrix} a & b \\ & d \end{pmatrix} = \begin{pmatrix} ax & * \\ * & * \end{pmatrix}$$

ist $a' = ax > 0$, also ist $x > 0$ und damit $x = 1 = w$, also $a' = a$ und $d' = d$. Es gilt dann

$$\begin{pmatrix} a & b' \\ & d \end{pmatrix} = \begin{pmatrix} 1 & y \\ & 1 \end{pmatrix} \begin{pmatrix} a & b \\ & d \end{pmatrix} = \begin{pmatrix} a & b + \mathrm{d}y \\ & d \end{pmatrix},$$

so dass die Bedingung $0 \leq b, b' < d$ schließlich $b = b'$ erzwingt. $\qquad\square$

Sei $\mathrm{GL}_2(\mathbb{R})^+$ die Menge aller $g \in \mathrm{GL}_2(\mathbb{R})$ mit positiver Determinante. Die Gruppe $\mathrm{GL}_2(\mathbb{R})^+$ operiert auf der oberen Halbebene $\mathbb{H}$ via

$$\begin{pmatrix} a & b \\ c & d \end{pmatrix} z = \frac{az + b}{cz + d}.$$

Das Zentrum $\mathbb{R}^\times \left(\begin{smallmatrix} 1 & \\ & 1 \end{smallmatrix} \right)$ operiert trivial.

Für $k \in 2\mathbb{Z}$, eine Funktion f auf $\mathbb{H}$ und $\gamma = \left(\begin{smallmatrix} a & b \\ c & d \end{smallmatrix} \right) \in \mathrm{GL}_2(\mathbb{R})^+$ schreiben wir

$$f|_k \gamma(z) = \det(\gamma)^{k/2} (cz + d)^{-k} f\left(\frac{az + b}{cz + d} \right).$$

Wenn k fixiert ist, schreiben wir auch einfach $f|\gamma(z)$. Beachte, dass die Potenz der Determinante so gewählt wurde, dass das Zentrum von $\mathrm{GL}_2(\mathbb{R})^+$ trivial operiert.

Sei $\Gamma = \mathrm{SL}_2(\mathbb{Z})$. Für $n \in \mathbb{N}$ definieren wir den Hecke-Operator T_n wie folgt.

Definition 2.5.2 Sei V der Vektorraum aller Funktion $f : \mathbb{H} \to \mathbb{C}$ mit $f|\gamma = f$ für jedes $\gamma \in \Gamma$. Wir definieren $T_n : V \to V$ durch

$$T_n f = n^{\frac{k}{2} - 1} \sum_{y : \Gamma \backslash M_n} f|y.$$

Der Faktor $n^{\frac{k}{2} - 1}$ dient zur Normalisierung. Die Summe ist wohldefiniert und endlich, denn $f|\gamma = f$ für jedes $\gamma \in \Gamma$ und $\Gamma \backslash M_n$ ist endlich. Um zu sehen, dass $T_n f$ wieder in V liegt, rechnen wir für $\gamma \in \Gamma$:

$$T_n f|\gamma = n^{\frac{k}{2} - 1} \sum_{y : \Gamma \backslash M_n} (f|y)|\gamma = n^{\frac{k}{2} - 1} \sum_{y : \Gamma \backslash M_n} f|y\gamma$$

$$= n^{\frac{k}{2} - 1} \sum_{y : \Gamma \backslash M_n} f|y = T_n f.$$

Mit Hilfe von Lemma 2.5.1 können wir schreiben

$$T_n f(z) \;=\; n^{k-1} \sum_{\substack{ad=n \\ 0 \le b < d}} d^{-k} f\left(\frac{az+b}{d}\right).$$

Lemma 2.5.3 *Der Hecke-Operator T_n bildet die Räume $\mathcal{M}_k(\Gamma)$ und $S_k(\Gamma)$ in sich ab.*

Beweis: Sei $f \in \mathcal{M}_k(\Gamma)$. Wir haben gerade gezeigt, dass die Funktion $T_n f$ unter Γ invariant ist. Die Funktion $T_n f$ ist holomorph in $\mathbb{H}$. Die Tatsache, dass $T_n f$ wieder eine Modulform ist, wird klar durch die Darstellung

$$T_n f(z) \;=\; n^{k-1} \sum_{\substack{ad=n \\ 0 \le b < d}} d^{-k} f\left(\frac{az+b}{d}\right),$$

Denn mit $f(z)$ konvergiert auch $T_n f(z)$ für $\mathrm{Im}(z) \to \infty$, was nichts anderes bedeutet als $T_n f \in \mathcal{M}_k(\Gamma)$. Ist $f \in S_k(\Gamma)$, so ist der Grenzwert gleich Null und ebenso für $T_n f$, so dass in diesem Fall auch $T_n f$ in $S_k(\Gamma)$ liegt. $\qquad\square$

Proposition 2.5.4 *Die Hecke-Operatoren erfüllen folgende Gleichungen*

- $T_1 = \mathrm{Id}$
- $T_{mn} = T_m T_n$, *falls* $(m,n) = 1$.
- *Für jede Primzahl p und jedes $n \in \mathbb{N}$ gilt* $T_p T_{p^n} = T_{p^{n+1}} + p^{k-1} T_{p^{n-1}}$.

Zusammen folgt, dass stets $T_n T_m = T_m T_n$ gilt, das heißt, die Hecke-Operatoren kommutieren miteinander.

Beweis: Die erste Aussage ist trivial. Für die zweite beachte

$$|R_n| \;=\; \sum_{d \mid n} d \;=\; \sigma_1(n).$$

Sind $m, n \in \mathbb{N}$ teilerfremd, dann folgt $|R_{mn}| = |R_m||R_n|$.

In den folgenden Rechnungen betrachten wir in einer ganzzahligen Matrix $\left(\begin{smallmatrix} a & b \\ & d \end{smallmatrix}\right)$ die Zahl b immer nur modulo d. Mit dieser Maßgabe zeigen wir, dass die Abbildung

$$R_n \times R_m \to R_{mn}, \qquad (A, B) \mapsto AB$$

eine Bijektion ist. Hierzu reicht es, Injektivität zu zeigen. Sei also

$$\begin{pmatrix} aa' & ab' + bd' \\ & dd' \end{pmatrix} = \begin{pmatrix} a & b \\ & d \end{pmatrix}\begin{pmatrix} a' & b' \\ & d' \end{pmatrix} = \begin{pmatrix} \alpha & \beta \\ & \delta \end{pmatrix}\begin{pmatrix} \alpha' & \beta' \\ & \delta' \end{pmatrix}$$

$$= \begin{pmatrix} \alpha\alpha' & \alpha\beta' + \beta\delta' \\ & \delta\delta' \end{pmatrix}.$$

Es folgt $aa' = \alpha\alpha'$ und da $(m,n) = 1$, folgt $a = \alpha$ und $a' = \alpha'$. Ebenso für d und δ. Also haben wir

$$ab' + bd' \equiv a\beta' + \beta d' \bmod(dd').$$

Wir reduzieren modulo d' und erhalten

$$ab' \equiv a\beta' \bmod(d').$$

Als Teiler von n ist a teilerfremd zu d', also folgt $b' \equiv \beta' \bmod(d')$. Analog $b \equiv \beta \bmod d$. Also folgt $R_m R_n = R_{mn}$. Damit

$$T_m T_n f = m^{\frac{k}{2}-1} \sum_{y \in R_m} T_n f | y = (mn)^{\frac{k}{2}-1} \sum_{y \in R_m} \sum_{z \in R_n} f | (yz)$$

$$= (mn)^{\frac{k}{2}-1} \sum_{w \in R_{mn}} f | w = T_{mn} f.$$

Für den letzten Punkt beachte

$$R_p = \left\{ \begin{pmatrix} p & \\ & 1 \end{pmatrix} \right\} \cup \left\{ \begin{pmatrix} 1 & b \\ & p \end{pmatrix} : b \bmod p \right\},$$

sowie

$$R_{p^n} = \left\{ \begin{pmatrix} p^a & x \\ & p^b \end{pmatrix} : \begin{matrix} a,b \geq 0,\ a+b=n \\ x \bmod(p^b) \end{matrix} \right\}.$$

Es folgt

$$R_p R_{p^n} = \left\{ \begin{pmatrix} p^{a+1} & px \\ & p^b \end{pmatrix} \begin{matrix} a,b \geq 0,\ a+b=n \\ x \bmod(p^b) \end{matrix} \right\} \cup \left\{ \begin{pmatrix} p^a & x + yp^b \\ & p^{b+1} \end{pmatrix} : \begin{matrix} a,b \geq 0,\ a+b=n \\ x \bmod(p^b) \\ y \bmod p \end{matrix} \right\}.$$

Die zweite Menge liefert, zusammen mit der Menge $\left\{ \begin{pmatrix} p^{n+1} & \\ & 1 \end{pmatrix} \right\}$ ein Vertretersystem $R_{p^{n+1}}$. Die Summe hierüber liefert den Term $T_{p^{n+1}}$. Die erste Menge minus $\left\{ \begin{pmatrix} p^{n+1} & \\ & 1 \end{pmatrix} \right\}$ ist

$$\left\{ \begin{pmatrix} p^{a+1} & px \\ & p^b \end{pmatrix} : \begin{matrix} a,b \geq 0,\ a+b=n \\ x \bmod(p^b) \\ b \geq 1 \end{matrix} \right\} = \left\{ p \begin{pmatrix} p^a & x \\ & p^{b-1} \end{pmatrix} : \begin{matrix} a,b \geq 0,\ a+b=n \\ x \bmod(p^b) \\ b \geq 1 \end{matrix} \right\}.$$

Sei S diese letzte Menge. Da das zentrale p trivial operiert, gilt

$$(p^{n+1})^{\frac{k}{2}-1} \sum_{y \in S} f | y = (p^{n+1})^{\frac{k}{2}-1} p \sum_{y \in R_{p^{n-1}}} f | y = p^{k-1} T_{p^{n-1}} f. \qquad \square$$

Wir wollen nun herausfinden, wie sich die Anwendung von Hecke-Operatoren auf die Fourier-Entwicklung einer Modulform auswirkt.

Proposition 2.5.5 *Sei* $f(z) = \sum_{m \geq 0} c(m) q^m \in \mathcal{M}_k$ *mit* $q = e^{2\pi i z}$ *und sei* $n \in \mathbb{N}$.
Dann gilt

$$T_n f(z) = \sum_{m \geq 0} \gamma(m) q^m$$

mit

$$\gamma(m) = \sum_{\substack{a \mid (m,n) \\ a \geq 1}} a^{k-1} c\left(\frac{mn}{a^2}\right).$$

Beweis: Es gilt

$$T_n f(z) = n^{k-1} \sum_{\substack{ad=n,\ a \geq 1 \\ 0 \leq b < d}} d^{-k} \sum_{m \geq 0} c(m) e^{2\pi i m (az+b)/d}.$$

Die Summe $\sum_{0 \leq b < d} e^{2\pi i b m/d}$ ist gleich d falls $d \mid m$ und 0 sonst. Wir setzen $m' = m/d$ und erhalten

$$T_n f(z) = n^{k-1} \sum_{\substack{ad=n \\ a \geq 1,\ m' \geq 0}} d^{-k+1} c(m'd) q^{am'}.$$

Nach Potenzen von q sortiert gibt das

$$T_n f(z) = \sum_{\mu \geq 0} q^\mu \sum_{\substack{a \mid (n,\mu) \\ a \geq 1}} a^{k-1} c\left(\frac{\mu n}{a^2}\right).$$

Die Proposition ist bewiesen. $\square$

Die beiden folgenden Korollare sind einfache Konsequenzen der Proposition.

Korollar 2.5.6 *Es gilt* $\gamma(0) = \sigma_{k-1}(n) c(0)$ *und* $\gamma(1) = c(n)$.

Korollar 2.5.7 *Ist* $n = p$ *eine Primzahl, so gilt*

$$\gamma(m) = c(pm) \text{ falls } m \not\equiv 0 \bmod(p),$$
$$\gamma(m) = c(pm) + p^{k-1} c(m/p), \text{ falls } m \equiv 0 \bmod(p).$$

Aus Proposition 2.5.4 wissen wir, dass die verschiedenen Hecke-Operatoren miteinander kommutieren. Mit folgendem Lemma werden wir zeigen, dass sie sich simultan diagonalisieren lassen.

Lemma 2.5.8 *Sei* V *ein endlich-dimensionaler komplexer Vektorraum mit Skalarprodukt. Sei* $E \subset \mathrm{End}(V)$ *eine Menge von selbstadjungierten Operatoren auf* V. *Für je zwei* $S, T \in E$ *gelte* $ST = TS$. *Dann kann man* E *simultan diagonalisieren, d. h. es gibt eine Basis von* V *bezüglich der alle* $T \in E$ *Diagonalgestalt haben.*

Beweis: Wir machen eine Induktion nach der Dimension. Ist $\dim(V) = 1$, so ist die Behauptung klar. Sei also $\dim(V) > 1$ und die Behauptung bekannt für alle Räume kleinerer Dimension.

Sind alle $T \in E$ von der Form $T = \lambda\mathrm{Id}$, so ist nichts zu zeigen. Sei also $T \in E$ nicht von dieser Form. Da T selbstadjungiert ist, ist T diagonalisierbar, also V ist die direkte Summe der Eigenräume von T und die Eigenräume sind echt kleinerer Dimension. Sei $S \in E$ und sei V_λ der T-Eigenraum zum Eigenwert λ. Wir behaupten $S(V_\lambda) \subset V_\lambda$. Sei hierzu $v \in V_\lambda$. Dann gilt

$$T(S(v)) = S(T(v)) = S(\lambda v) = \lambda S(v),$$

also $S(v) \in V_\lambda$. Damit ist V_λ stabil unter allen $S \in E$ und nach Induktionsvoraussetzung hat V_λ eine Basis in der alle $S|_{V_\lambda}$ diagonal sind. Da dies für alle Eigenwerte von T gilt, hat also V eine solche Basis. $\qquad\qquad\square$

Definition 2.5.9 Sei E wie in dem Lemma. Dann hat also V eine Basis $v_1, \dots, v_n$ so dass für jedes $S \in E$ gilt

$$S v_j = \chi_j(S) v_j$$

für ein Skalar $\chi_j(S) \in \mathbb{C}$. Wir sagen, die v_j sind *simultane Eigenvektoren* zu E.

Sei nun $\mathcal{A}$ die *Algebra*, die von E erzeugt wird, d.h. $\mathcal{A}$ ist der Untervektorraum von $\mathrm{End}(V)$ aufgespannt von allen Operatoren der Form $S_1 S_2 \cdots S_m$, wobei $S_1, S_2, \dots, S_m \in E$. Dann sind die v_j simultane Eigenvektoren für ganz $\mathcal{A}$, die χ_j können also erweitert werden zu Abbildungen $\chi_j : \mathcal{A} \to \mathbb{C}$, so dass für jeden Operator in $\mathcal{A}$ die Eigenvektorgleichung $T v_j = \chi_j(T) v$ gilt. Beachte, dass man für $S, T \in \mathcal{A}$ die Gleichung

$$\chi_j(S + T) v_j = (S + T) v_j = S v_j + T v_j = \chi(S) v_j + \chi(T) v_j$$

hat. Also folgt $\chi_j(S + T) = \chi_j(S) + \chi_j(T)$. Ferner gilt $\chi_j(\lambda T) = \lambda \chi_j(T)$ für jedes $\lambda \in \mathbb{C}$, das heißt, jedes χ_j ist eine lineare Abbildung. Mehr noch, es gilt

$$\begin{aligned}
\chi(ST) v_j &= ST v_j = S(T(v_j)) = S(\chi_j(T) v_j) = \chi_j(T) S(v_j) \\
&= \chi_j(T) \chi_j(S) v_j,
\end{aligned}$$

also folgt auch $\chi_J(ST) = \chi_j(S)\chi_j(T)$, d.h., die Abbildung χ_j ist multiplikativ. Zusammen heißt das: jedes χ_j ist ein *Algebrenhomomorphismus* von der Algebra $\mathcal{A}$ nach $\mathbb{C}$.

Satz 2.5.10 (Elementarteilersatz) *Sei $A \in \mathrm{M}_n(\mathbb{Z})$ mit $\det(A) \neq 0$, dann existieren $S, T \in \mathrm{GL}_n(\mathbb{Z})$ und natürliche Zahlen $d_1, d_2, \dots, d_n$ mit $d_j | d_{j+1}$ und $A = SDT$, wobei D die Diagonalmatrix mit Diagonaleinträgen $d_1, \dots, d_n$ ist. Die d_j sind durch A eindeutig festgelegt, sie heißen die* Elementarteiler *von A.*

Beweis: Siehe etwa [2], Theorem 6.3.4.   □

Definition 2.5.11 Sei $\mathrm{GL}_2(\mathbb{Q})^+$ die Menge aller Matrizen $g \in \mathrm{GL}_2(\mathbb{Q})$ mit $\det(g) > 0$. Dies ist eine Untergruppe von $\mathrm{GL}_2(\mathbb{Q})$ vom Index 2.

Proposition 2.5.12 *Sei* $\Gamma = \mathrm{SL}_2(\mathbb{Z})$. *Ein vollständiges Vertretersystem für den Doppelquotienten*

$$\Gamma \backslash \mathrm{GL}_2(\mathbb{Q})^+ / \Gamma$$

ist gegeben durch die Menge aller Diagonalmatrizen $\begin{pmatrix} a & \\ & an \end{pmatrix}$ *wobei* $a \in \mathbb{Q}$ *und* $n \in \mathbb{N}$.

Beweis: Sei $\alpha \in \mathrm{GL}_2(\mathbb{Q})^+$, dann existiert $N \in \mathbb{N}$ so dass $N\alpha$ ganzzahlig ist. Nach dem Elementarteilersatz gibt es $S, T \in \mathrm{GL}_2(\mathbb{Z})$ so dass $N\alpha = SDT$, wobei $D = \begin{pmatrix} d_1 & \\ & nd_1 \end{pmatrix}$ mit $d_1, n \in \mathbb{N}$. Indem man, falls nötig, S und T mit der Matrix $\begin{pmatrix} -1 & \\ & 1 \end{pmatrix}$ multipliziert, kann man $S, T \in \mathrm{SL}_2(\mathbb{Z})$ erreichen. Dadurch könnte die Diagonalmatrix durch $\begin{pmatrix} -d_1 & \\ & nd_1 \end{pmatrix}$ ersetzt werden. Da aber die Determinante insgesamt > 0 ist, passiert das nicht wirklich und wir finden, dass in der Tat $\Gamma\alpha\Gamma = \Gamma \begin{pmatrix} d_1/N & \\ & nd_1/N \end{pmatrix} \Gamma$. Die Eindeutigkeit folgt aus der Eindeutigkeit im Elementarteilersatz, wenn man außerdem N eindeutig macht, indem man das kleinste N wählt so dass $N\alpha$ ganzzahlig ist.   □

Korollar 2.5.13 *Für* $g \in \mathrm{GL}_2(\mathbb{Q})^+$ *und* $\Gamma = \mathrm{SL}_2(\mathbb{Z})$ *gilt*

$$\Gamma g^{-1} \Gamma = \frac{1}{\det(g)} \Gamma g \Gamma.$$

Beweis: Nach der Proposition können wir annehmen, dass g eine Diagonalmatrix $\begin{pmatrix} a & \\ & an \end{pmatrix}$ wie in der Proposition ist. Dann ist $g^{-1} = \begin{pmatrix} 1/a & \\ & 1/an \end{pmatrix} = \frac{1}{\det(g)} \begin{pmatrix} an & \\ & a \end{pmatrix}$ und die letzte Matrix liegt in derselben Γ-Doppelnebenklasse wie g, denn

$$\begin{pmatrix} & -1 \\ 1 & \end{pmatrix} \begin{pmatrix} an & \\ & a \end{pmatrix} \begin{pmatrix} & 1 \\ -1 & \end{pmatrix} = \begin{pmatrix} a & \\ & an \end{pmatrix},$$

womit das Korollar folgt.   □

Satz 2.5.14 *Die Räume* $\mathcal{M}_k$ *und* $\mathcal{S}_k$ *haben Basen, die aus simultanen Eigenfunktionen aller Hecke-Operatoren bestehen.*

Beweis: Wir wollen das Lemma mit $E = \{T_n : n \in \mathbb{N}\}$ anwenden. Dazu müssen wir Skalarprodukte definieren. Seien $f, g \in \mathcal{M}_k$. Es folgt aus den Definitionen, dass die Funktion $f(z)\overline{g(z)}y^k$ unter der Gruppe Γ invariant ist, es ist also eine messbare

Funktion des Quotienten $\Gamma\backslash\mathbb{H}$. Das Maß $\frac{dx\,dy}{y^2}$ ist ebenfalls Γ-invariant, steigt also ab zu einem Maß auf $\Gamma\backslash\mathbb{H}$. Laut Übungsaufgabe 2.16 existiert das Integral

$$\langle f, g\rangle_{\mathrm{Pet}} = \int\limits_{\Gamma\backslash\mathbb{H}} f(z)\overline{g(z)}\, y^k \frac{dx\,dy}{y^2}\,,$$

falls eine der beiden Funktionen f, g eine Spitzenform ist. Dieses Integral definiert ein Skalarprodukt auf dem Raum S_k, welches nach seinem Erfinder das *Petersson-Skalarprodukt* genannt wird. Wir zeigen die Gleichung $\langle T_n f, g\rangle_{\mathrm{Pet}} = \langle f, T_n g\rangle_{\mathrm{Pet}}$, dann folgt die Behauptung für S_k, da das Petersson-Produkt ein echtes Skalarprodukt auf dem Raum S_k definiert. Der Raum $S_k^{\perp} = \{f \in \mathcal{M}_k : \langle f, g\rangle_{\mathrm{Pet}} = 0\ \forall g \in S_k\}$ ist eindimensional falls $\mathcal{M}_k \neq 0$. Wegen der Selbstadjungiertheit der Hecke-Operatoren, ist aber auch dieser Raum T_n-invariant, also ein simultaner Eigenraum. Es bleibt also die Selbstadjungiertheit zu zeigen.

Hierzu erweitern wir die Definition des Petersson-Skalarproduktes. Dies tun wir zunächst im Fall $k = 0$. Seien f, g stetige und beschränkte Funktionen auf $\mathbb{H}$, die invariant unter Γ sind, also $f(\gamma z) = f(z)$ gilt für jedes $z \in \mathbb{H}$ und jedes $\gamma \in \Gamma$ und ebenso für g. Dann definiere

$$\langle f, g\rangle = \int\limits_{\Gamma\backslash\mathbb{H}} f(z)\overline{g(z)}\, d\mu(z)\,,$$

wobei μ das Maß $\frac{dx\,dy}{y^2}$ ist. Das Integral existiert, da f und g beschränkt sind. Wir machen nun folgende Beobachtung: Ist $\Sigma \subset \Gamma$ eine Untergruppe von endlichem Index, so gilt

$$\langle f, g\rangle = \frac{1}{[\overline{\Gamma} : \overline{\Sigma}]} \int\limits_{\Sigma\backslash\mathbb{H}} f(z)\overline{g(z)}\, d\mu(z)\,,$$

wobei, wie in Definition 2.1.6 die Gruppe $\overline{\Gamma} = \Gamma/\pm 1$ und $\overline{\Sigma}$ das Bild von Σ in $\overline{\Gamma}$ ist. Sind nun f, g weiterhin stetig und beschränkt, aber nur noch invariant unter Σ und nicht unter Γ, dann macht der letzte Ausdruck immer noch Sinn, d.h. wir können $\langle f, g\rangle$ einfach definieren durch den Ausdruck

$$\langle f, g\rangle \stackrel{\mathrm{def}}{=} \frac{1}{[\overline{\Gamma} : \overline{\Sigma}]} \int\limits_{\Sigma\backslash\mathbb{H}} f(z)\overline{g(z)}\, d\mu(z)\,.$$

Auf diese Weise erweitern wir den Definitionsbereich für das Petersson-Skalarprodukt im Falle $k = 0$. Für $k > 0$ seien f, g stetige Funktionen mit $f|_k\sigma = f$ für jedes $\sigma \in \Sigma$ und ebenso für g. Ferner sei die Σ-invariante Funktion $|f(z)y^{k/2}|$ beschränkt auf $\mathbb{H}$ und ebenso für g. Dann definieren wir

$$\langle f, g\rangle_k \stackrel{\mathrm{def}}{=} \frac{1}{[\overline{\Gamma} : \overline{\Sigma}]} \int\limits_{\Sigma\backslash\mathbb{H}} f(z)\overline{g(z)}\, y^k\, d\mu(z)\,.$$

Ist nun $\alpha \in \mathrm{GL}_2(\mathbb{Q})^+$, so ist $\Sigma = \alpha^{-1}\Gamma\alpha \cap \Gamma$ eine Untergruppe von endlichem Index in Γ.

Beweis hierzu: Nach Proposition 2.5.12 können wir annehmen, dass $\alpha = \begin{pmatrix} r & \\ & rn \end{pmatrix}$ ist, mit $r \in \mathbb{Q}$ und $n \in \mathbb{N}$. Es gilt dann

$$\alpha^{-1}\begin{pmatrix} a & b \\ c & d \end{pmatrix}\alpha = \begin{pmatrix} a & nb \\ \frac{c}{n} & d \end{pmatrix},$$

damit enthält Σ die Gruppe $\Gamma(n)$ aller Matrizen $\gamma \in \mathrm{SL}_2(\mathbb{Z})$ mit $\gamma \equiv \begin{pmatrix} 1 & \\ & 1 \end{pmatrix} \bmod n$. Diese Gruppe ist genau der Kern des Gruppenhomomorphismus $\mathrm{SL}_2(\mathbb{Z}) \to \mathrm{SL}_2(\mathbb{Z}/n)$. Da die Gruppe $\mathrm{SL}_2(\mathbb{Z}/n)$ endlich ist, hat auch Σ endlichen Index in Γ.

Definition 2.5.15 Sei $\Gamma \subset \mathrm{SL}_2(\mathbb{Z})$ eine Untergruppe. Ein *Fundamentalbereich* zu Γ ist eine offene Teilmenge $F \subset \mathbb{H}$, so dass es ein Vertretersystem R von $\Gamma\backslash\mathbb{H}$ gibt mit

$$F \subset R \subset \overline{F} \quad \text{und} \quad \mu(\overline{F} \smallsetminus F) = 0\,,$$

wobei μ das Maß $\frac{dx\,dy}{y^2}$ ist.

Insbesondere folgt dann $\bigcup_{\gamma\in\Gamma} \gamma\overline{F} = \mathbb{H}$, also wird jeder Punkt in $\mathbb{H}$ von mindestens einem Γ-Translat von $\overline{F}$ getroffen.

Lemma 2.5.16 *Sei $F \subset \mathbb{H}$ ein Fundamentalbereich zur Gruppe $\Gamma \subset \mathrm{SL}_2(\mathbb{Z})$. Für jede messbare, Γ-invariante Funktion f auf $\mathbb{H}$ gilt dann*

$$\int\limits_F f(z)\,\mathrm{d}\mu(z) = \int\limits_{\Gamma\backslash\mathbb{H}} f(z)\,\mathrm{d}\mu(z)\,,$$

wobei $\mu = \frac{dx\,dy}{y^2}$ das invariante Maß ist. Dies bedeutet insbesondere, dass das erste Integral genau dann existiert, wenn das zweite existiert.

Beweis: Die Projektion $p : \mathbb{H} \to \Gamma\backslash\mathbb{H}$ bildet F injektiv auf eine Teilmenge ab, deren Komplement eine Nullmenge ist. Daher gilt $\int_{\Gamma\backslash\mathbb{H}} f(z)\,\mathrm{d}\mu(z) = \int_{p(F)} f(z)\,\mathrm{d}\mu(z)$. Da das Maß auf dem Quotienten $\Gamma\backslash\mathbb{H}$ als Abstieg des Maßes auf $\mathbb{H}$ definiert ist, ist die Bijektion $p : F \to p(F)$ auch maßerhaltend und damit folgt die Behauptung. $\qquad\qquad\square$

Lemma 2.5.17 (a) *D ist ein Fundamentalbereich für $\Gamma = \mathrm{SL}_2(\mathbb{Z})$.*

(b) *Ist Σ eine Untergruppe von $\Gamma = \mathrm{SL}_2(\mathbb{Z})$ mit endlichem Index und ist S ein Vertretersystem von $\overline{\Sigma}\backslash\overline{\Gamma}$, so ist*

$$SD = \bigcup_{\gamma\in S} \gamma D$$

ein Fundamentalbereich für Σ. Die Menge $S \subset \overline{\Gamma}$ ist durch den Fundamentalbereich SD eindeutig festgelegt.

Beweis: Teil (a) folgt aus Satz 2.1.7.

(b) Da Σ endlichen Index hat, ist S endlich. Also gilt $\overline{SD} = \bigcup_{\gamma \in S} \gamma \overline{D}$. Sei nun R_Γ ein Vertretersystem von $\Gamma \backslash \mathbb{H}$ mit $D \subset R_\Gamma \subset \overline{D}$. Dann ist $R_\Sigma = \bigcup_{\gamma \in S} \gamma R_\Gamma$ ein Vertretersystem von $\Sigma \backslash \mathbb{H}$ mit $SD \subset R_\Sigma \subset \overline{SD}$. Ferner gilt

$$\mu(\overline{SD} \smallsetminus SD) = \mu\left(\bigcup_{\gamma \in S} \gamma \overline{D} \smallsetminus \bigcup_{\gamma \in S} \gamma D\right) \leq \mu\left(\bigcup_{\gamma \in S} \gamma \overline{D} \smallsetminus \gamma D\right)$$

$$= \mu\left(\bigcup_{\gamma \in S} \gamma(\overline{D} \smallsetminus D)\right) \leq \sum_{\gamma \in S} \mu(\overline{D} \smallsetminus D) = 0\,.$$

Der Zusatz folgt aus der Tatsache, dass für $\gamma \neq \tau$ in $\overline{\Gamma}$ die Translate γD und τD disjunkt sind. $\qquad\square$

Die Punkte $\gamma \infty \in \hat{\mathbb{R}}$ für $\gamma \in S$ heißen die *Spitzen* des Fundamentalbereichs SD. Sie liegen stets in $\hat{\mathbb{Q}} = \mathbb{Q} \cup \{\infty\}$. Diese Wortwahl wird plausibel, wenn man statt der oberen Halbebene den Einheitskreis $\mathbb{E} = \{z \in \mathbb{C} : |z| < 1\}$ betrachtet. Die *Cayley-Abbildung*:

$$\tau(z) \stackrel{\mathrm{def}}{=} \frac{z - i}{z + i}$$

ist eine Bijektion von $\mathbb{H}$ nach $\mathbb{E}$ so dass sowohl τ als auch ihre Inverse τ^{-1} holomorph sind. Transportiert man den Fundamentalbereich SD mit τ in den Einheitskreis, so sind die Spitzen genau die Punkte, an denen der Fundamentalbereich den Rand des Kreises berührt, und zwar in einem Segment, dass von zwei Kreisen berandet wird, die sich tangential berühren, der Fundamentalbereich wird also tatsächlich unendlich spitz in dem Randpunkt, der deshalb Spitze heißt.

Da die spezifische Wahl eines Vertretersystems S nicht wichtig ist, schreiben wir auch D_Σ für den Fundamentalbereich SD.

Lemma 2.5.18 *Das Petersson-Skalarprodukt ist invariant unter* $\mathrm{GL}_2(\mathbb{Q})^+$ *in folgendem Sinne. Seien* $f, g \in \mathcal{M}_k$, *eine der beiden in* $\mathcal{S}_k$. *Dann ist für jedes* $\alpha \in \mathrm{GL}_2(\mathbb{Q})^+$ *das Skalarprodukt* $\langle f|\alpha, g|\alpha \rangle_k$ *in obigem Sinne wohldefiniert und ist gleich* $\langle f, g \rangle_k$.

Beweis: Sei $\Gamma = \mathrm{SL}_2(\mathbb{Z})$ und $\Sigma = \alpha \Gamma \alpha^{-1} \cap \Gamma$, sowie $\Sigma' = \alpha^{-1}\Sigma\alpha = \alpha^{-1}\Gamma\alpha \cap \Gamma$. Für $f \in \mathcal{M}_k$ hat die Funktion $h = f|\alpha$ die Eigenschaft, dass $h|\sigma = h$ ist für jedes $\sigma \in \Sigma'$, denn $\sigma = \alpha^{-1}\gamma\alpha$ für ein $\gamma \in \Gamma$, also

$$h|\sigma = f|\alpha\sigma = f|\gamma\alpha = f|\alpha = h\,.$$

Dasselbe gilt für g, also ist das Skalarprodukt $\langle f|\alpha, g|\alpha \rangle$ wohldefiniert. Beachte nun

$$\mathrm{Im}(\alpha z) = \det\alpha \frac{\mathrm{Im}(z)}{|cz + d|^2}$$

für $\alpha = \left(\begin{smallmatrix} * & * \\ c & d \end{smallmatrix}\right) \in \mathrm{GL}_2(\mathbb{Q})^+$.

In der folgenden Rechnung benutzen wir die $\mathrm{GL}_2(\mathbb{Q})^+$-Invarianz des Maßes μ und die Tatsache, dass wir nach Lemma 2.5.16 Integration über $\Sigma\backslash\mathbb{H}$ mit der Integration über einen Fundamentalbereich gleichsetzen können. Wir erhalten

$$\langle f, g\rangle_k = \frac{1}{[\overline{\Gamma}:\overline{\Sigma}]} \int\limits_{\Sigma\backslash\mathbb{H}} f(z)\overline{g(z)}\,\mathrm{Im}(z)^k\,\mathrm{d}\mu(z)$$

$$= \frac{1}{[\overline{\Gamma}:\overline{\Sigma}]} \int\limits_{D_\Sigma} f(z)\overline{g(z)}\,\mathrm{Im}(z)^k\,\mathrm{d}\mu(z)$$

$$= \frac{1}{[\overline{\Gamma}:\overline{\Sigma}]} \int\limits_{\alpha^{-1}D_\Sigma} f(\alpha z)\overline{g(\alpha z)}\,\mathrm{Im}(\alpha z)^k\,\mathrm{d}\mu(z)$$

$$= \frac{1}{[\overline{\Gamma}:\overline{\Sigma}]} \int\limits_{\Sigma'\backslash\mathbb{H}} f|\alpha(z)\overline{g|\alpha(z)}\,\mathrm{Im}(z)^k\,\mathrm{d}\mu(z) = \langle f|\alpha, g|\alpha\rangle_k \ .$$

Hier wurde benutzt, dass $\alpha^{-1}D_\Sigma$ ein Fundamentalbereich zu Σ' ist. Des Weiteren ist $[\overline{\Gamma}:\overline{\Sigma}] = [\overline{\Gamma}:\overline{\Sigma}']$, denn es gilt $[\overline{\Gamma}:\overline{\Sigma}] = \mu(D_\Sigma)/\mu(D) = \mu(\alpha^{-1}D_\Sigma)/\mu(D) = [\overline{\Gamma}:\overline{\Sigma}']$. $\square$

Hieraus folgt auch

$$\langle f|y, g\rangle = \langle f|y|y^{-1}, g|y^{-1}\rangle = \langle f, g|y^{-1}\rangle,$$

und damit

$$\langle T_n f, g\rangle = n^{k-1} \sum_{y:\Gamma\backslash M_n} \langle f|y, g\rangle = n^{k-1} \sum_{y:\Gamma\backslash M_n} \langle f, g|y^{-1}\rangle.$$

Da f und g beide Γ-invariant sind, hängt der Ausdruck $\langle f, g|y^{-1}\rangle$ nur von der Doppelnebenklasse $\Gamma y^{-1}\Gamma$ ab. Diese ist aber nach Korollar 2.5.13 gleich der Doppelnebenklasse von $\frac{1}{\det(y)}y$. Da das Zentrum trivial auf $\mathcal{M}_k$ operiert, operiert diese Matrix aber wie y. Also ist

$$\langle T_n f, g\rangle = n^{k-1} \sum_{y:\Gamma\backslash M_n} \langle f, g|y\rangle = \langle f, T_n g\rangle.$$

Damit gibt es also Basen von $\mathcal{M}_k$ und $\mathcal{S}_k$ bestehend aus simultanen Eigenfunktionen aller Hecke-Operatoren und Satz 2.5.14 ist bewiesen. $\square$

> **Satz 2.5.19** *Sei $f(z) = \sum_{n=0}^{\infty} c(n)q^n$ eine nicht-konstante, simultane Eigenfunktion der Hecke-Operatoren, d. h. für jedes n existiert eine Zahl $\lambda(n) \in \mathbb{C}$ so dass $T_n f = \lambda(n) f$.*

> (a) *Der Koeffizient $c(1)$ ist nicht Null.*
> (b) *Ist f so normalisiert, dass $c(1) = 1$, dann gilt $c(n) = \lambda(n)$ für jedes $n \in \mathbb{N}$.*

Beweis: Nach Korollar 2.5.6 ist der Koeffizient von q in $T_n f$ gleich $c(n)$. Andererseits ist dieser Koeffizient gleich $\lambda(n)c(1)$. Wäre also $c(1) = 0$, so wären alle $c(n) = 0$ und damit $f = 0$. Beide Behauptungen folgen. $\qquad\square$

Eine Hecke-Eigenform $f \in \mathcal{M}_k$ heißt *normalisiert*, falls der Koeffizient $c(1)$ von q gleich 1 ist.

Korollar 2.5.20 *Sei $k > 0$. Zwei normalisierte Hecke-Eigenformen, die unter den T_n die gleichen Eigenwerte haben, stimmen überein.*

Beweis: Seien $f, g \in \mathcal{M}_k$ mit $T_n f = \lambda(n)f$ und $T_n g = \lambda(n)g$ für jedes $n \in \mathbb{N}$. Nach dem Satz stimmen alle Koeffizienten der q-Entwicklung von f und g überein mit möglicher Ausnahme des nullten. Das bedeutet, dass die Differenz $f - g$ konstant ist. Da $k > 0$ ist, gibt es keine konstante Modulform vom Gewicht k außer der Null. Also ist $f = g$. $\qquad\square$

Korollar 2.5.21 *Sei die Funktion $f(z) = \sum_{n=0}^{\infty} c(n)q^n$ eine normalisierte Hecke-Eigenform. Dann gilt*

- *$c(mn) = c(m)c(n)$ falls $(m,n) = 1$,*
- *$c(p)c(p^n) = c(p^{n+1}) + p^{k-1}c(p^{n-1})$, $n \geq 1$.*

Beweis: Die Behauptung folgt aus den entsprechenden Relationen der Hecke-Operatoren (Proposition 2.5.4). $\qquad\square$

Korollar 2.5.22 *Sei $f(z) = \sum_{n=0}^{\infty} c(n)q^n \in \mathcal{M}_k$ eine normalisierte Eigenform der Hecke-Algebra, dann hat die L-Funktion $L(f,s) = \sum_{n=1}^{\infty} c(n)n^{-s}$ von f ein Euler-Produkt:*

$$L(f,s) = \prod_p \frac{1}{1 - c(p)p^{-s} + p^{k-1-2s}},$$

welches für $\operatorname{Re}(s) > k$ konvergiert.

Beweis: Nach Korollar 2.3.3 ist $c(n) = O(n^{k-1})$. Also konvergiert die L-Reihe für $\operatorname{Re}(s) > k$ absolut. Sei also $\operatorname{Re}(s) > k$. Dann konvergiert auch die partielle Reihe

$$\sum_{n \in p^{\mathbb{N}_0}} c(n)n^{-s} = \sum_{n=0}^{\infty} c(p^n)p^{-sn}$$

absolut. Sei $N \in \mathbb{N}$ und $\prod_{p \le N}$ bezeichne das endliche Produkt, welches über alle Primzahlen $p \le N$ läuft. Da $c(mn) = c(m)c(n)$ für teilerfremde m, n, gilt

$$\prod_{p \le N} \sum_{n=0}^{\infty} c(p^n) p^{-sn} = \sum_{\substack{n \in \mathbb{N} \\ p|n \Rightarrow p \le N}} c(n) n^{-s} \, ,$$

wobei die Summe auf der rechten Seite über alle natürlichen Zahlen n erstreckt wird, die nur von Primzahlen $\le N$ geteilt werden. Da die L-Reihe absolut konvergiert, so konvergiert auch die rechte Seite für $N \to \infty$ gegen $L(f, s)$, wir haben also

$$L(f, s) = \sum_{m=1}^{\infty} c(m) m^{-s} = \prod_{p} \sum_{n=0}^{\infty} c(p^n) p^{-sn} \, .$$

Es bleibt zu zeigen:

$$\sum_{n=0}^{\infty} c(p^n) p^{-ns} = \frac{1}{1 - c(p) p^{-s} + p^{k-1-2s}} \, .$$

Wir multiplizieren aus:

$$\left(\sum_{n=0}^{\infty} c(p^n) p^{-ns} \right) \left(1 - c(p) p^{-s} + p^{k-1-2s} \right)$$

$$= \sum_{n=0}^{\infty} p^{-ns} \left(c(p^n) - \underbrace{c(p)c(p^n)}_{=c(p^{n+1}) + p^{k-1}c(p^{n-1}),\ n \ge 1} p^{-s} + p^{k-1} c(p^n) p^{-2s} \right)$$

$$= 1 - c(p) p^{-s} + p^{k-1-2s}$$

$$+ \sum_{n=1}^{\infty} c(p^n) p^{-ns} - c(p^{n+1}) p^{-(n+1)s}$$

$$- p^{k-1} \left(c(p^{n-1}) p^{(n+1)s} - c(p^n) p^{-(n+2)s} \right)$$

$$= 1 - c(p) p^{-s} + p^{k-1-2s} + c(p) p^{-s} - p^{k-1} p^{-2s} = 1 \, .$$

□

2.6 Kongruenzuntergruppen

In der Theorie der Automorphen Formen betrachtet man auch Modulare Funktionen, die die Invarianzbedingung nur für Untergruppen von $\mathrm{SL}_2(\mathbb{Z})$ erfüllen. Die wichtigsten Untergruppen sind hierbei die Kongruenzuntergruppen.

Definition 2.6.1 Sei $N \in \mathbb{N}$. Die Gruppe $\Gamma(N) = \ker(\mathrm{SL}_2(\mathbb{Z}) \to \mathrm{SL}_2(\mathbb{Z}/N\mathbb{Z}))$ heißt *Hauptkongruenzuntergruppe* der Stufe N. Es ist also

$$\Gamma(N) = \left\{ \begin{pmatrix} a & b \\ c & d \end{pmatrix} : a \equiv d \equiv 1 \bmod N, \ b \equiv c \equiv 0 \bmod N \right\}.$$

Eine Untergruppe $\Gamma \subset \mathrm{SL}_2(\mathbb{Z})$ heißt *Kongruenzuntergruppe*, falls es ein $N \in \mathbb{N}$ gibt mit $\Gamma(N) \subset \Gamma$.

Beachte, dass für $N > 2$ die Gruppe $\Gamma(N)$ nicht mehr das Element -1 enthält. Es kann daher für eine solche Gruppe Σ Funktionen $f \neq 0$ auf der oberen Halbebene geben mit $f(\sigma z) = (cz + d)^k f(z)$ für jedes $\sigma = \begin{pmatrix} * & * \\ c & d \end{pmatrix} \in \Sigma$, wobei k ungerade sein darf, also ungerade Gewichte sind möglich für Kongruenzuntergruppen. Sei also $k \geq 0$ eine ganze Zahl.

Lemma 2.6.2 (a) *Der Schnitt zweier Kongruenzuntergruppen ist eine Kongruenzuntergruppe.*

(b) *Sei Γ eine Kongruenzuntergruppe von $\Gamma(1) = \mathrm{SL}_2(\mathbb{Z})$ und sei $\alpha \in \mathrm{GL}_2(\mathbb{Q})$. Dann ist $\Gamma(1) \cap \alpha \Gamma \alpha^{-1}$ ebenfalls eine Kongruenzuntergruppe.*

Beweis: (a) Seien $\Gamma, \Sigma \subset \Gamma(1)$ Kongruenzuntergruppen. Dann existieren $M, N \in \mathbb{N}$ mit $\Gamma(M) \subset \Gamma$, $\Gamma(N) \subset \Sigma$. Es ist $\Gamma(MN) \subset (\Gamma(M) \cap \Gamma(N)) \subset (\Gamma \cap \Sigma)$.

(b) Sei $N \geq 2$ so dass $\Gamma(N) \subset \Gamma$. Es gibt natürliche Zahlen M_1, M_2 so dass $M_1 \alpha, M_2 \alpha^{-1} \in \mathrm{M}_2(\mathbb{Z})$. Sei $M = M_1 M_2 N$. Wir wollen zeigen $\Gamma(M) \subset \alpha \Gamma \alpha^{-1}$ oder $\alpha^{-1} \Gamma(M) \alpha \subset \Gamma$. Für $\gamma \in \Gamma(M)$ schreiben wir $\gamma = I + Mg$ mit $g \in \mathrm{M}_2(\mathbb{Z})$. Es folgt $\alpha^{-1} \gamma \alpha = I + N(M_2 \alpha^{-1}) g (M_1 \alpha) \in \Gamma(N) \subset \Gamma$. $\qquad\square$

Sei D_Γ ein Fundamentalbereich der Kongruenzuntergruppe wie in Lemma 2.5.17. Die Spitzen des Fundamentalbereichs D_Γ liegen in der Menge

$$\Gamma(1)\infty = \mathbb{Q} \cup \{\infty\}.$$

Die Fixgruppe $\Gamma(1)_\infty$ des Punktes ∞ in $\Gamma(1)$ ist $\pm \begin{pmatrix} 1 & \mathbb{Z} \\ & 1 \end{pmatrix}$.

Lemma 2.6.3 *Sei Γ eine Untergruppe von endlichem Index in $\Gamma(1)$. Für jedes $c \in \mathbb{Q} \cup \{\infty\}$ existiert ein $\sigma_c \in \mathrm{GL}_2(\mathbb{Q})^+$ so dass*

- $\sigma_c \infty = c$ *und*

- $\sigma_c^{-1} \Gamma_c \sigma_c = \begin{cases} \begin{pmatrix} 1 & \mathbb{Z} \\ & 1 \end{pmatrix} & -1 \notin \Gamma, \\[1.5em] \pm \begin{pmatrix} 1 & \mathbb{Z} \\ & 1 \end{pmatrix} & -1 \in \Gamma. \end{cases}$

Das Element σ_c ist eindeutig bestimmt bis auf Multiplikation von rechts mit einer Matrix der Form $a \begin{pmatrix} 1 & x \\ & 1 \end{pmatrix}$ mit einem $x \in \mathbb{Q}$ und einem $a \in \mathbb{Q}^\times$.

Beweis: Ist $c \in \mathbb{Q}$ so schreibe $c = \alpha/\gamma$ teilerfremd, dann existieren $\beta, \delta \in \mathbb{Z}$ mit $\alpha\delta - \beta\gamma = 1$, also $\sigma = \begin{pmatrix} \alpha & \beta \\ \gamma & \delta \end{pmatrix} \in \mathrm{SL}_2(\mathbb{Z})$. Es folgt $\sigma\infty = c$. Wir ersetzen Γ durch die Gruppe $\sigma^{-1} \Gamma \sigma$ und haben die Behauptung auf den Fall $c = \infty$ zurückgeführt.

Nimm also an $c = \infty$. Da γ endlichen Index in $\Gamma(1)$ hat, existieren $m > k \in \mathbb{Z}$ mit $\left(\begin{smallmatrix} 1 & m \\ & 1 \end{smallmatrix}\right) \Gamma = \left(\begin{smallmatrix} 1 & k \\ & 1 \end{smallmatrix}\right) \Gamma$, also $\left(\begin{smallmatrix} 1 & m-k \\ & 1 \end{smallmatrix}\right) \in \Gamma$. Daher gibt es ein kleinstes $n \in \mathbb{N}$ mit $\left(\begin{smallmatrix} 1 & n \\ & 1 \end{smallmatrix}\right) \in \Gamma$. Das heißt aber $\Gamma_\infty = \left(\begin{smallmatrix} 1 & n\mathbb{Z} \\ & 1 \end{smallmatrix}\right)$ oder $\pm \left(\begin{smallmatrix} 1 & n\mathbb{Z} \\ & 1 \end{smallmatrix}\right)$. Damit folgt die Behauptung mit $\sigma_c = \left(\begin{smallmatrix} 1/n & \\ & 1 \end{smallmatrix}\right)$.

Nun zur Eindeutigkeit von σ_c. Sei σ_c' ein weiteres Element von $\mathrm{GL}_2^+(\mathbb{Q})$ mit denselben Eigenschaften. Sei $g = \sigma_c^{-1}\sigma_c'$, also $\sigma_c' = \sigma_c g$. Aus der ersten Eigenschaft folgt $g\infty = \infty$, also ist $g = \left(\begin{smallmatrix} a & b \\ & c \end{smallmatrix}\right)$ eine obere Dreiecksmatrix. Betrachte nun zuerst den Fall $-1 \notin \Gamma$. Dann folgt aus der zweiten Eigenschaft, dass $g^{-1} \left(\begin{smallmatrix} 1 & \mathbb{Z} \\ & 1 \end{smallmatrix}\right) g = \left(\begin{smallmatrix} 1 & \mathbb{Z} \\ & 1 \end{smallmatrix}\right)$. Insbesondere folgt $g^{-1} \left(\begin{smallmatrix} 1 & 1 \\ & 1 \end{smallmatrix}\right) g = \left(\begin{smallmatrix} 1 & \pm 1 \\ & 1 \end{smallmatrix}\right)$, woraus sich die Behauptung ergibt. Der Fall $-1 \in \Gamma$ geht ähnlich. $\qquad\square$

Definition 2.6.4 Sei Γ eine Untergruppe von endlichem Index in $\mathrm{SL}_2(\mathbb{Z})$. Eine meromorphe Funktion f auf $\mathbb{H}$ heißt *schwach modular* vom Gewicht k bezüglich Γ, wenn gilt $f|_k\gamma = f$ für jedes $\gamma \in \Gamma$.

Die Funktion f heißt *modular*, wenn für es für jede Spitze $c \in \mathbb{Q} \cup \{\infty\}$ überdies ein $T_c > 0$ gibt, so dass

$$f|\sigma_c(z) = \sum_{n \geq -N_c} a_{c,n} e^{2\pi i n z}$$

für $\mathrm{Im}(z) > T_c$ und ein $N_c \in \mathbb{Z}$, d. h. die Fourier-Entwicklung an der Spitze c ist nach unten beschränkt, was man auch so ausdrückt, dass man sagt: die Funktion ist meromorph an jeder Spitze. Diese Bedingung ist nach Lemma 2.6.3 unabhängig von der Wahl des Elementes σ_c, wohingegen die Fourier-Koeffizienten durchaus von dieser Wahl abhängen.

Die Funktion f heißt *Modulform* vom Gewicht k zur Gruppe Γ, wenn f modular ist und überall holomorph (inklusive Spitzen, was bedeutet, dass $a_{c,n} = 0$ ist für $n < 0$ an jeder Spitze c). Eine Modulform heißt *Spitzenform*, falls die nullten Fourier-Koeffizienten $a_{c,0}$ für alle Spitzen c verschwinden. Die Räume der Modulformen und der Spitzenformen werden mit $M_k(\Gamma)$ und $S_k(\Gamma)$ bezeichnet.

Das *Petersson-Skalarprodukt*, bisher nur für $\Gamma(1) = \mathrm{SL}_2(\mathbb{Z})$ definiert, kann auch für Spitzenformen einer beliebigen Kongruenzuntergruppe Γ definiert werden. Seien also $f, g \in S_k(\Gamma)$, dann setzen wir

$$\langle f, g \rangle_{\mathrm{Pet}} = \frac{1}{[\Gamma(1) : \Gamma]} \int_{\Gamma \backslash \mathbb{H}} f(z)\overline{g(z)} y^k \frac{\mathrm{d}x\,\mathrm{d}y}{y^2}.$$

2.7 Nichtholomorphe Eisenstein-Reihen

In der Theorie der Automorphen Formen betrachtet man neben den holomorphen auch nichtholomorphe Funktionen der oberen Halbebene, die sogenannten Maaßschen Wellenformen. Unter diesen gibt es ebenfalls eine Version der Eisenstein-

Reihen, die wir in diesem Abschnitt definieren. Die *Rankin-Selberg-Methode* besagt, dass das Skalarprodukt einer nichtholomorphen Eisenstein-Reihe mit einer Wellenform gleich der Mellin-Integral-Transformierten des nullten Fourier-Koeffizienten der Wellenform ist. Das bedeutet insbesondere, dass die Eisenstein-Reihen orthogonal zu den Spitzenformen stehen, ein Umstand, der für die automorphe Spektraltheorie von Wichtigkeit ist.

Definition 2.7.1 Die nichtholomorphe Eisenstein-Reihe für $\Gamma = \mathrm{SL}_2(\mathbb{Z})$ wird für $z = x + iy \in \mathbb{H}$ und $s \in \mathbb{C}$ definiert durch

$$E(z,s) \;=\; \pi^{-s}\Gamma(s)\frac{1}{2} \sum_{\substack{m,n \in \mathbb{Z} \\ (m,n) \neq (0,0)}} \frac{y^s}{|mz + n|^{2s}}\;.$$

Aus Lemma 1.2.1 folgt, dass die Reihe $E(z,s)$ lokal gleichmäßig in $\mathbb{H} \times \{\mathrm{Re}(s) > 1\}$ konvergiert. Damit ist die Eisenstein-Reihe eine in diesem Bereich stetige, für festes z als Funktion in s sogar holomorphe Funktion, da nach dem Satz von Weierstraß eine Funktion holomorph ist, wenn sie der lokal-gleichmäßige Limes von holomorphen Funktionen ist. Es gilt noch mehr, wie wir im folgenden Lemma zeigen.

Definition 2.7.2 Eine *glatte Funktion* ist eine unendlich oft differenzierbare Funktion.

Lemma 2.7.3 *Die Eisenstein-Reihe $E(z,s)$ ist für festes s mit $\mathrm{Re}(s) > 2$ eine glatte Funktion in $z \in \mathbb{H}$.*

Beweis: Wir unterteilen die Summe, die die Eisenstein-Reihe definiert, in eine Summe mit $m = 0$, eine mit $m \neq 0$. Für $m = 0$ ist die Summe gar nicht von z abhängig, die Behauptung folgt also. Sei log der Hauptzweig des Logarithmus, definiert auf der geschlitzten Ebene $\mathbb{C} \smallsetminus (-\infty, 0]$ durch $\log(re^{i\theta}) = \log(r) + i\theta$, falls $r > 0$ und $-\pi < \theta < \pi$ ist. Man stellt nun fest, dass für $z \in \mathbb{H}$ und $w \in \overline{\mathbb{H}}$, der unteren Halbebene, gilt

$$\log(zw) = \log(z) + \log(w)\,.$$

Ist $m \neq 0$ und $z \in \mathbb{H}$, so ist eine der beiden Zahlen $mz + n$, $m\bar{z} + n$ in $\mathbb{H}$, die andere in $\overline{\mathbb{H}}$. Also folgt

$$|mz + n|^{-2s} \;=\; e^{-s\log((mz+n)(m\bar{z}+n))} \;=\; e^{-s\log(mz+n)}e^{-s\log(m\bar{z}+n)}\,.$$

Wir schreiben $\log(mz + n) = \log(|mz + n|) + i\theta$ für ein $|\theta| < \pi$. Es gilt dann

$$\mathrm{Re}(-s\log(mz + n)) = -\mathrm{Re}(s)\log(|mz + n|) + \mathrm{Im}(s)\theta$$

$$\leq -\mathrm{Re}(s)\log(|mz + n|) + |\mathrm{Im}(s)|\pi\,.$$

Also folgt

$$\left| e^{-s\log(mz+n)} \right| \;=\; e^{\mathrm{Re}(-s\log(mz+n))} \;\leq\; e^{|\,\mathrm{Im}(s)|\pi}\,|mz+n|^{-\mathrm{Re}(s)}\,.$$

Wir definieren für $z \in \mathbb{H}$ und $w \in \overline{\mathbb{H}}$,

$$F(z,w,s) \;=\; \pi^{-s}\,\Gamma(s)\,y^s\,\frac{1}{2}\!\!\sum_{\substack{m,n\in\mathbb{Z}\\(m,n)\neq(0,0)}}\!\! e^{-s\log(mz+n)}e^{-s\log(mw+n)}$$

wir halten w fest und schätzen das Glied der Reihe $F(z,w,s)$ wie folgt ab

$$\left| e^{-s\log(mz+n)}e^{-s\log(mw+n)} \right| \;\leq\; Ce^{2|\,\mathrm{Im}(s)|\pi}\,|mz+n|^{-\mathrm{Re}(s)}\,,$$

mit einer Konstante $C > 0$, die von w abhängt. Lemma 1.2.1 zeigt, dass die Reihe $F(z,w,s)$ bei festem w und festem s mit $\mathrm{Re}(s) > 2$ lokal-gleichmäßig in z konvergiert. Die Summanden sind holomorph und daher ist $F(z,w,s)$ eine holomorphe Funktion in z. Das gleiche Argument zeigt die Holomorphie in w bei festem z. Nach Aufgabe 2.21 ist $F(z,w,s)$ lokal in z und w in simultane Potenzreihen entwickelbar, dies bedeutet, dass $F(z,w,s)$ bei festem s mit $\mathrm{Re}(s) > 2$ eine glatte Funktion in (z,w) ist. Daher ist auch $F(z,\overline{z},s) \;=\; E(z,s)$ eine glatte Funktion. $\qquad\square$

Lemma 2.7.4 *Sei $\Gamma = \mathrm{SL}_2(\mathbb{Z})$ und sei Γ_∞ die Stabilisatorgruppe von ∞, also $\Gamma_\infty = \pm\left(\begin{smallmatrix}1 & \mathbb{Z}\\ & 1\end{smallmatrix}\right)$. Dann ist die Abbildung*

$$\Gamma_\infty\backslash\Gamma \to \{\pm(x,y)\in\mathbb{Z}^2/\pm1 : x,y\ \text{teilerfremd}\}$$
$$\Gamma_\infty\left(\begin{smallmatrix}a & b\\ c & d\end{smallmatrix}\right) \mapsto \pm(c,d)$$

eine Bijektion.

Beweis: Wir machen eine Anleihe aus der elementaren Zahlentheorie: Sind $c,d \in \mathbb{Z}$ teilerfremd, so existieren $a,b \in \mathbb{Z}$ so dass $ad-bc = 1$. Ist (a,b) ein solches Tupel, dann ist jedes weitere von der Form $(a+cx, b+dx)$ für ein $x \in \mathbb{Z}$. (Beweisidee: Nimm an, dass $1 < c \leq d$ gilt. Nach der Division mit Rest gibt es $0 \leq r < c$ mit $d = r + cq$. Dividiere dann c mit Rest durch r und so fort. Dieser Algorithmus muss abbrechen. Rückwärtseinsetzen der Ergebnisse liefert eine Lösung (a,b).)

Ist nun $\left(\begin{smallmatrix}1 & x\\ & 1\end{smallmatrix}\right) \in \Gamma_\infty$ und $\left(\begin{smallmatrix}a & b\\ c & d\end{smallmatrix}\right) \in \Gamma$, so gilt

$$\begin{pmatrix}1 & x\\ & 1\end{pmatrix}\begin{pmatrix}a & b\\ c & d\end{pmatrix} = \begin{pmatrix}a+cx & b+dx\\ c & d\end{pmatrix}.$$

Hieraus folgt das Lemma. $\qquad\square$

Definition 2.7.5 Eine *automorphe Funktion* auf $\mathbb{H}$ bezüglich der Kongruenzgruppe $\Gamma \subset \mathrm{SL}_2(\mathbb{Z})$ ist eine Funktion $\phi : \mathbb{H} \to \mathbb{C}$, die invariant ist unter der Operation von Γ, also die $\phi(\gamma z) = \phi(z)$ erfüllt für jedes $\gamma \in \Gamma$.

Proposition 2.7.6 (a) *Sei $\tilde{E}(z,s) = \sum_{\gamma:\Gamma_\infty\backslash\Gamma} \mathrm{Im}(\gamma z)^s$, so konvergiert die Reihe für* $\mathrm{Re}(s) > 1$ *und es gilt*

$$E(z,s) = \pi^{-s}\Gamma(s)\zeta(2s)\tilde{E}(z,s),$$

wobei $\zeta(s)$ die Riemannsche Zetafunktion ist.

(b) *Die Funktionen $E(z,s)$ und $\tilde{E}(z,s)$ sind* automorph *unter $\Gamma = \mathrm{SL}_2(\mathbb{Z})$, d. h., es gilt*

$$E(\gamma z,s) = E(z,s)$$

für jedes $\gamma \in \Gamma$ und ebenso für $\tilde{E}$.

Beweis: (a) Für $\gamma = \left(\begin{smallmatrix} * & * \\ c & d \end{smallmatrix}\right)$ gilt $\mathrm{Im}(\gamma z) = \mathrm{Im}(z)/|cz + d|^2$. Nach Lemma 2.7.4 folgt

$$\tilde{E}(z,s) = \sum_{\substack{(c,d)=1 \\ \mathrm{mod}\,\pm 1}} \frac{y^s}{|cz + d|^{2s}},$$

damit folgt die Konvergenz mit $E(z,s)$ als Majorante. Ferner folgt

$$\zeta(2s)\tilde{E}(z,s) = \sum_{n=1}^{\infty} \sum_{\substack{(c,d)=1 \\ \mathrm{mod}\,\pm 1}} \frac{y^s}{|ncz + nd|^{2s}} = \frac{1}{2} \sum_{\substack{m,n\in\mathbb{Z} \\ (m,n)\neq(0,0)}} \frac{y^s}{|mz + n|^{2s}}.$$

(b) Es reicht, die Behauptung für $\tilde{E}$ zu beweisen. Wir rechnen

$$\tilde{E}(\gamma z,s) = \sum_{\tau:\Gamma_\infty\backslash\Gamma} \mathrm{Im}(\tau\gamma z)^s = \sum_{\tau:\Gamma_\infty\backslash\Gamma} \mathrm{Im}(\gamma z)^s. \qquad \square$$

Insbesondere folgt

$$E(z + 1,s) = E(z,s).$$

Für $\mathrm{Re}(s) > 2$ besitzt die glatte Funktion $E(z,s)$ also eine Fourier-Entwicklung in z. Wir untersuchen nun diese Fourier-Entwicklung. Sei $y > 0$ dann konvergiert das folgende Integral lokal-gleichmäßig absolut in $s \in \mathbb{C}$:

$$K_s(y) = \frac{1}{2}\int_0^{\infty} e^{-y(t+t^{-1})/2} t^s \frac{dt}{t}.$$

Die so definierte Funktion heißt *K-Besselfunktion*. Diese Funktion genügt der Abschätzung

$$|K_s(y)| \leq e^{-y/2} K_{\mathrm{Re}(s)}(2), \quad \text{falls } y > 4.$$

Beweis: Für reelle Zahlen a, b gilt

$$a > b > 2 \;\Rightarrow\; \left\{\begin{matrix} ab > 2a \\ 2a > a + b \end{matrix}\right\} \;\Rightarrow\; ab > a + b.$$

Die letzte Aussage ist symmetrisch in a, b, sie gilt also für alle $a, b > 2$. Also folgt $e^{-ab} < e^{-a}e^{-b}$. Wir wenden dies auf $a = y/2 > 2$ und $b = t + t^{-1}$ an und integrieren nach t:

$$|K_s(y)| \leq \frac{1}{2}\int_0^\infty e^{-y/2}e^{-(t+t^{-1})}t^{\mathrm{Re}(s)}\frac{dt}{t} = e^{-y/2}K_{\mathrm{Re}(s)}(2).$$

Der Integrand im Bessel-Integral ist invariant unter $t \mapsto t^{-1}$, $s \mapsto -s$, so dass

$$K_{-s}(y) = K_s(y).$$

Satz 2.7.7 *Die Eisenstein-Reihe $E(z,s)$ besitzt eine Fourier-Entwicklung:*

$$E(z,s) = \sum_{r=-\infty}^\infty a_r(y,s)e^{2\pi i r x},$$

wobei

$$a_0(y,s) = \pi^{-s}\Gamma(s)\zeta(2s)y^s + \pi^{s-1}\Gamma(1-s)\zeta(2-2s)y^{1-s}$$

und für $r \neq 0$,

$$a_r(y,s) = 2|r|^{2-1/2}\sigma_{1-2s}(|r|)\sqrt{y}K_{s-\frac{1}{2}}(2\pi|r|y).$$

Es folgt, dass die Eisenstein-Reihe $E(z,s)$ eine meromorphe Fortsetzung nach ganz $\mathbb{C}$ besitzt. Sie ist holomorph bis auf einfache Pole in $s = 0, 1$. Das Residuum in $s = 1$ ist die konstante Funktion mit dem Wert $1/2$. Die Eisenstein-Reihe erfüllt die Funktionalgleichung

$$E(z,s) = E(z, 1-s).$$

Lokal gleichmäßig in $x \in \mathbb{R}$ gilt

$$E(x + iy) = O(y^\sigma), \quad \text{für } y \to \infty,$$

wobei $\sigma = \max(\mathrm{Re}(s), 1 - \mathrm{Re}(s))$.

Beweis: Die behaupteten Eigenschaften folgen leicht aus der expliziten Fourier-Entwicklung. Diese gilt es also zu beweisen.

Definition 2.7.8 Eine Funktion $f : \mathbb{R} \to \mathbb{C}$ heißt *Schwartz-Funktion*, falls f unendlich oft differenzierbar ist und jede Ableitung $f^{(k)}$, $k \geq 0$ schnell fallend ist. Sei $\mathcal{S}(\mathbb{R})$ der Vektorraum der Schwartz-Funktionen auf $\mathbb{R}$.

Lemma 2.7.9 *Für* $\mathrm{Re}(s) > \frac{1}{2}$ *und* $r \in \mathbb{R}$ *gilt*

$$\left(\frac{y}{\pi}\right)^s \Gamma(s) \int_{\mathbb{R}} (x^2 + y^2)^{-s} e^{2\pi i r x}\, dx = \begin{cases} \pi^{-s+1/2}\Gamma(s - \frac{1}{2})y^{1-s}, & r = 0; \\ 2|r|^{s-1/2}\sqrt{y}\, K_{s-1/2}(2\pi |r| y), & r \neq 0. \end{cases}$$

Beweis: Durch Einsetzen des Γ-Integrals wird die linke Seite:

$$\int_{\mathbb{R}} \int_0^{\infty} e^{-t}\left(\frac{ty}{\pi(x^2+y^2)}\right)^s e^{2\pi i r x}\,\frac{dt}{t}\,dx = \int_0^{\infty} \int_{\mathbb{R}} e^{-\pi t(x^2+y^2)/y} t^s e^{2\pi i r x}\,dx\,\frac{dt}{t},$$

wobei wir die Substitution $t \mapsto \pi t(x^2 + y^2)/y$ ausgeführt haben. Die Funktion $f(x) = e^{-\pi x^2}$ ist ihre eigene Fourier-Transformierte: $\hat{f} = f$, denn f ist die bis auf skalare Vielfache eindeutige Lösung der Differentialgleichung

$$f'(x) = -2\pi x f(x).$$

Durch eine vollständige Induktion beweist man, dass es für jede natürliche Zahl n ein Polynom $p_n(x)$ gibt mit $f^{(n)}(x) = p_n(x)e^{-\pi x^2}$. Damit liegt f im Schwartz-Raum $\mathcal{S}(\mathbb{R})$, also liegt $\hat{f}$ ebenfalls in $\mathcal{S}$ und man kann rechnen

$$(\hat{f})'(y) = \int_{\mathbb{R}} (-2\pi i x)e^{-\pi x^2}e^{-2\pi x y}\,dx = i\int_{\mathbb{R}} (e^{-\pi x^2})'e^{-2\pi i x y}\,dx$$

$$= -2\pi y\,\hat{f}(y).$$

Damit folgt $\hat{f} = cf$ und $\hat{\hat{f}} = c\hat{f} = c^2 f$. Da andererseits $\hat{\hat{f}}(x) = f(-x) = f(x)$, folgt $c^2 = 1$, also $c = \pm 1$. Wegen $\hat{f}(0) = \int_{\mathbb{R}} e^{-\pi x^2}\,dx > 0$ folgt $c = 1$.

Durch eine einfache Substitution erhält man hieraus

$$\int_{\mathbb{R}} e^{-t\pi x^2/y} e^{2\pi i r x}\,dx = \sqrt{\frac{y}{t}}e^{-y\pi r^2/t}.$$

Hiermit sehen wir, dass die linke Seite des Lemmas gleich

$$\int_0^{\infty} e^{-\pi t y}\sqrt{\frac{y}{t}}e^{-y\pi r^2/t}\, t^s\,\frac{dt}{t}$$

ist, was die Behauptung liefert. $\square$

Wir berechnen nun die Fourier-Entwicklung der Eisenstein-Reihe

$$E(z,s) = \sum_{r=-\infty}^{\infty} a_r(y,s)e^{2\pi i r x},$$

mit

$$a_r(y,s) \;=\; \int_0^1 E(x+iy,s)\mathrm{e}^{-2\pi irx}\,\mathrm{d}x$$

$$= \pi^{-s}\Gamma(s)\frac{1}{2}\int_0^1 \sum_{\substack{m,n\in\mathbb{Z}\\(m,n)\neq(0,0)}} \frac{y^s}{|mx+imy+n|^{2s}}\mathrm{e}^{-2\pi irx}\,\mathrm{d}x\,.$$

Die Summanden mit $m=0$ liefern nur einen Beitrag wenn $r=0$. Dann ist dieser Beitrag

$$\pi^{-s}\Gamma(s)y^s\sum_{n=1}^{\infty}n^{-2s} \;=\; \pi^{-s}\Gamma(s)\zeta(2s)y^s\,.$$

Für $m\neq 0$ beachte, dass der Beitrag von (m,n) und der von $(-m,-n)$ gleich sind. Wir summieren daher nur über $m>0$. Der Beitrag zu a_r ist dann

$$\pi^{-s}\Gamma(s)y^s\sum_{m=1}^{\infty}\sum_{n=-\infty}^{\infty}\int_0^1 \left[(mx+n)^2+m^2y^2\right]^{-s}\mathrm{e}^{-2\pi irx}\,\mathrm{d}x$$

$$= \pi^{-s}\Gamma(s)y^s\sum_{m=1}^{\infty}\sum_{n\bmod m}\int_{-\infty}^{\infty}\left[(mx+n)^2+m^2y^2\right]^{-s}\mathrm{e}^{-2\pi irx}\,\mathrm{d}x\,.$$

Wir substituieren $x\mapsto x-n/m$ und erhalten

$$\pi^{-s}\Gamma(s)y^s\sum_{m=1}^{\infty}m^{-2s}\sum_{n\bmod m}\mathrm{e}^{2\pi irn/m}\int_{-\infty}^{\infty}(x^2+y^2)^{-s}\mathrm{e}^{-2\pi irx}\,\mathrm{d}x\,.$$

Wegen

$$\sum_{n\bmod m}\mathrm{e}^{2\pi irn/m} \;=\; \begin{cases} m & m\,|\,r\,,\\ 0 & \text{sonst.}\end{cases}$$

ist der Beitrag

$$\pi^{-s}\Gamma(s)y^s\sum_{m\,|\,r}m^{1-2s}\int_{-\infty}^{\infty}(x^2+y^2)^{-s}\mathrm{e}^{2\pi irx}\,\mathrm{d}x\,.$$

Es gibt zwei Fälle. Im ersten ist $r=0$. Dann ist die Bedingung $m\,|\,r$ leer und wir haben

$$\pi^{-s}\Gamma(s)y^s\zeta(2s-1)\int_{-\infty}^{\infty}(x^2+y^2)^{-s}\,\mathrm{d}x \;=\; \pi^{-s+1/2}\Gamma\left(s-\frac{1}{2}\right)\zeta(2s-1)y^{1-s}\,,$$

wobei wir Lemma 2.7.9 benutzt haben. Die Riemannsche Zetafunktion erfüllt die Funktionalgleichung

$$\tilde{\zeta}(s) \;=\; \tilde{\zeta}(1-s)\,,$$

wobei $\tilde{\zeta}(s) = \pi^{-s/2}\Gamma(s/2)\zeta(s)$, wie in Satz 6.1.2 bewiesen wird. Dies liefert den behaupteten nullten Term a_0. Im Fall $r \neq 0$ liefert ebenfalls Lemma 2.7.9 die Behauptung. $\qquad\square$

Wir kommen nun zur Rankin-Selberg-Methode. Sei $\Gamma = \mathrm{SL}_2(\mathbb{Z})$ und sei $\phi :$ $\mathbb{H} \to \mathbb{C}$ eine glatte Γ-automorphe Funktion. Wir nehmen an, dass ϕ in der Spitze ∞ schnell fällt, d. h., dass gilt

$$\phi(x+iy) = O(y^{-N}), \quad y \geq 1$$

für jedes $N \in \mathbb{N}$. Wegen $\phi(z+1) = \phi(z)$ hat ϕ eine Fourier-Entwicklung

$$\phi(z) \;=\; \sum_{n=-\infty}^{\infty} \phi_n(y)\, e^{2\pi i n x}$$

mit $\phi_n(y) = \int_0^1 \phi(x+iy)\, e^{-2\pi i n x}\, dx$. Die Funktion ϕ_0 heißt der *konstante Term* der Fourier-Entwicklung. Sei

$$\mathcal{M}\phi_0(s) \;=\; \int\limits_0^{\infty} \phi_0(y) y^s \frac{dy}{y}$$

die Mellin-Transformierte des nullten Terms. Wir werden zeigen, dass dieses Integral für $\mathrm{Re}(s) > 0$ konvergiert. Wir setzen $\Lambda(s) = \pi^{-s}\Gamma(s)\zeta(2s)\mathcal{M}\phi_0(s-1)$.

Proposition 2.7.10 (Rankin-Selberg Methode)
Das Mellin-Integral $\mathcal{M}\phi_0(s)$ konvergiert lokal-gleichmäßig absolut im Bereich $\mathrm{Re}(s) > 0$. Es gilt

$$\Lambda(s) \;=\; \int\limits_{\Gamma(1)\backslash\mathbb{H}} E(z,s)\phi(z) \frac{dx\,dy}{y^2}\,.$$

Die Funktion $\Lambda(s)$ dehnt sich zu einer meromorphen Funktion auf $\mathbb{C}$ mit höchstens einfachen Polen bei $s = 0$ und $s = 1$ aus. Sie erfüllt die Funktionalgleichung

$$\Lambda(s) \;=\; \Lambda(1-s)\,.$$

Schließlich gilt

$$\mathrm{res}_{s=1}\,\Lambda(s) \;=\; \frac{1}{2} \int\limits_{\Gamma(1)\backslash\mathbb{H}} \phi(z) \frac{dx\,dy}{y^2}\,.$$

Beweis: Wir führen den Beweis durch den *Auffaltungstrick* wie folgt:

$$
\int\limits_{\Gamma\backslash\mathbb{H}} \tilde{E}(z,s)\phi(z)\,\mathrm{d}\mu(z) = \int\limits_{D} \sum_{\gamma:\Gamma_\infty\backslash\Gamma} \mathrm{Im}(\gamma z)^s \phi(z)\,\mathrm{d}\mu(z)
$$

$$
= \sum_{\gamma:\Gamma_\infty\backslash\Gamma} \int\limits_{D} \mathrm{Im}(\gamma z)^s \phi(z)\,\mathrm{d}\mu(z)
$$

$$
= \sum_{\gamma:\Gamma_\infty\backslash\Gamma} \int\limits_{\gamma D} \mathrm{Im}(z)^s \phi(z)\,\mathrm{d}\mu(z)
$$

$$
= \int\limits_{\bigcup_{\gamma:\Gamma_\infty\backslash\Gamma} \gamma D} \mathrm{Im}(z)^s \phi(z)\,\mathrm{d}\mu(z)
$$

$$
= \int\limits_{\Gamma_\infty\backslash\mathbb{H}} \mathrm{Im}(z)^s \phi(z)\,\mathrm{d}\mu(z) = \int\limits_0^\infty \int\limits_0^1 y^{s-1}\phi(x+iy)\mathrm{d}x\,\frac{\mathrm{d}y}{y}
$$

$$
= \int\limits_0^\infty \phi_0(y) y^{s-1}\frac{\mathrm{d}y}{y} = \mathcal{M}\phi_0(s-1).
$$

Die Behauptungen folgen damit aus Satz 2.7.7. $\square$

Wir wenden die Rankin-Selberg-Methode nun an um die Meromorphie der *Rankin-Selberg-Faltung* von modularen L-Funktionen zu beweisen. Sei $k \in 2\mathbb{N}_0$ und seien $f, g \in \mathcal{M}_k$ normalisierte Hecke-Eigenformen. Seien a_n und b_n für $n \geq 0$ die Fourier-Koeffizienten von f und g. Wir definieren die *Rankin-Selberg-Faltung* von $L(f,s)$ und $L(g,s)$ als

$$
L(f \times g, s) \stackrel{\mathrm{def}}{=} \zeta(2s-2k+2) \sum_{n=1}^\infty a_n b_n n^{-s}.
$$

Nach Proposition 2.3.1 und Satz 2.3.2 gilt $a_n, b_n = O(n^{k-1})$. Damit konvergiert die Reihe $L(f \times g, s)$ absolut für $\mathrm{Re}(s) > 2k - 1$. Wir setzen ferner

$$
\Lambda(f \times g, s) = (2\pi)^{-2s}\Gamma(s)\Gamma(s-k+1)L(f \times g, s).
$$

Satz 2.7.11 *Ist eine der beiden Funktionen f, g eine Spitzenform, dann setzt $\Lambda(f \times g, s)$ fort zu einer meromorphen Funktion auf $\mathbb{C}$. Sie ist holomorph bis auf mögliche einfache Pole in $s = k$ und $s = k - 1$. Sie genügt der Funktionalgleichung:*

$$
\Lambda(f \times g, s) = \Lambda(f \times g, 2k-1-s).
$$

Das Residuum bei $s = k$ ist $\frac{1}{2}\pi^{1-k}\langle f, g\rangle_k$.

Beweis: Wir wenden Proposition 2.7.10 auf die Funktion $\phi(z) = f(z)\overline{g(z)}y^k$ an. Es gilt dann

$$\phi_0(y) = \int_0^1 f(x+iy)\overline{g(x+iy)}y^k \, dx$$

$$= \sum_{n=0}^{\infty} \sum_{m=0}^{\infty} \int_0^1 a_n e^{2\pi i n x} e^{-2\pi n y} \overline{b_m} e^{-2\pi i m x} e^{-2\pi m y} y^k \, dx \, .$$

Da $\int_0^1 e^{2\pi i (n-m)x} \, dx = 0$ außer wenn $n = m$, folgt $\phi_0(y) = \sum_{n=1}^{\infty} a_n \overline{b_n} e^{-4\pi n y} y^k$. Also

$$\mathcal{M}\phi_0(s) = \sum_{n=0}^{\infty} a_n \overline{b_n} \int_0^{\infty} e^{-4\pi n y} y^{s+k} \frac{dy}{y} = (4\pi)^{-s-k} \Gamma(s+k) \sum_{n=1}^{\infty} a_n \overline{b_n} n^{-s-k} \, .$$

Die Zahl b_n ist der Eigenwert des Hecke-Operators T_n. Da T_n selbstadjungiert ist, ist b_n reell. Damit ist

$$\mathcal{M}\phi_0(s-1) = (4\pi)^{-s-k+1} \Gamma(s-1+k) \frac{1}{\zeta(2s)} L(f \times g, s-1+k) \, .$$

Sei $\Lambda(s)$ wie in Proposition 2.7.10. Dann folgt

$$\Lambda(s) = 4^{-s-k+1} \pi^{-2s-k+1} \Gamma(s) \Gamma(s-1+k) L(f \times g, s-1+k) \, ,$$

oder

$$\Lambda(s+1-k) = \pi^{k-1} (2\pi)^{-2s} \Gamma(s) \Gamma(s+1-k) L(f \times g, s) = \pi^{k-1} \Lambda(f \times g, s) \, .$$

Nach Proposition 2.7.10 gilt $\Lambda(s+1-k) = \Lambda(1-(s+1-k))$ und damit erhält man die behauptete Funktionalgleichung. Schließlich gilt

$$\operatorname{res}_{s=k} \Lambda(f \times g, s) = \operatorname{res}_{s=k} \pi^{1-k} \Lambda(s+1-k) = \pi^{1-k} \operatorname{res}_{s=1} \Lambda(s)$$

$$= \pi^{1-k} \frac{1}{2} \int_{\Gamma(1)\backslash\mathbb{H}} \phi(z) \, d\mu(z) = \pi^{1-k} \frac{1}{2} \langle f, g \rangle_k \, . \qquad \square$$

Wir betrachten noch das Euler-Produkt der Rankin-Selberg L-Funktion $L(f \times g, s)$. Wir faktorisieren die Polynome

$$1 - a_n X + p^{k-1} X^2 = (1 - \alpha_1(p)X)(1 - \alpha_2(p)X)$$

$$1 - b_n X + p^{k-1} X^2 = (1 - \beta_1(p)X)(1 - \beta_2(p)X)$$

Satz 2.7.12 *Wir haben die Euler-Produktentwicklung*

$$L(f \times g, s) \;=\; \prod_p \prod_{i=1}^{2} \prod_{j=1}^{2} (1 - \alpha_i(p)\beta_j(p)p^{-s})^{-1} \,.$$

Beweis: Dies ist eine Konsequenz des folgenden algebraischen Lemmas.

Lemma 2.7.13 *Ist $\alpha_1\alpha_2\beta_1\beta_2 \neq 0$ und gilt*

$$\sum_{r=0}^{\infty} a_r x^r = (1 - \alpha_1 x)^{-1}(1 - \alpha_2 x)^{-1} \,,$$

$$\sum_{r=0}^{\infty} b_r x^r = (1 - \beta_1 x)^{-1}(1 - \beta_2 x)^{-1} \,,$$

dann folgt

$$\sum_{r=0}^{\infty} a_r b_r x^r \;=\; (1 - \alpha_1\alpha_2\beta_1\beta_2 x^2) \prod_{i=1}^{2} \prod_{j=1}^{2} (1 - \alpha_i \beta_j x)^{-1} \,.$$

Beweis: Sei $\phi(x) = \sum_{r=0}^{\infty} a_r x^r$ und $\psi(x) = \sum_{r=0}^{\infty} b_r x^r$. Betrachte das Wegintegral

$$\frac{1}{2\pi i} \int_{\partial K} \phi(qx)\psi(q^{-1}) \frac{\mathrm{d}q}{q} \,,$$

wobei K ein Kreis um Null ist so dass die Pole von $\phi(xq)$ außerhalb liegen, die von $\psi(q^{-1})$ innerhalb. Dies ist für hinreichend kleines x möglich. Das Integral ist gleich

$$\sum_{r,r'=0}^{\infty} a_r b_{r'} x^r \, \frac{1}{2\pi i} \int_{\partial K} q^{r-r'-1} \, \mathrm{d}q \;=\; \sum_{r=0}^{\infty} a_r b_r x^r \,.$$

Andererseits ist das Integral gleich

$$\frac{1}{2\pi i} \int_{\partial K} \frac{1}{(1 - \alpha_1 xq)(1 - \alpha_2 xq)(1 - \beta_1 q^{-1})(1 - \beta_2 q^{-1})} \frac{\mathrm{d}q}{q} \,.$$

Per Residuensatz berechnet sich dies zu

$$(1 - \alpha_1\alpha_2\beta_1\beta_2 x^2) \prod_{i=1}^{2} \prod_{j=1}^{2} (1 - \alpha_i \beta_j x)^{-1} \,.$$

$\square$

2.8 Maaßsche Wellenformen

Die Gruppe $G = \mathrm{SL}_2(\mathbb{R})$ operiert auf $\mathbb{H}$ durch Diffeomorphismen, also operiert sie auf $C^\infty(\mathbb{H})$ durch $L_g : C^\infty(\mathbb{H}) \to C^\infty(\mathbb{H})$, wobei für $g \in G$ der Operator L_g definiert ist durch

$$L_g\varphi(z) = \varphi(g^{-1}z)\,.$$

Auf der oberen Halbebene $\mathbb{H}$ betrachten wir den *hyperbolischen Laplace-Operator* definiert durch

$$\Delta = -y^2\left(\frac{\partial^2}{\partial x^2} + \frac{\partial^2}{\partial y^2}\right).$$

Lemma 2.8.1 *Der hyperbolische Laplace ist invariant unter G in dem Sinne, dass*

$$L_g\Delta L_{g^{-1}} = \Delta$$

für jedes $g \in G$ gilt.

Beweis: Die Aussage ist äquivalent zu $L_g\Delta = \Delta L_g$. Es reicht, diese Aussage für Erzeuger von $\mathrm{SL}_2(\mathbb{R})$, wie etwa in Aufgabe 2.7 angegeben, nachzurechnen. Wir überlassen den Nachweis dem Leser zur Übung (Aufgabe 2.8). $\qquad\square$

Definition 2.8.2 Eine *Maaßsche Wellenform* oder *Maaß-Form* zur Gruppe $\Gamma(1)$ ist eine glatte Funktion f auf $\mathbb{H}$ so dass

- $f(\gamma z) = f(z)$ für jedes $\gamma \in \Gamma$,
- $\Delta f = \lambda f$ für ein $\lambda \in \mathbb{C}$,
- es gibt ein $N \in \mathbb{N}$ mit $f(x + iy) = O(y^N)$ für $y \geq 1$.

Gilt darüberhinaus

$$\int_0^1 f(z + t)\,\mathrm{d}t = 0$$

für jedes $z \in \mathbb{H}$, dann heißt f eine *Maaß-Spitzenform*.

Proposition 2.8.3 *Die nichtholomorphe Eisenstein-Reihe*

$$E(z,s) = \pi^{-s}\Gamma(s)\frac{1}{2}\sum_{\substack{m,n\in\mathbb{Z}\\(m,n)\neq(0,0)}}\frac{y^s}{|mz+n|^{2s}}$$

ist eine Maaß-Form, genauer gilt

$$\Delta E(z,s) = s(1-s)E(z,s)\,.$$

Beweis: Wir müssen nur die Eigengleichung zeigen. Es gilt

$$E(z,s) = \pi^{-s}\Gamma(s)\zeta(2s)\tilde{E}(z,s)$$

mit $\tilde{E}(z,s) = \sum_{\Gamma_\infty \backslash \Gamma} \mathrm{Im}(\gamma z)^s$. Daher reicht es, die Eigengleichung für $\tilde{E}$ zu zeigen. Es gilt

$$\Delta(y^s) = -y^2\left(\frac{\partial^2}{\partial x^2} + \frac{\partial^2}{\partial y^2}\right)y^s = s(1-s)y^s.$$

Wegen der Invarianz des Laplace-Operators folgt

$$\Delta\,\mathrm{Im}(\gamma z)^s = s(1-s)\,\mathrm{Im}(\gamma z)^s$$

für jedes $\gamma \in \Gamma$. Für $\mathrm{Re}(s) > 3$ konvergieren die Reihen $\sum_{\Gamma_\infty \backslash \Gamma} \frac{\partial}{\partial y}\,\mathrm{Im}(z)^s$ und $\sum_{\Gamma_\infty \backslash \Gamma} \frac{\partial^2}{\partial y^2}\,\mathrm{Im}(z)^s$ lokal gleichmäßig, also dürfen wir unter dem Summenzeichen differenzieren, was die Behauptung für $\tilde{E}$ und damit auch für E im Bereich $\mathrm{Re}(s) > 3$ zeigt. Für beliebiges $s \in \mathbb{C}$ zeigt die Fourier-Entwicklung von E, dass $\Delta E(z,s) - s(1-s)E(z,s)$ eine meromorphe Funktion in s ist, die nach obigem konstant Null ist für $\mathrm{Re}(s) > 3$. Nach dem Identitätssatz ist sie überall gleich Null. $\qquad\square$

Man drückt die Differentialgleichung auch so aus:

$$\Delta E\left(z, v + \frac{1}{2}\right) = \left(\frac{1}{4} - v^2\right)E\left(z, v + \frac{1}{2}\right).$$

Sei nun f eine beliebige Maaß-Form für die Gruppe $\Gamma(1)$. Wegen $f(z+1) = f(z)$ hat f eine Fourier-Entwicklung

$$f(x+iy) = \sum_{r=-\infty}^{\infty} a_r(y)\mathrm{e}^{2\pi i r x}.$$

Lemma 2.8.4 *Sei $\lambda \in \mathbb{C}$ der Laplace-Eigenwert der Maaß-Form f. Dann gibt es ein (bis aufs Vorzeichen eindeutiges) $v \in \mathbb{C}$ mit $\lambda = \frac{1}{4} - v^2$. Für die Fourier-Koeffizienten gilt dann*

$$a_r(y) = a_r\sqrt{y}\,K_v(2\pi|r|y)$$

falls $r \neq 0$, wobei $a_r \in \mathbb{C}$ nur von r abhängt. Ferner ist für $r = 0$,

$$a_0(y) = a_0 y^{\frac{1}{2}-v} + b_0 y^{\frac{1}{2}+v}.$$

Beweis: Wir haben $\Delta f = (\frac{1}{4} - v^2)f(z)$. Aus der Definition von $a_r(y)$,

$$a_r(y) = \int_0^1 f(x+iy)\mathrm{e}^{-2\pi i r x}\,\mathrm{d}x$$

folgt dann

$$\left(\frac{1}{4} - v^2\right) a_r(y) = \int\limits_0^1 \Delta f(x + iy) e^{-2\pi i r x} \, dx$$

$$= -y^2 \int\limits_0^1 \frac{\partial^2 f}{\partial y^2} + \frac{\partial^2 f}{\partial x^2} (x + iy) e^{-2\pi i r x} \, dx$$

$$= -y^2 \frac{\partial^2}{\partial y^2} a_r(y) - y^2 \int\limits_0^1 f(x + iy)(-4\pi^2 r^2) e^{-2\pi i r x} \, dx$$

$$= -y^2 \frac{\partial^2}{\partial y^2} a_r(y) + 4\pi^2 r^2 y^2 a_r(y) \,.$$

Wir haben also die lineare Differentialgleichung zweiter Ordnung

$$y^2 \frac{\partial^2}{\partial y^2} a_r(y) + \left(\frac{1}{4} - v^2 - 4\pi r^2 y^2\right) a_r(y) = 0 \,.$$

Da der r-te Fourier-Koeffizient der Eisenstein-Reihe eine Lösung dieser DGL ist, wissen wir, dass

$$a_r(y) = \sqrt{y} K_v(2\pi |r| y)$$

eine Lösung dieser linearen DGL ist. Eine zweite Lösung ist gegeben durch

$$b_r(y) = \sqrt{y} I_v(2\pi |r| y) \,,$$

wobei I_v die I-Besselfunktion ist. Jede Lösung ist eine Linearkombination dieser zwei Basislösungen. Einen Beweis für dieses klassische Faktum aus der Theorie der DGL findet man etwa in [10]. Weiter wächst die I-Besselfunktion exponentiell, wohingegen die K-Besselfunktion exponentiell fällt. Da $a_r(y)$ nach Voraussetzung nur moderat wachsen kann, folgt die Behauptung. $\qquad\qquad\square$

Sei $\iota : \mathbb{H} \to \mathbb{H}$ die antiholomorphe Abbildung $\iota(z) = -\overline{z}$, also $\iota(x + iy) = -x + iy$. Dann gilt $\iota \circ \iota = \mathrm{Id}_{\mathbb{H}}$ und man rechnet leicht nach, dass ι mit dem hyperbolischen Laplace Operator Δ kommutiert, wobei ι auf Funktionen f der oberen Halbebene via $\iota(f)(z) \overset{\mathrm{def}}{=} f(\iota(z))$ operiert. Daher bildet ι für jedes $\lambda \in \mathbb{C}$ den Eigenraum $\mathrm{Eig}(\Delta, \lambda)$ in sich ab. Wegen $\iota^2 = \mathrm{Id}$ hat ι höchstens die Eigenwerte ± 1. Eine Maaß-Form f heißt *gerade Maaß-Form*, falls $\iota(f) = f$ und *ungerade Maaß-Form*, falls $\iota(f) = -f$. Wegen

$$f = \frac{1}{2}(f + \iota(f)) + \frac{1}{2}(f - \iota(f))$$

ist jede Maaß-Form die Summe aus einer geraden und einer ungeraden.

Satz 2.8.5 *Sei*

$$f(z) \; = \; \sum_{r \neq 0} a_r \sqrt{y}\, K_\nu(2\pi|r|y)\mathrm{e}^{2\pi i r x}$$

eine Maaß-Spitzenform. Sei

$$L(s, f) \; = \; \sum_{n=1}^{\infty} a_n n^{-s}$$

die zugehörige L-Funktion. Dann konvergiert die Reihe $L(s, f)$ für $\mathrm{Re}(s) > 3/2$ und kann zu einer ganzen Funktion auf $\mathbb{C}$ fortgesetzt werden. Ist f gerade oder ungerade und sei $\Delta f = (\frac{1}{4} - \nu^2)f$, dann gilt mit

$$\Lambda(s, f) \; = \; \pi^{-s}\Gamma\left(\frac{s + \varepsilon + \nu}{2}\right)\Gamma\left(\frac{s + \varepsilon - \nu}{2}\right) L(s, f),$$

wobei $\varepsilon = 0$ falls f gerade und $\varepsilon = -1$ falls f ungerade, die Funktionalgleichung

$$\Lambda(s, f) \; = \; (-1)^\varepsilon \Lambda(1 - s, f).$$

Beweis: Beachte, dass wir $a_{-r} = (-1)^\varepsilon a_r$ haben. Die Konvergenz folgt sofort aus dem

Lemma 2.8.6 *Es gilt $a_n = O(n^{1/2})$.*

Beweis: Es gibt $C, N > 0$ so dass für $y > 1$ die Ungleichung $|f(x + iy)| \leq Cy^N$ gilt. Ist $y < 1/2$, und ist $w \in D$ konjugiert zu z modulo $\Gamma(1)$, so folgt $\mathrm{Im}(w) \leq \frac{1}{y}$. Ist also $y < 1/2$, so folgt $|f(x + iy)| \leq Cy^{-N}$. Also folgt für $y < 1/2$

$$|a_r|\sqrt{y}|K_s(2\pi|r|y)| \leq \int_0^1 |f(x + iy)|\, \mathrm{d}x \leq Cy^{-N}.$$

Für $y = 1/|r|$ folgt daraus

$$|a_r| \leq Cr^{N+\frac{1}{2}}|K_s(2\pi)|^{-1}.$$

Da die K-Besselfunktion schnell fällt und f eine Spitzenform ist, folgt daraus, dass f beschränkt ist auf D und damit auf $\mathbb{H}$. Man kann also dasselbe Argument mit $N = 0$ wiederholen. Dies ist die Behauptung. $\square$

Lemma 2.8.7 *Das Integral*

$$\int_0^\infty K_\nu(y)y^s\frac{\mathrm{d}y}{y} \; = \; 2^{s-2}\Gamma\left(\frac{s + \nu}{2}\right)\Gamma\left(\frac{s - \nu}{2}\right)$$

konvergiert absolut falls $\mathrm{Re}(s) > |\mathrm{Re}(\nu)|$.

Beweis: Setzt man die Definition von K_ν ein, so ist die linke Seite

$$\frac{1}{2} \int\limits_0^\infty \int\limits_0^\infty e^{-(t+t^{-1})y/2} t^\nu y^s \frac{dy}{y} \frac{dt}{t}\,.$$

Wir wenden die Transformationsformel auf den Diffeomorphismus $\phi : (0, \infty) \times (0, \infty) \to (0, \infty) \times (0, \infty)$ gegeben durch

$$\phi(t, y) \;=\; \left(\frac{1}{2} ty, \frac{1}{2} t^{-1} y \right) \;=\; (u, v)$$

an. Es gilt dann $y = 2\sqrt{uv}$ und $t = \sqrt{u/v}$. Die Funktionalmatrix von ϕ ist

$$D\phi(t, y) \;=\; \frac{1}{2} \begin{pmatrix} y & t \\ -\frac{y}{t^2} & \frac{1}{t} \end{pmatrix}\,.$$

Diese hat die Determinante $\det D\phi = \frac{y}{2t}$. Das Integral ist nach der Transformationsformel gleich

$$2^{s-1} \int\limits_0^\infty \int\limits_0^\infty e^{-u-v} v^{(s-\nu)/2} u^{(s+\nu)/2} \frac{du}{u} \frac{dv}{v}\,.$$

Dies liefert die Behauptung. $\qquad\qquad\qquad\qquad\qquad\qquad\qquad\qquad$ $\square$

Wir beweisen nun den Satz. Betrachte zuerst den Fall, wenn f gerade ist. Dann ist

$$\int\limits_0^\infty f(iy) y^{s-1/2} \frac{dy}{y} \;=\; \frac{1}{2} \Lambda(s, f)\,.$$

Mit Lemma 2.8.6 folgt, dass $f(iy)$ schnell fällt für $y \to \infty$. Wegen $f(iy) = f(i\frac{1}{y})$ folgt mit dem üblichen Trick die Behauptung.

Ist f ungerade, so setze

$$g(z) \;=\; \frac{1}{4\pi i} \frac{\partial f}{\partial x}(z) \;=\; \sum_{n=1}^\infty a_n n \sqrt{y} K_\nu(2\pi ny) \cos(2\pi nx)\,.$$

Dann ist

$$\int\limits_0^\infty g(iy) y^{s+1/2} \frac{dy}{y} \;=\; \Lambda(s, f)\,.$$

Wegen $g(iy) = -\frac{1}{y^2} g(\frac{i}{y})$ folgt die Behauptung auch in diesem Fall. $\qquad$ $\square$

Wir führen allgemeiner für jedes $k \in \mathbb{Z}$ den Operator

$$\Delta_k \;=\; -y^2 \left(\frac{\partial^2}{\partial x^2} + \frac{\partial^2}{\partial y^2} \right) + iky\frac{\partial}{\partial x}$$

ein. Es gilt

$$\Delta_k \;=\; -L_{k+2}R_k - \frac{k}{2}\left(1 + \frac{k}{2}\right) \;=\; -R_{k-2}L_k + \frac{k}{2}\left(1 - \frac{k}{2}\right),$$

wobei

$$R_k \;=\; iy\frac{\partial}{\partial x} + y\frac{\partial}{\partial y} + \frac{k}{2}, \qquad L_k \;=\; -iy\frac{\partial}{\partial x} + y\frac{\partial}{\partial y} - \frac{k}{2}.$$

Definition 2.8.8 Für $f \in C^\infty(\mathbb{H})$ und $g = \left(\begin{smallmatrix} * & * \\ c & d \end{smallmatrix}\right) \in G = \mathrm{SL}_2(\mathbb{R})$ sei

$$f\|_k g(z) \;=\; \left(\frac{cz + d}{|cz + d|} \right)^{-k} f(gz) \;=\; \left(\frac{c\overline{z} + d}{|cz + d|} \right)^{k} f(gz).$$

Lemma 2.8.9 *Für $f \in C^\infty(\mathbb{H})$ und $g \in G = \mathrm{SL}_2(\mathbb{R})$ gilt*

$$(R_k f)\|_{k+2}g \;=\; R_k(f\|_k g), \qquad (L_k f)\|_{k-2}g \;=\; L_k(f\|_k g)$$

und

$$(\Delta_k f)\|_k g \;=\; \Delta_k(f\|_k g).$$

Beweis: Die ersten beiden Identitäten kann man explizit nachrechnen, die dritte folgt. Alternativ kann man bis zum nächsten Abschnitt warten, wo ein Lietheoretischer Beweis der ersten beiden Aussagen geliefert wird. $\qquad\square$

Differentialoperatoren leben auf unendlich-dimensionalen Räumen wie etwa $C^\infty(\mathbb{R})$. Unglücklicherweise sind dies keine Hilbert-Räume, aber man kann Differentialoperatoren auf dichten Teilräumen von Hilbert-Räumen erklären.

Definition 2.8.10 Sei H ein Hilbert-Raum. Ein *Operator* auf H ist ein Paar (D_T, T), wobei $D_T \subset H$ ein dichter Untervektorraum von H und $T : D_T \to H$ eine lineare Abbildung ist. Der Raum D_T heißt der Definitionsbereich des Operators. Der Operator heißt *abgeschlossener Operator*, falls der Graph $G(T) = \{(h, T(h)) : h \in D_T\}$ eine abgeschlossene Teilmenge von $H \times H$ ist.

Ein Operator T heißt *symmetrisch*, falls

$$\langle T(v), w \rangle \;=\; \langle v, T(w) \rangle$$

für alle $v, w \in D_T$ gilt.

Sei T ein Operator auf H. Wir definieren den adjungierten Operator T^* wie folgt. Zunächst sei der Definitionsbereich D_{T^*} gleich der Menge aller $v \in H$ für die die Abbildung $w \mapsto \langle Tw, v \rangle$ eine beschränkte lineare Abbildung auf D_T ist.

Da D_T dicht ist, lässt sich diese Abbildung in eindeutiger Weise zu einem stetigen linearen Funktional nach H fortsetzen. Nach dem Rieszschen Darstellungssatz existiert dann ein eindeutig bestimmter Vektor $T^*v \in H$, so dass $\langle Tw, v \rangle = \langle w, T^*v \rangle$ für jedes $w \in D_T$ gilt. Man sieht leicht, dass die so entstehende Abbildung $T^* : D_{T^*} \to H$ linear ist. Falls D_{T^*} dicht ist, so zeigt man, dass der Operator T^* abgeschlossen ist.

Ein Operator T heißt *selbstadjungiert*, falls $D_{T^*} = D_T$ und $T^* = T$ gilt. Es gilt

$$T \text{ selbstadjungiert} \Rightarrow T \text{ abgeschlossen und symmetrisch},$$

aber die Umkehrung gilt nicht, wie folgendes Beispiel zeigt.

Beispiel 2.8.11 Sei $H = L^2([0, 1])$ und sei D_T die Menge aller stetigen Funktionen f auf $[0, 1]$ der Form $f(x) = \int_0^x f'(t)\, \mathrm{d}t = \langle f', \mathbf{1}_{[0,x]} \rangle$ für ein $f' \in L^2(0, 1)$ mit $f' \perp \mathbf{1}_{[0,1]}$. Für jedes $f \in D_T$ gilt $f(0) = 0 = f(1)$. Sei T der Operator gegeben durch

$$T(f) = f'.$$

Da $C([0, 1])$ dicht liegt in H, gibt es zu jedem $f \in D_T$ eine Folge stetig differenzierbarer Funktionen f_j mit $f_j \to f$ und $Tf_j \to Tf$. Daher folgt mit Hilfe von partieller Integration

$$\langle Tf, g \rangle = \langle f, Tg \rangle$$

für alle $f, g \in D_T$. Damit ist T symmetrisch. T ist außerdem abgeschlossen, denn für eine Folge $f_j \in D_T$ mit $f_j \to f$ und $Tf_j \to g$ folgt $f \in D_T$ und $g = Tf$. Nun bleibt zu zeigen, dass $T^* \neq T$. Dies ist aber klar, da zum Beispiel die konstante Funktion 1 in D_{T^*} liegt, aber nicht in D_T. Außerdem folgt, dass T^* nicht symmetrisch ist.

Ist H endlich-dimensional, so ist jeder Operator T schon auf ganz H definiert, da der einzige dichte Unterraum von H gleich ganz H ist, d. h. es gilt $D_T = H$.

Eine Erinnerung aus der Linearen Algebra:

Satz 2.8.12 (Spektralsatz) *Es sei H ein endlich-dimensionaler Hilbert-Raum und $T : H \to H$ selbstadjungiert. Dann ist H eine direkte Summe von Eigenräumen, d. h.:*

$$V = \bigoplus_{\lambda \in \mathbb{R}} \mathrm{Eig}(T, \lambda),$$

wobei

$$\mathrm{Eig}(T, \lambda) = \{v \in H : T(v) = \lambda v\}.$$

Dieser Satz wird in der Linearen Algebra bewiesen. Falls H unendlich-dimensional ist, gilt für selbstadjungierte Operatoren ebenfalls ein Spektralsatz, der den Raum in Eigenräume zerlegt. Allerdings nicht in Form einer direkten Summe, sondern in Form eines Integrals. Wir werden zu einem späteren Zeitpunkt hierauf zurückkommen.

Definition 2.8.13 Der *Träger* einer Funktion $f : X \to \mathbb{C}$ auf einem topologischen Raum X ist der Abschluss der Menge $\{x \in X : f(x) \neq 0\}$. Die Menge $C_c(X)$ ist die Menge aller stetiger Funktionen auf X mit kompaktem Träger.

Sei $L^2(\mathbb{H})$ der Raum aller messbaren $f : \mathbb{H} \to \mathbb{C}$ mit $\int_{\mathbb{H}} |f(z)|^2 d\mu(z) < \infty$ modulo des Unterraums der Nullfunktionen, wobei μ das invariante Maß $\frac{dx\,dy}{y^2}$ ist. Dann ist der Raum $D = C_c^\infty(\mathbb{H})$ ein dichter Teilraum, auf dem der Operator Δ_k definiert ist. Hierbei ist $C_c^\infty(\mathbb{H})$ die Menge aller unendlich oft differenzierbaren Funktionen auf $\mathbb{H}$ mit kompaktem Träger.

Proposition 2.8.14 *Der Operator Δ_k mit Definitionsbereich $C_c^\infty(\mathbb{H})$ ist ein symmetrischer Operator auf $H = L^2(\mathbb{H})$.*

Beweis: Sei

$$\Delta^e = \frac{\partial^2}{\partial x^2} + \frac{\partial^2}{\partial y^2}$$

der euklidische Laplace-Operator. Sei d das äußere Differential, das n-Formen auf $(n+1)$-Formen abbildet. Seien f, g glatte Funktionen mit kompakten Trägern auf $\mathbb{H}$. Man rechnet leicht nach, dass

$$\mathrm{d}\left(g \left(\frac{\partial f}{\partial x} \mathrm{d}y - \frac{\partial f}{\partial y} \mathrm{d}x \right) - f \left(\frac{\partial g}{\partial x} \mathrm{d}y - \frac{\partial g}{\partial y} \mathrm{d}x \right) \right) = (g\Delta^e f - f\Delta^e g)\, \mathrm{d}x \wedge \mathrm{d}y\,.$$

Nach Stokes' Integralsatz gilt also

$$\int_{\mathbb{H}} (\overline{g}\Delta^e f - f\Delta^e \overline{g})\, \mathrm{d}x \wedge \mathrm{d}y = 0\,,$$

also

$$\int_{\mathbb{H}} \overline{g}\Delta^e f\, \mathrm{d}x \wedge \mathrm{d}y = \int_{\mathbb{H}} f\Delta^e \overline{g}\, \mathrm{d}x \wedge \mathrm{d}y\,.$$

Sei nun $T = \frac{i}{y} \frac{\partial}{\partial x}$. Dann erhält man durch partielle Integration

$$\int_{\mathbb{H}} ((Tf)\overline{g} - f(\overline{Tg}))\, \mathrm{d}x \wedge \mathrm{d}y = i \int_{\mathbb{H}} \frac{1}{y} \left(\frac{\partial f}{\partial x}\overline{g} + f \frac{\overline{\partial g}}{\partial x} \right) \mathrm{d}x \wedge \mathrm{d}y$$

$$= i \int_{\mathbb{H}} \mathrm{d}\left(\frac{1}{y} f \overline{g} \mathrm{d}y \right) = \int_{\partial\Omega} \frac{1}{y} f \overline{g} \mathrm{d}y = 0\,.$$

Also

$$\int_{\mathbb{H}} (Tf)\overline{g}\, \mathrm{d}x \wedge \mathrm{d}y = \int_{\mathbb{H}} f(\overline{Tg})\, \mathrm{d}x \wedge \mathrm{d}y\,.$$

Es ist nun

$$\langle \Delta_k f, g \rangle \;=\; \int\limits_{\mathbb{H}} (\Delta_k f)\overline{g}\,\frac{dx \wedge dy}{y^2} \;=\; \int\limits_{\mathbb{H}} (-\Delta^e f + kTf)\overline{g}\,dx \wedge dy \,.$$

Damit ist Δ_k symmetrisch. $\qquad\qquad\qquad\qquad\qquad\qquad\qquad\qquad\square$

Sei nun Γ eine diskrete Untergruppe von $\mathrm{SL}_2(\mathbb{R})$. Wegen der Invarianz operiert Δ_k auf der Menge der glatten Funktionen f auf $\mathbb{H}$, für die gilt $f||_k\gamma = f$ für jedes $\gamma \in \Gamma$. Sei $C^\infty(\Gamma\backslash\mathbb{H}, k)$ der Vektorraum dieser Funktionen und sei $L^2(\Gamma\backslash\mathbb{H}, k)$ der Raum aller messbaren Funktionen f auf $\mathbb{H}$ mit $f||_k\gamma = f$ für jedes $\gamma \in \Gamma$ und

$$\|f\|^2 \;\overset{\text{def}}{=}\; \int\limits_{\Gamma\backslash\mathbb{H}} |f(z)|^2\,\frac{dx\,dy}{y^2} \;<\; \infty \,,$$

modulo solchen Funktionen mit $\|f\| = 0$. Man beachte, dass das Integral wohldefiniert ist, da die Funktion $|f(z)|^2$ unter Γ invariant ist, also eine Funktion auf $\Gamma\backslash\mathbb{H}$ definiert. Dann ist $L^2(\Gamma\backslash\mathbb{H}, k)$ ein Hilbert-Raum mit Skalarprodukt

$$\langle f, g \rangle \;=\; \int\limits_{\Gamma\backslash\mathbb{H}} f(z)\overline{g(z)}\,\frac{dx \wedge dy}{y^2} \,.$$

Ab jetzt betrachten wir den Fall, dass $\Gamma\backslash\mathbb{H}$ *kompakt* ist. Dies ist äquivalent dazu, dass $\Gamma\backslash\mathrm{SL}_2(\mathbb{R})$ kompakt ist. Man nennt solche Gruppen daher auch *cokompakte Untergruppen* von $\mathrm{SL}_2(\mathbb{R})$. Untergruppen von $\mathrm{SL}_2(\mathbb{Z})$ sind nicht cokompakt, da sonst $\mathrm{SL}_2(\mathbb{Z})$ selbst schon cokompakt sein müsste. Wieso also gibt es überhaupt cokompakte Gruppen Γ? Hierzu folgende Überlegungen, die nur Tatsachen aus der Funktionentheorie und etwas Topologie verwenden.

- Zunächst ein konkretes Beispiel. Seien $0 < p, q \in \mathbb{Q}$. Die Matrizen

$$i = \begin{pmatrix} \sqrt{p} & \\ & -\sqrt{p} \end{pmatrix}, \quad j = \begin{pmatrix} & \sqrt{q} \\ \sqrt{q} & \end{pmatrix}$$

erzeugen eine $\mathbb{Q}$-Unteralgebra M von $\mathrm{M}_2(\mathbb{R})$ mit den Relationen

$$i^2 = p, j^2 = q, ij = -ji \,.$$

Aus diesen Relationen folgt, dass die Vektoren $1, i, j, ij$ eine Basis von M über $\mathbb{Q}$ bilden, also ist M vierdimensional. Ein solches M nennt man eine *Quaternionenalgebra*.

Wir verlangen nun zusätzlich, dass p und q Primzahlen sind so dass q kein quadratischer Rest modulo p ist. Unter diesen Umständen kann man zeigen (Übungsaufgabe 2.23), dass M eine *Divisionsalgebra* ist, also dass jedes $0 \neq m \in M$ invertierbar ist. Die Menge

$$M_\mathbb{Z} \;=\; \mathbb{Z}1 \oplus \mathbb{Z}i \oplus \mathbb{Z}j \oplus \mathbb{Z}ij$$

ist ein Unterring. Sei

$$\Gamma = \{\gamma \in M_{\mathbb{Z}} : \det(\gamma) = 1\}.$$

Man kann zeigen, dass Γ eine diskrete Untergruppe von $\mathrm{SL}_2(\mathbb{R})$ ist so dass $\Gamma\backslash\mathbb{H}$ kompakt ist.

- Sei X eine kompakte Riemannsche Fläche und $g \geq 0$ sei ihr Geschlecht. Sei ferner $\tilde{X}$ ihre universelle Überlagerung, sowie Γ die Fundamentalgruppe. Dann operiert Γ durch biholomorphe Abbildungen auf $\tilde{X}$ und es gilt $\Gamma\backslash\tilde{X} \cong X$. Ferner ist $\tilde{X}$ eine einfach zusammenhängende Riemannsche Fläche sein und Γ operiert fixpunktfrei. Nach dem Riemannschen Abbildungssatz ergeben sich folgende Möglichkeiten:

  (a) $\tilde{X} \cong \mathbb{P}_1(\mathbb{C}) = \hat{\mathbb{C}}$ die Riemannsche Zahlenkugel,
  (b) $\tilde{X} \cong \mathbb{C}$,
  (c) $\tilde{X} \cong \mathbb{H}$.

Im Fall (a) ist jede biholomorphe Abbildung $\gamma : \tilde{X} \to \tilde{X}$ eine gebrochen lineare Transformation $\gamma(z) = \frac{az+b}{cz+d}$ und jede solche Transformation hat mindestens einen Fixpunkt in $\hat{\mathbb{C}}$, was bedeutet, dass $\Gamma = \{1\}$ ist und damit $X = \tilde{X} = \hat{\mathbb{C}}$, also $g = 0$.

Fall (b): Die biholomorphen Abbildungen von $\mathbb{C}$ sind genau die gebrochen linearen Transformationen γ mit $\gamma(\infty) = \infty$, also $\gamma(z) = az + b$. Ist $a \neq 1$, dann hat γ einen Fixpunkt, nämlich $z_0 = b/(1 - a)$. Also besteht Γ nur aus Transformationen der Gestalt $\gamma(z) = z + b$. Die Menge der $b \in \mathbb{C}$ mit $(z \mapsto z + b) \in \Gamma$ muss dann ein Gitter sein und damit ist X topologisch isomorph zu $\mathbb{R}^2/\mathbb{Z}^2$, also $g = 1$.

Im Fall (c) ist Γ eine diskrete cokompakte Untergruppe von $\mathrm{SL}_2(\mathbb{R})/ \pm 1$, denn dies ist die Gruppe aller biholomorphen Abbildungen von $\mathbb{H}$. Jedes solche X wie unter (c) liefert also ein Γ wie wir es brauchen. Das ist zwar noch immer kein Existenzbeweis, man kann aber zeigen, dass es überabzählbar viele solcher Γ gibt, sogar modulo Konjugation.

Definition 2.8.15 Eine Gruppe Γ heißt *torsionsfrei*, falls Γ keine Elemente endlicher Ordnung enthält.

Sei also $\Gamma \subset \mathrm{SL}_2(\mathbb{R})$ eine diskrete cokompakte Untergruppe. Man kann zeigen, dass Γ stets eine torsionsfreie Untergruppe von endlichem Index enthält. Wir schränken uns auf den torsionsfreien Fall ein und verlangen, dass Γ torsionsfrei ist. Auf der Oberen Halbebene $\mathbb{H}$ gibt es eine natürliche Orientierung $(\frac{\partial}{\partial x}, \frac{\partial}{\partial y})$. Den Begriff einer *Orientierung* einer Mannigfaltigkeit und den Satz von Stokes findet man zum Beispiel in Forsters Analysis-Buch [11]. Man kann die folgenden Ausführungen allerdings auch ohne diese Kenntnisse verstehen, wenn man etwa die folgende Proposition als Definition der Menge $C^\infty(\Gamma\backslash\mathbb{H})$ auffasst.

Proposition 2.8.16 *Auf dem topologischen Raum* $\Gamma\backslash\mathbb{H}$ *gibt es genau eine Struktur einer glatten Mannigfaltigkeit, so dass die Abbildung* $\mathbb{H} \to \Gamma\backslash\mathbb{H}$ *glatt ist. Es gilt dann*

$$C^\infty(\Gamma\backslash\mathbb{H}) \;=\; C^\infty(\mathbb{H})^\Gamma.$$

Die natürliche Orientierung auf $\mathbb{H}$ *induziert eine Orientierung auf* $\Gamma\backslash\mathbb{H}$, *so dass* $\Gamma\backslash\mathbb{H}$ *eine orientierte Mannigfaltigkeit ist.*

Beweis: Da diese Aussage für unsere Zwecke nicht wirklich wichtig ist, geben wir nur eine Beweisskizze. Aus der Torsionsfreiheit kann man folgern, dass Γ *diskontinuierlich* auf $\mathbb{H}$ operiert, das heißt, zu jedem $z \in \mathbb{H}$ gibt es eine offene Umgebung U so dass für jedes $\gamma \in \Gamma$ gilt: $\gamma U \cap U \neq \emptyset \;\Rightarrow\; \gamma = 1$. Hieraus folgt, dass die Projektion $p : \mathbb{H} \to \Gamma\backslash\mathbb{H}$ die offene Umgebung U homöomorph auf ihr Bild $p(U)$ abbildet und damit stellt $p|_U$ eine Karte dar. Die Gesamtheit dieser Karten liefern einen differenzierbaren Atlas für $\Gamma\backslash\mathbb{H}$. Die Orientierung von $\mathbb{H}$ steigt schließlich zum Quotienten $\Gamma\backslash\mathbb{H}$ ab, da Γ nur durch orientierungserhaltende Diffeomorphismen operiert. $\qquad\square$

Da $\Gamma\backslash\mathbb{H}$ eine orientierte Mannigfaltigkeit ist, kann man auch Differentialformen integrieren. Ist ω eine Differentialform auf $\Gamma\backslash\mathbb{H}$ und ist $p : \mathbb{H} \to \Gamma\backslash\mathbb{H}$ die kanonische Projektion, dann ist die zurückgezogene Form $p^*\omega$ eine Γ-invariante Form auf $\mathbb{H}$.

Lemma 2.8.17 *Sei* ω *eine 1-Form auf* $\Gamma\backslash\mathbb{H}$. *Dann gilt*

$$\int_{\Gamma\backslash\mathbb{H}} d\omega \;=\; 0.$$

Beweis: Dies folgt aus dem Satz von Stokes, da $\Gamma\backslash\mathbb{H}$ eine kompakte Mannigfaltigkeit ohne Rand ist, d. h. $\partial(\Gamma\backslash\mathbb{H}) = \emptyset$. Also

$$\int_{\Gamma\backslash\mathbb{H}} d\omega \;=\; \int_{\partial(\Gamma\backslash\mathbb{H})} \omega \;=\; \int_{\emptyset} \omega \;=\; 0.$$

$\qquad\square$

Definition 2.8.18 Sei $C^\infty(\Gamma\backslash\mathbb{H}, k)$ die Menge aller glatten Funktionen f auf $\mathbb{H}$ mit $f\|_k\gamma = f$ für jedes $\gamma \in \Gamma$.

Lemma 2.8.19 (a) *Ist* $f \in C^\infty(\Gamma\backslash\mathbb{H}, k)$ *und* $g \in C^\infty(\Gamma\backslash\mathbb{H}, k')$, *dann ist* $fg \in C^\infty(\Gamma\backslash\mathbb{H}, k + k')$.
(b) *Ist* $f \in C^\infty(\Gamma\backslash\mathbb{H}, k)$, *dann ist* $\overline{f} \in C^\infty(\Gamma\backslash\mathbb{H}, -k)$.
(c) $C^\infty(\Gamma\backslash\mathbb{H}, 0) = C^\infty(\Gamma\backslash\mathbb{H})$.

Beweis: Eine glatte Funktion f auf $\mathbb{H}$ liegt genau dann in $C^\infty(\Gamma\backslash\mathbb{H}, k)$, wenn für jedes $\gamma = \left(\begin{smallmatrix} * & * \\ c & d \end{smallmatrix}\right) \in \Gamma$ gilt

$$f(\gamma z) \;=\; \left(\frac{cz + d}{|cz + d|} \right)^k f(z).$$

Damit folgen die Behauptungen.   □

Proposition 2.8.20 *Der Operator* Δ_k *mit Definitionsbereich* $C^\infty(\Gamma\backslash\mathbb{H}, k)$ *ist ein symmetrischer Operator auf dem Hilbert-Raum* $L^2(\Gamma\backslash\mathbb{H}, k)$.

Beweis: Analog zum Beweis von Proposition 2.8.14.   □

Das Spektralproblem von Δ_k: Lässt sich der Hilbert-Raum $L^2(\Gamma\backslash\mathbb{H}, k)$ in eine Summe von Eigenräumen zerlegen? Wenn dies der Fall ist, sagen wir, dass Δ_k ein *reines Eigenwertspektrum* hat. In diesem Fall lässt sich jedes $\phi \in L^2(\Gamma\backslash\mathbb{H}, k)$ schreiben als eine L^2-konvergente Summe

$$\phi = \sum_{\lambda \in \mathbb{R}} \phi_\lambda,$$

mit $\Delta_k \phi_\lambda = \lambda \phi_\lambda$.

Ist Γ nicht cokompakt, wird dies nicht gehen, stattdessen erhält man neben einer Summe von Eigenräumen noch ein direktes Integral von Eigenräumen. Dies ist generell richtig für selbstadjungierte Operatoren nach dem entsprechenden Spektralsatz. Ein direktes Integral von Hilbert-Räumen soll hier nicht definiert werden, wir geben nur ein Beispiel für eine solche Spektralzerlegung.

Beispiel 2.8.21 Sei V der Hilbert-Raum $L^2(\mathbb{R})$ und sei $D = -\frac{\partial^2}{\partial x^2}$ mit Definitionsbereich $C_c^\infty(\mathbb{R})$. Dann ist D symmetrisch und man kann zeigen, dass D eine selbstadjungierte Fortsetzung besitzt.

Der Operator D hat keine Eigenfunktion in $L^2(\mathbb{R})$. Für $y \in \mathbb{R}$ ist die Funktion $e_y(x) = e^{2\pi i x y}$ eine Eigenfunktion zum Eigenwert $4\pi^2 y^2$, diese Funktion liegt aber nicht in $L^2(\mathbb{R})$. Dennoch lässt sich, nach der Theorie der Fourier-Transformation, jedes $\phi \in L^2(\mathbb{R})$ schreiben als ein L^2-konvergentes Integral

$$\phi = \int_{\mathbb{R}} \hat{\phi}(y) e_y \, dy.$$

2.9 Aufgaben und Anmerkungen

Aufgabe 2.1 Zeige, dass für $\begin{pmatrix} a & b \\ c & d \end{pmatrix} \in GL_2(\mathbb{C})$ und $z \in \mathbb{C}$ die Ausdrücke $az + b$ und $cz + d$ nicht beide gleichzeitig Null sein können.

Aufgabe 2.2 Finde alle $\gamma \in \Gamma = SL_2(\mathbb{Z})$, die

(a) mit $S = \begin{pmatrix} & -1 \\ 1 & \end{pmatrix}$ kommutieren.
(b) mit $T = \begin{pmatrix} 1 & 1 \\ & 1 \end{pmatrix}$ kommutieren.
(c) mit ST kommutieren.

Aufgabe 2.3 Welcher Punkt im Fundamentalbereich D ist Γ-konjugiert zu

(a) $6 + \frac{1}{2}i$?
(b) $\frac{8+6i}{3+2i}$?

Aufgabe 2.4 (Residuensatz für Kreissegmente) Sei $r_0 > 0$ und sei f eine holomorphe Funktion auf der Menge $\{z \in \mathbb{C} : 0 < |z| < r_0\}$ die in $z = 0$ einen einfachen Pol hat. Seien $a, b : [0, r_0) \to (-\pi, \pi)$ stetige Funktionen mit $a_r \leq b_r$ für jedes $0 \leq r < r_0$ und für $0 < r < r_0$ sei $\gamma_r : (a(r), b(r)) \to \mathbb{C}$ das Kreissegment $\gamma_r(t) = re^{it}$. Zeige:

$$\lim_{r \to 0} \frac{1}{2\pi i} \int_{\gamma_r} f(z)\, dz = \frac{b(0) - a(0)}{2\pi} \operatorname{res}_{z=0} f(z)$$

Aufgabe 2.5 Sei $\Gamma = \mathrm{SL}_2(\mathbb{Z})$ und sei $N \in \mathbb{N}$. Zeige: die Menge $\Gamma_0(N)$ aller Matrizen $\left(\begin{smallmatrix} a & b \\ c & d \end{smallmatrix}\right) \in \Gamma$ mit $c \equiv 0 \bmod N$ ist eine Untergruppe von Γ.
(Hinweis: Betrachte die Reduktionsabbildung $\mathrm{SL}_2(\mathbb{Z}) \to \mathrm{SL}_2(\mathbb{Z}/N\mathbb{Z})$.)

Aufgabe 2.6 (Bruhat-Zerlegung) Sei $G = \mathrm{SL}_2(\mathbb{R})$ und sei B die Untergruppe der oberen Dreiecksmatrizen. Zeige

$$G = B \cup BSB, \qquad S = \left(\begin{smallmatrix} & -1 \\ 1 & \end{smallmatrix}\right),$$

wobei die Vereinigung disjunkt ist.

Aufgabe 2.7 Zeige, dass die Gruppe $\mathrm{SL}_2(\mathbb{R})$ erzeugt wird von den Elementen der Form $\left(\begin{smallmatrix} a & \\ & 1/a \end{smallmatrix}\right)$ mit $a \in \mathbb{R}^\times$, $\left(\begin{smallmatrix} 1 & x \\ & 1 \end{smallmatrix}\right)$ mit $x \in \mathbb{R}$ und $S = \left(\begin{smallmatrix} & -1 \\ 1 & \end{smallmatrix}\right)$.

Aufgabe 2.8 Führe den Beweis von Lemma 2.8.1 aus.

Aufgabe 2.9 Zeige, dass das Maß $\frac{dx\, dy}{y^2}$ invariant ist unter der Operation von $\mathrm{SL}_2(\mathbb{R})$.

Aufgabe 2.10 Zeige, dass für jedes $g \in \mathrm{SL}_2(\mathbb{R})$ mit $g \neq \pm 1$ gilt:

$$|\mathrm{Sp}(g)| < 2 \iff g \text{ hat einen Fixpunkt in } \mathbb{H}.$$

(Hinweis: Zeige, dass g genau dann einen Fixpunkt hat, wenn es in G zu einem Element von $K = \mathrm{SO}(2)$ konjugiert ist. Dies ist genau dann der Fall, wenn g diagonalisierbar ist und beide Eigenwerte den Betrag 1 haben.)

Aufgabe 2.11 Sei (a_n) eine Folge in $\mathbb{C}$. Zeige, dass es ein $r \in \mathbb{R} \cup \{\pm\infty\}$ gibt so dass für jedes $s \in \mathbb{C}$ mit $\mathrm{Re}(s) > r$ und für kein s mit $\mathrm{Re}(s) < r$ die Dirichlet-Reihe $\sum_{n=1}^\infty a_n n^{-s}$ absolut konvergiert.

Aufgabe 2.12 Ramanujans τ-Funktion ist definiert durch die Fourier-Entwicklung

$$\Delta(z) = (2\pi)^{12} \sum_{n=1}^\infty \tau(n) q^n, \qquad q = e^{2\pi i z}.$$

Zeige: $\tau(n) = 8000((\sigma_3 \star \sigma_3) \star \sigma_3)(n) - 147(\sigma_5 \star \sigma_5)(n)$, wobei $f \star g$ das Cauchy-Produkt zweier Folgen bezeichnet:

$$f \star g(n) = \sum_{k=0}^{n} f(k)g(n-k) \,.$$

Man setzt hier $\sigma_a(n) = \sum_{d \mid n} d^a$ für $n \geq 1$ und $\sigma_3(0) = \frac{1}{240}$ sowie $\sigma_5(0) = -\frac{1}{504}$.

Aufgabe 2.13 (Jacobis Produktformel) Zeige, dass für $0 < |q| < 1$ und $\tau \in \mathbb{C}^{\times}$ gilt

$$\sum_{n=-\infty}^{\infty} q^{n^2} \tau^n = \prod_{n=1}^{\infty} (1 - q^{2n})(1 + q^{2n-1}\tau)(1 + q^{2n-1}\tau^{-1}) \,.$$

Dies kann in folgenden Schritten gezeigt werden.

Sei $\vartheta(z, w) = \sum_{n=-\infty}^{\infty} q^{n^2} \tau^n$, wobei $z \in \mathbb{H}$, $w \in \mathbb{C}$ und $q = e^{2\pi i z}$, $\tau = e^{2\pi i w}$. Sei

$$P(z, w) = \prod_{n=1}^{\infty} (1 + q^{2n-1}\tau)(1 + q^{2n-1}\tau^{-1}) \,.$$

(a) Zeige: $\vartheta(z, w + 2z) = (q\tau)^{-1}\vartheta(z, w)$ und $P(z, w + 2z) = (q\tau)^{-1}P(z, w)$.

(b) Zeige, dass für festes z die Funktion $f(w) = \vartheta(z, w)/P(z, w)$ konstant ist.
(Hinweis: Zeige, dass f ganz ist und periodisch zum Gitter $\Lambda(1, 2z)$.)

(c) Zeige, dass für die Funktion $\phi(q) = \vartheta(z, w)/P(z, w)$ gilt $\phi(q) = \prod_{n=1}^{\infty}(1 - q^{2n})$.
(Hinweis: Zeige, dass $\vartheta(4z, 1/2) = \vartheta(z, 1/4)$ und
$P(4z, \frac{1}{2})/P(z, \frac{1}{4}) = \prod_{n=1}^{\infty}(1 - q^{4n-2})(1 - q^{8n-4})$. Daher $\phi(q) = \frac{P(4z, \frac{1}{2})}{P(z, \frac{1}{4})}\phi(q^4)$.
Zeige nun, dass $\phi(q) \to 1$ für $q \to 0$.)

Aufgabe 2.14 Zeige, dass die L-Reihe $L(f, s) = \sum_{n \geq 1} a_n n^{-s}$ auch für eine Nicht-spitzenform $f \in M_{2k}$, $f(z) = \sum_{n \geq 0} a_n q^n$ eine analytische Fortsetzung besitzt und eine Funktionalgleichung erfüllt. Sie ist aber nicht mehr ganz, sondern nur meromorph auf $\mathbb{C}$. Wo liegen die Pole?

Aufgabe 2.15 Sei $f \in \mathcal{M}_k$ mit $k \geq 4$. Nimm an, dass f keine Spitzenform ist. Zeige, dass f genau dann eine normalisierte Eigenform der Hecke-Operatoren ist, wenn

$$f = \frac{(k-1)!}{2(2\pi i)^k} G_k$$

gilt.

Aufgabe 2.16 Für $f, g \in M_{2k}$ sei

$$\langle f, g \rangle_{\mathrm{Pet}} = \int_{\Gamma \backslash \mathbb{H}} f(z)\overline{g(z)} y^{2k} \frac{\mathrm{d}x\,\mathrm{d}y}{y^2} \,.$$

Zeige, dass der Integrand in der Tat invariant ist unter der Operation von Γ. Zeige, dass das Integral konvergiert, falls mindestens eine der beiden Funktionen f, g eine Spitzenform ist. Zeige, dass für $k \geq 2$ die Eisenstein-Reihe G_{2k} senkrecht auf den Spitzenformen steht.

Aufgabe 2.17 Zeige, dass die Abbildung $\Gamma(1) \to \mathrm{SL}_2(\mathbb{Z}/N\mathbb{Z})$ surjektiv ist.

(Hinweis: Mit Hilfe des Elementarteilersatzes reduziere auf den Fall einer Diagonalmatrix der Form $\left(\begin{smallmatrix} a & \\ & an \end{smallmatrix}\right)$. Ändere einerseits n modulo N ab und betrachte andererseits Matrizen der Form $\left(\begin{smallmatrix} a & Nx \\ N & an \end{smallmatrix}\right)$. Beachte, dass a und N teilerfremd sind.)

Aufgabe 2.18 Sei $\Gamma \subset \Gamma(1)$ eine Kongruenzuntergruppe und sei Σ ein Normalteiler von endlichem Index in Γ. Zeige, dass die endliche Gruppe Γ/Σ auf $\mathcal{M}_k(\Sigma)$ durch $f \mapsto f|\gamma$ operiert. Diese Operation ist unitär bezüglich des Petersson-Skalarproduktes.

Aufgabe 2.19 Sei $\Gamma_0(N)$ die Gruppe aller $\left(\begin{smallmatrix} a & b \\ c & d \end{smallmatrix}\right) \in \Gamma(1)$ mit $c \equiv 0 \bmod(N)$ und sei $\Gamma_1(N)$ die Untergruppe aller $\left(\begin{smallmatrix} a & b \\ c & d \end{smallmatrix}\right) \in \Gamma_0(N)$ mit $a \equiv d \equiv 1 \bmod(N)$. Sei χ ein *Dirichlet Charakter modulo N*, d. h., ein Gruppenhomomorphismus $\chi : (\mathbb{Z}/N\mathbb{Z})^\times \to \mathbb{C}^\times$. Sei $S_k(\Gamma_0(N), \chi)$ die Menge aller $f \in S_k(\Gamma_1(N))$ mit $f|\gamma = \chi(d)f$ für jedes $\gamma = \left(\begin{smallmatrix} a & b \\ c & d \end{smallmatrix}\right) \in \Gamma_0(N)$. Zeige

$$S_k(\Gamma_1(N)) = \bigoplus_\chi S_k(\Gamma_0(N), \chi),$$

wobei die Summe orthogonal ist bezüglich des Petersson-Skalarproduktes.

(Hinweis: Benutze Aufgabe 2 und den Spektralsatz für unitäre Matrizen, sowie Lemma 2.7.11 der Vorlesung.)

Aufgabe 2.20 Sei $f \in \mathcal{M}_k(\Gamma)$ für eine Kongruenzuntergruppe Γ. Zeige: Es gibt ein $\alpha \in \mathrm{GL}_2(\mathbb{Q})^+$ und ein $N \in \mathbb{N}$, so dass $f|\alpha \in \mathcal{M}_k(\Gamma_1(N))$.

Sei S die endliche Menge aller Primzahlen, die N teilen und sei $\mathbb{Z}_S$ die Lokalisierung von $\mathbb{Z}$ in S, d. h. die Menge aller rationalen Zahlen a/b, wobei der Nenner b teilerfremd zu N ist. Dann ist $N\mathbb{Z}_S$ ein Ideal von $\mathbb{Z}_S$ und $\mathbb{Z}_S/N\mathbb{Z}_S \cong \mathbb{Z}/N\mathbb{Z}$. Sei $G_0(N)$ die Untergruppe von $\mathrm{GL}_2(\mathbb{Z}_S)$ bestehend aus allen Matrizen $\left(\begin{smallmatrix} a & b \\ c & d \end{smallmatrix}\right)$ mit positiver Determinante so dass $c \in N\mathbb{Z}_S$. Zeige, dass ein Vertretersystem von $\Gamma_0(N)\backslash G_0(N)/\Gamma_0(N)$ gegeben ist durch die Menge aller Matrizen $\left(\begin{smallmatrix} an & \\ & a \end{smallmatrix}\right)$, wobei $a \in \mathbb{Z}_S$ positiv ist und $n \in \mathbb{N}$ teilerfremd zu N.

(Hinweis: Sei $\alpha \in G_0(N)$. Dann existieren $\tau, \eta \in \Gamma(1)$ so dass $\alpha = \tau d\eta$ mit $d = \left(\begin{smallmatrix} an & \\ & a \end{smallmatrix}\right)$. Zeige, dass a und n die Bedingungen der Aufgabe erfüllen. Zeige, dass η durch Linksmultiplikation um ein Element aus $\Gamma_0(n)$ abgeändert werden kann, wenn man auch τ entsprechend ändert.)

Aufgabe 2.21 Sei f eine stetige Funktion auf einer offenen Menge $D \subset \mathbb{C}^2$. Für jedes $z_0 \in \mathbb{C}$ sei die Funktion $w \mapsto f(z_0, w)$ holomorph, wo definiert und für jedes $w_0 \in \mathbb{C}$ sei die Funktion $z \mapsto f(z, w_0)$ holomorph, wo definiert. Also f ist in jedem Argument separat holomorph. Zeige, dass f simultan in beiden Argumenten in Potenzreihen entwickelbar ist. Dies heißt folgendes: Für jedes (z_0, w_0) gibt es eine offene Umgebung in der gilt

$$f(z, w) = \sum_{n=0}^{\infty} \sum_{m=0}^{\infty} a_{m,n}(z - z_0)^n (w - w_0)^m,$$

für komplexe Zahlen $a_{m,n}$, wobei die Doppelreihe absolut konvergiert. Folgere, dass f eine glatte Funktion ist.

(Hinweis: Es reicht, $(0, 0) \in D$ anzunehmen und die Reihenentwicklung in einer Umgebung dieses Punktes zu zeigen. Seien K, L zwei Kreisscheiben um Null in $\mathbb{C}$ so dass $K \times L \subset L$. Sei z im Inneren von K und w im Inneren von L. Wenden die Cauchysche Integralformel zweimal an um

$$f(z, w) = \frac{1}{2\pi i} \int_{\partial K} \frac{f(\xi, w)}{\xi - z} \, d\xi = \frac{1}{-4\pi^2} \int_{\partial K} \int_{\partial L} \frac{f(\xi, \zeta)}{(\xi - z)(\zeta - w)} \, d\zeta \, d\xi$$

zu erhalten. Schreibe dann

$$\frac{f(\xi, \zeta)}{(\xi - z)(\zeta - w)} = \frac{1}{\xi\zeta} \frac{f(\xi, \zeta)}{(1 - z/\xi)(1 - w/\zeta)} = \frac{1}{\xi\zeta} f(\xi, \zeta) \sum_{n=0}^{\infty} \sum_{m=0}^{\infty} \frac{z^n}{\xi^n} \frac{w^m}{\zeta^m},$$

wobei die geometrische Reihe eingesetzt wurde (Rechtfertigung?) Zeige nun, dass die Doppelreihe auf den Integrationswegen gleichmäßig konvergiert und somit Integration und Summation vertauscht werden dürfen.)

Aufgabe 2.22 Sei G eine Gruppe und H eine Untergruppe von endlichem Index, also $|G/H| < \infty$. Zeige, dass H einen Normalteiler N von G enthält, der endlichen Index in G hat.

(Hinweis: Schreibe $G = \bigcup_{j=1}^{n} g_j H$ und betrachte $N = \bigcap_j g_j H g_j^{-1}$.)

Aufgabe 2.23 Seien $0 < p, q \in \mathbb{Q}$. Die Matrizen

$$i = \begin{pmatrix} \sqrt{p} & \\ & -\sqrt{p} \end{pmatrix}, \quad j = \begin{pmatrix} & \sqrt{q} \\ \sqrt{q} & \end{pmatrix}$$

erzeugen eine $\mathbb{Q}$-Unteralgebra M von $\mathrm{M}_2(\mathbb{R})$ mit den Relationen

$$i^2 = p, \, j^2 = q, \, ij = -ji.$$

Aus diesen Relationen folgt, dass die Vektoren $1, i, j, ij$ eine Basis von M über $\mathbb{Q}$ bilden, also ist M vierdimensional. Ein solches M nennt man eine *Quaternionenalgebra*.

Zeige, dass M eine Divisionsalgebra ist, falls p und q Primzahlen sind derart dass q kein quadratischer Rest modulo p ist.

Anmerkungen

Eine *Homothetie* auf $\mathbb{C}$ ist eine Abbildung der Form $z \mapsto \lambda z$, wobei $\lambda \in \mathbb{C}^\times$ ist. Die in Satz 2.1.5 angegebene Bijektion $\Gamma\backslash\mathbb{H} \to \mathrm{GITT}/\mathbb{C}^\times$ zeigt, dass $\Gamma\backslash\mathbb{H}$ der *Modulraum* der Gitter modulo Homothetie ist. Generell ist ein Modulraum ein mathematisches Objekt, dessen Punkte andere mathematische Objekte klassifizieren, wie in diesem Fall $\Gamma\backslash\mathbb{H}$ genau die Gitter in $\mathbb{C}$ bis auf Homothetie klassifiziert. Wer mehr über Modulräume wissen möchte, ist mit den Büchern [16] und [21] gut beraten.

Die j-Funktion ist eine Bijektion von $\Gamma\backslash\mathbb{H}$ nach $\mathbb{C}$. Nimmt man den Punkt $i\infty$ hinzu, erhält man eine Bijektion nach $\widehat{\mathbb{C}} = \mathbb{C} \cup \{\infty\} = \mathbb{P}^1(\mathbb{C})$. Allgemeiner kompaktifiziert man $\Gamma\backslash\mathbb{H}$ für eine Kongruenzuntergruppe Γ durch Hinzunahme der Spitzen eines Fundamentalbereichs. Der so kompaktifizierte Raum hat dann die Struktur einer algebraischen Kurve, die in einem projektiven Raum höherer Dimension realisiert werden kann.

Neben den Kongruenzuntergruppen kann man auch beliebige Untergruppen von endlichem Index von $\mathrm{SL}_2(\mathbb{Z})$ oder gar diskrete Untergruppen Γ von $G = \mathrm{SL}_2(\mathbb{R})$ von endlichem Covolumen betrachten, siehe etwa [20]. In diesem Buch schränken wir uns auf Kongruenzuntergruppen ein, da diese für die Zahlentheorie die wichtigsten sind.

Die nichtholomorphen Eisenstein-Reihen liefern den kontinuierlichen Beitrag in der Spektralzerlegung der Maaßschen Wellenformen [20]. Zum Beweis dieser Tatsache ist die Rankin-Selberg-Methode von entscheidender Bedeutung. In diesem Buch tritt sie aber auch aus einem anderen Grund auf. Die Rankin-Selberg-Faltung ist ein erstes Beispiel einer automorphen L-Funktion, die nicht zur GL_2, sondern zur GL_4 gehört. Dies sieht man daran, dass die Euler-Faktoren Polynome vierten Grades sind. Für die *Langlands-Vermutungen*, denen zufolge jede L-Funktion, die in der Zahlentheorie auftritt, schon automorph sein sollte, werden L-Funktionen automorpher Formen der Gruppen GL_n für jedes n benötigt, siehe [4].

Kapitel 3
Darstellungen der $\mathrm{SL}_2(\mathbb{R})$

In diesem Kapitel sehen wir, wie man Spitzenformen als Darstellungsvektoren für Lie-Gruppen verstehen kann. Dies gibt uns die Möglichkeit, Methoden der Darstellungstheorie auf Automorphe Formen anzuwenden.

3.1 Haar-Maße und Zerlegungen

Die Gruppe $G = \mathrm{SL}_2(\mathbb{R})$ operiert auf der oberen Halbebene durch gebrochen lineare Transformationen, also via $\left(\begin{smallmatrix} a & b \\ c & d \end{smallmatrix}\right) z = \frac{az+b}{cz+d}$. Sei $g = \left(\begin{smallmatrix} a & b \\ c & d \end{smallmatrix}\right) \in G$ im Stabilisator von $i \in \mathbb{H}$, d. h. $gi = i$. Dann folgt $\frac{ai+b}{ci+d} = i$ oder $ai + b = -c + di$, woraus durch Vergleich von Real- und Imaginärteil $a = d$ und $b = -c$ folgt. Damit ist der Stabilisator von $i \in \mathbb{H}$ gleich der *Drehgruppe*

$$
K \;=\; \mathrm{SO}(2) \;=\; \left\{ \begin{pmatrix} a & -b \\ b & a \end{pmatrix} : a, b \in \mathbb{R},\ a^2 + b^2 = 1 \right\}.
$$

Diese kann auch beschrieben werden als die Gruppe aller Matrizen der Form

$$
\begin{pmatrix} \cos\varphi & -\sin\varphi \\ \sin\varphi & \cos\varphi \end{pmatrix} \quad \text{für} \quad \varphi \in \mathbb{R}.
$$

Die Operation von G auf $\mathbb{H}$ ist transitiv (d. h. es gibt nur eine Bahn), denn für $z = x + iy \in \mathbb{H}$ gilt

$$
z = \begin{pmatrix} \sqrt{y} & \frac{x}{\sqrt{y}} \\ 0 & \frac{1}{\sqrt{y}} \end{pmatrix} i.
$$

Also ist die Abbildung

$$
\begin{aligned}
G/K &\to \mathbb{H} \\
gK &\mapsto gi,
\end{aligned}
$$

eine Bijektion, die die obere Halbebene $\mathbb{H}$ mit dem Quotienten G/K identifiziert.

A. Deitmar, *Automorphe Formen*
DOI 10.1007/978-3-642-12390-0, © Springer 2010

Die Gruppe G trägt als Teilmenge von $\mathrm{Mat}_2(\mathbb{R}) \cong \mathbb{R}^4$ eine natürliche Topologie. Eine Folge $\begin{pmatrix} a_n & b_n \\ c_n & d_n \end{pmatrix}$ konvergiert dann in G gegen $\begin{pmatrix} a & b \\ c & d \end{pmatrix}$ genau dann, wenn $a_n \to a$, $b_n \to b$, $c_n \to c$ und $d_n \to d$. Die Operation auf $\mathbb{H}$ ist stetig in dem Sinne, dass die Abbildung

$$G \times \mathbb{H} \to \mathbb{H}$$

$$(g, z) \mapsto gz$$

stetig ist. (Siehe Aufgabe 3.2)

Satz 3.1.1 (Iwasawa Zerlegung)   *Sei A die Gruppe aller Diagonalmatrizen in G mit positiven Einträgen. Sei N die Gruppe aller Matrizen der Form $\begin{pmatrix} 1 & s \\ 0 & 1 \end{pmatrix}$ mit $s \in \mathbb{R}$. Dann gilt $G = ANK$. Genauer ist die Abbildung*

$$\psi : A \times N \times K \to G,$$

$$(a, n, k) \mapsto ank$$

ein Homöomorphismus.

Beweis: Sei $g \in G$ und sei $gi = x + yi$. Mit

$$a = \begin{pmatrix} \sqrt{y} & \\ & 1/\sqrt{y} \end{pmatrix} \quad \text{und} \quad n = \begin{pmatrix} 1 & x/y \\ & 1 \end{pmatrix},$$

gilt dann $gi = ani$ und damit liegt $g^{-1}an$ in K, d.h. es existiert ein $k \in K$ mit $g = ank$. Mit Hilfe der Formel $gi = \frac{ai+b}{ci+d}$ bestimmt man die inverse Abbildung wie folgt. Sei

$$\phi : G \to A \times N \times K$$

gegeben durch $\phi(g) = (\underline{a}(g), \underline{n}(g), \underline{k}(g))$, wobei

$$\underline{a}\begin{pmatrix} a & b \\ c & d \end{pmatrix} = \begin{pmatrix} \frac{1}{\sqrt{c^2+d^2}} & \\ & \sqrt{c^2 + d^2} \end{pmatrix},$$

$$\underline{n}\begin{pmatrix} a & b \\ c & d \end{pmatrix} = \begin{pmatrix} 1 & ac + bd \\ & 1 \end{pmatrix},$$

$$\underline{k}\begin{pmatrix} a & b \\ c & d \end{pmatrix} = \frac{1}{\sqrt{c^2 + d^2}} \begin{pmatrix} d & -c \\ c & d \end{pmatrix}.$$

Dann rechnet man leicht nach, dass gilt $\phi\psi = \mathrm{Id}$ und $\psi\phi = \mathrm{Id}$. $\square$

Die Notation $\underline{a}(g)$, $\underline{n}(g)$ und $\underline{k}(g)$ wird im Folgenden weiter verwendet. Für $x, t, \theta \in \mathbb{R}$ schreiben wir

$$
a_t \stackrel{\text{def}}{=} \begin{pmatrix} e^t & \\ & e^{-t} \end{pmatrix} \in A
$$

$$
n_x \stackrel{\text{def}}{=} \begin{pmatrix} 1 & x \\ & 1 \end{pmatrix} \in N
$$

$$
k_\theta \stackrel{\text{def}}{=} \begin{pmatrix} \cos\theta & -\sin\theta \\ \sin\theta & \cos\theta \end{pmatrix} \in K .
$$

Definition 3.1.2 Sei $k \in \mathbb{N}_0$. Eine Funktion $f : G \to \mathbb{C}$ heißt k-mal *stetig differenzierbar*, falls die Abbildung $\mathbb{R}^3 \to \mathbb{C}$,

$$
(t, x, \theta) \mapsto f(a_t n_x k_\theta)
$$

k-mal stetig differenzierbar ist. Sie heißt *glatt*, falls sie unendlich oft stetig differenzierbar ist. Die Menge der glatten Funktionen wird geschrieben als $C^\infty(G)$. Die Menge der glatten Funktionen mit kompakten Trägern wird geschrieben als $C_c^\infty(G)$.

Die Gruppe G ist ein lokalkompakter Hausdorff-Raum, da G eine abgeschlossene Teilmenge des $\mathbb{R}^4$ ist. Ferner ist G eine *topologische Gruppe*, d. h. die Gruppenoperationen

$$
G \times G \to G \qquad G \to G
$$
$$
(x, y) \mapsto xy, \quad x \mapsto x^{-1} ,
$$

sind stetige Abbildungen. Eine topologische Gruppe, die lokalkompakt und hausdorffsch ist, heißt *lokalkompakte Gruppe*.

Beispiele 3.1.3 • Ist G eine beliebige Gruppe, so wird G mit der diskreten Topologie (d. h., jede Teilmenge ist offen) eine lokalkompakte Gruppe. Wir nennen G dann eine *diskrete Gruppe*.

• Die Gruppen $\mathrm{GL}_2(\mathbb{R})$ und $\mathrm{SL}_2(\mathbb{R})$ sind mit der Topologie des $\mathbb{R}^4$ lokalkompakte Gruppen.

• Wir werden später weitere Beispiele mit Hilfe p-adischer Zahlen und Adelen konstruieren.

Lemma 3.1.4 *Sei G eine lokalkompakte Gruppe. Jede Funktion $f \in C_c(G)$ ist* gleichmäßig stetig *in dem Sinne, dass es zu jedem $\varepsilon > 0$ eine Umgebung U der Eins in G gibt so dass für $x, y \in G$ mit $x^{-1}y \in U$ oder $yx^{-1} \in U$ gilt $|f(x) - f(y)| < \varepsilon$.*

Beweis: Wir beweisen nur die Aussage mit $x^{-1}y \in U$, denn die andere kann analog bewiesen werden. Sei K der Träger von f. Wähle $\varepsilon > 0$ und eine kompakte Umgebung V der Eins in G. Da f stetig ist, existiert zu jedem $x \in G$ eine offene Einsumgebung $V_x \subset V$ so dass $y \in xV_x \Rightarrow |f(x) - f(y)| < \varepsilon/2$. Da die Gruppenmultiplikation stetig ist, existiert eine offene Einsumgebung U_x mit $U_x^2 \subset V_x$. Die

Mengen xU_x, mit $x \in KV$, bilden eine offene Überdeckung der kompakten Menge KV. Also gibt es, $x_1, \ldots x_n \in KV$ so dass $KV \subset x_1U_1 \cup \cdots \cup x_nU_n$, wobei wir U_j für U_{x_j} geschrieben haben. Sei $U = U_1 \cap \cdots \cap U_n$. Dann ist U eine offene Einsumgebung. Seien nun $x, y \in G$ mit $x^{-1}y \in U$. Falls $x \notin KV$, dann $y \notin K$, da $x \in yU^{-1} = yU \subset yV$. In dem Fall schließen wir also $f(x) = f(y) = 0$. Sei nun also $x \in KV$. Dann existiert ein j mit $x \in x_jU_j$, also $y \in x_jU_jU \subset x_jV_j$. Es folgt

$$|f(x) - f(y)| \leq |f(x) - f(x_j)| + |f(x_j) - f(y)| < \frac{\varepsilon}{2} + \frac{\varepsilon}{2} = \varepsilon$$

wie behauptet. $\square$

Definition 3.1.5 Ein Maß μ, definiert auf der Borel-σ-Algebra eines lokalkompakten Hausdorff-Raums X heißt *Radon-Maß*, falls folgende Bedingungen erfüllt sind:

(a) $\mu(K) < \infty$ für jede kompakte Teilmenge;

(b) $\mu(A) = \inf_{U \supset A} \mu(U)$, wobei das Infimum über alle offenen Teilmengen $U \supset A$ erstreckt wird und $A \subset X$ messbar ist;

(c) $\mu(A) = \sup_{K \subset A} \mu(K)$, wobei das Supremum über alle kompakten Teilmengen $K \subset X$ erstreckt wird, die in A liegen, hierbei ist A offen oder von endlichem Maß.

Beispiele 3.1.6 • Ist X diskret, d. h., jede Menge ist offen, dann ist das Zählmaß

$$\mu(A) = \begin{cases} n & \text{falls } A \text{ endlich mit } n \text{ Elementen,} \\ \infty & \text{sonst,} \end{cases}$$

ein Radon-Maß.

• Ist $X = \mathbb{R}$, so ist das Lebesgue-Maß ein Radon-Maß.

Proposition 3.1.7 *Sei μ ein Radon-Maß auf dem lokalkompakten Hausdorff-Raum X. Für jedes $1 \leq p \leq \infty$ ist dann $C_c(X)$ dicht in $L^p(X)$.*

Beweis: Sei $f \in L^p(X)$. Wir wollen zeigen, dass f als Limes einer Folge in $C_c(X)$ dargestellt werden kann. Wir können f in Real- und Imaginärteil und diese weiter in Positiv- und Negativteil zerlegen. Können wir diese als solche Limiten darstellen, dann auch f. Es reicht also, $f \geq 0$ anzunehmen. Dann kann man f als punktweisen Limes einer monoton wachsenden Folge von Lebesgue-Treppenfunktionen schreiben. Es reicht also, anzunehmen, dass f eine Lebesgue-Treppenfunktion ist. Wegen Linearität kann man sich weiter auf den Fall $f = \mathbf{1}_A$ für eine Menge A von endlichem Maß zurückziehen. Wegen der äußeren Regularität existiert eine Folge U_n offener Mengen, $U_n \supset U_{n+1} \supset A$, so dass $\mu(U_n) \to \mu(A)$, d. h., $\|\mathbf{1}_A - \mathbf{1}_{U_n}\|_p \to 0$. Man kann daher annehmen, dass A selbst offen ist. Wegen der inneren Regularität offener Mengen existiert dann eine Folge kompakter Mengen $K_n \subset K_{n+1} \subset A$ so dass $\|\mathbf{1}_A - \mathbf{1}_{K_n}\|_p \to 0$. Nach dem Lemma von Urysohn, A.3.5, gibt es für jedes n eine Funktion $\varphi_n \in C_c(X)$ mit $\mathbf{1}_{K_n} \leq \varphi_n \leq \mathbf{1}_A$. Es folgt $\varphi_n \to \mathbf{1}_A$ in der L^p-Norm. $\qquad\qquad\qquad\qquad\qquad\qquad\qquad\qquad\qquad\qquad\qquad\qquad\qquad\qquad\square$

Ist μ ein Radon-Maß auf X, so ist das Integral $I = I_\mu : \varphi \mapsto \int_X \varphi(x)\, d\mu(x)$ eine lineare Abbildung $C_c(X) \to \mathbb{C}$ die *positiv* ist in dem Sinne, dass $\varphi \geq 0 \Rightarrow I(\varphi) \geq 0$. Der *Rieszsche Darstellungssatz* besagt, dass die Abbildung $\mu \mapsto I_\mu$ eine Bijektion zwischen der Menge aller Radon-Maße und der Menge aller positiven Funktionale auf $C_c(X)$ ist. Dies ist der Grund für die Wichtigkeit von Radon-Maßen.

Satz 3.1.8 *Sei G eine lokalkompakte Gruppe, dann gibt es ein Radon-Maß $\mu \neq 0$ auf der Borel-σ-Algebra, welches* linksinvariant *ist, d.h., es gilt $\mu(xA) = \mu(A)$ für $x \in G$ und jede messbare Menge $A \subset G$. Dieses Maß μ ist eindeutig bestimmt bis auf positive Vielfache, es heißt das* Haar-Maß *von G.*

Beweis: Ein Beweis findet sich zum Beispiel in folgenden Büchern: [8, 9, 33]. $\qquad\square$

Beispiele 3.1.9 • Ist G eine diskrete Gruppe, so ist das Zählmaß ein Haar-Maß.
- Für $G = (\mathbb{R}, +)$ ist das Lebesgue-Maß dx ein Haar-Maß.
- Für $G = (\mathbb{R}^\times, \times)$ ist $\frac{dx}{x}$ ein Haar-Maß. Dies folgt aus der Substitutionsregel.
- Wie $\mathrm{SL}_2(\mathbb{R})$ ist auch $G = \mathrm{GL}_2(\mathbb{R})$ eine lokalkompakte Gruppe. Ein Haar-Maß ist gegeben durch

$$\frac{dx\, dy\, dz\, dw}{|xw - yz|^2},$$

wobei die Koordinaten die Einträge einer Matrix bezeichnen: $\left(\begin{smallmatrix} x & y \\ z & w \end{smallmatrix} \right) \in G$. Dies folgt aus der Transformationsformel.

Die Linksinvarianz des Haar-Maßes μ einer lokalkompakten Gruppe äußert sich in der Translationsinvarianz des Integrals, d.h., für jedes $f \in L^1(G, \mu)$ gilt

$$\int_G f(xy)\, d\mu(y) = \int_G f(y)\, d\mu(y)$$

falls $x \in G$ ist.

Konvention. Der Einfachheit halber schreiben wir immer dx statt $d\mu(x)$, wenn wir über ein Haar-Maß integrieren, wobei wir stets voraussetzen, dass ein Haar-Maß fest gewählt wurde. Wir schreiben also

$$\int_G f(x)\, dx$$

statt $\int_G f(x)\, d\mu(x)$. Das Volumen einer messbaren Menge $A \subset G$ schreiben wir dann als

$$\mathrm{vol}_{dx}(A).$$

Definition 3.1.10 Sei G eine lokalkompakte Gruppe mit Haar-Maß $\mathrm{d}x$. Für $f, g \in L^1(G)$ sei die *Faltung* definiert durch

$$f * g(x) \;=\; \int_G f(y)g(y^{-1}x) \, \mathrm{d}x \,.$$

Proposition 3.1.11 *Sei G eine lokalkompakte Gruppe mit Haar-Maß $\mathrm{d}x$. Sind $f, g \in L^1(G)$, so existiert das Integral $f * g(x)$ für x außerhalb einer Nullmenge und die Funktion $f * g$ liegt in $L^1(G)$, genauer gilt $\|f * g\|_1 \leq \|f\|_1 \|g\|_1$. Damit bildet $L^1(G)$ eine Algebra über $\mathbb{C}$, d. h., für alle $f, g, h \in L^1(G)$ gilt*

$$(f*g)*h = f*(g*h), \quad f*(g+h) = f*g+f*h, \quad (f+g)*h = f*h+g*h$$

und für jedes $\lambda \in \mathbb{C}$ gilt außerdem

$$\lambda(f * g) = (\lambda f) * g = f * (\lambda g) \,.$$

Beweis: Dies sind einfache Anwendungen der Invarianz des Haar-Maßes. Beispielhaft beweisen wir die erste Aussage. Seien $f, g \in L^1(G)$, dann gilt

$$\|f * g\|_1 \;=\; \int_G |f * g(x)| \, \mathrm{d}x \;=\; \int_G \left| \int_G f(y)g(y^{-1}x) \, \mathrm{d}y \right| \mathrm{d}x$$

$$\leq \int_G \int_G |f(y)g(y^{-1}x)| \, \mathrm{d}y \, \mathrm{d}x \;=\; \int_G \int_G |f(y)g(y^{-1}x)| \, \mathrm{d}x \, \mathrm{d}y$$

$$= \int_G \int_G |f(y)g(x)| \, \mathrm{d}x \, \mathrm{d}y \;=\; \|g\|_1 \|f\|_1 \,.$$

Aus der Existenz dieses Integrals folgt im Rückschluss mit Hilfe des Satzes von Fubini A.2.2. $\qquad\qquad\Box$

Ein linksinvariantes Haar-Maß μ braucht nicht rechtsinvariant zu sei, d. h. im Allgemeinen gilt $\mu(Ax) \neq \mu(A)$. Für ein gegebenes $x \in G$ sei

$$\mu_x(A) \;=\; \mu(Ax) \,.$$

Dann ist μ_x selbst wieder ein linksinvariantes Haar-Maß, denn

$$\mu_x(yA) \;=\; \mu(yAx) \;=\; \mu(Ax) \;=\; \mu_x(A) \,.$$

Also gibt es wegen der Eindeutigkeit des Haar-Maßes eine Zahl $\Delta(x) > 0$ mit $\mu_x = \Delta(x)\mu$. Die so entstehende Funktion $\Delta = \Delta_G : G \to (0, \infty)$ heißt die *Modularfunktion* von G. Die Modularfunktion ist ein Gruppenhomomorphismus in die multiplikative Gruppe $\mathbb{R}^\times_{>0}$, denn

$$\Delta(xy)\mu(A) \;=\; \mu(Axy) \;=\; \Delta(y)\mu(Ax) \;=\; \Delta(y)\Delta(x)\mu(A) \,.$$

Ferner stellt man fest, dass Δ eine stetige Funktion ist (siehe etwa [8], Chap. 1).

Beispiel 3.1.12 Sei B die Gruppe der reellen Matrizen der Form $\left(\begin{smallmatrix} 1 & x \\ 0 & y \end{smallmatrix}\right)$ mit $y \neq 0$. Dann ist (siehe Aufgabe 3.4) die Modularfunktion Δ gleich $\Delta\left(\begin{smallmatrix} 1 & x \\ 0 & y \end{smallmatrix}\right) = |y|$.

Definition 3.1.13 Eine Gruppe G operiere durch messbare Abbildungen auf einem Messraum $(X, \mathcal{A})$. Ein Maß μ auf X heißt *invariantes Maß*, falls für jede messbare Teilmenge $A \subset X$ und jedes $g \in G$ gilt $\mu(gA) = \mu(A)$. Dies wird insbesondere untersucht im Falle dass X ein Nebenklassenraum G/H nach einer Untergruppe von G ist.

Satz 3.1.14 (a) *Sei $H \subset G$ eine abgeschlossene Untergruppe der lokalkompakten Gruppe G. Auf dem lokalkompakten Raum G/H existiert genau dann ein nichttriviales, G-invariantes Radon Maß, wenn*

$$\Delta_G|_H = \Delta_H.$$

In diesem Fall kann man das invariante Maß auf G/H so normieren, dass für jedes $f \in L^1(G)$ die Integralformel

$$\int\limits_G f(x)\,\mathrm{d}x = \int\limits_{G/H} \int\limits_H f(yh)\,\mathrm{d}h\,\mathrm{d}y$$

Gültigkeit hat. Das invariante Maß auf G/H ist eindeutig bestimmt bis auf skalare Vielfache.

(b) *Für $y \in G$ und $f \in L^1(G)$ ist*

$$\int\limits_G f(xy)\,\mathrm{d}x = \Delta(y^{-1}) \int\limits_G f(x)\,\mathrm{d}x.$$

(c) *Die Gleichung*

$$\int\limits_G f(x^{-1})\,\Delta(x^{-1})\,\mathrm{d}x = \int\limits_G f(x)\,\mathrm{d}x$$

gilt für jedes $f \in L^1(G)$.

(d) *Ist $H \subset G$ eine abgeschlossene Untergruppe und $K \subset G$ eine kompakte Untergruppe so dass $G = HK$, dann kann man die Haar-Maße von G, H, K so normieren, dass für jede integrierbare Funktion f die Formel*

$$\int\limits_G f(x)\,\mathrm{d}x = \int\limits_H \int\limits_K f(hk)\,\mathrm{d}k\,\mathrm{d}h$$

gilt.

Beweis: [8, 9, 33]. $\square$

Beispiel 3.1.15 Man kann die obere Halbebene $\mathbb{H}$ durch die Abbildung $g \mapsto gi = \frac{ai+b}{ci+d}$ für $g = \left(\begin{smallmatrix} a & b \\ c & d \end{smallmatrix}\right)$ mit dem Quotienten $G/K = \mathrm{SL}_2(\mathbb{R})/\mathrm{SO}(2)$ identifizieren. Das invariante Maß $d\mu = \frac{dx\,dy}{y^2}$ ist dann genau ein solches Maß auf G/K wie im Satz erwähnt. Es folgt, dass μ durch die G-Invarianz bis auf Vielfache eindeutig bestimmt ist.

Die Gruppe G heißt *unimodular*, falls $\Delta \equiv 1$.

Beispiele 3.1.16 • Ist G abelsch, so ist G unimodular.
• Ist G kompakt, so ist G unimodular, denn $\Delta(G)$ ist eine kompakte Untergruppe von $\mathbb{R}^\times_{>0}$, also ist $\Delta(G) = \{1\}$.

Proposition 3.1.17 *Die Gruppe $G = \mathrm{SL}_2(\mathbb{R})$ ist unimodular.*

Beweis: Sei $\phi : G \to \mathbb{R}^\times_+$ ein stetiger Gruppenhomomorphismus. Wir zeigen, dass ϕ trivial ist. Zunächst gilt $\phi(K) = 1$ da K kompakt ist. Da ϕ eingeschränkt auf A ein stetiger Gruppenhomomorphismus ist, existiert ein $x \in \mathbb{R}$ so dass $\phi(a_t) = e^{tx}$ für jedes $t \in \mathbb{R}$. Sei $w = \left(\begin{smallmatrix} & -1 \\ 1 & \end{smallmatrix}\right)$, dann $wa_t w^{-1} = a_{-t}$, und daher $e^{tx} = \phi(a_t) = \phi(wa_t w^{-1}) = e^{-tx}$ für jedes $t \in \mathbb{R}$. Damit ist $x = 0$ und so $\phi(A) = 1$. Ebenso gilt $\phi(n_x) = e^{rx}$ für ein $r \in \mathbb{R}$. Wegen $a_t n_x a_t^{-1} = n_{e^{2t}x}$ folgt $e^{rs} = e^{re^{2t}s}$ für jedes $t \in \mathbb{R}$, also $r = 0$ und damit $\phi(N) = 1$. Nach der Iwasawa-Zerlegung folgt $\phi(G) = \phi(ANK) = \phi(A)\phi(N)\phi(K) = 1$. $\square$

Wir schreiben $\underline{t}(g)$ für das eindeutig bestimmte $t \in \mathbb{R}$ mit $\underline{a}(g) = a_t$, d. h. es gilt

$$\underline{a}(g) = a_{\underline{t}(g)}.$$

Satz 3.1.18 (Iwasawa-Integralformel) *Zu gegebenen Haar-Maßen auf drei der Gruppen G, A, N, K gibt es ein eindeutig bestimmtes Haar-Maß auf der vierten, so dass für $f \in L^1(G)$ die Formel*

$$\int\limits_G f(x)\,dx = \int\limits_A \int\limits_N \int\limits_K f(ank)\,dk\,dn\,da$$

gilt.

Wir wählen feste Haar-Maße wie folgt. Auf K wählen wir das eindeutig bestimmte Haar-Maß mit Volumen 1. Auf A wählen wir das Maß $2dt$, wobei $t = \underline{t}(a)$, und auf N wählen wir $\int_\mathbb{R} f(n_s)ds$. Der Faktor 2 wurde eingefügt, damit das Maß kompatibel ist zum Maß $\frac{dx\,dy}{y^2}$ auf der oberen Halbebene.

Beweis des Satzes: Sei $B = AN$ die Untergruppe aller oberen Dreiecksmatrizen mit positiven Diagonaleinträgen. Man rechnet leicht nach, dass $db = da\,dn$ ein Haar-Maß auf B ist und dass B nicht unimodular ist, in der Tat, man hat $\Delta_B(t) = e^{-2t}$, was man aus der Gleichung $a_t n_x a_s n_y = a_{t+s} n_{y+e^{-2s}x}$ erhält.

Sei $\underline{b} : G \to B$ die Projektion $\underline{b}(g) = \underline{a}(g)\underline{n}(g)$. Die Abbildung $B \to G/K \cong \mathbb{H}$, die b auf bK wirft, ist ein B-äquivarianter Homöomorphismus. Jedes G-invariante Maß auf $G/K \cong \mathbb{H}$ liefert ein Haar-Maß auf B und die Eindeutigkeit dieser Maße impliziert, dass jedes B-invariante Maß auf G/K schon G-invariant ist. Die Formel $\int_G f(x)\,\mathrm{d}x = \int_{G/K} \int_K f(xk)\,\mathrm{d}k\,\mathrm{d}x$ führt zu $\int_G f(x)\,\mathrm{d}x = \int_B \int_K f(bk)\,\mathrm{d}k\,\mathrm{d}b$. Wegen $\mathrm{d}b = \mathrm{d}a\,\mathrm{d}n$ folgt die Integralformel. $\qquad\square$

3.2 Darstellungen

Wir definieren hier den Begriff einer stetigen Darstellung einer topologischen Gruppe auf einem Banach-Raum V.

Definition 3.2.1 Sei G eine topologische Gruppe. Eine *Darstellung* von G ist ein Gruppenhomomorphismus $\pi : G \to \mathrm{GL}(V)$, mit einem Banach-Raum V, derart dass die Abbildung

$$G \times V \to V, \qquad (g, v) \mapsto \pi(g)v$$

stetig ist.

Beispiele 3.2.2 • Sei $\chi : G \to \mathbb{C}^\times$ ein stetiger Gruppenhomomorphismus, also ein sogenannter *Quasicharakter*. Dann kann man χ als eine Darstellung auffassen, da es einen kanonischen Isomorphismus $\mathbb{C}^\times \cong \mathrm{GL}(\mathbb{C})$ gibt.

• Sei $G = \mathrm{SL}_2(\mathbb{R})$. Diese Gruppe hat eine natürliche Darstellung auf $\mathbb{C}^2$, die durch Matrizenmultiplikation gegeben ist.

Sei V ein Hilbert-Raum. Eine Darstellung π auf V heißt *unitäre Darstellung*, falls $\pi(g)$ unitär ist für jedes $g \in G$. D.h., π ist genau dann unitär, wenn für jedes $g \in G$ und für alle $v, w \in V$ gilt $\langle \pi(g)v, \pi(g)w \rangle = \langle v, w \rangle$.

Lemma 3.2.3 *Eine Darstellung π einer Gruppe G auf einem Hilbert-Raum V ist genau dann unitär, wenn für jedes $g \in G$ gilt $\pi(g^{-1}) = \pi(g)^*$.*

Beweis: Ein Operator T ist genau dann unitär, wenn er invertierbar ist und $T^{-1} = T^*$ gilt. Eine Darstellung π ist ein Gruppenhomomorphismus und erfüllt daher $\pi(g^{-1}) = \pi(g)^{-1}$. Diese beiden Aussagen ergeben zusammen die Behauptung. $\quad\square$

Beispiel 3.2.4 Sei $\chi : G \to \mathbb{C}^\times$ ein Quasicharakter. Als Darstellung aufgefasst ist χ genau dann unitär, wenn das Bild von χ im kompakten Torus $\mathbb{T} = \{z \in \mathbb{C} : |z| = 1\}$ liegt. In diesem Fall sagt man, dass χ ein *Charakter* ist.

Wir besprechen nun ein weiteres wichtiges Beispiel. Sei G eine lokalkompakte Gruppe. Auf dem Hilbert-Raum $L^2(G)$ definieren wir für jedes $x \in G$ einen Operator L_x durch

$$L_x\varphi(y) = \varphi(x^{-1}y), \qquad \varphi \in L^2(G).$$

Lemma 3.2.5 *Die Abbildung $x \mapsto L_x$ ist eine unitäre Darstellung der lokalkompakten Gruppe G.*

Beweis: Wir zeigen zunächst, dass L_x ein unitärer Operator ist. Wir benutzen die Linksinvarianz des Haar-Maßes:

$$\langle L_x\varphi, L_x\psi \rangle = \int\limits_G L_x\varphi(y)\overline{L_x\psi(y)}\,\mathrm{d}y \;=\; \int\limits_G \varphi(x^{-1}y)\overline{\psi(x^{-1}y)}\,\mathrm{d}y$$

$$= \int\limits_G \varphi(y)\overline{\psi(y)}\,\mathrm{d}y \;=\; \langle \varphi, \psi \rangle\,.$$

Wir müssen nun noch die Stetigkeit der Abbildung $\Phi : G \times L^2(G) \to L^2(G)$; $(x,\varphi) \mapsto L_x\varphi$ verifizieren. Sei hierzu $\varphi_0 \in L^2(G)$ gegeben. Eine offene Umgebung von φ_0 in $L^2(G)$ ist gegeben durch die Menge $B_r(\varphi_0)$ aller $\varphi \in L^2(G)$ mit $\|\varphi - \varphi_0\| < r$, wobei $r > 0$ und $\|\cdot\|$ die L^2-Norm ist. Wir müssen beweisen, dass $S = \Phi^{-1}(B_r(\varphi_0))$ eine offene Teilmenge des Produktes $G \times L^2(G)$ ist. Sei $(x,\varphi) \in S$, also $\|L_x\varphi - \varphi_0\| < r$. Es ist zu zeigen, dass es offene Umgebungen U von x und V von φ gibt mit $U \times V \subset S$. Hierzu schätzen wir für $y \in G$ und $\psi \in L^2(G)$ wie folgt ab:

$$\big\|L_y\psi - \varphi_0\big\| \leq \big\|L_x\varphi - L_y\psi\big\| + \big\|L_x\varphi - \varphi_0\big\|$$

$$\leq \big\|L_x\varphi - L_y\varphi\big\| + \big\|L_y\varphi - L_y\psi\big\| + \big\|L_x\varphi - \varphi_0\big\|$$

$$= \big\|(L_x - L_y)\varphi\big\| + \big\|\varphi - \psi\big\| + \big\|L_x\varphi - \varphi_0\big\|\,.$$

Der letzte Summand ist echt kleiner als r. Sei also

$$\varepsilon \stackrel{\mathrm{def}}{=} r - \|L_x\varphi - \varphi_0\| \;>\; 0\,.$$

Die Behauptung ist bewiesen, wenn wir zeigen können, dass es Umgebungen U von x und V von φ gibt, so dass für $(y,\psi) \in U \times V$ gilt

$$\big\|(L_x - L_y)\varphi\big\| + \big\|\varphi - \psi\big\| \;<\; \varepsilon\,.$$

Sei also V die Menge aller $\psi \in L^2(G)$ mit $\|\varphi - \psi\| < \varepsilon/2$. Es ist zu zeigen, dass es eine offene Umgebung U von x gibt, so dass für jedes $y \in U$ gilt $\big\|(L_x - L_y)\varphi\big\| < \varepsilon/2$. Nach Proposition 3.1.7 existiert ein $g \in C_c(G)$ mit $\|\varphi - g\| < \varepsilon/8$. Es folgt

$$\big\|(L_x - L_y)\varphi\big\| \leq \big\|(L_x - L_y)g\big\| + \big\|(L_x - L_y)(g - \varphi)\big\|$$

$$\leq \big\|(L_x - L_y)g\big\| + \big\|L_x(g - \varphi)\big\| + \big\|L_y(g - \varphi)\big\|$$

$$= \big\|(L_x - L_y)g\big\| + 2\big\|g - \varphi\big\| \;<\; \big\|(L_x - L_y)g\big\| + \varepsilon/4$$

Sei nun C der kompakte Träger von g. Wir können annehmen, dass C positives Haar-Maß $\mu(C) > 0$ hat. Wegen der gleichmäßigen Stetigkeit von g, also Lemma 3.1.4, gibt es eine offene Umgebung U von x, so dass für alle $y \in U$ und alle $t \in G$ gilt

$$|g(x^{-1}t) - g(y^{-1}t)| < \frac{\varepsilon}{4\sqrt{\mu(C)}}\,,$$

also

$$|g(x^{-1}t) - g(y^{-1}t)|^2 < \frac{\varepsilon^2}{16\mu(C)}\,.$$

Integration über G liefert für jedes $y \in U$ die Abschätzung

$$\left\|(L_x - L_y)g\right\|^2 = \int_G |g(x^{-1}t) - g(y^{-1}t)|^2\,dt < \frac{\varepsilon^2}{16}\,.$$

Durch Wurzelziehen folgt $\left\|(L_x - L_y)g\right\| < \varepsilon/4$ und das Lemma ist bewiesen. $\square$

Wir definieren die *rechtsreguläre* Darstellung $x \mapsto R_x$ auf dem Hilbert-Raum $L^2(G)$ durch

$$R_x\varphi(y) = \sqrt{\Delta(x)}\varphi(yx), \quad \varphi \in L^2(G)\,,$$

wobei Δ die Modularfunktion von G ist. Analog zum linksregulären Fall stellt man fest, dass auch R eine unitäre Darstellung von G ist.

Definition 3.2.6 Zwei Darstellungen (π, V_π) und (η, V_η) einer topologischen Gruppe G heißen *äquivalente Darstellungen*, falls es einen linearen Operator $T : V_\pi \to V_\eta$ gibt, so dass

- T ist stetig, invertierbar und T^{-1} ist ebenfalls stetig, sowie
- $T\pi(g) = \eta(g)T$ gilt für jedes $g \in G$.

Die zweite Eigenschaft lässt sich auch als $\pi(g) = T^{-1}\eta(g)T$ schreiben. Jeder solche Operator heißt *Verflechtungsoperator* der Darstellungen π und η. Sind V_π und V_η Hilbert-Räume und existiert ein unitärer Verflechtungsoperator, so heißen π und η *unitär äquivalent*.

Seien (π_1, V_1) und (π_2, V_2) zwei unitäre Darstellungen. Auf der direkten Summe $V = V_1 \oplus V_2$ gibt es die *direkte Summendarstellung* $\pi = \pi_1 \oplus \pi_2$. Allgemeiner kann man auch direkte Summen mit unendlich vielen Summanden betrachten, die wir nun definieren.

Definition 3.2.7 Sei I eine Indexmenge und sei für jedes $i \in I$ ein Hilbert-Raum V_i gegeben. Die *direkte Hilbert-Raum Summe*

$$V = \widehat{\bigoplus_{i \in I}} V_i$$

ist die Menge aller $v \in \prod_{i \in I} V_i$ so dass gilt

$$\|v\|^2 \stackrel{\text{def}}{=} \sum_{i \in I} \|v_i\|^2 < \infty\,.$$

Sie enthält als Teilmenge die algebraische direkte Summe $\bigoplus_{i \in I} V_i$ aller $v \in \prod_{i \in I} V_i$ so dass $v_i = 0$ für fast alle $i \in I$.

Man beachte, dass es auf Grund der Definition nicht unmittelbar klar ist, dass V überhaupt ein Vektorraum ist, d. h., es ist nicht offensichtlich, warum aus $v, w \in V$ schon folgt, dass $v + w$ in V liegen muss.

Lemma 3.2.8 *Die direkte Hilbert-Raum Summe* $V = \widehat{\bigoplus}_{i \in I} V_i$ *ist ein Hilbert-Raum mit dem Skalarprodukt*

$$\langle v, w \rangle \overset{\text{def}}{=} \sum_{i \in I} \langle v_i, w_i \rangle_i \ .$$

Die algebraische direkte Summe ist ein dichter Teilraum.

Ist für jedes $i \in I$ eine unitäre Darstellung π_i von G auf dem Raum V_i gegeben, so definiert

$$\pi(g) \left(\sum_{i \in I} v_i \right) \overset{\text{def}}{=} \sum_{i \in I} \pi_i(g) v_i$$

eine unitäre Darstellung von G auf V.

Notation: Wir lassen den Hut in der unendlichen Summe meistens weg, wenn klar ist, dass wir die Hilbert-Raum-Vervollständigung meinen. Wir schreiben dann also $\bigoplus_{i \in I} V_i$ statt $\widehat{\bigoplus}_{i \in I} V_i$.

Beweis: Wir müssen zeigen, dass die Summe $v + w$ in V liegt, wenn v und w in V liegen. Außerdem müssen wir zeigen, dass die Summe $\sum_{i \in I} \langle v_i, w_i \rangle_i$ absolut konvergiert. Der Raum $\ell^2(I)$ aller Funktionen $\varphi : I \to \mathbb{C}$ mit $\|\varphi\| = \sum_{i \in I} |\varphi(i)|^2 < \infty$ ist ein Hilbert-Raum mit dem Skalarprodukt $\langle \varphi, \psi \rangle = \sum_{i \in I} \varphi(i)\overline{\psi(i)}$. Ist $v \in V$, so ist $\varphi_v(i) = \|v_i\|$ in $\ell^2(I)$ und es gilt $\|\varphi_v\| = \|v\|$. Wir wenden zunächst die Cauchy-Schwarz-Ungleichung für die Hilbert-Räume V_i und dann für $\ell^2(I)$ an und erhalten

$$\sum_{i \in I} |\langle v_i, w_i \rangle| \le \sum_{i \in I} \|v_i\| \|w_i\| = |\langle \varphi_v, \varphi_w \rangle| \le \|\varphi_v\| \|\varphi_w\| = \|v\| \|w\| < \infty.$$

Hieraus folgt die Konvergenz der Summe $\langle v, w \rangle$ und wegen

$$|\langle v, w \rangle| = \left| \sum_{i \in I} \langle v_i, w_i \rangle_i \right| \le \sum_{i \in I} |\langle v_i, w_i \rangle_i|$$

folgt auch die Cauchy-Schwarz-Ungleichung für dieses Skalarprodukt, so dass für $v, w \in V$ gilt

$$|\, \|v + w\|^2 \,| = |\langle v + w, v + w \rangle| \le \langle v, v \rangle + \langle w, w \rangle + |\langle v, w \rangle| + |\langle w, v \rangle|$$

$$\le \|v\|^2 + \|w\|^2 + 2\|v\| \|w\| = (\|v\| + \|w\|)^2 < \infty,$$

so dass zu guter Letzt auch klar ist, dass V ein Untervektorraum von $\prod_i V_i$ ist. Die letzte Aussage ist trivial. $\qquad\square$

Beispiel 3.2.9 Sei $G = \mathbb{R}/\mathbb{Z}$ und sei $V = L^2(\mathbb{R}/\mathbb{Z})$. Sei π die linksreguläre Darstellung. Nach der Theorie der Fourier-Reihen ist π isomorph zu einer direkten Summendarstellung auf $V = \widehat{\bigoplus}_{k\in\mathbb{Z}}\mathbb{C}e_k$, wobei $e_k(x) = \mathrm{e}^{2\pi ikx}$ und G operiert auf $\mathbb{C}e_k$ durch den Charakter e_{-k}, d.h. es gilt $\pi(t)v = e_{-k}(t)v$ falls v in dem eindimensionale Raum $\mathbb{C}e_k$ liegt.

Definition 3.2.10 Eine Darstellung (π, V_π) heißt *Unterdarstellung* einer Darstellung (η, V_η) falls V_π ein abgeschlossener Teilraum von V_η ist und π gleich η eingeschränkt auf V_π ist. Also liefert jeder G-stabile, abgeschlossene Unterraum $U \subset V_\eta$ eine Unterdarstellung von η.

Eine Darstellung (π, V_π) heißt *irreduzibel*, falls sie keine echten Unterdarstellungen besitzt, d.h., falls für jeden abgeschlossenen Unterraum $U \subset V_\pi$, der G-stabil ist, schon gilt $U = 0$ oder $U = V_\pi$.

Beispiel 3.2.11 Sei $G = \mathrm{SL}_2(\mathbb{R})$ und $V = \mathbb{C}^2$. Sei π die Standard-Darstellung von G auf V gegeben durch Matrixmultplikation. Dann ist π irreduzibel. Zum Beweis sei $e_1 = (1,0)^t$ der erste Standard-Basisvektor. Für $g \in G$ ist $\pi(g)e_1$ gleich der ersten Spalte von g. Zu jedem $v \in V \smallsetminus \{0\}$ gibt es daher ein $g \in G$ mit $v = \pi(g)e_1$. Hieraus folgt die Irreduzibilität wie folgt. Sei $0 \neq U \subset V$ ein G-stabiler Unterraum. Wir müssen zeigen, dass $U = V$ ist. Sei also $0 \neq v \in V$ beliebig. Wähle ein $0 \neq u \in U$. Dann existieren $g, h \in G$ so dass $\pi(g)e_1 = u$ und $\pi(h)e_1 = v$. Damit folgt $\pi(g^{-1})u = e_1$ und daher $\pi(hg^{-1})u = \pi(h)e_1 = v$. Da U stabil ist unter der G-Operation, folgt $v \in U$. Da v beliebig war, ist $U = V$.

3.3 Modulformen als Darstellungsvektoren

Die Gruppe K ist isomorph zu $\mathbb{T} = \{z \in \mathbb{C} : |z| = 1\}$ via $\left(\begin{smallmatrix} a & -b \\ b & a \end{smallmatrix}\right) \mapsto a + ib$. Ein *Charakter* der Gruppe K ist ein stetiger Gruppenhomomorphismus $\varepsilon : K \to \mathbb{T}$. Alle Charaktere von K sind gegeben durch

$$\varepsilon_v \left(\begin{smallmatrix} a & -b \\ b & a \end{smallmatrix}\right) = (a + ib)^v, \qquad v \in \mathbb{Z}.$$

Sei nun $\Gamma \subset G = \mathrm{SL}_2(\mathbb{R})$ eine Kongruenzuntergruppe. Dann ist Γ diskret und das Zählmaß ist ein Haar-Maß, also ist Γ unimodular. Nach Satz 3.1.14 existiert daher auf $\Gamma \backslash G$ ein nichttriviales G-invariantes Radon-Maß. Sei $L^2(\Gamma \backslash G)$ der entsprechende L^2-Raum. Dies ist ein Hilbert-Raum auf dem G via Rechtstranslation operiert:

$$R_g\varphi(x) = \varphi(xg).$$

Lemma 3.3.1 *Die Darstellung von G auf dem Hilbert-Raum $L^2(\Gamma \backslash G)$ ist unitär.*

Beweis: Wir müssen zeigen, dass für $g \in G$ der Operator $R_g : L^2(\Gamma \backslash G) \to L^2(\Gamma \backslash G)$ unitär ist, d. h., dass gilt

$$\langle R_g \varphi, R_g \psi \rangle = \langle \varphi, \psi \rangle$$

für alle $\varphi, \psi \in L^2(\Gamma \backslash G)$. Hierzu rechnen wir

$$\langle R_g \varphi, R_g \psi \rangle = \int_{\Gamma \backslash G} \varphi(xg) \overline{\psi(xg)} \, dx = \int_{\Gamma \backslash G} \varphi(x) \overline{\psi(x)} \, dx = \langle \varphi, \psi \rangle.$$

Des Weiteren ist zu zeigen, dass die Darstellung stetig ist. Diesen Beweis führt man analog zu dem Beweis von Lemma 3.2.5. $\qquad\Box$

Sei $\varphi \in L^2(\Gamma \backslash G)$ stetig differenzierbar, womit gemeint ist, dass φ als Funktion auf G stetig differenzierbar ist im Sinne von Definition 3.1.2. Für gegebenes $x \in G$ operiert die Gruppe $K \cong \mathbb{T}$ auf $xK \subset G$. Nach der Theorie der Fourier-Reihen folgt

$$\varphi(x k_\theta) = \sum_{n \in \mathbb{Z}} c_n(x) e^{i\theta n}.$$

Variiert man x, so setzen sich diese Zerlegungen zusammen zu

Lemma 3.3.2 *Der Raum $L^2(\Gamma \backslash G)$ zerfällt in eine direkte Hilbert-Summe*

$$L^2(\Gamma \backslash G) = \bigoplus_{\nu \in \mathbb{Z}} L^2(\Gamma \backslash G)(\varepsilon_\nu),$$

wobei

$$L^2(\Gamma \backslash G)(\varepsilon_\nu) = \{\varphi \in L^2(\Gamma \backslash G) : \varphi(xu) = \varepsilon_\nu(u)\varphi(x) \ \forall u \in K\}.$$

Sei $f \in S_k(\Gamma)$, wobei $\Gamma \subset \Gamma(1)$ eine Kongruenzuntergruppe ist. Dann gilt $f(\gamma z) = (cz + d)^k f(z)$ für $\gamma = \left(\begin{smallmatrix} * & * \\ c & d \end{smallmatrix} \right) \in \Gamma$. Die Funktion $z \mapsto \mathrm{Im}(z)$ erfüllt $\mathrm{Im}(\gamma z) = |cz + d|^{-2} \mathrm{Im}(z)$. Setze also

$$\tilde{f}(z) = \mathrm{Im}(z)^{k/2} f(z).$$

Dann folgt

$$\tilde{f}(\gamma z) = \left(\frac{cz + d}{|cz + d|} \right)^k \tilde{f}(z).$$

Für $g = \left(\begin{smallmatrix} * & * \\ c & d \end{smallmatrix} \right) \in G = \mathrm{SL}_2(\mathbb{R})$ setzen wir $\mu(g, z) = \left(\frac{cz+d}{|cz+d|} \right)^k$. Eine kleine Rechnung zeigt, dass für $g, h \in G$ gilt

$$\mu(gh, z) = \mu(g, hz)\mu(h, z).$$

Wir beobachten nun, dass für $g = \begin{pmatrix} * & * \\ c & d \end{pmatrix} \in G$ mit $z = i$ gilt

$$\mu(g,i) = \left(\frac{ci+d}{|ci+d|} \right)^k = \varepsilon_k(\underline{k}(g)).$$

Setze

$$\phi_f(g) = \varepsilon_k(\underline{k}(g))^{-1} \tilde{f}(gi), \quad g \in G.$$

Lemma 3.3.3 *Für* $g = \begin{pmatrix} * & * \\ c & d \end{pmatrix}$ *gilt*

$$\phi_f(g) = (ci+d)^{-k} f(gi).$$

Beweis: Nachrechnen. $\qquad\qquad\square$

Proposition 3.3.4 *Die Abbildung* $f \mapsto \phi_f$ *ist eine isometrische Injektion des Hilbert-Raums* $S_k(\Gamma)$ *in den Raum* $L^2(\Gamma \backslash G)(\varepsilon_{-k})$

Beweis: Wir zeigen zunächst, dass ϕ_f invariant unter Γ ist. Sei hierzu $\gamma \in \Gamma$ und $g \in G$. Dann gilt

$$\phi_f(\gamma g) = \varepsilon_k(\underline{k}(\gamma g))^{-1} \tilde{f}(\gamma g i) = \mu(\gamma g, i)^{-1} \mu(\gamma, gi) \tilde{f}(gi)$$
$$= \mu(g,i)^{-1} \tilde{f}(gi) = \phi_f(g).$$

Um zu sehen, dass die Abbildung eine Isometrie ist, rechne für $f, g \in S_k$:

$$\langle \phi_f, \phi_g \rangle = \int_{\Gamma \backslash G} \phi_f(x) \overline{\phi_g(x)} \, dx.$$

Es gilt $\phi_f(x)\overline{\phi_g(x)} = \tilde{f}(xi)\overline{\tilde{g}(xi)}$ und diese Funktion ist K-invariant, also ist

$$\langle \phi_f, \phi_g \rangle = \int_{\Gamma \backslash \mathbb{H}} \tilde{f}(z) \overline{\tilde{g}(z)} \, d\mu(z) = \langle f, g \rangle_{\mathrm{Pet}}.$$

Bleibt zu zeigen, dass das Bild in dem K-Isotyp $L^2(\Gamma \backslash G)(\varepsilon_{-k})$ liegt. Hierzu rechne für $u \in K$:

$$\phi_f(xu) = \varepsilon_k(\underline{k}(xu))^{-1} \tilde{f}(xui) = \varepsilon_{-k}(\underline{k}(x)u) \tilde{f}(xi) = \varepsilon_{-k}(u)\phi_f(x). \qquad \square$$

Sei $G = \mathrm{SL}_2(\mathbb{R})$. Nach Lemma 3.3.1 ist die Darstellung von G auf $L^2(\Gamma \backslash G)$ unitär.

Definition 3.3.5 Eine Automorphe Form ist eine Funktion φ in $L^2(\Gamma \backslash G)$. Später werden wir den Begriff erweitern auf Funktionen der adelwertigen Gruppe, die invariant unter der Gruppe $\mathrm{GL}_2(\mathbb{Q})$ sind.

Das Wort *automorph* rührt her von der Invarianz $\varphi(\gamma x) = \varphi(x)$ unter der Γ-Linkstranslation. Es stammt aus dem Griechischen und bedeutet soviel wie *von derselben Gestalt*, also unverändert unter einer Transformation. Felix Klein prägte diesen Begriff in seiner im Jahre 1890 erschienenen Schrift *Zur Theorie der Lamé-schen Functionen*.

Das Automorphe Spektralproblem: Kann man die unitäre Darstellung $(R, L^2(\Gamma \backslash G))$ in eine Summe von irreduziblen Unterdarstellungen zerlegen? Es wird sich zeigen, dass eine Lösung dieses Problems das Spektralproblem der Δ_k für alle k löst. Ebenfalls ist es so, dass dieses Problem nur dann eine positive Lösung hat, wenn Γ cokompakt ist. Andernfalls gibt es neben direkten Summen irreduzibler Darstellungen noch sogenannte kontinuierliche Hilbert-Integrale.

3.4 Die Exponentialabbildung

Sei $n \in \mathbb{N}$. Die folgenden Aussagen werden im Weiteren hauptsächlich im Fall $n = 2$ benutzt. Die Beweise sind aber dieselben für jedes n, deshalb beweisen wir sie gleich allgemein. Auf dem reellen Vektorraum $\mathrm{M}_n(\mathbb{R})$ der reellen $n \times n$-Matrizen betrachten wir die euklidische Norm

$$\|A\| = \sqrt{\sum_{i,j=1}^{n} A_{i,j}^2}\,,$$

wobei wir die Einträge einer Matrix A als $A_{i,j}$ schreiben. Für die Matrizenmultiplikation gilt dann $\|AB\| \le \|A\|\,\|B\|$, denn mit Hilfe der Cauchy-Schwarz-Ungleichung rechnen wir

$$\|AB\|^2 = \sum_{i,j}\left(\sum_k A_{i,k}B_{k,j}\right)^2 \le \sum_{i,j}\left(\sum_k A_{i,k}^2\right)\left(\sum_l B_{l,j}^2\right) = \|A\|^2\,\|B\|^2\,.$$

Eine Reihe $\sum_{j=0}^{\infty} A_j$ von Matrizen heißt *absolut konvergent*, falls $\sum_j \|A_j\| < \infty$. In diesem Fall konvergiert die Reihe in $\mathrm{M}_n(\mathbb{R})$ und der Grenzwert ändert sich nicht, wenn man die Reihe umordnet.

Ist $X \in \mathrm{M}_n(\mathbb{R})$ eine reelle $n \times n$-Matrix, so konvergiert die Exponentialreihe

$$\exp(X) = \sum_{\nu=0}^{\infty} \frac{1}{\nu!} X^\nu$$

absolut in $\mathrm{M}_n(\mathbb{R})$, wie aus der Abschätzung $\|X^\nu\| \le \|X\|^\nu$ und der Konvergenz der $\mathbb{R}$-wertigen Exponentialreihe folgt.

Proposition 3.4.1 (a) *Sind $A, B \in \mathrm{M}_n(\mathbb{R})$ mit $AB = BA$, so gilt*

$$\exp(A + B) = \exp(A)\exp(B)\,.$$

(b) *Ist $A \in \mathrm{M}_n(\mathbb{R})$, so ist $\exp(A)$ invertierbar und es gilt $\exp(A)^{-1} = \exp(-A)$.*

(c) *Die Exponentialabbildung ist eine glatte Abbildung* $M_n(\mathbb{R}) \cong \mathbb{R}^{n^2} \to M_n(\mathbb{R})$, *deren Bild in* $GL_n(\mathbb{R})$ *liegt und deren Differential* $D\exp(A) : \mathbb{R}^{n^2} \to \mathbb{R}^{n^2}$ *für jedes* $A \in M_n(\mathbb{R})$ *eine invertierbare lineare Abbildung ist.*

(d) *In der Gruppe* $GL_n(\mathbb{R})$ *gibt es eine offene Einsumgebung* U, *die außer der trivialen keine Untergruppe von* $GL_n(\mathbb{R})$ *enthält.*

Beweis: Für (a) beachte, dass aus $AB = BA$ folgt, dass $(A + B)^{\nu} = \sum_{k=0}^{\nu} \binom{\nu}{k} \times A^k B^{\nu-k}$. Daher ist dann

$$
\exp(A + B) \;=\; \sum_{\nu=0}^{\infty} \frac{1}{\nu!} \sum_{k=0}^{\nu} \binom{\nu}{k} A^k B^{\nu-k} \;=\; \sum_{\nu=0}^{\infty} \sum_{k=0}^{\nu} \frac{1}{k!} \frac{1}{(\nu - k)!} A^k B^{\nu-k}
$$

$$
= \; \exp(A)\exp(B)\,.
$$

Teil (b) folgt sofort aus (a), denn man hat $\exp(A)\exp(-A) = I$. Für Teil (c) beachte, dass die Matrixeinträge von $\exp(A)$ konvergente Potenzreihen in den Matrixeinträgen von A sind. Also ist die Exponentialabbildung unendlich oft differenzierbar. Schließlich zum Differential. Die Gleichung $\exp(A)\exp(-A) = \exp(0)$ impliziert $D\exp(A)D\exp(-A) = D\exp(0)$ und damit reicht es, zu zeigen, dass $D\exp(0)$ eine invertierbare lineare Abbildung ist. Wir berechnen die Richtungsableitung in Richtung $X \in M_2(\mathbb{R})$ wie folgt

$$
\lim_{t \downarrow 0} \frac{1}{t}\left(\exp(tX) - \exp(0)\right) \;=\; \lim_{t \downarrow 0} \sum_{n=1}^{\infty} \frac{t^{n-1}}{n!} X^n \;=\; X\,.
$$

Das bedeutet nichts anderes als $D\exp(0) = \mathrm{Id}$, also folgt die Behauptung.

(d) Da das Differential von exp invertierbar ist, gibt es eine offene Umgebung $\tilde{V} \subset M_n(\mathbb{R})$ der Null in $M_n(\mathbb{R})$, so dass $\tilde{V}$ unter der Exponentialabbildung diffeomorph auf eine offene Umgebung V der Eins in $GL_n(\mathbb{R})$ abgebildet wird. Wir können, wenn nötig, $\tilde{V}$ so verkleinern, dass $\tilde{V}$ beschränkt ist. Sei $\tilde{U} = \frac{1}{2}\tilde{V}$ und $U = \exp(\tilde{U})$. Dann enthält U keine nichttriviale Untergruppe, denn sei $a = \exp(X) \in U$ mit $X \in \tilde{U}$ und nehmen wir an, dass $X \neq 0$ ist, so existiert ein $\nu \in \mathbb{N}$ mit $\nu X \in \tilde{V} \smallsetminus \tilde{U}$. Angenommen, dass $a^{\nu} = \exp(\nu X)$ in U liegt, so gibt es also ein $Y \in \tilde{U}$ mit $\exp(Y) = a^{\nu} = \exp(\nu X)$, also haben die beiden Elemente Y und νX von $\tilde{V}$ dasselbe Bild unter der Exponentialabbildung, weshalb sie gleich sein müssen, was aber der Tatsache $\nu X \notin \tilde{U}$ widerspricht. $\square$

Ist $X \in M_n(\mathbb{R})$, dann definiert X durch Rechtsableitung einen Differentialoperator erster Ordnung R_X auf $G = GL_n(\mathbb{R})$:

$$
R_X f(x) \;=\; \left.\frac{\mathrm{d}}{\mathrm{d}t}\right|_{t=0} f(x\exp(tX))\,.
$$

Ebenso erhält man einen Differentialoperator L_X durch Linksableitung:

$$
L_X f(x) \;=\; \left.\frac{\mathrm{d}}{\mathrm{d}t}\right|_{t=0} f(\exp(-tX)x)\,.
$$

Sei (π, V_π) eine Darstellung der Gruppe $G = GL_n(\mathbb{R})$ Ein Vektor $v \in V_\pi$ heißt *glatter Vektor*, falls die Abbildung

$$x \mapsto \pi(x)v$$

als Abbildung der offenen Menge $GL_n(\mathbb{R}) \subset M_n(\mathbb{R}) \cong \mathbb{R}^{n^2}$ in den Banach-Raum V_π unendlich oft differenzierbar ist. Die Menge V_π^∞ der glatten Vektoren in V_π ist ein Untervektorraum von V_π.

Sei $v \in V_\pi$ ein glatter Vektor und sei $X \in M_n(\mathbb{R})$, dann ist die Abbildung $t \mapsto \pi(\exp(tX))v$ differenzierbar, also existiert der Grenzwert

$$\pi(X)v \overset{\text{def}}{=} \lim_{t \to 0} \frac{1}{t}(\pi(\exp(tX))v - v) = \left.\frac{d}{dt}\right|_{t=0} \pi(\exp(tX))v.$$

Beispiel 3.4.2 Sei G eine kompakte Gruppe, dann ist $C^\infty(G) \subset (L^2(G))^\infty$, wenn man $L^2(G)$ als Darstellungsraum der Rechts-Darstellung oder Links-Darstellung betrachtet.

Lemma 3.4.3 (a) *Ist $X \in M_n(\mathbb{R})$, so ist der Operator R_X links-invariant, d.h., $L_x R_X L_{x^{-1}} = R_X$, wobei $x \in G = GL_n(\mathbb{R})$ und $L_x f(y) = f(x^{-1}y)$ für jede glatte Funktion f auf G. Ebenso ist L_X rechts-invariant, d.h., $R_x L_X R_{x^{-1}} = L_X$ mit $R_x f(y) = f(yx)$.*
(b) *Sind (π, V_π) und (η, V_η) Darstellungen von $G = GL_n(\mathbb{R})$ und ist $T : V_\pi \to V_\eta$ ein stetiger Verflechtungsoperator. Dann ist $T(V_\pi^\infty) \subset V_\eta^\infty$.*
(c) *Ist $v \in V_\pi$ und ist $f \in C_c^\infty(G)$, so ist $\pi(f)v$ ein glatter Vektor. Es folgt, dass der Raum der glatten Vektoren dicht liegt in V_π. Für jedes $X \in M_n(\mathbb{R})$ gilt*

$$\pi(X)\pi(f)v = \pi(L_X f)v.$$

(d) *Sei f eine glatte Funktion mit kompaktem Träger auf G und sei φ eine lokal-quadrat-integrierbare Funktion auf G, d.h., für jedes $x \in G$ existiert eine Umgebung U von X, so dass $\varphi|_U \in L^2(U)$ gilt. Dann existiert das Integral*

$$R(f)\varphi(x) = \int_G f(y)\varphi(xy)\,dy$$

für jedes $x \in G$ und definiert eine glatte Funktion $R(f)\varphi$. Für jedes $X \in M_n(\mathbb{R})$ gilt

$$R_X(R(f)\varphi) = R(L_X f)\varphi.$$

Beweis: (a) Sei f eine differenzierbare Funktion auf $GL_n(\mathbb{R})$. Wir haben zu zeigen $R_X L_x f = L_x R_X f$, wobei $L_x f(y) = f(x^{-1}y)$. Mit $y \in GL_n(\mathbb{R})$ rechnen wir

$$R_X L_x f(y) = \left.\frac{d}{dt}\right|_{t=0} L_x f(y \exp(tX)) = \left.\frac{d}{dt}\right|_{t=0} f(x^{-1}y \exp(tX))$$
$$= R_X f(x^{-1}y) = L_x R_X f(y).$$

(b) Ist $f : \mathbb{R}^N \to V$ eine unendlich oft differenzierbare Abbildung in einen Banach-Raum V und ist $T : V \to W$ eine stetige lineare Abbildung zwischen Banach-Räumen, so ist $T \circ f : \mathbb{R}^N \to W$ ebenfalls unendlich oft differenzierbar.

Nun zu (c). Da das Differential der Exponentialfunktion surjektiv ist, ist ein Vektor w genau dann glatt, wenn für jedes $x \in G$ die Abbildung $X \mapsto \pi(\exp(X)x)v$ als Abbildung $M_n(\mathbb{R}) \to V_\pi$ glatt ist. Insofern folgt die Glattheit zusammen mit der behaupteten Formel aus folgender Rechnung

$$\pi(\exp(tX))\pi(f)v \;=\; \int\limits_G f(x)\pi(\exp(tX)x)v\,\mathrm{d}x \;=\; \int\limits_G f(\exp(-tX)x)\pi(x)v\,.$$

(d) ist eine Anwendung derselben Formel wie in (c), die ja außerdem beweist, dass $R(f)\varphi$ nicht nur einen glatten Vektor definiert, wenn $\varphi \in L^2(G)$ ist, sondern auch zeigt, dass $R(f)\varphi$ glatt ist, wenn φ nur lokal quadratintegrierbar ist. $\qquad\square$

3.5 Aufgaben und Anmerkungen

Aufgabe 3.1 Beweise Proposition 3.1.11.

Aufgabe 3.2 Zeige, dass die Abbildung $SL_2(\mathbb{R}) \times \mathbb{H} \to \mathbb{H}$ gegeben durch $(g, z) \mapsto gz$ stetig ist.

Aufgabe 3.3 Sei $K = SO(2)$ und sei D die Menge der Diagonalmatrizen in $G = SL_2(\mathbb{R})$ oder in $G = GL_2(\mathbb{R})$. Zeige in beiden Fällen, dass $G = KDK$.

Aufgabe 3.4 Sei B die Gruppe der reellen Matrizen der Form $\left(\begin{smallmatrix} 1 & x \\ 0 & y \end{smallmatrix}\right)$ mit $y \neq 0$. Zeige, dass die Modularfunktion Δ gleich $\Delta\left(\begin{smallmatrix} 1 & x \\ 0 & y \end{smallmatrix}\right) = |y|$ ist.

Aufgabe 3.5 Sei μ ein Haar-Maß auf der lokalkompakten Gruppe G. Sei $U \subset G$ eine offene Teilmenge. Zeige, dass $\mu(U) > 0$ ist.

Aufgabe 3.6 (a) Zeige, dass die Abbildung $f \mapsto \phi_f$ mit

$$\phi_f(g) \;=\; (ci + d)^{-k} f(gi)$$

eine Bijektion definiert zwischen der Menge $C^\infty(\mathbb{H})$ aller glatten Funktionen auf $\mathbb{H}$ und der Menge V_k aller glatten Funktionen ϕ auf $SL_2(\mathbb{R})$ mit $\phi(xu) = \varepsilon_{-k}(u)$ für jedes $u \in SO(2)$.

(Hinweis: Die Umkehrabbildung ist gegeben durch $\phi \mapsto f_\phi$ mit $f_\phi(x + iy) = \sqrt{y}^{-k}\phi\left(\begin{smallmatrix} \sqrt{y} & x/\sqrt{y} \\ & 1/\sqrt{y} \end{smallmatrix}\right)$.)

(b) Seien $H = \left(\begin{smallmatrix} 1 & \\ & -1 \end{smallmatrix}\right)$, $E = \left(\begin{smallmatrix} 0 & 1 \\ 0 & 0 \end{smallmatrix}\right)$ und $F = \left(\begin{smallmatrix} 0 & 0 \\ 1 & 0 \end{smallmatrix}\right)$. Für $\phi \in V_k$ definiere den Differentialoperator

$$D\phi(g) = \left.\frac{\mathrm{d}}{\mathrm{d}t}\right|_{t=0} \phi(g\exp(tH)) - i\phi(g\exp(tE)) - i\phi(g\exp(tF))\,.$$

Zeige $f_{D\phi} = -2iy\bar{\partial}f_\phi$, wobei $\bar{\partial} = \frac{\partial}{\partial x} + i\frac{\partial}{\partial y}$. Folgere, dass f genau dann holomorph ist, wenn $D\phi_f = 0$.

Aufgabe 3.7 Die Reihe $L(s) = \sum_{n=1}^{\infty} a_n n^{-s}$ konvergiere in $s = s_0 \in \mathbb{C}$. Zeige: die Reihe konvergiert lokal gleichmässig absolut in $\mathrm{Re}(s) > \mathrm{Re}(s_0) + 1$.

Aufgabe 3.8 Seien $L(a,s) = \sum_{n=1}^{\infty} a_n n^{-s}$ und $L(b,s) = \sum_{n=1}^{\infty} b_n n^{-s}$, beide konvergent für ein $s \in \mathbb{C}$. Es gelte $L(a,s_v) = L(b,s_v)$ für eine Folge $s_v \in \mathbb{C}$ mit $\mathrm{Re}(s_v) \to \infty$. Dann ist $a_n = b_n$ für jedes $n \in \mathbb{N}$.

Aufgabe 3.9 Eine Folge (a_n) komplexer Zahlen heißt *schwach multiplikativ*, falls $a_{mn} = a_n a_m$ für jedes Paar teilerfremder natürlicher Zahlen (m,n) gilt. Die Folge heißt *stark multiplikativ*, falls dieselbe Aussage ohne Teilerfremdheitsbedingung gilt. Sei $L(s) = \sum_{n=1}^{\infty} a_n n^{-s}$ absolut konvergent für $\mathrm{Re}(s) > \sigma_0$. Zeige:

- Die Folge (a_n) ist genau dann schwach multiplikativ, wenn für jedes $s \in \mathbb{C}$ mit $\mathrm{Re}(s) > \sigma_0$ gilt

$$L(s) = \prod_p \sum_{k=0}^{\infty} a_{p^k}\, p^{ks}\,.$$

- Die Folge (a_n) ist genau dann stark multiplikativ, wenn für jedes $s \in \mathbb{C}$ mit $\mathrm{Re}(s) > \sigma_0$ gilt

$$L(s) = \prod_p \frac{1}{1 - a_p p^{-s}}\,.$$

Anmerkungen

Wir haben klassische Modulformen $\mathcal{M}_k(\Gamma)$ und Spitzenformen $S_k(\Gamma)$ kennengelernt und wie man Ihnen L-Funktionen $L(f,s)$ zuordnet.

Euler-Produkte stellen sich für Eigenformen der Hecke-Algebra ein. Zuletzt haben wir gesehen, wie man $S_k(\Gamma)$ in den Raum $L^2(\Gamma\backslash G)$ einbettet, der eine unitäre Darstellung von $G = \mathrm{SL}_2(\mathbb{R})$ trägt. Das Spektralproblem der Zerlegung dieser Darstellung in irreduzible ist ein zentrales Problem der Theorie der Automorphen Formen.

Jedes $f \in S_k(\Gamma) \subset L^2(\Gamma\backslash G)$ erzeugt eine irreduzible Unterdarstellung π. Wir wollen $L(f,s)$ durch π definieren, dazu fehlen aber noch ein paar Daten (Hecke-Aktion).

Sei $\Gamma \subset \mathrm{SL}_2(\mathbb{Z})$ eine Kongruenzuntergruppe. Erinnern wir uns: die Aktion der Hecke-Algebra kommt zu Stande durch die Operation der Gruppe $G_{\mathbb{Q}} = \mathrm{GL}_2(\mathbb{Q})$. Für $\alpha \in G_{\mathbb{Q}}$ ist $\Gamma \cap \alpha\Gamma\alpha^{-1}$ ebenfalls eine Kongruenzuntergruppe. Der Hecke-Operator T_α kann erklärt werden durch die Operation von α: $f \mapsto f\,|\,\alpha$, die $S_k(\Gamma)$ auf $S_k(\Gamma \cap \alpha\Gamma\alpha^{-1})$ wirft, gefolgt von einer Summe über $\Gamma/(\Gamma \cap \alpha\Gamma\alpha^{-1})$, die wieder nach $S_k(\Gamma)$ führt. Diese Summenbildung ist gerade die Orthogonalprojektion auf den Teilraum $S_k(\Gamma)$ in dem Hilbert-Raum $S_k(\Gamma \cap \alpha\Gamma\alpha^{-1})$. Durch eine solche Projektion verliert man Informationen. Wenn wir sie unterlassen, wirft der Hecke-Operator den Raum $S_k(\Gamma)$ aber nicht in sich. Wir lösen das Problem, indem wir den Raum vergrößern zu

$$S_k = \bigcup_{\Sigma} S_k(\Sigma)\,,$$

wobei Σ durch alle Kongruenzuntergruppen von Γ läuft. Dies ist ein Vektorraum mit einer Operation der Gruppe $G_{\mathbb{Q}}$. Der Raum

$$\bigcup_{\Sigma} L^2(\Sigma \backslash G)$$

erbt ein Skalarprodukt, wenn man die Skalarprodukte auf den einzelnen $L^2(\Sigma \backslash G)$ wie folgt normiert:

$$\langle f, g \rangle = \frac{1}{[\overline{\Gamma} : \overline{\Sigma}]} \int_{\Sigma \backslash G} f(x)\overline{g(x)}\, \mathrm{d}x\,.$$

Sei H die Hilbert-Raum-Vervollständigung dieses Prä-Hilbert-Raums. Auf diesem Raum kann man Hecke-Operatoren definieren. Allerdings ist dieser Raum nicht gut zugänglich, man kann ihn nicht gut verstehen.

Jetzt kommt der Clou: Es gibt einen natürlichen Ring $\mathbb{A}$, der *Adele-Ring*, der sowohl $\mathbb{Q}$ als auch $\mathbb{R}$ als Unterringe enthält, so dass als $\mathrm{SL}_2(R)$-Modul

$$H \cong L^2(\mathrm{SL}_2(\mathbb{Q})\backslash\mathrm{SL}_2(\mathbb{A}))\,.$$

Anhand der Definition von H scheint diese Aussage geradezu aberwitzig. Genauer gilt $\mathbb{A} = \mathbb{A}_{\mathrm{fin}} \times \mathbb{R}$, wobei $\mathbb{A}_{\mathrm{fin}}$ der Ring der endlichen Adele genannt wird. Durch Rechtstranslation operiert $\mathrm{SL}_2(\mathbb{A}) = \mathrm{SL}_2(\mathbb{A}_{\mathrm{fin}})\times\mathrm{SL}_2(\mathbb{R})$ auf H. Die $\mathrm{SL}_2(\mathbb{R})$-Aktion ist die bereits bekannte, die $\mathrm{SL}_2(\mathbb{A}_{\mathrm{fin}})$-Aktion ist äquivalent zur Aktion der Hecke-Algebra! Demzufolge liefert eine Zerlegung von H in irreduzible Darstellungen der Gruppe $\mathrm{SL}_2(\mathbb{A})$ die Hecke-Eigenformen mit Euler-Produkten. Also muss sich die L-Funktion einer solchen darstellungtheoretisch in Termen von irreduziblen Darstellungen von $\mathrm{SL}_2(\mathbb{A})$ ausdrücken lassen.

Kapitel 4
p-adische Zahlen

In diesem Kapitel führen wir die p-adischen Zahlen ein, die kleinen Geschwister der reellen Zahlen. Diese leben in einem bizarren Universum, in dem jeder Punkt eines Kreises sein Mittelpunkt ist und zwei Kreisscheiben desselben Radius entweder gleich oder disjunkt sind. Die p-adischen Zahlen entstehen, wie die reellen, durch Komplettierung der Menge $\mathbb{Q}$ der rationalen Zahlen. Es lässt sich zeigen, dass die reelle und die p-adischen Komplettierungen alle möglichen Vervollständigungen von $\mathbb{Q}$ sind.

Die reellen Zahlen entstehen aus den rationalen durch Vervollständigung in dem üblichen Absolutbetrag

$$|x|_\infty = \begin{cases} x & \text{falls } x \geq 0, \\ -x & \text{falls } x < 0. \end{cases}$$

Wir werden sehen, dass es noch weitere Absolutbeträge gibt, die andere Vervollständigungen erzeugen. Hierfür müssen wir zunächst einmal definieren, was wir eigentlich unter einem Absolutbetrag verstehen wollen.

4.1 Absolutbeträge

Definition 4.1.1 Ein *Absolutbetrag* auf dem Körper K ist eine Abbildung $|\cdot| : K \to [0, \infty)$ so dass gilt:

- $|a| = 0 \Leftrightarrow a = 0,$ Definitheit
- $|ab| = |a||b|$ für alle $a, b \in \mathbb{Q},$ Multiplikativität
- $|a + b| \leq |a| + |b|.$ Dreiecksungleichung

Beobachtung. Für jeden Absolutbetrag gilt $|-1| = 1$, denn erstens gilt $|1| = |1 \cdot 1| = |1|^2$ also $|1| = 1$ und zweitens ist $|-1|^2 = |(-1)^2| = |1| = 1$ und damit $|-1| = 1$.

A. Deitmar, *Automorphe Formen*
DOI 10.1007/978-3-642-12390-0, © Springer 2010

Beispiele 4.1.2 • Für $K = \mathbb{Q}$ ist der übliche Absolutbetrag $|\cdot|_\infty$ ein Beispiel.
• Der *triviale Absolutbetrag* ist gegeben durch

$$|x|_\text{triv} = \begin{cases} 0 & x = 0, \\ 1 & x \neq 0. \end{cases}$$

Für das dritte Beispiel sei $K = \mathbb{Q}$ und sei p eine Primzahl, dann lässt sich jede rationale Zahl $r \neq 0$ schreiben als

$$r = p^k \frac{m}{n},$$

wobei $m, n \in \mathbb{Z}$ teilerfremd zu p sind. Die Zahl $k \in \mathbb{Z}$ ist eindeutig durch r festgelegt, wir definieren den *p-adischen Betrag* durch

$$|r|_p = \left| p^k \frac{m}{n} \right|_p = p^{-k}.$$

Wir vervollständigen diese Definition durch

$$|0|_p \stackrel{\text{def}}{=} 0.$$

Lemma 4.1.3 *Sei p eine Primzahl, dann ist $|.|_p$ ein Absolutbetrag auf $\mathbb{Q}$, der sogar die verschärfte Dreiecksungleichung*

$$|x + y| \leq \max(|x|, |y|)$$

erfüllt. Hier gilt Gleichheit, falls $|x| \neq |y|$.

Beweis: Die Definitheit ist nach Definition klar. Für die Multiplikativität schreibe $x = p^k \frac{m}{n}$ und $y = p^{k'} \frac{m'}{n'}$, wobei m, n, m', n' teilerfremd zu p sind. Dann ist

$$xy = p^{k+k'} \frac{mm'}{nn'},$$

woraus die Multiplikativität, also $|xy|_p = |x|_p|y|_p$ folgt. Für die verschärfte Dreiecksungleichung können wir ohne Einschränkung der Allgemeinheit annehmen, dass $k \leq k'$ ist. Dann gilt

$$x + y = p^k \left(\frac{m}{n} + p^{k'-k} \frac{m'}{n'} \right) = p^k \frac{mn' + p^{k'-k}nm'}{nn'}.$$

Ist $|x|_p \neq |y|_p$, also $k' - k > 0$, so ist die Zahl $mn' + p^{k'-k}nm'$ teilerfremd zu p und es gilt dann $|x + y| = p^{-k} = \max(|x|_p, |y|_p)$. Ist $|x|_p = |y|_p$, so lässt sich der Zähler $mn' + p^{k'-k}nm' = mn' + nm'$ schreiben als $p^l N$, wobei $l \geq 0$ und N teilerfremd zu p ist. Damit ist dann $|x + y|_p = |p^{k+l} \frac{N}{nn'}|_p = p^{-k-l} \leq \max(|x|_p, |y|_p)$. $\qquad\qquad\square$

Proposition 4.1.4 *Für jedes $x \in \mathbb{Q}^\times$ gilt die* Produktformel*:*

$$\prod_{p \le \infty} |x|_p = 1 .$$

Hierbei läuft das Produkt über alle Primzahlen und über $p = \infty$. In dem Produkt sind fast alle Faktoren gleich 1.

Hierbei benutzen wir die Standard-Redeweise:

fast alle heißt *alle bis auf endlich viele.*

Beweis: Schreibe x als teilerfremden Bruch und schreibe Zähler und Nenner als Produkt von Primzahlpotenzen dann ist

$$x = \pm p_1^{k_1} \cdots p_n^{k_n}$$

für verschiedene Primzahlen $p_1, \ldots, p_n$ und $k_1, \ldots, k_n \in \mathbb{Z}$. Es ist dann $|x|_p = 1$ falls p eine Primzahl ist, die mit keiner der p_j übereinstimmt. Also hat das Produkt wirklich nur endlich viele Faktoren $\ne 1$. Ferner gilt:

$$|x|_{p_j} = p^{-k_j} \qquad \text{und} \qquad |x|_\infty = p_1^{k_1} \cdots p_n^{k_n} .$$

Damit folgt

$$\prod_{p \le \infty} |x|_p = \left(\prod_{j=1}^{n} p^{-k_j} \right) \cdot p_1^{k_1} \cdots p_n^{k_n} = 1 . \qquad \square$$

Bemerkung. Man kann zeigen, dass es für jeden nichttrivialen Absolutbetrag $| \cdot |$ genau ein $p \le \infty$ und genau ein $a > 0$ gibt so dass gilt $|x| = |x|_p^a$ für jedes $x \in \mathbb{Q}$.

4.2 $\mathbb{Q}_p$ als Vervollständigung von $\mathbb{Q}$

Wir geben hier die erste Konstruktion der Menge der p-adischen Zahlen $\mathbb{Q}_p$ als Vervollständigung von $\mathbb{Q}$ nach einer geeigneten Metrik.

Sei $x \mapsto |x|$ ein Absolutbetrag auf $\mathbb{Q}$, dann ist

$$d(x, y) = |x - y|$$

eine *Metrik* auf $\mathbb{Q}$, d. h., es gilt

- $d(x, y) = 0 \Leftrightarrow x = y ,$ Definitheit
- $d(x, y) = d(y, x) ,$ Symmetrie
- $d(x, y) \le d(x, z) + d(z, y) .$ Dreiecksungleichung

Ein *metrischer Raum* ist ein Paar (X, d) bestehend aus einer nichtleeren Menge X und einer Metrik d auf X. Eine Folge $(x_n)_{n \in \mathbb{N}}$ in X heißt *konvergent* gegen $x \in X$, wenn die Folge reeller Zahlen $(d(x_n, x))_{n \in \mathbb{N}}$ eine Nullfolge ist. Eine *Cauchy-Folge* in dem metrischen Raum X ist eine Folge (x_n) in X so dass es zu jedem $\varepsilon > 0$ ein $n_0 \in \mathbb{N}$ gibt so dass $d(x_n, x_m) < \varepsilon$ für alle $n, m \geq n_0$ gilt. Es ist leicht einzusehen, dass jede konvergente Folge eine Cauchy-Folge ist. Gilt auch die Umkehrung, d. h. ist jede Cauchy-Folge konvergent, so heißt der metrische Raum X *vollständig*.

Eine Abbildung $\phi : X \to Y$ zwischen metrischen Räumen heißt *Isometrie*, falls für alle $x, x' \in X$ gilt

$$d(\phi(x), \phi(x')) = d(x, x').$$

Eine Isometrie ist stets injektiv. Ist sie auch surjektiv, dann ist ihre Umkehrabbildung ebenfalls eine Isometrie. In diesem Fall heißt ϕ dann ein *isometrischer Isomorphismus*. Eine *Vervollständigung* eines metrischen Raums X ist ein vollständiger metrischer Raum Y zusammen mit einer Isometrie $\phi : X \to Y$, derart dass das Bild $\phi(X)$ dicht in Y liegt, dass also jedes $y \in Y$ der Grenzwert einer Folge in $\phi(X)$ ist.

Satz 4.2.1 *Jeder metrische Raum X besitzt eine Vervollständigung Y. Diese ist eindeutig bestimmt bis auf isometrische Isomorphie.*

Beweis: Zum Beispiel in [7], Kap. 6.   □

Proposition 4.2.2 *Sei $p \leq \infty$, dann ist $\mathbb{Q}$ nicht vollständig in der Metrik d_p, die durch $|\cdot|_p$ induziert wird.*

Wir bezeichnen die Vervollständigung mit $\mathbb{Q}_p$. Die Addition und Multiplikation von $\mathbb{Q}$ können in eindeutiger Weise zu stetigen Abbildungen $\mathbb{Q}_p \times \mathbb{Q}_p \to \mathbb{Q}_p$ ausgedehnt werden. Mit diesem Operationen wird $\mathbb{Q}_p$ ein Körper, genannt der Körper der p-adischen Zahlen. Der Absolutbetrag $|\cdot|_p$ dehnt sich zu einem Absolutbetrag auf $\mathbb{Q}_p$ aus.

Beweis: Die Proposition ist bekannt für $\mathbb{R}$. Sei also $p < \infty$ und $|\cdot| = |\cdot|_p$. Die Unvollständigkeit von $\mathbb{Q}$ ist eine Konsequenz einer anderen Charakterisierung von $\mathbb{Q}_p$, die wir im nächsten Abschnitt bringen.

Nun zur Fortsetzbarkeit der Operationen. Seien $x, y \in \mathbb{Q}_p$. Da $\mathbb{Q}$ dicht in $\mathbb{Q}_p$ liegt, existieren Folgen (x_n) und (y_n), die in $\mathbb{Q}_p$ gegen x und y konvergieren. Diese sind also Cauchy-Folgen in $\mathbb{Q}$. Dann ist $(x_n + y_n)$ ebenfalls eine Cauchy-Folge in $\mathbb{Q}$, konvergiert also in $\mathbb{Q}_p$ gegen ein wohldefiniertes Element $x + y$. Analog setzt man die Multiplikation nach $\mathbb{Q}_p$ fort. Man verifiziert leicht, dass $\mathbb{Q}_p$ mit diesen Operationen ein Körper ist. Der Absolutbetrag $|\cdot|$ von $\mathbb{Q}$ dehnt sich nach R durch die Definition

$$|x| \stackrel{\mathrm{def}}{=} \lim_{j \to \infty} |x_j|$$

aus. Man rechnet leicht nach, dass $|x|$ von der Wahl der Folge (x_j) unabhängig ist und dass $|\cdot|$ in der Tat ein Absolutbetrag ist.   □

Man beachte, dass die verschärfte Dreiecksungleichung $|x + y| \leq \max(|x|, |y|)$ auch auf $\mathbb{Q}_p$ gilt. Sie hat erstaunliche Konsequenzen, wie z. B. die, dass die Menge

$$\mathbb{Z}_p = \{x \in \mathbb{Q}_p : |x|_p \leq 1\}$$

ein Unterring von $\mathbb{Q}_p$ ist. Dieser Ring heißt *Ring der ganzen p-adischen Zahlen*.

4.3 Potenzreihen

In diesem Abschnitt geben wir eine zweite Konstruktion der Menge der p-adischen Zahlen $\mathbb{Q}_p$. Sei p eine Primzahl. Jede ganze Zahl $n \geq 0$ kann in der *p-adischen Entwicklung* geschrieben werden

$$n = \sum_{j=0}^{N} a_j p^j \, ,$$

mit eindeutig bestimmten $a_j \in \{0, 1, \ldots, p - 1\}$. Ist $m = \sum_{i=0}^{M} b_i p^i$ eine weitere ganze Zahl ≥ 0 in dieser Darstellung, so ist

$$n + m = \sum_{j=0}^{\max(M,N)+1} c_j p^j \, ,$$

wobei c_j nur von $a_0, \ldots, a_j$ und $b_0, \ldots, b_j$ abhängt. Genauer berechnet man die Koeffizienten c_j wie folgt. Man setzt zunächst $c_j' = a_j + b_j$. Dann ist $0 \leq c_j' \leq 2p - 2$ und es kommt vor, dass $c_j' \geq p$ ist. Man sucht sich nun den kleinsten Index j, an dem dies passiert und ersetzt c_j' durch den Rest modulo p und vergrößert gleichzeitig c_{j+1}' um Eins. Man wiederholt diesen Schritt, bis alle Koeffizienten $\leq p - 1$ sind. Ferner ist

$$nm = \sum_{j=0}^{M+N+1} d_j p^j \, ,$$

wobei ebenfalls d_j nur von $a_0, \ldots, a_j$ und $b_0, \ldots, b_j$ anhängt. Diese Tatsachen ermöglichen es, Addition und Multiplikation auf die Menge Z der formalen Reihen der Gestalt

$$\sum_{j=0}^{\infty} a_j p^j$$

mit $0 \leq a_j < p$ fortzusetzen.

Lemma 4.3.1 *Mit diesen Operationen wird Z ein Ring. Ein Element $x = \sum_{j=0}^{\infty} a_j p^j$ ist genau dann invertierbar in Z, wenn $a_0 \neq 0$.*

Beweis: Um zu sehen, dass Z ein Ring ist, ist nur die Existenz von additiven Inversen zu zeigen. Sei also $x = \sum_{j=0}^{\infty} a_j p^j$, so ist zu zeigen, dass es ein $y = \sum_{j=0}^{\infty} b_j p^j$ gibt so dass $x + y = 0$. Man konstruiert die Koeffizienten b_j induktiv. Ist $a_0 = 0$, so setzt man $b_0 = 0$. Andernfalls setzt man $b_0 = p - a_0$. Sei nun $b_0, \ldots, b_n$ bereits konstruiert so dass mit $y_n = \sum_{j=0}^{n} b_j p^j$ gilt

$$x + y_n = \sum_{j=n+1}^{\infty} c_j p^j, \qquad 0 \le c_j < p.$$

Ist nun $c_{n+1} = 0$ so setze auch $b_{n+1} = 0$, andernfalls setze $b_{n+1} = p - c_{n+1}$. Auf diese Weise erhält man ein Element $y = \sum_{j=0}^{\infty} b_j p^j$ welches $x + y = 0$ erfüllt.

Zum Beweis der zweiten Aussage. Ist $x = \sum_{j=0}^{\infty} a_j p^j$ invertierbar, so folgt $a_0 \ne 0$, da sonst die Reihe xy kein nullten Term hat für jedes $y \in Z$. Für die andere Richtung sei $x = \sum_{j=0}^{\infty} a_j p^j$ mit $a_0 \ne 0$. Wir konstruieren ein multiplikatives Inverses $y = \sum_{j=0}^{\infty} b_j p^j$ indem wir die Koeffizienten b_j sukzessive konstruieren. Zunächst existiert genau ein $0 \le b_0 < p$ so dass $a_0 b_0 \equiv 1 \bmod p$. Sei als nächstes $0 \le b_0, \ldots, b_n < p$ bereits konstruiert so dass

$$\left(\sum_{0 \le j} a_j p^j \right) \left(\sum_{0 \le j \le n} b_j p^j \right) \equiv 1 \bmod p^{n+1}.$$

Dann existiert genau ein $0 \le b_{n+1} < p$ so dass

$$\left(\sum_{0 \le j} a_j p^j \right) \left(\sum_{0 \le j \le n+1} b_j p^j \right) \equiv 1 \bmod p^{n+2}.$$

Das so konstruierte Element $y = \sum_{j=0}^{\infty} b_j p^j$ von Z erfüllt die Gleichung $xy = 1$. $\qquad\square$

Lemma 4.3.2 *Sei (a_j) eine Folge in $\{0, 1, \ldots, p - 1\}$. Dann konvergiert die Reihe $\sum_{j=0}^{\infty} a_j p^j$ in $\mathbb{Q}_p$. Man erhält eine Abbildung $\psi : Z \to \mathbb{Q}_p$ die einen Ring-Isomorphismus $Z \cong \mathbb{Z}_p$ induziert.*

Beweis: Sei $x_n = \sum_{j=0}^{n} a_j p^j$. Es ist zu zeigen, dass (x_n) eine Cauchy-Folge ist. Für $m \ge n \ge n_0$ gilt

$$|x_m - x_n| = \left| \sum_{j=n+1}^{m} a_j p^j \right| \le \max_{n < j \le m} |a_j|_p |p^j|_p \le p^{-n_0}.$$

Damit konvergiert die Reihe in dem vollständigen Raum $\mathbb{Q}_p$ und ψ ist wohldefiniert. Dass ψ ein Ring-Homomorphismus ist, ist klar, es bleibt die Bijektivität nach $\mathbb{Z}_p$ zu zeigen.

Injektivität: Sei $x = \sum_{j=0}^{\infty} a_j\, p^j \neq 0$. Dann gib es ein minimales j_0 mit $a_{j_0} \neq 0$. Es folgt

$$|\psi(x)| = \left| a_{j_0} p^{j_0} + \sum_{j=j_0+1}^{\infty} a_j\, p^j \right| = p^{-j_0},$$

da $\left| \sum_{j=j_0+1}^{\infty} a_j\, p^j \right| \leq \max_{j > j_0} |a_j| p^{-j} < p^{-j_0}$. Also folgt $\psi(x) \neq 0$ und ψ ist injektiv.

Surjektivität: Offensichtlich ist $\psi(Z) \subset \mathbb{Z}_p$. Wir ziehen den Absolutbetrag nach Z zurück. Wir behaupten, dass Z mit diesem Absolutbetrag vollständig ist. Sei hierzu (z_j) eine Cauchy-Folge in Z. Dann gibt es zu jedem $k \in \mathbb{N}$ ein $j_0(k) \in \mathbb{N}$, so dass für alle $i, j \geq j_0(k)$ gilt $|z_i - z_j| \leq p^{-k}$, was soviel bedeutet wie $\psi(z_i) - \psi(z_j) \in p^k \mathbb{Z}_p$, also $z_i - z_j \in p^k Z$, so dass wir folgern können, dass die Koeffizienten der Potenzreihen z_i und z_j bis zum Index $k - 1$ übereinstimmen. Es gibt also Koeffizienten a_ν für $\nu = 0, 1, 2, \ldots$, so dass für jedes $k \in \mathbb{N}$ und jedes $j \geq j_0(k)$ gilt $z_j \equiv \sum_{\nu=0}^{k-1} a_\nu\, p^\nu \bmod p^k Z$. Setze

$$z = \sum_{\nu=0}^{\infty} a_\nu p^\nu \in Z.$$

Es folgt, dass die Folge (z_j) gegen z konvergiert, also ist Z in der Tat vollständig. Es reicht nun zu zeigen, dass $\psi(Z)$ eine dichte Teilmenge von $\mathbb{Z}_p$ enthält. Eine solche ist die Menge aller rationalen Zahlen in $\mathbb{Z}_p$, also aller $q = \pm p^k \frac{m}{n}$ mit $k \geq 0$ und m, n teilerfremd zu p. Da Z ein Ring ist, reicht es also zu zeigen, dass $\frac{1}{n} \in Z$ falls $n \in \mathbb{N}$ teilerfremd zu p. Die Teilerfremdheit zu p bedeutet für die p-adische Entwicklung von n dass der nullte Term $\neq 0$ ist, damit ist aber n invertierbar in Z. $\qquad\square$

Auf diese Weise identifizieren wir $\mathbb{Z}_p$ mit der Menge Z aller Potenzreihen in p. Da $\mathbb{Z}_p$ gleich der Menge aller $z \in \mathbb{Z}_p$ mit $|z| \leq 1$ ist, ist $p^{-j} \mathbb{Z}_p$ gleich der Menge aller $z \in \mathbb{Z}_p$ mit $|z| \leq p^j$. Demzufolge haben wir

$$\mathbb{Q}_p = \bigcup_{j=0}^{\infty} p^{-j} \mathbb{Z}_p.$$

Daher kann $\mathbb{Q}_p$ als die Menge aller Laurent-Reihen in p aufgefasst werden, die nur endlich viele Glieder mit negativen Potenzen haben. Genauer:

$$\mathbb{Q}_p = \left\{ \sum_{j=-N}^{\infty} a_j\, p^j : N \in \mathbb{N},\ 0 \leq a_j < p \right\}.$$

Aus dieser Beschreibung wird insbesondere deutlich, dass die Menge $\mathbb{Q}_p$ überabzählbar ist. Insbesondere ist also $\mathbb{Q} \neq \mathbb{Q}_p$ und $\mathbb{Q}$ damit nicht vollständig in der Metrik d_p.

4.4 Haar-Maße

Wir bestimmen hier die Haar-Maße der additiven Gruppe $(\mathbb{Q}_p, +)$ und der multiplikativen Gruppe $(\mathbb{Q}_p^\times, \times)$. Erinnern wir uns zunächst, dass der Absolutbetrag $|\cdot|_p$ eine Topologie auf $\mathbb{Q}_p$ induziert. Wir müssen als erstes zeigen, dass $\mathbb{Q}_p$ und $\mathbb{Q}_p^\times$ mit dieser Topologie lokalkompakte Gruppen sind

Lemma 4.4.1 *Die Gruppe* $(\mathbb{Q}_p, +)$ *ist eine* lokalkompakte *Gruppe. D. h.: die Topologie ist hausdorffsch und lokalkompakt und die Abbildungen*

$$\begin{array}{ll} \mathbb{Q}_p \times \mathbb{Q}_p \to \mathbb{Q}_p & \mathbb{Q}_p \to \mathbb{Q}_p \\ (a,b) \mapsto a+b & a \mapsto -a \end{array}$$

sind stetig. Dasselbe gilt für die multiplikative Gruppe $(\mathbb{Q}_p^\times, \times)$.

Beweis: Die Topologie ist gegeben durch eine Metrik, also hausdorffsch. Wir zeigen als nächstes die Stetigkeit der Abbildungen. Seien $x_j \to x$ und $y_j \to y$ konvergente Folgen, es ist zu zeigen, dass $x_j + y_j$ gegen $x + y$ konvergiert. Es ist nach der Dreiecksungleichung

$$|(x_j + y_j) - (x + y)| = |(x_j - x) + (y_j - y)| \leq |x_j - x| + |y_j - y|.$$

Da die rechte Seite eine Nullfolge ist, ist auch die linke eine und die Behauptung folgt. Die Stetigkeit der Negation folgt ähnlich.

Für die Lokalkompaktheit ist zu zeigen, dass jeder Punkt eine kompakte Umgebung besitzt. Es reicht dies für den Nullpunkt zu tun, denn sei $a \in \mathbb{Q}_p$ und sei U eine kompakte Nullumgebung. Wegen der Stetigkeit der Addition ist auch die Abbildung $A : \mathbb{Q}_p \to \mathbb{Q}_p; \; x \mapsto x + a$ stetig. Ihre Inverse $x \mapsto x - a$ ist ebenfalls stetig, also ist A ein Homöomorphismus. Daher ist $A(U) = U + a$ eine kompakte Umgebung von a.

Wir zeigen nun, dass die Nullumgebung

$$\mathbb{Z}_p = \{x \in \mathbb{Q}_p : |x| \leq 1\}$$

kompakt ist. In einem metrischen Raum ist eine Menge K genau dann kompakt, wenn jede Folge in K einen Häufungspunkt in K besitzt. Sei also x_j eine Folge in $\mathbb{Z}_p$. Wir müssen zeigen, dass (x_j) einen Häufungspunkt in $\mathbb{Z}_p$ hat. Betrachte die Untergruppe $p\mathbb{Z}_p$. Wir verstehen $\mathbb{Z}_p$ jetzt als Ring von Potenzreihen in p. Für jedes $k \in \mathbb{N}$ ist der Gruppenhomomorphismus

$$\mathbb{Z}_p \to \mathbb{Z}/p^k \mathbb{Z}, \qquad \sum_{n=0}^{\infty} a_n p^n \mapsto \sum_{\nu=0}^{k-1} a_\nu p^\nu$$

surjektiv und hat den Kern $p^k \mathbb{Z}_p$. Daher ist der Index $[\mathbb{Z}_p : p^k \mathbb{Z}_p]$ gleich $|\mathbb{Z}/p^k \mathbb{Z}| = p^k$. Wir betrachten zuerst den Fall $k = 1$. In der disjunkten Nebenklassenzerlegung $\mathbb{Z}_p = \bigcup_{i=1}^{p} (a_i + p\mathbb{Z}_p)$ gibt es dann eine Nebenklasse, die unendlich viele Folgenglieder enthält. Von diesen unendlich vielen liegen wiederum unendlich viele in derselben Klasse modulo $p^2\mathbb{Z}_p$ und so weiter. Diese absteigenden Nebenklassen sind von der Form

$$a + p^k\mathbb{Z}_p \;=\; \{x \in \mathbb{Z}_p : |x - a| \le p^{-k}\} \;=\; \bar{B}_{p^{-k}}(a)\,,$$

sind also abgeschlossene Bälle in der p-adischen Metrik mit Radien, die gegen Null gehen. Der Durchschnitt all dieser Bälle enthält wegen der Vollständigkeit ein Element, und zwar genau eines. Es gibt also ein Element $x \in \mathbb{Z}_p$ so dass für jedes $n \in \mathbb{N}$ unendlich viele Folgenglieder $x_j \equiv x \bmod p^n$ sind. Das heißt aber, dass in jeder Umgebung von x Folgenglieder liegen, also ist x ein Häufungspunkt der Folge.

Die multiplikative Gruppe $\mathbb{Q}_p^\times$ ist eine offene Teilmenge von $\mathbb{Q}_p$ und daher hausdorffsch und lokalkompakt. Der Nachweis der Stetigkeit der Gruppenoperationen nach obigem Muster sei dem Leser überlassen. $\qquad\Box$

Sei dx ein Haar-Maß auf der Gruppe $(\mathbb{Q}_p, +)$. Wir können μ so normieren, dass das Maß der kompakten offenen Untergruppe $\mathbb{Z}_p$ gleich 1 ist, also dass

$$\mu(\mathbb{Z}_p) \;=\; 1$$

gilt. Für jede messbare Teilmenge $A \subset \mathbb{Q}_p$ gilt dann nach der Invarianz

$$\mu(x + A) \;=\; \mu(A)$$

für jedes $x \in \mathbb{Q}_p$.

Lemma 4.4.2 *Für jede messbare Menge $A \subset \mathbb{Q}_p$ und jedes $x \in \mathbb{Q}_p$ gilt*

$$\mu(xA) \;=\; |x|_p\mu(A)\,.$$

Insbesondere folgt für jede integrierbare Funktion f und $x \ne 0$:

$$\int\limits_{\mathbb{Q}_p} f(x^{-1}y)\,d\mu(y) \;=\; |x|_p \int\limits_{\mathbb{Q}_p} f(y)\,d\mu(y)\,.$$

Beweis: Sei $x \in \mathbb{Q}_p \smallsetminus \{0\}$. Das Maß μ_x definiert durch

$$\mu_x(A) \;=\; \mu(xA)$$

ist ebenfalls ein Haar-Maß, wie man leicht sieht. Wegen der Eindeutigkeit existiert ein $M(x) > 0$ mit $\mu_x = M(x)\mu$. Wir müssen zeigen, dass $M(x) = |x|_p$ gilt. Hierfür reicht es zu zeigen $\mu(x\mathbb{Z}_p) = |x|_p$. Dies ist aber klar, denn ist $|x|_p = p^{-k}$, dann ist $x = p^k y$ mit $y \in \mathbb{Z}_p^\times$. Daher ist $x\mathbb{Z}_p = p^k\mathbb{Z}_p$ und es genügt zu zeigen $\mu(p^k\mathbb{Z}_p) = p^{-k}$. Beginnen wir mit dem Fall $k \ge 0$. Dann ist $[\mathbb{Z}_p : p^k\mathbb{Z}_p] = p^k$, also kann man $\mathbb{Z}_p$ disjunkt zerlegen in $\mathbb{Z}_p = \bigcup_{j=1}^{p^k}(x_j + p^k\mathbb{Z}_p)$. Wegen der Invarianz des Haar-Maßes folgt

$$1 = \mu(\mathbb{Z}_p) = \sum_{j=1}^{p^k} \mu(x_j + p^k\mathbb{Z}_p) = p^k \mu(p^k\mathbb{Z}_p),$$

was die Behauptung impliziert. Ist $k < 0$, so benutzt man $[p^k\mathbb{Z}_p : \mathbb{Z}_p] = p^{-k}$ und schließt genauso. $\qquad\square$

Gemäß unserer Konvention bezeichnen die Integration mit dem Haar Maß μ auch einfach mit $\mathrm{d}x$, schreiben also

$$\int_{\mathbb{Q}_p} f(x)\,\mathrm{d}\mu(x) = \int_{\mathbb{Q}_p} f(x)\,\mathrm{d}x.$$

Proposition 4.4.3 *Ist* $\mathrm{d}x$ *ein additives Haar-Maß auf* $\mathbb{Q}_p$, *so ist* $\frac{\mathrm{d}x}{|x|_p}$ *ein Haar-Maß auf der multiplikativen Gruppe* $(\mathbb{Q}_p^\times, \cdot)$.

Beweis: Die Proposition beinhaltet die Aussage, dass $\mathbb{Q}_p^\times = \mathbb{Q}_p \smallsetminus \{0\}$ eine lokalkompakte Gruppe bezüglich der Multiplikation ist. Hierzu ist insbesondere die Stetigkeit der Multiplikation nachzuweisen. Es seien also $x_j \to x$ und $y_j \to y$ konvergente Folgen in $\mathbb{Q}_p$. Wir zeigen, dass die Folge $x_j y_j$ gegen xy konvergiert. Dies folgt aus der Abschätzung

$$\begin{aligned}
|x_j y_j - xy| &= |x_j y_j - x_j y + x_j y - xy| \\
&\leq |x_j y_j - x_j y| + |x_j y - xy| \\
&= \underbrace{|x_j|}_{\text{beschränkt}}\,\underbrace{|y_j - y|}_{\to\, 0} + \underbrace{|x_j - x|}_{\to\, 0}\,|y|.
\end{aligned}$$

Sind schließlich $x_j, x \neq 0$, so ist zu zeigen, dass x_j^{-1} gegen x^{-1} konvergiert. Hierzu rechnet man

$$\left|\frac{1}{x_j} - \frac{1}{x}\right| = \frac{|x - x_j|}{|xx_j|}$$

und diese Folge geht gegen Null. Die Lokalkompaktheit von $\mathbb{Q}_p^\times$ folgt aus der von $\mathbb{Q}_p$, da $\mathbb{Q}_p^\times$ eine offene Teilmenge ist.

Also besitzt $\mathbb{Q}_p^\times$ multiplikative Haar-Maße. Wir zeigen, dass $\frac{\mathrm{d}x}{|x|}$ eines ist. Die Regularitäts-Eigenschaften vererben sich von $\mathrm{d}x$, so dass wir nur die Invarianz testen müssen. Sei also f eine integrierbare Funktion und $y \in \mathbb{Q}_p^\times$, so folgt

$$\int_{\mathbb{Q}_p^\times} f(y^{-1}x)\,\frac{\mathrm{d}x}{|x|_p} = |y|_p^{-1}\int_{\mathbb{Q}_p^\times} f(y^{-1}x)\frac{1}{|y^{-1}x|_p}\,\mathrm{d}x = \int_{\mathbb{Q}_p^\times} f(x)\,\frac{\mathrm{d}x}{|x|_p}$$

nach Lemma 4.4.2. $\qquad\square$

Wir können $\mathbb{Q}_p^\times$ als disjunkte Vereinigung schreiben: $\mathbb{Q}_p^\times = \bigcup_{k \in \mathbb{Z}} p^k \mathbb{Z}_p^\times$. Es ist nun

$$\mathrm{vol}_{\frac{dx}{|x|}}(p^k \mathbb{Z}_p^\times) = \mathrm{vol}_{\frac{dx}{|x|}}(\mathbb{Z}_p^\times).$$

Es ist daher interessant, zu erfahren, was das Maß $\mathrm{vol}_{\frac{dx}{|x|}}(\mathbb{Z}_p^\times)$ ist. Es gilt

$$\mathrm{vol}_{\frac{dx}{|x|}}(\mathbb{Z}_p^\times) = \int_{\mathbb{Z}_p^\times} \frac{dx}{|x|} = \int_{\mathbb{Z}_p^\times} dx = \mathrm{vol}_{dx}(\mathbb{Z}_p^\times).$$

Nun ist

$$\mathbb{Z}_p^\times = \dot{\bigcup_{\substack{j \bmod p \\ j \not\equiv 0 \bmod p}}} (j + p\mathbb{Z}_p).$$

Also folgt $\mathrm{vol}_{dx}(\mathbb{Z}_p^\times) = (p-1)\mathrm{vol}_{dx}(p\mathbb{Z}_p) = \frac{p-1}{p}$.

Definition 4.4.4 Das normalisierte multiplikative Haar-Maß auf $\mathbb{Q}_p$ ist definiert durch

$$d^\times x = \frac{p}{p-1} \frac{dx}{|x|_p}.$$

Dieses Haar-Maß ist eindeutig bestimmt durch die Eigenschaft, dass das Volumen von $\mathbb{Z}_p^\times$ gleich Eins ist, also $\mathrm{vol}_{d^\times x}(\mathbb{Z}_p^\times) = 1$.

Als Fingerübung wollen wir für $s \in \mathbb{C}$ mit positivem Realteil das Integral $\int_{\mathbb{Z}_p \smallsetminus \{0\}} |x|^s \, d^\times x$ berechnen. Wir zerlegen $\mathbb{Z}_p \smallsetminus \{0\}$ disjunkt in die Mengen $p^k \mathbb{Z}_p^\times$ für $k \geq 0$. Es folgt

$$\int_{\mathbb{Z}_p \smallsetminus \{0\}} |x|^s \, d^\times x = \sum_{k=0}^{\infty} p^{-ks} \underbrace{\int_{p^k \mathbb{Z}_p^\times} d^\times x}_{=1} = \frac{1}{1 - p^{-s}}.$$

Dies ist gerade der p-te Euler-Faktor der Riemannschen Zetafunktion!

4.5 Direkte und projektive Limiten

In diesem Abschnitt wollen wir eine weitere Beschreibung der p-adischen Zahlen geben. Dies tun wir nicht so sehr, weil wir diese Beschreibung brauchten, sondern weil die verwendeten technischen Hilfsmittel in späteren Kapiteln benötigt werden.

Direkte und projektive Limiten lassen sich für alle algebraischen Strukturen wie Gruppen, Ringe, Vektorräume, Moduln etc. einführen. In diesem Abschnitt konstruieren wir die Limiten beispielhaft für Gruppen und Ringe. Wir zeigen dann, dass sich $\mathbb{Z}_p$ als projektiver Limes von endlichen Ringen schreiben lässt. Später, in Abschn. 7.5, werden wir den direkten Limes von Vektorräumen verwenden.

Definition 4.5.1 Eine *gerichtete Menge* ist ein Tupel $(I, \leq)$ bestehend aus einer nichtleeren Menge I und einer partiellen Ordnung $\leq$ auf I, so dass je zwei Elemente von I eine gemeinsame obere Schranke haben, also dass es für je zwei $a, b \in I$ ein $c \in I$ gibt mit

$$a \leq c \quad \text{und} \quad b \leq c \, .$$

Beispiele 4.5.2 • Die Menge der natürlichen Zahlen $\mathbb{N}$ mit der natürlichen Ordnung $\leq$ ist ein Beispiel. In diesem Fall ist die Ordnung insbesondere *linear*, d. h., je zwei Elemente sind vergleichbar. Allgemeiner gilt, dass jede linear geordnete Menge gerichtet ist.

• Sei Ω eine unendliche Menge und sei I die Menge aller endlichen Teilmengen von Ω, die durch die Inklusion geordnet sein soll, also $A \leq B \Leftrightarrow A \subset B$. Dann ist I gerichtet, denn für $A, B \in I$ ist die Vereinigung $C = A \cup B$ eine obere Schranke.

Definition 4.5.3 Ein *direktes System* von Gruppen besteht aus folgenden Daten

• eine gerichtete Menge $(I, \leq)$,
• eine Familie $(A_i)_{i \in I}$ von Gruppen und
• eine Familie von Gruppenhomomorphismen

$$\varphi_i^j : A_i \to A_j \, , \qquad \text{falls } i \leq j \, ,$$

so dass die folgenden Axiome erfüllt sind:

$$\varphi_i^i = \mathrm{Id}_{A_i} \quad \text{und} \quad \phi_j^k \circ \varphi_i^j = \varphi_i^k \, , \quad \text{falls } i \leq j \leq k \, .$$

Beispiele 4.5.4 • Sei A eine Gruppe und sei $(A_i)_{i \in I}$ eine Familie paarweise verschiedener Untergruppen dergestalt, dass es für je zwei Indices $i, j \in I$ einen Index $k \in I$ gibt so dass $A_i, A_j \subset A_k$ gilt. Dann bilden die A_i ein gerichtetes System, wenn man auf der Menge I die partielle Ordnung

$$i \leq j \quad \Leftrightarrow \quad A_i \subset A_j$$

einführt und als Gruppenhomomorphismen φ_i^j die Inklusionen nimmt.

• Sei G eine topologische Gruppe und sei I die Menge aller Einsumgebungen in G. Für $U \in I$ sei A_U die Gruppe $C(U)$ aller stetigen Funktionen von U nach $\mathbb{C}$. Wir ordnen I durch die *umgekehrte Inklusion*, d. h., $U \leq V \Leftrightarrow U \supset V$. Mit den Restriktionshomomorphismen

$$\varphi_U^V : C(U) \to C(V), \quad \varphi_U^V(f) = f|_V$$

erhält man ein direktes System.

Analog führt man ein *direktes System von Ringen* ein, indem man verlangt, dass die A_i Ringe sind und die φ_i^j Ringhomomorphismen.

Definition 4.5.5 Sei $((A_i)_{i \in I}, (\varphi_i^j)_{i \le j})$ ein gerichtetes System von Gruppen. Der *direkte Limes* des Systems ist die Menge

$$\varinjlim_{i \in I} A_i \overset{\text{def}}{=} \coprod_{i \in I} A_i \big/ \sim \,,$$

wobei $\coprod$ die disjunkte Vereinigung sein soll und $\sim$ die folgende Äquivalenzrelation: ein $a \in A_i$ und ein $b \in A_j$ heißen äquivalent, falls es ein $k \in I$ gibt mit $k \ge i, j$ und $\varphi_i^k(a) = \varphi_j^k(b)$.

Auf der Menge $A = \varinjlim A_i$ definieren wir eine Gruppenmultiplikation wie folgt. Sei $a \in A_i$ und $b \in A_j$ und seien $[a]$ und $[b]$ ihre Klassen in A. Dann existiert ein $k \in I$ mit $k \ge i$ und $k \ge j$. Wir definieren $[a][b]$ als die Klasse des Elementes $\varphi_i^k(a)\varphi_j^k(b)$ in A_k, also $[a][b] = [\varphi_i^k(a)\varphi_j^k(b)]$.

Proposition 4.5.6 *Die Multiplikation ist wohldefiniert und macht A zu einer Gruppe. Für jedes $i \in I$ ist die Abbildung*

$$\psi_i : A_i \hookrightarrow \coprod_{i \in I} A_i \to \coprod_{i \in I} A_i \big/ \sim$$

ein Gruppenhomomorphismus. Der direkte Limes A hat die folgende universelle Eigenschaft: Sei Z eine Gruppe und für jedes $i \in I$ sei ein Gruppenhomomorphismus $\alpha_i : A_i \to Z$ gegeben so dass $\alpha_i = \alpha_j \circ \varphi_i^j$ gilt, falls $i \le j$. Dann existiert genau ein Gruppenhomomorphismus $\alpha : A \to Z$ mit $\alpha_i = \alpha \circ \psi_i$ für jedes $i \in I$.

Mit anderen Worten: kommutiert für je zwei Indices $i \le j$ das Diagramm

$$
\begin{array}{ccc}
A_i & \overset{\varphi_i^j}{\longrightarrow} & A_j \\
{\scriptstyle \alpha_i}\downarrow & \swarrow{\scriptstyle \alpha_j} & \\
Z, & &
\end{array}
$$

so existiert genau ein $\alpha : A \to Z$, so dass für jedes i das Diagramm

$$
\begin{array}{ccc}
A_i & \overset{\psi_i}{\longrightarrow} & A \\
{\scriptstyle \alpha_i}\downarrow & \swarrow{\scriptstyle \alpha} & \\
Z & &
\end{array}
$$

kommutiert.

Beweis: Für die Wohldefiniertheit ist zu zeigen, dass das Produkt nicht von der Wahl von k abhängt. Ist k' ein weiteres Element von I mit $k' \ge i, j$, so gibt es zu k und k' eine gemeinsame obere Schranke $l \ge k, k'$. Wir können also statt k' auch l betrachten und zeigen, dass die Konstruktion dasselbe Produkt mit l statt k liefert.

Hierzu beachte, dass nach der Definition für jedes $c \in A_k$ gilt $[c] = [\varphi_k^l(c)]$. Da φ_k^l ein Gruppenhomomorphismus ist, folgt

$$\left[\varphi_i^k(a)\varphi_j^k(b)\right] = \left[\varphi_k^l\left(\varphi_i^k(a)\varphi_j^k(b)\right)\right] = \left[\varphi_k^l\left(\varphi_i^k(a)\right)\varphi_k^l\left(\varphi_j^k(b)\right)\right]$$
$$= \left[\varphi_i^l(a)\varphi_j^l(b)\right].$$

Damit ist die Wohldefiniertheit bewiesen. Der Rest sei dem Leser zur Übung gelassen. $\qquad\square$

Ist (A_i) ein direktes System von Ringen, so wird auch A ein Ring mit derselben universellen Eigenschaft für einen Ring Z und Ringhomomorphismen α_i.

Beispiel 4.5.7 Im Falle des gerichteten Systems $(C(U))$, wobei U alle Einsumgebungen einer topologischen Gruppe durchläuft, nennt man die Elemente von $\lim_{\to} C(U)$ auch *stetige Funktionskeime*.

Zum direkten Limes gibt es auch eine duale Konstruktion, den projektiven Limes, der jetzt eingeführt werden soll. Da unser wichtigstes Beispiel ein projektiver Limes von Ringen ist, werden wir die Konstruktion für Ringe formulieren. Für Gruppen, Vektorräume und so weiter ersetzt man *Ring* durch *Gruppe* etc.

Definition 4.5.8 Ein *projektives System* von Ringen besteht aus folgenden Daten

- eine gerichtete Menge $(I, \leq)$,
- eine Familie $(A_i)_{i \in I}$ von Ringen und
- eine Familie von Ringhomomorphismen

$$\pi_i^j : A_j \to A_i, \qquad \text{falls } i \leq j,$$

so dass die folgenden Axiome erfüllt sind:

$$\pi_i^i = \mathrm{Id}_{A_i} \quad \text{und} \quad \pi_i^j \circ \pi_j^k = \pi_i^k, \text{ falls } i \leq j \leq k.$$

Man beachte, dass im Vergleich zum direkten System die Homomorphismen jetzt in der umgekehrten Richtung laufen.

Beispiel 4.5.9 Gegeben sei eine Primzahl p. Sei $I = \mathbb{N}$ mit der natürlichen Ordnung. Für $n \in \mathbb{N}$ sei $A_n = \mathbb{Z}/p^n$ und für $m \geq n$ sei $\pi_n^m : \mathbb{Z}/p^m \to \mathbb{Z}/p^n$ die natürliche Projektion. Diese bilden ein projektives System von Ringen.

Definition 4.5.10 Sei (A_i, π_i^j) ein projektives System von Ringen. Der *projektive Limes* des Systems ist die Menge

$$A = \varprojlim A_i$$

aller $a \in \prod_{i \in I} A_i$ so dass $a_i = \pi_i^j(a_j)$ gilt für jedes Paar $i \leq j$ in I.

Proposition 4.5.11 *Der projektive Limes A des Systems (A_i) ist ein Unterring des Produktes $\prod_{i \in I} A_i$. Sei $\mathrm{pr}_i : A \to A_i$ die Abbildung, die durch die i-te Koordinatenprojektion definiert wird. Dann ist pr_i ein Ringhomomorphismus. Der projektive Limes hat folgende universelle Eigenschaft: Ist Z ein Ring mit Ringhomomorphismen $\alpha_i : Z \to A_i$ so dass $\alpha_i = \pi_i^j \circ \alpha_j$ gilt, falls $i \leq j$ in I, dann existiert genau ein Ringhomomorphismus $\alpha : Z \to A$, so dass $\alpha_i = \mathrm{pr}_i \circ \alpha$ für jedes $i \in I$ gilt. Mit anderen Worten: Kommutiert für je zwei $i \leq j$ das Diagramm*

$$
\begin{array}{ccc}
A_j & \xrightarrow{\;\pi_i^j\;} & A_i \\[4pt]
{\scriptstyle \alpha_j}\big\uparrow & \nearrow{\scriptstyle \alpha_i} & \\[4pt]
Z, & &
\end{array}
$$

dann existiert ein eindeutig bestimmter Ringhomomorphismus α so dass für jedes i das Diagramm

$$
\begin{array}{ccc}
A & \xrightarrow{\;\mathrm{pr}_i\;} & A_i \\[4pt]
{\scriptstyle \alpha}\big\uparrow & \nearrow{\scriptstyle \alpha_i} & \\[4pt]
Z & &
\end{array}
$$

kommutiert.

Beweis: Der einfache Beweis sei dem Leser überlassen. $\qquad\square$

Der folgende Satz zeigt, dass die p-adischen Zahlen auch als ein projektiver Limes konstruiert werden können.

Satz 4.5.12 *Sei p eine Primzahl. Der Ring $\varprojlim \mathbb{Z}/p^n$ ist isomorph zu $\mathbb{Z}_p$.*

Beweis: Wir betrachten $\mathbb{Z}_p$ als den Ring der Potenzreihen $a = \sum_{j=0}^{\infty} a_j p^j$ mit $a_j \in \{0, \ldots, p-1\}$. Wir definieren eine Abbildung $\phi : \mathbb{Z}_p \to \varprojlim \mathbb{Z}/p^n$, indem wir die n-te Koordinate $\phi(a)_n$ von $\phi(a)$ als $\sum_{j=0}^{n-1} a_j p^j$ mod p^n festlegen. Dies definiert einen Ringhomomorphismus, der leicht als bijektiv erkannt wird. $\qquad\square$

4.6 Aufgaben

Aufgabe 4.1 Für $a \in \mathbb{Q}_p$ und $r > 0$ sei $B_r(a)$ der offene Ball

$$
B_r(a) = \{x \in \mathbb{Q}_p : |a - x|_p < r\}.
$$

Zeige:

(a) Ist $b \in B_r(a)$, so gilt $B_r(a) = B_r(b)$.

(b) Zwei offene Bälle sind entweder disjunkt oder einer ist im anderen enthalten.

Aufgabe 4.2 Zeige, dass es einen kanonischen Ring-Isomorphismus gibt:

$$\mathbb{Q}_p \;\cong\; \mathbb{Q} \otimes_{\mathbb{Z}} \mathbb{Z}_p \,.$$

Aufgabe 4.3 Zeige, dass die Abbildung

$$\sum_{j=-N}^{\infty} a_j\, p^j \;\mapsto\; \sum_{j=-N}^{\infty} a_j\, p^{-j}\,, \qquad 0 \le a_j < p\,,$$

eine stetige Abbildung $\mathbb{Q}_p \to \mathbb{R}$ definiert. Ist dies ein Ring-Homomorphismus? Was ist das Bild?

Aufgabe 4.4 Sei $\mathbb{T} = \{z \in \mathbb{C} : |z| = 1\}$ die Kreisgruppe und sei $\chi : \mathbb{Z}_p \to \mathbb{T}$ ein stetiger Gruppenhomomorphismus, d. h.: $\chi(a + b) = \chi(a)\chi(b)$.

Zeige: Es gibt ein $k \in \mathbb{N}$ mit $\chi(p^k \mathbb{Z}_p) = 1$. Insbesondere faktorisiert χ über die endliche Gruppe $\mathbb{Z}_p / p^k \mathbb{Z}_p \cong \mathbb{Z}/ p^k \mathbb{Z}$, also ist das Bild von χ endlich.

(Hinweis: Sei $U = \{z \in \mathbb{T} : \operatorname{Re}(z) > 0\}$. Dann ist U eine offene Umgebung der Eins, also ist $\chi^{-1}(U)$ eine offene Nullumgebung.)

Aufgabe 4.5 Sei $e_p : \mathbb{Q}_p \to \mathbb{T}$ definiert durch

$$e_p\left(\sum_{j=-N}^{\infty} a_j\, p^j \right) \;=\; \exp\left(2\pi i \sum_{j=-N}^{-1} a_j\, p^j \right),$$

wobei $a_j \in \mathbb{Z}$ mit $0 \le a_j < p$. Zeige, dass e_p ein stetiger Gruppenhomomorphismus ist.

Aufgabe 4.6 Sei $\chi : \mathbb{Q}_p \to \mathbb{T}$ ein stetiger Gruppenhomomorphismus. Zeige, dass es genau ein $a \in \mathbb{Q}_p$ gibt mit $\chi(x) = e_p(ax)$.

(Hinweis: Zeige, dass man ohne Einschränkung annehmen kann, dass $\chi(\mathbb{Z}_p) = 1$ ist. Betrachte dann $\chi(1/p^k)$ für $k \in \mathbb{N}$.)

Aufgabe 4.7 Sei p eine Primzahl und sei $\mathcal{O}$ der Polynom-Ring $\mathbb{F}_p[t]$. Nach dem Euklidischen Algorithmus (Polynom-Division mit Rest) ist $\mathcal{O}$ ein faktorieller Hauptidealring. Die Primideale von $\mathcal{O}$ sind die Hauptideale der Form 0 oder (η), wobei $\eta \neq 0$ ein irreduzibles Polynom in $\mathcal{O}$ ist.

(a) Für ein solches η sei $v_\eta : \mathcal{O} \to \mathbb{N}_0$ definiert durch

$$v_\eta(f) \;=\; \max\{k : f \in (\eta^k)\}\,.$$

Zeige, dass v_η eine Bewertung ist und dass

$$|f|_\eta \; = \; p^{-\deg(\eta)v_\eta(f)}$$

einen Absolutbetrag auf $\mathcal{O}$ definiert.

(b) Sei $v_\infty(f) = -\deg(f)$. Zeige, dass v_∞ eine Bewertung und $|f|_\infty = p^{-v_\infty(f)}$ ein Absolutbetrag ist.

(c) Zeige die Produktformel:
$$\prod_{\eta \leq \infty} |f|_\eta \; = \; 1\,.$$

Aufgabe 4.8 Beweise die universelle Eigenschaft aus Proposition 4.5.6.

Aufgabe 4.9 Zeige Proposition 4.5.11.

Aufgabe 4.10 Zeige, dass der direkte Limes $\lim_{\rightarrow} A_i$ von Gruppen abelsch ist, falls alle A_i dies sind. Zeige, dass die Umkehrung nicht gilt.

Aufgabe 4.11 Zeige, dass die universelle Eigenschaft den direkten Limes bis auf Isomorphie festlegt. Genauer sei (A_i, φ_i^j) ein direktes System von Gruppen und sei B eine Gruppe mit Gruppenhomomorphismen $\beta_i : A_i \to B$ so dass (B, β_i) die universelle Eigenschaft des direkten Limes $A = \lim_{\rightarrow} A_i$ erfüllt. Zeige, dass A und B isomorph sind.

Aufgabe 4.12 Eine Gruppe G heißt *pro-endlich*, wenn sie als projektiver Limes endlicher Gruppe dargestellt werden kann. In diesem Fall versieht man die endlichen Gruppen mit der diskreten Topologie und G mit der projektiven Limestopologie. Eine topologische Gruppe G heißt *total unzusammenhängend*, wenn sie eine Einsumgebungsbasis aus offenen Untergruppen besitzt (siehe Definition 6.2.4). Zeige:

$$G \text{ ist pro-endlich} \;\Leftrightarrow\; \begin{array}{l} G \text{ kompakt, hausdorffsch} \\ \text{und total unzusammenhängend.} \end{array}$$

Kapitel 5
Adele und Idele

Um die Eigenschaften von $\mathbb{Q}$ voll zu erfassen, muss man alle Vervollständigungen $\mathbb{Q}_p$ gleichzeitig betrachten. Am Besten sollte dies in einem einzigen Objekt geschehen, das alle $\mathbb{Q}_p$ enthält. Erster Kandidat ist das direkte Produkt $\prod_p \mathbb{Q}_p$. Dummerweise ist die Produkttopologie auf diesem Ring nicht mehr lokalkompakt, so dass man also insbesondere keine Haar-Maße für Addition und Multiplikation bekommt. Einen Ausweg bietet das eingeschränkte Produkt, das im nächsten Abschnitt eingeführt wird, das ebenfalls alle $\mathbb{Q}_p$ enthält und ein lokalkompakter Ring ist.

5.1 Eingeschränkte Produkte

Der Satz von Tychonov besagt, dass das Produkt beliebig vieler kompakter Räume kompakt ist (siehe etwa [8], Appendix A). Für *lokalkompakt* an Stelle von *kompakt* gilt dies nicht, wie das folgende Lemma zeigt.

Lemma 5.1.1 *Sei I eine Indexmenge und für jedes $i \in I$ sei X_i ein lokalkompakter Hausdorff-Raum. Dann gilt: Der Raum $X = \prod_{i \in I} X_i$ ist genau dann lokalkompakt, wenn fast alle X_i kompakt sind.*

Beweis: Als Erstes halten wir die folgende Beobachtung fest: ist ein Produkt $X = \prod_i X_i$ kompakt, so ist jedes X_i kompakt, denn X_i ist das Bild der Projektion $p_i : X \to X_i$, die eine stetige Abbildung ist.

Sei $E \subset I$ eine endliche Teilmenge und für jedes $i \in E$ sei ein $U_i \subset X_i$ gegeben. Das zu diesen Daten gehörige *Rechteck* ist die Menge

$$R = R((U_i)_{i \in E}) = \prod_{i \in E} U_i \times \prod_{i \in I \smallsetminus E} X_i .$$

Ein Rechteck ist genau dann offen bzw. abgeschlossen, wenn alle U_i offen bzw. abgeschlossen sind. Nach Definition der Produkttopologie ist jede offene Menge in X eine Vereinigung von offenen Rechtecken. Man beachte, dass der Schnitt zweier

A. Deitmar, *Automorphe Formen*
DOI 10.1007/978-3-642-12390-0, © Springer 2010

offener Rechtecke wieder ein offenes Rechteck ist. Diese Eigenschaft der *Schnitt-stabilität* der Menge der offenen Rechtecke ist erforderlich, damit die Menge aller Vereinigungen offener Rechtecke eine Topologie bildet, denn sonst wäre nicht sichergestellt, dass der Schnitt zweier offener Mengen wieder offen ist.

Ist nun X lokalkompakt, so muss es ein offenes Rechteck geben, dessen Abschluss kompakt ist, also sind fast alle X_i kompakt.

Die Umkehrung ist eine direkte Folge des Satzes von Tychonov und der einfachen Beobachtung, dass endliche Produkte lokalkompakter Räume lokalkompakt sind. $\square$

Sei nun $(X_i)_{i \in I}$ eine Familie lokalkompakter Räume und für jedes $i \in I$ sei eine offene kompakte Teilmenge $K_i \subset X_i$ festgelegt. Definiere das *eingeschränkte Produkt* als

$$
X \;=\; \widehat{\prod_{i \in I}}^{K_i} X_i \;\overset{\mathrm{def}}{=}\; \left\{ x \in \prod_{i \in I} X_i : x_i \in K_i \text{ für fast alle } i \in I \right\}
$$

$$
=\; \bigcup_{\substack{E \subset I \\ \text{endlich}}} \prod_{i \in E} X_i \times \prod_{i \notin E} K_i \,.
$$

Hierbei bezeichnet $\prod_{i \in E} X_i \times \prod_{i \notin E} K_i$ die Teilmenge von $\prod_{i \in I} X_i$ bestehend aus allen x mit $x_i \in K_i$ für jedes $i \notin E$.

Falls feststeht, welche Mengen K_i gewählt sind, lassen wir die K_i auch in der Notation weg, d. h., wir schreiben dann $X = \widehat{\prod}_{i \in I} X_i$.

Wir definieren nun die *eingeschränkte Produkttopologie* wie folgt. In einem Produkt ist eine Menge genau dann offen, wenn sie sich als Vereinigung offener Rechtecke schreiben lässt. Für ein eingeschränktes Produkt soll dasselbe gelten, wobei der Begriff Rechteck durch eingeschränktes Rechteck zu ersetzen ist. Ein *eingeschränktes offene Rechteck* ist eine Teilmenge des eingeschränkten Produktes der Form

$$
\prod_{i \in E} U_i \times \prod_{i \notin E} K_i \,,
$$

wobei $E \subset I$ eine endliche Teilmenge ist und $U_i \subset X_i$ eine beliebige offene Menge, falls $i \in E$. Eine Teilmenge $A \subset \widehat{\prod}_{i \in I} X_i$ heißt nun *offen*, falls sie sich als Vereinigung eingeschränkter offener Rechtecke schreiben lässt. Man beachte, dass der Schnitt zweier eingeschränkter offener Rechtecke wieder ein solches ist. An dieser Stelle wird benutzt, dass die Kompakta K_i offen sind.

Lemma 5.1.2 (a) *Ist I endlich, so gilt $\prod_i X_i = \widehat{\prod}_i X_i$ und die eingeschränkte Produkttopologie stimmt mit der Produkttopologie überein.*
(b) *Für jede disjunkte Zerlegung $I = A \cup B$ gilt*

$$
\widehat{\prod}_{i \in I} X_i \;\cong\; \left(\widehat{\prod}_{i \in A} X_i \right) \times \left(\widehat{\prod}_{i \in B} X_i \right).
$$

(c) *Die Inklusionsabbildung $\widehat{\prod}_i X_i \hookrightarrow \prod_i X_i$ ist stetig, aber die eingeschränkte Produkttopologie stimmt nur dann mit der Teilraumtopologie überein, wenn $X_i = K_i$ für fast alle $i \in I$ gilt.*

(d) *Sind alle X_i lokalkompakt, so ist $X = \widehat{\prod}_i X_i$ lokalkompakt.*

Beweis: (a) ist klar. Für (b) beachte, dass beide Seiten die gleiche Teilmenge von $\prod_i X_i$ beschreiben. Aus der Definition der eingeschränkten Produkttopologie folgt leicht, dass die linke Seite in der Tat die Produkttopologie der beiden Faktoren rechts trägt.

(c) Für die Stetigkeit ist zu zeigen, dass das Urbild einer Menge der Form $\prod_{i \in E} U_i \times \prod_{i \notin E} X_i$ offen ist in $\widehat{\prod}_i X_i$, wobei $E \subset I$ eine endliche Menge ist und jedes $U_i \subset X_i$ offen. Dies ist eine Konsequenz von (a) und (b). Der Zusatz ist klar.

Wir beweisen nun (d). Sei $x \in X$, so gibt es eine endliche Menge $E \subset I$ so dass $x_i \in K_i$ falls $i \notin E$. Wir sammeln für jedes $i \in E$ eine kompakte Umgebung U_i von x_i ein, dann ist $\prod_{i \in E} U_i \times \prod_{i \notin E} K_i$ eine kompakte Umgebung von x, somit ist X lokalkompakt. $\qquad\square$

5.2 Adele

Wir beginnen mit der Einführung einer Sprechweise. Eine *Stelle* oder eine *Stelle von* $\mathbb{Q}$ ist entweder eine Primzahl oder ∞, letztere heißt die *unendliche Stelle*. Wir schreiben $p < \infty$, falls p eine Primzahl sein soll und $p \leq \infty$, falls auch $p = \infty$ zugelassen ist. Die Wortwahl kommt von der algebraischen Geometrie, da sich diese „Stellen" in vielerlei Hinsicht ebenso verhalten wie die Punkte auf einer Kurve. Eine *Stellenmenge* ist eine Teilmenge

$$S \subset \{p : \text{Primzahl}\} \cup \{\infty\}.$$

Wir bezeichnen mit $\mathbb{Q}_p$ die Vervollständigung von $\mathbb{Q}$ an der Stelle p, also insbesondere

$$\mathbb{Q}_\infty = \mathbb{R}.$$

Wir definieren die Menge der *endlichen Adele* als das eingeschränkte Produkt

$$\mathbb{A}_{\text{fin}} = \widehat{\prod}_{p<\infty}^{\mathbb{Z}_p} \mathbb{Q}_p.$$

Und die Menge aller Adele als

$$\mathbb{A} = \mathbb{A}_{\text{fin}} \times \mathbb{R}.$$

Wir schreiben auch

$$\mathbb{A} = \widehat{\prod}_{p\leq\infty} \mathbb{Q}_p,$$

obwohl dies im strengen Sinne kein eingeschränktes Produkt ist, da an der Stelle ∞ keine Einschränkung definiert ist.

Für eine gegebene Stellenmenge S schreiben wir

$$\mathbb{A}_S = \widehat{\prod}_{p \in S} \mathbb{Q}_p \quad \text{und} \quad \mathbb{A}^S = \widehat{\prod}_{p \notin S} \mathbb{Q}_p \,,$$

so dass immer gilt

$$\mathbb{A} = \mathbb{A}_S \times \mathbb{A}^S \,.$$

Satz 5.2.1 (a) *Für jede Stellenmenge S ist $\mathbb{A}_S$ ein lokalkompakter topologischer Ring.*

(b) *$\mathbb{Q}$ liegt diskret in $\mathbb{A}$ und $\mathbb{A}/\mathbb{Q}$ ist kompakt.*

(c) *$\mathbb{Q}$ liegt dicht in $\mathbb{A}_{\mathrm{fin}}$.*

Beweis: Die Lokalkompaktheit folgt, da alle Faktoren lokalkompakt sind. Für (a) müssen wir zeigen, dass Addition und Multiplikation stetige Abbildungen sind. Wir führen das an der Addition exemplarisch aus. Seien $a_n \to a$ und $b_n \to b$ konvergente Folgen in $\mathbb{A}_S$, so ist zu zeigen, dass $a_n + b_n$ gegen $a + b$ konvergiert. Eine offene Umgebung von $a + b$ ist stets von der Form $a + b + U$, wobei U eine offene Nullumgebung ist. Wir können annehmen, dass U von der Gestalt

$$\prod_{p \in E} U_p \times \prod_{p \in S \smallsetminus E} \mathbb{Z}_p$$

ist, wobei $E \subset S$ eine endliche Menge von Stellen ist und jedes U_p ist eine offene Nullumgebung in $\mathbb{Q}_p$. Jede Nullumgebung in $\mathbb{Q}_p$, $p < \infty$ enthält eine Nullumgebung der Form $p^k \mathbb{Z}_p$ für ein $k \in \mathbb{Z}$, wir wählen in dem Fall also $V_p = p^k \mathbb{Z}_p \subset U_p$. Für $p = \infty \in E$ gibt es ein $\varepsilon > 0$ so dass $(-\varepsilon, \varepsilon) \subset U_\infty$. In diesem Fall setze $V_\infty = (-\varepsilon/2, \varepsilon/2)$. Insgesamt haben wir mit $V = \prod_{p \in E} V_p \times \prod_{p \notin E} \mathbb{Z}_p$ eine offene Nullumgebung mit $V + V \subset U$. Da a_n und b_n gegen a und b konvergieren, gibt es ein n_0 so dass für jedes $n \geq n_0$ gilt $a_n \in a + V$ und $b_n \in b + V$, also $a_n - a, b_n - b \in V$. Damit ist

$$(a_n + b_n) - (a + b) = (a_n - a) + (b_n - b) \in V + V \subset U \,,$$

also $a_n + b_n \in a + b + U$. Damit konvergiert $a_n + b_n$ tatsächlich gegen $a + b$ und die Addition ist stetig. Die Stetigkeit der Multiplikation beweist man ähnlich. Die additive Inversenbildung ist die Multiplikation mit (-1) und die ist stetig, da die Multiplikation stetig ist. Damit ist Teil (a) bewiesen.

Für (b) sei

$$U = \left(-\frac{1}{2}, \frac{1}{2}\right) \times \prod_{p < \infty} \mathbb{Z}_p \,,$$

also ist U eine offene Nullumgebung. Ist $r \in \mathbb{Q} \cap U$, so folgt $|r|_p \leq 1$ für jedes $p < \infty$ und damit ist $r \in \mathbb{Z}$. Ferner folgt $|r|_\infty < \frac{1}{2}$ und damit folgt $r = 0$. Also liegt $\mathbb{Q}$ diskret in $\mathbb{A}$. Für die zweite Aussage zeigen wir, dass die Menge $K = [0, 1] \times \prod_{p<\infty} \mathbb{Z}_p$ ein Vertretersystem von $\mathbb{A}/\mathbb{Q}$ enthält. Diese Aussage bedeutet, dass die Projektion $p : K \to \mathbb{A}/\mathbb{Q}$ surjektiv ist, also ist $\mathbb{A}/\mathbb{Q}$ das stetige Bild des Kompaktums K und damit selbst kompakt.

Sei also $x \in \mathbb{A}$. Dann gibt es eine endliche Stellenmenge E so dass $p \notin E \Rightarrow x_p \in \mathbb{Z}_p$. Für $p \in E$, $p < \infty$ schreibe

$$x_p = \sum_{j=-N}^{\infty} a_j \, p^j \, .$$

Dann ist

$$x_p - \underbrace{\sum_{j=-N}^{-1} a_j \, p^j}_{=\,r\in\mathbb{Q}} \in \mathbb{Z}_p \, .$$

Für eine zweite Primzahl $q \neq p$ ist

$$|r|_q = \left| \sum_{j=-N}^{-1} a_j \, p^j \right|_q \leq \max\{|a_j \, p^j|_q\} \leq 1 \, .$$

Ersetze x durch $x-r$, dies reduziert E zu $E \smallsetminus \{p\}$. Nach Iteration dieses Argumentes kann man $E = \{\infty\}$ annehmen, also $x_p \in \mathbb{Z}_p$ für alle Primzahlen p. Das heißt aber $x \in \mathbb{R} \times \prod_{p<\infty} \mathbb{Z}_p$. Modulo $\mathbb{Z}$ kann man x dann aber nach $[0, 1] \times \prod_{p<\infty} \mathbb{Z}_p$ verschieben.

Für (c) reicht es zu zeigen, dass $\mathbb{Z}$ dicht liegt in $\widehat{\mathbb{Z}} = \prod_{p<\infty} \mathbb{Z}_p$, denn es gilt $\mathbb{A}_{\text{fin}} = \mathbb{Q}\widehat{\mathbb{Z}}$. Dazu müssen wir zeigen, dass $\mathbb{Z}$ jede offene Teilmenge von $\widehat{\mathbb{Z}}$ trifft. Jede offene Menge ist Vereinigung von Mengen der Form

$$U = \prod_{p\in E} B_p \times \prod_{p\notin E} \mathbb{Z}_p$$

für eine endliche Menge E von Primzahlen, wobei jedes B_p ein offener Ball in $\mathbb{Z}_p$ ist. Das heißt aber, dass B_p geschrieben werden kann als $B_p = n_p + p^{k_p}\mathbb{Z}_p$ für ein $n_p \in \mathbb{Z}$ und ein $k_p \in \mathbb{N}_0$. Wir müssen also zeigen, dass es ein $l \in \mathbb{Z}$ gibt, so dass für jedes $p \in E$ gilt $l \in n_p + p^{k_p}\mathbb{Z}_p$, oder $l \equiv n_p \bmod p^{k_p}$. Die Existenz eines solchen l ist durch den chinesischen Restsatz sichergestellt. $\qquad\square$

Da $\mathbb{A}$ ein lokalkompakter Ring, also insbesondere eine lokalkompakte Gruppe ist, hat $\mathbb{A}$ ein additives Haar-Maß dx. Eine *einfache Funktion f* auf $\mathbb{A}$ ist eine Funktion der Form $f = \prod_{p\leq\infty} f_p$ mit $f_p = \mathbf{1}_{\mathbb{Z}_p}$ für fast alle p.

> **Satz 5.2.2** *Das Haar-Maß* $\mathrm{d}x$ *auf* $(\mathbb{A}, +)$ *kann so normalisiert werden, dass für jede integrierbare einfache Funktion* $f = \prod_p f_p$ *die Produktformel*
>
> $$\int\limits_{\mathbb{A}} f(x)\, \mathrm{d}x \;=\; \prod_p \int\limits_{\mathbb{Q}_p} f_p(x_p)\, \mathrm{d}x_p\,.$$
>
> *gilt. Hierbei ist das Haar-Maß auf* $\mathbb{Q}_p$ *so normalisiert, dass* $\mathrm{vol}(\mathbb{Z}_p) = 1$ *falls* $p < \infty$ *und dass* $\mathrm{d}x_\infty$ *das Lebesgue-Maß auf* $\mathbb{R} = \mathbb{Q}_\infty$ *ist. Das Produkt ist endlich, d. h., fast alle Faktoren sind gleich Eins.*

Der Satz gilt ebenso für $\mathbb{A}_S$ für eine beliebige Stellenmenge S. Wir wählen im folgenden stets diese Normalisierung des Haar-Maßes auf $\mathbb{A}_S$.

Beweis: Eine *einfache Menge* ist eine Teilmenge A von $\mathbb{A}$ der Form $A = \prod_p A_p$, wobei alle A_p offen sind und $A_p = \mathbb{Z}_p$ für fast alle p gilt. Für eine einfache Menge definieren wir

$$\mu(A) \stackrel{\mathrm{def}}{=} \prod_p \int\limits_{\mathbb{Q}_p} \mathbf{1}_{A_p}\, \mathrm{d}x_p\,.$$

Die einfachen Mengen liefern einen schnittstabilen Erzeuger, der Borel-σ-Algebra von $\mathbb{A}$, so dass durch diese Vorschrift ein Maß definiert wird, von dem man leicht verifiziert, dass es ein Haar-Maß ist. $\qquad\square$

5.3 Idele

Die Einheitengruppe des Adelrings lässt sich in der folgenden Form beschreiben:

$$\mathbb{A}^\times \;=\; \left\{ a \in \mathbb{A} : {\begin{array}{l} a_p \neq 0 \;\forall\, p \leq \infty \\ |a_p|_p = 1 \text{ für fast alle } p \end{array}} \right\}.$$

Versehen wir $\mathbb{A}^\times$ mit der Teilraumtopologie von $\mathbb{A}$, so ist zwar die Multiplikation stetig, nicht aber die Inversenbildung. Um also aus $\mathbb{A}^\times$ eine topologische Gruppe zu machen, müssen wir ihr zusätzliche offene Mengen bescheren. Was wir verlangen müssen, ist, dass für jede offene Menge U auch die Menge $U^{-1} = \{u^{-1} : u \in U\}$ offen ist. Die Topologie von $\mathbb{A}$ wird erzeugt von Mengen der Form

$$\prod_{p \in E} U_p \times \prod_{p \notin E} \mathbb{Z}_p\,,$$

wobei E eine endliche Stellenmenge ist. Die Teilraumtopologie von $\mathbb{A}^\times$ wird also von Mengen der Form

$$U \;=\; \left\{ a \in \mathbb{A}^\times : {\begin{array}{l} a_p \in U_p,\; p \in E \\ |a_p| \leq 1 \;\; p \notin E \end{array}} \right\}$$

erzeugt, wobei wir verlangen können, dass jedes U_p schon in $\mathbb{Q}_p^\times$ liegt. Wir müssen also verlangen, dass die Mengen der Form

$$U^{-1} \;=\; \left\{ a \in \mathbb{A}^\times : \begin{matrix} a_p^{-1} \in U_p, \ p \in E \\ |a_p| \geq 1 \ \ p \notin E \end{matrix} \right\}$$

ebenfalls offen sind. Damit ist dann auch der Schnitt einer Menge der Form U und einer Menge der Form U^{-1} (für ein anderes U) offen. Solche Mengen sind von der Form

$$W \;=\; \left\{ a \in \mathbb{A}^\times : \begin{matrix} a_p \in W_p, \ p \in E \\ |a_p| = 1 \ \ p \notin E \end{matrix} \right\},$$

wobei W_p eine offene Teilmenge von $\mathbb{Q}_p^\times$ ist. Andererseits stellt man fest, dass man Mengen des Typs U und des Typs U^{-1} als Vereinigungen von Mengen des Typs W beschreiben kann. Daher haben wir folgendes gezeigt:

Lemma 5.3.1 *Die kleinste Topologie auf $\mathbb{A}^\times$, die die Teilraumtopologie von $\mathbb{A}$ umfasst und $\mathbb{A}^\times$ zu einer topologischen Gruppe macht, wird erzeugt von allen Mengen des Typs W und ist damit genau die eingeschränkte Produkttopologie*

$$\mathbb{A}^\times \;=\; \widehat{\prod}_{p<\infty}^{\mathbb{Z}_p^\times} \mathbb{Q}_p^\times \times \mathbb{R} .$$

Die lokalkompakte Gruppe $\mathbb{A}^\times$ mit dieser Topologie heißt die Idelgruppe *von $\mathbb{Q}$. Ihre Elemente heißen* Idele.

Definition 5.3.2 Wir definieren den *Betrag eines Idels $a \in \mathbb{A}^\times$* als

$$|a| \;=\; \prod_p |a_p|_p .$$

Dieses Produkt ist wohldefiniert, da nur endlich viele Faktoren ungleich Eins sind. Sei

$$\mathbb{A}^1 \;=\; \{ a \in \mathbb{A}^\times : |a| \;=\; 1 \} .$$

Nach der Produktformel gilt $\mathbb{Q}^\times \subset \mathbb{A}^1$. Wir schreiben

$$\widehat{\mathbb{Z}} \;=\; \prod_{p<\infty} \mathbb{Z}_p .$$

Dann ist $\widehat{\mathbb{Z}}$ ein kompakter Unterring von $\mathbb{A}_{\text{fin}}$ mit Einheitengruppe

$$\widehat{\mathbb{Z}}^\times \;=\; \prod_{p<\infty} \mathbb{Z}_p^\times .$$

> **Satz 5.3.3** $\mathbb{Q}^\times$ *ist diskret in* $\mathbb{A}^\times$ *und der Quotient* $\mathbb{A}^1/\mathbb{Q}^\times$ *ist kompakt. Genauer existiert ein kanonischer Isomorphismus*
>
> $$\mathbb{A}^1/\mathbb{Q}^\times \cong \widehat{\mathbb{Z}}^\times.$$
>
> *Insbesondere ist* $F^1 = \widehat{\mathbb{Z}}^\times \times \{1\}$ *ein Vertretersystem von* $\mathbb{A}^1/\mathbb{Q}^\times$ *und* $F = \widehat{\mathbb{Z}}^\times \times (0,\infty)$ *ein Vertretersystem von* $\mathbb{A}^\times/\mathbb{Q}^\times$. *Wir haben einen Isomorphismus topologischer Gruppen:* $\mathbb{A}^\times \cong \mathbb{A}^1 \times (0,\infty)$, *der induziert ist durch die Betragsfunktion. Ferner ist* $\mathbb{A}^1 \cong \mathbb{A}^\times_{\mathrm{fin}} \times \{\pm 1\}$.

Beweis: Wähle ein $0 < \varepsilon < 1$ und setze

$$U = (1-\varepsilon, 1+\varepsilon) \times \prod_{p<\infty} \mathbb{Z}_p^\times.$$

Dann ist U eine offene Umgebung der Eins in $\mathbb{A}^\times$. Sei $r \in \mathbb{Q} \cap U$. Dann folgt $|r|_p = 1$ für jede Primzahl p, also $r \in \mathbb{Z}$ und $r^{-1} \in \mathbb{Z}$. Ferner folgt $r \in (1-\varepsilon, 1+\varepsilon)$, also $r = 1$.

Wir betrachten die Abbildung $\eta : \prod_p \mathbb{Z}_p^\times \to \mathbb{A}^1/\mathbb{Q}^\times$ gegeben durch $x \mapsto (x,1)\mathbb{Q}^\times$. Wir behaupten, dass η ein Isomorphismus topologischer Gruppen ist. Die Abbildung η ist ein Gruppenhomomorphismus und da die Abbildung $\prod_p \mathbb{Z}_p^\times \hookrightarrow \mathbb{A}^\times$ stetig ist, ist η stetig. Die Umkehrabbildung ist gegeben durch $x = (x_{\mathrm{fin}}, x_\infty) \mapsto \frac{1}{x_\infty} x_{\mathrm{fin}}$, wobei wir beachten, dass für $x \in \mathbb{A}^1$ gilt $x_\infty \in \mathbb{Q}^\times$.

Der Isomorphismus von $\mathbb{A}^\times$ nach $\mathbb{A}^1 \times (0,\infty)$ wird hergestellt durch die Abbildung $x \mapsto (\tilde{x}, |x|)$, wobei $\tilde{x} \in \mathbb{A}$ ist definiert durch

$$(\tilde{x})_p = \begin{cases} x_p & \text{falls } p < \infty, \\ \frac{x_\infty}{|x|} & \text{falls } p = \infty. \end{cases}$$

Für die letzte Isomorphie $\mathbb{A}^1 \cong \mathbb{A}^\times_{\mathrm{fin}} \times \{\pm 1\}$ geben wir eine Abbildung $\phi : \mathbb{A}^\times_{\mathrm{fin}} \times \{\pm 1\} \to \mathbb{A}^1$ an:

$$\phi(a_{\mathrm{fin}}, \varepsilon) = (a_{\mathrm{fin}}, \varepsilon|a_{\mathrm{fin}}|^{-1}).$$

Diese Abbildung ist offensichtlich ein Isomorphismus. $\qquad\qquad\square$

Proposition 5.3.4 (a) *Die Menge* $\mathbb{A}^\times_{\mathrm{fin}}$ *ist die disjunkte Vereinigung*

$$\mathbb{A}^\times_{\mathrm{fin}} = \coprod_{q\in\mathbb{Q}^\times_{>0}} q\widehat{\mathbb{Z}}^\times.$$

Die Menge $\widehat{\mathbb{Z}} \cap \mathbb{A}^\times_{\mathrm{fin}}$ *ist die disjunkte Vereinigung*

$$\widehat{\mathbb{Z}} \cap \mathbb{A}^\times_{\mathrm{fin}} = \coprod_{k\in\mathbb{N}} k\widehat{\mathbb{Z}}^\times.$$

(b) *Für jedes $s \in \mathbb{C}$ mit $\mathrm{Re}(s) > 1$ konvergiert das Integral*

$$\int_{\widehat{\mathbb{Z}}} |x|^s \, \mathrm{d}^\times x$$

absolut und ist gleich der Riemannschen Zetafunktion $\zeta(s)$. Hierbei ist $\mathrm{d}^\times x$ das eindeutig bestimmte Haar-Maß auf $\mathbb{A}^\times_{\mathrm{fin}}$, das der kompakten offenen Untergruppe $\widehat{\mathbb{Z}}^\times$ das Volumen 1 gibt. Wir betrachten dieses Maß auch als ein Maß auf $\mathbb{A}_{\mathrm{fin}}$, das außerhalb von $\mathbb{A}^\times_{\mathrm{fin}}$ gleich Null ist.

Beweis: Sei $x \in \mathbb{A}^\times_{\mathrm{fin}}$ dann ist $|x| \in \mathbb{Q}^\times_{>0}$. Betrachte $|x|x \in \mathbb{A}^\times_{\mathrm{fin}}$. Sei p eine Primzahl, so ist $x_p = p^k u$ für ein $k \in \mathbb{Z}$ und ein $u \in \mathbb{Z}^\times_p$. Also ist $|x| = p^{-k} r$, wobei $r \in \mathbb{Q}$ teilerfremd zu p ist. Es folgt, dass $||x|x_p|_p = 1$, also ist $|x|x \in \widehat{\mathbb{Z}}^\times$. Mit $q = |x|^{-1}$ folgt $x \in q\widehat{\mathbb{Z}}^\times$ und damit die erste Behauptung von (a). Die zweite ist dann auch klar.

Für (b) benutzen wir (a) in der folgenden Weise

$$\int_{\widehat{\mathbb{Z}}} |x|^s \, \mathrm{d}^\times x = \sum_{k \in \mathbb{N}} \int_{k\widehat{\mathbb{Z}}^\times} |x|^s \, \mathrm{d}^\times x = \sum_{k \in \mathbb{N}} \int_{\widehat{\mathbb{Z}}^\times} |kx|^s \, \mathrm{d}^\times x = \sum_{k \in \mathbb{N}} k^{-s} \underbrace{\int_{\widehat{\mathbb{Z}}^\times} |x|^s \, \mathrm{d}^\times x}_{=1} \, .$$

Die Konvergenz folgt aus der Konvergenz der Dirichlet-Reihe $\zeta(s)$. $\qquad\square$

5.4 Fourier-Analysis auf $\mathbb{A}$

In diesem Abschnitt führen wir die Fourier-Transformation und die Fourier-Reihen auf den Adelen ein. Wir schließen mit der für uns wichtigen Poisson-Summations-formel.

Sei G eine topologische Gruppe. Ein *Charakter* von G ist ein stetiger Gruppen-homomorphismus $\chi : G \to \mathbb{T}$, wobei

$$\mathbb{T} = \{z \in \mathbb{C} : |z| = 1\}$$

die *Kreisgruppe* ist. Die Menge der Charaktere ist selbst wieder eine Gruppe unter der punktweisen Multiplikation

$$\chi\eta(x) = \chi(x)\eta(x) \, ,$$

diese wird die *duale Gruppe* zu G genannt. Wir bezeichnen die duale Gruppe von G mit $\widehat{G}$.

Wir definieren nun einen Charakter e der additivem Gruppe von $\mathbb{A}$. Sei zunächst p eine Primzahl und sei $e_p : \mathbb{Q}_p \to \mathbb{T}$ definiert durch

$$e_p(x) = e\left(\sum_{j=-N}^{\infty} a_j\, p^j\right) = \exp\left(-2\pi i \sum_{j=-N}^{-1} a_j\, p^j\right) = \prod_{j=-N}^{-1} e^{-2\pi i a_j\, p^j}.$$

Dann ist e_p ein Charakter der additiven Gruppe $(\mathbb{Q}_p, +)$, wie in Übungsaufgabe 4.5 gezeigt wurde. Beachte, dass $e_p(\mathbb{Z}_p) = 1$.

Für $p = \infty$ schließlich definiere $e_\infty : \mathbb{R} \to \mathbb{T}$ durch

$$e_\infty(x) = e^{2\pi i x}.$$

Lemma 5.4.1 *Für jedes $x \in \mathbb{A}$ hat das Produkt*

$$e(x) = \prod_{p \le \infty} e_p(x_p)$$

nur endlich viele Glieder $\ne 1$. Die so definierte Abbildung $e : \mathbb{A} \to \mathbb{T}$ ist ein Charakter.

Beweis: Es ist $x_p \in \mathbb{Z}_p$ für fast alle p also ist das Produkt in der Tat endlich. Ist $x_j \to x$ eine konvergente Folge in $\mathbb{A}$, so gibt es eine endliche Stellenmenge E mit $p \notin E \Rightarrow x_{j,p} \in \mathbb{Z}_p$ für alle j. Damit gilt

$$e(x_j) = \prod_{p \in E} e_p(x_{j,p}) \to \prod_{p \in E} e_p(x_p) = e(x),$$

da die einzelnen e_p stetig sind. Dass es sich um einen Gruppenhomomorphismus handelt, ist ebenfalls klar. $\qquad\square$

Satz 5.4.2 (a) *Ist $p \le \infty$ und ist $\chi : \mathbb{Q}_p \to \mathbb{T}$ ein Charakter, so gibt es ein eindeutig bestimmtes $a \in \mathbb{Q}_p$ mit $\chi(x) = e_p(ax)$. Die Zuordnung $a \mapsto e_p(a\cdot)$ ist ein Gruppen-Isomorphismus von $\mathbb{Q}_p \to \widehat{\mathbb{Q}_p}$.*

(b) *Ist $\chi : \mathbb{A} \to \mathbb{T}$ ein Charakter, so gibt es ein eindeutig bestimmtes $a \in \mathbb{A}$ mit $\chi(x) = e(ax)$. Die Zuordnung $\chi \mapsto a$ ist ein Gruppen-Isomorphismus von $\widehat{\mathbb{A}} \to \mathbb{A}$.*

(c) *Die Charaktere der kompakten Gruppe $\mathbb{A}/\mathbb{Q}$ können identifiziert werden mit den Charakteren χ von $\mathbb{A}$ mit $\chi(\mathbb{Q}) = 1$. Diese sind gegeben durch e_q, mit $q \in \mathbb{Q}$.*

Beweis: Teil (a) ist für $p < \infty$ in der Übungsaufgabe 4.6 bewiesen worden. Für $p = \infty$ beweisen wir es jetzt. Sei also $\chi : \mathbb{R} \to \mathbb{T}$ ein Charakter. Wegen der Stetigkeit von χ existiert ein $\varepsilon > 0$ so dass $\chi([-\varepsilon, \varepsilon]) \subset \{\mathrm{Re}(z) > 0\}$. Sei a das eindeutig bestimmte Element von $[\frac{-1}{4\varepsilon}, \frac{1}{4\varepsilon}]$ so dass $\chi(\varepsilon) = e^{2\pi i a \varepsilon}$. Wir behaupten nun, dass

$$\chi\left(\frac{\varepsilon}{2}\right) = e^{2\pi i a \frac{\varepsilon}{2}}.$$

Um dies zu zeigen, bemerken wir $\chi\left(\frac{\varepsilon}{2}\right)^2 = \chi(\varepsilon) = e^{2\pi i a \varepsilon}$, also ist $\chi\left(\frac{\varepsilon}{2}\right) = \pm e^{2\pi i a \frac{\varepsilon}{2}}$ und $-e^{2\pi i a \frac{\varepsilon}{2}}$ hat Realteil < 0.

Wir iterieren dieses Argument und sehen $\chi\left(\frac{\varepsilon}{2^n}\right) = e^{2\pi i a \frac{\varepsilon}{2^n}}$. Für ein beliebiges $k \in \mathbb{Z}$ folgt dann

$$\chi\left(\frac{k}{2^n}\right) = \chi\left(\frac{1}{2^n}\right)^k = e^{2\pi i a \frac{k}{2^n}}.$$

Die Menge aller $\frac{k}{2^n}$ mit $k \in \mathbb{Z}$, $n \in \mathbb{N}$ ist dicht in $\mathbb{R}$, so dass wir wegen der Stetigkeit schließen können $\chi(x) = e^{2\pi i a x}$ für jedes $x \in \mathbb{R}$. Die Eindeutigkeit von a folgt zum Beispiel aus der Tatsache, dass die Ableitung von $x \mapsto e^{2\pi i a x}$ an der Stelle $x = 0$ gerade $2\pi i a$ ist.

Für Teil (b) sei $\chi_p : \mathbb{Q}_p \hookrightarrow \mathbb{A} \xrightarrow{\chi} \mathbb{T}$, wobei die Einbettung von $\mathbb{Q}_p$ die additive Einbettung ist: $x \mapsto (\dots, 0, p, 0, \dots)$. Nach Teil (a) existiert ein eindeutig bestimmtes $a_p \in \mathbb{Q}_p$ mit $\chi_p(x) = e_p(a_p x)$ für jedes $x \in \mathbb{Q}_p$. Wir zeigen nun:

$$\chi_p(\mathbb{Z}_p) = 1 \qquad \text{für fast alle } p.$$

Sei $U \subset \mathbb{T}$ die Menge aller $z \in \mathbb{T}$ mit $\mathrm{Re}(z) > 0$. Dann ist U eine offene Umgebung der Eins. Also muss $\chi^{-1}(U)$ eine offene Umgebung der Null in $\mathbb{A}$ enthalten. Es gibt daher eine endliche Stellenmenge E mit

$$X = \left(\prod_{p \notin E} \mathbb{Z}_p\right) \times \left(\prod_{p \in E} \{0\}\right) \subset \chi^{-1}(U).$$

Die linke Seite X ist eine Untergruppe von $\mathbb{A}$, also ist $\chi(X) \subset U$ eine Untergruppe von U. Die Menge U enthält aber nur eine einzige Untergruppe, nämlich $\{1\}$, also ist $\chi(X) = 1$, woraus $\chi_p(\mathbb{Z}_p) = 1$ für jedes $p \notin E$ folgt.

Hieraus ergibt sich, dass die Abbildung $\tilde{\chi} : \mathbb{A} \to \mathbb{T}$,

$$\tilde{\chi}(x) = \prod_p \chi_p(x_p)$$

wohldefiniert ist. In der Tat, sie ist ein stetiger Gruppenhomomorphismus und sie stimmt mit χ auf allen $\mathbb{Q}_p$ überein. Die $\mathbb{Q}_p$ erzeugen in $\mathbb{A}$ aber eine dichte Untergruppe, also ist $\chi = \tilde{\chi}$. Damit folgt für $x \in \mathbb{A}$:

$$\chi(x) = \prod_p \chi_p(x_p) = \prod_p e_p(a_p x_p) = e(ax).$$

Die Eindeutigkeit von a folgt aus der Eindeutigkeit der Koordinaten a_p.

Die Zuordnung $\chi \mapsto a$ ist ein Gruppenhomomorphismus, denn ist $\chi(x) = e(ax)$ und $\eta(x) = e(bx)$, so ist $\chi\eta = e((a+b)x)$. Die Umkehrabbildung ist $a \mapsto e(a\cdot)$, also ist sie bijektiv.

Nun zu (c). Die erste Aussage ist klar. Sei also χ ein Charakter von $\mathbb{A}$ mit $\chi(\mathbb{Q}) = 1$. Nach (b) existiert ein $a \in \mathbb{A}$ mit $\chi(x) = e(ax)$ und wir müssen zeigen, dass $a \in \mathbb{Q}$ ist. Wir können a durch $p^{-k}a$ ersetzen falls $|a|_p > 1$ und erhalten so sukzessive $|a|_p \leq 1$ für jedes p, also $a_{\text{fin}} \in \widehat{\mathbb{Z}}$. Wir wollen zeigen, dass unter diesen Umständen $a \in \mathbb{Z}$ folgt. Es ist $e(a_{\text{fin}}) = 1$, also $1 = e_\infty(a_\infty) = e^{2\pi i a_\infty}$, was zur Folge hat, dass a_∞ in $\mathbb{Z}$ liegt. Durch Multiplikation mit -1 können wir annehmen, dass $a_\infty \geq 0$ ist. Sei p eine Primzahl. Schreibe $a_p = \sum_{j=0}^{\infty} c_j p^j$ mit $0 \leq c_j < p$ und außerdem $a_\infty = \sum_{j=0}^{N} b_j p^j$ mit ebenfalls $0 \leq b_j < p$. Wir zeigen, dass $c_j = b_j$ für alle j und alle p, damit folgt die Behauptung. Für jedes $k \in \mathbb{N}$ gilt $e(p^{-k}a) = 1$, also $e_p(p^{-k}a_p)e_\infty(p^{-k}a_\infty) = 1$, was zur Folge hat

$$\exp\left(2\pi i \sum_{j=0}^{k} c_j p^{j-k}\right) = \exp\left(2\pi i \sum_{j=0}^{N} b_j p^{j-k}\right).$$

Da dies für alle k gilt, folgt $c_j = b_j$. $\qquad\square$

5.4.1 Lokale Fourieranalysis

Wir erinnern an den Raum der Schwartz-Funktion $\mathcal{S}(\mathbb{R})$ aller unendlich oft differenzierbaren Funktionen $f : \mathbb{R} \to \mathbb{C}$ so dass für je zwei $m, n \in \mathbb{Z}$ mit $m, n \geq 0$ die Funktion $x^m f^{(n)}(x)$ beschränkt ist.

Für $p < \infty$ definieren wir den Raum $\mathcal{S}(\mathbb{Q}_p)$ der *Schwartz-Bruhat-Funktionen* als den Raum aller Funktionen f auf $\mathbb{Q}_p$, die lokalkonstant sind und kompakten Träger haben.

Lemma 5.4.3 *Jede Funktion* $f \in \mathcal{S}(\mathbb{Q}_p)$ *ist eine endliche Linearkombination von Funktionen der Form* $\mathbf{1}_{a+p^k\mathbb{Z}_p}$, *wobei* $a \in \mathbb{Q}_p$ *und* $k \in \mathbb{Z}$.

Beweis: Sei $f \in \mathcal{S}(\mathbb{Q}_p)$. Da f lokalkonstant ist, ist für jedes $z \in \mathbb{C}$ das Urbild $f^{-1}(z)$ eine offene Menge in $\mathbb{Q}_p$. Damit ist $f^{-1}(0)$ offen und $\mathbb{Q}_p \smallsetminus f^{-1}(0)$ ist abgeschlossen und damit folgt $\mathbb{Q}_p \smallsetminus f^{-1}(0) = \text{supp}(f)$, also ist diese Menge kompakt. Sie wird von den offenen Mengen $f^{-1}(z)$ mit $z \neq 0$ überdeckt, nach Kompaktheit reichen endlich viele davon, also hat die Funktion f endliches Bild. Jede offene Menge $f^{-1}(z)$ mit $z \neq 0$ ist eine disjunkte Vereinigung offener Bälle in $\mathbb{Q}_p$. Wegen Kompaktheit reichen endlich viele. Offene Bälle in $\mathbb{Q}_p$ haben aber genau die Gestalt $a + p^k\mathbb{Z}_p$ wie oben. Damit folgt das Lemma. $\qquad\square$

Wir betrachten nun zunächst die Fourier-Transformation auf $\mathbb{Q}_p$ für beliebiges $p \leq \infty$. Für eine Funktion $f \in \mathcal{S}(\mathbb{Q}_p)$ sei

$$\hat{f}(x) = \int_{\mathbb{Q}_p} f(y)e_p(-xy)\,dy$$

die *Fourier-Transformierte*.

Lemma 5.4.4 *Sei $f \in \mathcal{S}(\mathbb{Q}_p)$.*

(a) *Ist $g(x) = f(x)e_p(ax)$ mit $a \in \mathbb{Q}_p$, dann folgt $\hat{g}(x) = \hat{f}(x-a)$.*

(b) *Ist $g(x) = f(x-a)$ mit $a \in \mathbb{Q}_p$, so folgt $\hat{g}(x) = \hat{f}(x)e_p(-ax)$.*

(c) *Ist $g(x) = f(\lambda x)$ mit $\lambda \in \mathbb{Q}_p^\times$, so folgt $\hat{g}(x) = \frac{1}{|\lambda|}\hat{f}(\frac{x}{\lambda})$.*

Beweis: Dies sind einfache Konsequenzen der Definition. $\qquad\square$

Lemma 5.4.5 *Sei K eine kompakte Gruppe mit Haar-Maß dx. Sei $\chi : K \to \mathbb{T}$ ein Charakter. Dann gilt*

$$\int_K \chi(x)\,dx = \begin{cases} \mathrm{vol}(K) & \chi = 1, \\ 0 & \chi \neq 1. \end{cases}$$

Beweis: Der Fall $\chi = 1$ ist klar. Im anderen Fall gibt es ein $k_0 \in K$ mit $\chi(k_0) \neq 1$. Dann ist

$$\chi(k_0)\int_K \chi(x)\,dx = \int_K \chi(k_0 x)\,dx = \int_K \chi(x)\,dx.$$

Da aber $\chi(k_0) \neq 1$, folgt $\int_K \chi(x)\,dx = 0$. Das Lemma ist bewiesen. $\qquad\square$

Satz 5.4.6 *Ist $p \leq \infty$ und ist $f \in \mathcal{S}(\mathbb{Q}_p)$, so ist $\hat{f} \in \mathcal{S}(\mathbb{Q}_p)$ und es gilt die* Umkehrformel der Fourier-Transformation

$$\hat{\hat{f}}(x) = f(-x).$$

Beweis: Sei zuerst $p < \infty$ eine Primzahl. Wir betrachten die Funktion $h = \mathbf{1}_{\mathbb{Z}_p}$ und wir zeigen $\hat{h} = h$ durch folgende Rechnung

$$\hat{h}(x) = \int_{\mathbb{Q}_p} h(y)e_p(-xy)\,dy = \int_{\mathbb{Z}_p} e_p(-xy)\,dy.$$

Nun ist $\chi(y) = e_p(-xy)$ ein Charakter von $\mathbb{Z}_p$ und genau dann trivial, wenn $x \in \mathbb{Z}_p$ also folgt $\hat{h} = h$ nach Lemma 5.4.5.

Wir führen die folgenden Operatoren auf $\mathcal{S}(\mathbb{Q}_p)$ ein

$$\Omega_a f(x) = f(x)e_p(ax), \quad L_a f(x) = f(x-a), \quad M_\lambda f(x) = f(\lambda x),$$

wobei $a \in \mathbb{Q}_p$ und $\lambda \in \mathbb{Q}_p^\times$. Die Aussagen von Lemma 5.4.4 lassen sich in der folgenden Form ausdrücken

$$\widehat{\Omega_a f} = L_a \hat{f}, \quad \widehat{L_a f} = \Omega_{-a}\hat{f}, \quad \widehat{M_\lambda f} = \frac{1}{|\lambda|}M_{1/\lambda}\hat{f}.$$

Wir zeigen zunächst, dass die Fourier-Transformation den Raum $\mathcal{S}(\mathbb{Q}_p)$ erhält. Nach Lemma 5.4.3 ist jedes f eine Linearkombination von Funktionen der Form $f = \mathbf{1}_{a+p^k\mathbb{Z}_p} = L_a M_{p^{-k}} h$. Dann folgt

$$\hat{f} = \widehat{L_a M_{p^{-k}} h} = \Omega_{-a} p^{-k} M_{p^k} \hat{h} = \Omega_{-a} p^{-k} M_{p^k} h\,.$$

Also ist $\hat{f}(x) = e_p(-ax)\mathbf{1}_{p^{-k}\mathbb{Z}_p}(x)$. Da der Charakter e_p lokalkonstant ist, ist diese Funktion wieder in $\mathcal{S}(\mathbb{Q}_p)$.

Wir betrachten den Vektorraum A aller $f \in \mathcal{S}(\mathbb{Q}_p)$ für die gilt $\hat{\hat{f}}(x) = (-x)$. Wir haben bewiesen, dass $h \in A$. Wir zeigen nun, dass die Funktion $f = L_a M_{p^{-k}} h$ in A liegt:

$$\hat{\hat{f}} = \widehat{\widehat{L_a M_{p^{-k}} h}} = L_{-a}\left(\widehat{\widehat{M_{p^{-k}} h}}\right) = L_{-a} M_{p^{-k}} \hat{\hat{h}} = L_{-a} M_{p^{-k}} h = \mathbf{1}_{-a+p^k\mathbb{Z}_p}\,.$$

Dies bedeutet gerade $\hat{\hat{f}}(x) = f(-x)$. Wir haben die Umkehrformel für den p-adischen Fall $p < \infty$ gezeigt. Für $p = \infty$ ist die Umkehrformel bereits bekannt. $\square$

5.4.2 Globale Fourieranalysis

Sei $\mathbb{A}_{\mathrm{fin}} = \widehat{\prod}_{p<\infty}\mathbb{Q}_p$ und $\mathcal{S}(\mathbb{A}_{\mathrm{fin}})$ der Raum aller Funktionen $f : \mathbb{A}_{\mathrm{fin}} \to \mathbb{C}$ die lokalkonstant sind und kompakten Träger haben. Die Elemente von $\mathcal{S}(\mathbb{A}_{\mathrm{fin}})$ werden *Schwartz-Bruhat-Funktionen* auf $\mathbb{A}_{\mathrm{fin}}$ genannt.

Lemma 5.4.7 *Jede Schwartz-Bruhat-Funktion f auf $\mathbb{A}_{\mathrm{fin}}$ ist eine endliche Linearkombination von Funktionen der Form*

$$f = \mathbf{1}_{a+N\widehat{\mathbb{Z}}},$$

wobei $a \in \mathbb{A}$ und $N \in \mathbb{N}$ ist.

Beweis: Der Beweis verläuft analog zum Beweis von Lemma 5.4.3. $\square$

Sei $\mathcal{S}(\mathbb{A})$ der Raum aller Funktionen der Form

$$f(x) = \sum_{j=1}^{n} h_j(x_{\mathrm{fin}}) g_j(x_\infty)\,,$$

wobei $h_j \in \mathcal{S}(\mathbb{A}_{\mathrm{fin}})$ und $g_j \in \mathcal{S}(\mathbb{R})$. Diese heißen *Schwartz-Bruhat-Funktionen* auf $\mathbb{A}$. Für $f \in \mathcal{S}(\mathbb{A})$ sei die *Fourier-Transformation* definiert durch

$$\hat{f}(x) = \int_{\mathbb{A}} f(y)e(-xy)\,\mathrm{d}y\,.$$

Satz 5.4.8 *Für jede Funktion f der Gestalt $f = \prod_{p \le \infty} f_p$ mit $f_p \in \mathcal{S}(\mathbb{Q}_p)$ gilt*

$$\hat{f} = \prod_p \hat{f}_p \, .$$

Ist $f \in \mathcal{S}(\mathbb{A})$, so ist $\hat{f} \in \mathcal{S}(\mathbb{A})$ und es gilt die Umkehrformel der Fourier-Transformation

$$\hat{\hat{f}}(x) = f(-x) \, .$$

Beweis: Ist f ein Produkt wie im Satz, so gilt nach Satz 5.2.2

$$\hat{f}(x) = \int_{\mathbb{A}} f(y) e(-xy) \, \mathrm{d}y = \prod_p \int_{\mathbb{Q}_p} f_p(y) e_p(-x_p y) \, \mathrm{d}y = \prod_p \hat{f}_p(x_p) \, .$$

Die Umkehrformel folgt demnach aus der lokalen Umkehrformel. $\qquad\square$

Satz 5.4.9 (Poissonsche Summenformel) *Für jede Funktion $f \in \mathcal{S}(\mathbb{A})$ gilt bei absoluter Konvergenz der Summen*

$$\sum_{q \in \mathbb{Q}} f(q) = \sum_{q \in \mathbb{Q}} \hat{f}(q) \, .$$

Beweis: Für die Konvergenz reicht es, anzunehmen, dass die Funktion von der Form $f(x) = \mathbf{1}_{a+N\widehat{\mathbb{Z}}}(x_{\mathrm{fin}}) f_\infty(x_\infty)$ ist, wobei $a \in \mathbb{A}_{\mathrm{fin}}$, $N \in \mathbb{N}$, und $f_\infty \in \mathcal{S}(\mathbb{R})$. Da $\mathbb{Q}$ in $\mathbb{A}_{\mathrm{fin}}$ dicht liegt, gibt es eine rationale Zahl r in $a + N\widehat{\mathbb{Z}}$, so dass folgt $a + N\widehat{\mathbb{Z}} = r + N\widehat{\mathbb{Z}}$. Also ist

$$\sum_{q \in \mathbb{Q}} f(q) = \sum_{q \in \mathbb{Q} \cap r + N\widehat{\mathbb{Z}}} f_\infty(q) = \sum_{q \in \mathbb{Q} \cap N\widehat{\mathbb{Z}}} f_\infty(q - r) = \sum_{q \in N\mathbb{Z}} f_\infty(q - r)$$

$$= \sum_{q \in \mathbb{Z}} f_\infty(qN - r) \, .$$

Die letzte Summe konvergiert offensichtlich. Wir wollen nun den Beweis der behaupteten Identität auf den Fall $f = \mathbf{1}_{\widehat{\mathbb{Z}}} f_\infty$ zurückspielen. Sei $h = \mathbf{1}_{\widehat{\mathbb{Z}}}$, dann ist $\mathbf{1}_{r+N\widehat{\mathbb{Z}}} = L_r M_{1/N} h$, so dass es zu zeigen reicht, dass die Behauptung stabil ist unter den Operatoren L_r und M_r mit $r \in \mathbb{Q}$. Es gelte also $\sum_{q \in \mathbb{Q}} f(q) = \sum_{q \in \mathbb{Q}} \hat{f}(q)$ und es sei $r \in \mathbb{Q}$. Dann ist

$$\sum_{q \in \mathbb{Q}} L_r f(q) = \sum_{q \in \mathbb{Q}} f(q - r) = \sum_{q \in \mathbb{Q}} f(q) \, .$$

Da $e(\mathbb{Q}) = 1$, ist dies gleich

$$\sum_{q \in \mathbb{Q}} \hat{f}(q) = \sum_{q \in \mathbb{Q}} e(-rq)\hat{f}(q) = \sum_{q \in \mathbb{Q}} \Omega_{-r}\hat{f}(q) = \sum_{q \in \mathbb{Q}} \widehat{L_r f}(q).$$

Unter Ausnutzung der Produktformel zeigen wir ebenso

$$\sum_{q \in \mathbb{Q}} M_r f(q) = \sum_{q \in \mathbb{Q}} \widehat{M_r f}(q).$$

Nehmen wir nun also an, dass $f = \mathbf{1}_{\widehat{\mathbb{Z}}} f_\infty$ ist. Dann folgt $\hat{f} = \widehat{\mathbf{1}_{\widehat{\mathbb{Z}}}} \hat{f}_\infty = \mathbf{1}_{\widehat{\mathbb{Z}}} \hat{f}_\infty$

$$\sum_{q \in \mathbb{Q}} f(q) = \sum_{k \in \mathbb{Z}} f_\infty(k).$$

Damit ist die adelische Poisson-Formel zurückgeführt auf die folgende Proposition. Wir schreiben $C^\infty(\mathbb{R}/\mathbb{Z})$ für den Raum aller glatten Funktionen g auf $\mathbb{R}$ mit $g(x + 1) = g(x)$.

Proposition 5.4.10 (Klassische Poisson-Formel) *Für* $f \in \mathcal{S}(\mathbb{R})$ *gilt*

$$\sum_{k \in \mathbb{Z}} f(k) = \sum_{k \in \mathbb{Z}} \hat{f}(k).$$

Beweis: Sei $f \in \mathcal{S}(\mathbb{R})$ dann ist die Funktion $g(x) = \sum_k f(x + k)$ eine glatte Funktion auf $\mathbb{R}/\mathbb{Z}$ und nach Proposition 2.2.7 folgt

$$\sum_k f(k) = g(0) = \sum_k c_k(g) = \sum_k \int_0^1 \sum_l f(x + l) e^{-2\pi i k x}\, \mathrm{d}x$$

$$= \sum_k \int_{-\infty}^{\infty} f(x) e^{-2\pi i k x}\, \mathrm{d}x = \sum_k \hat{f}(k).$$

Damit sind Proposition und Satz bewiesen. $\qquad\square$

5.5 Aufgaben

Aufgabe 5.1 (a) Zeige, dass die Familie $(N\widehat{\mathbb{Z}})_{N \in \mathbb{N}}$ eine Nullumgebungsbasis von $\mathbb{A}_{\mathrm{fin}}$ bildet. D. h., es ist zu zeigen, dass jedes $N\widehat{\mathbb{Z}}$ eine Nullumgebung ist und dass jede Nullumgebung eine Menge der Form $N\widehat{\mathbb{Z}}$ enthält.

(b) Zeige, dass die Mengen der Form $(1 + N\widehat{\mathbb{Z}}) \cap \widehat{\mathbb{Z}}^\times$, $N \in \mathbb{N}$ eine Einsumgebungsbasis von $\mathbb{A}_{\mathrm{fin}}^\times$ bilden.

Aufgabe 5.2 Sei U eine offene kompakte Untergruppen von $\mathbb{A}_{\mathrm{fin}}$ und sei $K \subset \mathbb{A}_{\mathrm{fin}}$ ein Kompaktum. Sei $\mathcal{S}(U, K)$ die Menge aller Funktionen $f : \mathbb{A} \to \mathbb{C}$ so dass

- $\operatorname{supp} f \subset K \times \mathbb{R}$,
- $f(x + u) = f(x)\ \forall x \in \mathbb{A},\ u \in U$,
- Für alle $m, n \in \mathbb{N}_0$ ist $\sigma_{m,n}(f) = \sup_{x \in \mathbb{A}} |f^{(m)}(x)| \, |x_\infty|_\infty^n < \infty$.

Zeige:
$$\bigcup_{U,K} \mathcal{S}(U, K) = \mathcal{S}(\mathbb{A}).$$

Aufgabe 5.3 Eine *Distribution* auf $\mathbb{A}$ ist eine lineare Abbildung $T : \mathcal{S}(\mathbb{A}) \to \mathbb{C}$ so dass für jede Folge f_j in $\mathcal{S}(U, K)$ mit $\sigma_{m,n}(f_j) \to 0$ für jedes Paar (m, n) gilt $T(f_j) \to 0$.

Zeige

- $f \mapsto \delta(f) = f(0)$ ist eine Distribution,
- $f \mapsto I(f) = \int_{\mathbb{A}} f(x)\,\mathrm{d}x$ ist eine Distribution,
- $f \mapsto S(f) = \sum_{q \in \mathbb{Q}} f(q)$ ist eine Distribution.

Aufgabe 5.4 Sei p eine Primzahl, $n \in \mathbb{N}$ und sei $\mathrm{d}x$ das additive Haar-Maß auf $\mathrm{M}_n(\mathbb{Q}_p)$, also

$$\int_{\mathrm{M}_n(\mathbb{Q}_p)} f(x)\,\mathrm{d}x = \int_{\mathbb{Q}_p} \cdots \int_{\mathbb{Q}_p} f(x_{i,j})\,\mathrm{d}x_{1,1} \cdots \mathrm{d}x_{n,n}.$$

(a) Zeige, dass $\frac{\mathrm{d}x}{|\det x|^n}$ ein links- und rechtsinvariantes Haar-Maß auf $\mathrm{GL}_n(\mathbb{Q}_p)$ ist. Es folgt, dass die Gruppe $\mathrm{GL}_n(\mathbb{Q}_p)$ unimodular ist.

(b) Zeige, dass die Gruppe $\mathrm{GL}_n(\mathbb{A})$ unimodular ist.

Aufgabe 5.5 Seien $n, N \in \mathbb{N}$ und sei K_N die Menge aller invertierbaren $n \times n$-Matrizen g mit Einträgen in $\widehat{\mathbb{Z}}$ für die gilt $g \equiv I \bmod N$.

Zeige:

- K_N ist eine kompakte offene Untergruppe von $\mathrm{GL}_n(\widehat{\mathbb{Z}})$,
- $K_N \subset K_d$ wenn $d\,|\,N$,
- die K_N bilden eine Einsumgebungsbasis in $\mathrm{GL}_n(\widehat{\mathbb{Z}})$.

Aufgabe 5.6 Sei U eine kompakte offene Untergruppe der lokalkompakten Gruppe G. Zeige, dass für jedes $g \in G$ die Menge

$$UgU/U$$

endlich ist.

Aufgabe 5.7 Sei G eine total unzusammenhängende lokalkompakte Gruppe. Für eine Kompakte offene Untergruppe U und ein Kompaktum K sei $L(U, K)$ die Menge aller Funktionen $f : G \to \mathbb{C}$ mit

- $\operatorname{supp} f \subset K$ und
- $f(ux) = f(x)$ für jedes $x \in G$ und jedes $u \in U$.

Ferner sei $R(U, K)$ die Menge aller Funktionen $f : G \to \mathbb{C}$ mit

- $\operatorname{supp} f \subset K$ und
- $f(xu) = f(x)$ für jedes $x \in G$ und jedes $u \in U$.

Zeige: im Allgemeinen ist $L(U, K) \neq R(U, K)$, aber es gilt

$$\bigcup_{U,K} L(U, K) \;=\; \bigcup_{U,K} R(U, K) \,.$$

Kapitel 6
Tate's Thesis

In diesem Kapitel besprechen wir die Doktorarbeit von John Tate, die als *Tate's thesis* geradezu Kultstatus erreicht hat. In ihr wird die Harmonische Analyse von Adele- und Idele-Gruppen benutzt, um L-Funktionen zu untersuchen. In den späteren Kapiteln werden wir dasselbe mit 2×2-Matrizen machen und dadurch L-Funktionen von Automorphen Formen analytisch fortsetzen.

6.1 Poisson Summenformel und Riemanns Zeta

Wir wenden die Poissonsche Summenformel auf $\mathbb{R}$, die wir in Proposition 5.4.10 bewiesen haben, auf die Gauß-Funktion $e^{-\pi x^2}$ an und erhalten die Theta-Transformationsformel, die es uns erlaubt, die Funktionalgleichung der Riemannschen Zetafunktion zu beweisen.

Lemma 6.1.1 (a) *Die Funktion $f(x) = e^{-\pi x^2}$ liegt in $\mathcal{S}(\mathbb{R})$. Sie ist ihre eigene Fourier-Transformierte, d. h., sie erfüllt $\hat{f} = f$.*
(b) *Für $f \in \mathcal{S}(\mathbb{R})$ sei $M_a f(x) = f(ax)$ für $a > 0$. Dann liegt $M_a f$ wieder in $\mathcal{S}(\mathbb{R})$ und es gilt $\widehat{M_a f} = \frac{1}{a} M_{1/a} \hat{f}$.*

Beweis: (a) Dies wurde bereits im Beweis von Lemma 2.7.9 gezeigt.
  (b) Es ist klar, dass $M_a f$ in $\mathcal{S}(\mathbb{R})$ liegt. Wir substituieren $v = ay$ in

$$\widehat{M_a f}(x) = \int_{\mathbb{R}} f(ay) e^{-2\pi i x y}\, \mathrm{d}y = \frac{1}{a} \int_{\mathbb{R}} f(v) e^{-2\pi i x v/a}\, \mathrm{d}v = \frac{1}{a} \hat{f}(x/a). \qquad \square$$

A. Deitmar, *Automorphe Formen*
DOI 10.1007/978-3-642-12390-0, © Springer 2010

Für $t > 0$ setze $f_t(x) = e^{-\pi t x^2}$, so folgt $\widehat{f_t} = \frac{1}{\sqrt{t}} f_{1/t}$. Für $t > 0$ betrachten wir die *Theta-Reihe*:

$$\Theta(t) = \sum_{k \in \mathbb{Z}} e^{-\pi t k^2}.$$

Aus der Poissonschen Summenformel folgt die *Theta-Transformationsformel*

$$\Theta(t) = \frac{1}{\sqrt{t}} \Theta(1/t).$$

Wir werden nun zeigen, wie diese Gleichung zu einem Beweis der Funktionalgleichung der Riemannschen Zeta-Funktion

$$\zeta(s) = \sum_{n=1}^{\infty} \frac{1}{n^s}, \quad \mathrm{Re}(s) > 1$$

führt.

Satz 6.1.2 *Die Funktion* $\tilde{\zeta}(s) = \zeta(s)\Gamma(s/2)\pi^{-s/2}$, *die für* $\mathrm{Re}(s) > 1$ *definiert ist, setzt zu einer meromorphen Funktion auf* $\mathbb{C}$ *fort, die einfache Pole in* $s = 0, 1$ *hat und ansonsten holomorph ist. Die Fortsetzung erfüllt die Funktionalgleichung:*

$$\tilde{\zeta}(1 - s) = \tilde{\zeta}(s).$$

Beweis: Wir rechnen

$$\zeta(s)\Gamma(s/2)\pi^{-s/2} = \sum_{n=1}^{\infty} \int_0^{\infty} n^{-s} t^{s/2} \pi^{-s/2} e^{-t} \frac{dt}{t} = \sum_{n=1}^{\infty} \int_0^{\infty} \left(\frac{t}{n^2 \pi} \right)^{s/2} e^{-t} \frac{dt}{t}$$

$$= \sum_{n=1}^{\infty} \int_0^{\infty} t^{s/2} e^{-\pi t n^2} \frac{dt}{t} = \frac{1}{2} \int_0^{\infty} t^{s/2} (\Theta(t) - 1) \frac{dt}{t}.$$

Wobei die Vertauschung von Integration und Summenbildung durch die absolute Konvergenz gerechtfertigt ist. Sei

$$A(s) = \frac{1}{2} \int_1^{\infty} t^{s/2} (\Theta(t) - 1) \frac{dt}{t}.$$

Da $\Theta - 1$ eine schnell fallende Funktion ist, konvergiert dieses Integral für alle Werte von s, definiert also eine ganze Funktion. Für das verbleibende Integral rechnen wir im Bereich $\mathrm{Re}(s) > 1$, indem wir t durch $1/t$ substituieren:

$$\frac{1}{2}\int_0^1 t^{s/2}(\Theta(t) - 1)\frac{dt}{t} = \frac{1}{2}\int_0^1 t^{s/2}\Theta(t)\frac{dt}{t} - \frac{1}{s} = \frac{1}{2}\int_1^\infty t^{-s/2}\Theta(1/t)\frac{dt}{t} - \frac{1}{s}$$

$$= \frac{1}{2}\int_1^\infty t^{-s/2}\sqrt{t}\,\Theta(t)\frac{dt}{t} - \frac{1}{s}$$

$$= \frac{1}{2}\int_1^\infty t^{-(s-1)/2}\Theta(t)\frac{dt}{t} - \frac{1}{s}$$

$$= \frac{1}{2}\int_1^\infty t^{-(s-1)/2}(\Theta(t) - 1)\frac{dt}{t} - \frac{1}{s} - \frac{1}{1-s}$$

$$= A(1 - s) - \frac{1}{s} - \frac{1}{1-s}.$$

Die Behauptung folgt. $\qquad\qquad\qquad\qquad\qquad\qquad\qquad\qquad\qquad\square$

6.2 Zeta-Funktionen adelisch

Wir wollen nun dasselbe Spiel in der adelischen Welt ausführen. Die Rolle der Theta-Reihe sollen die Summen $E(f)$ spielen, die jetzt definiert werden.

Für $f \in \mathcal{S}(\mathbb{A})$ sei

$$E(f)(x) = \sum_{q\in\mathbb{Q}^\times} f(qx), \qquad x \in \mathbb{A}^\times.$$

Aus technischen Gründen betrachten wir auch die Summe $E(|f|)(x) = \sum_{q\in\mathbb{Q}^\times} |f(qx)|$.

Lemma 6.2.1 *Die Summen $E(f)$ und $E(|f|)$ konvergieren lokal-gleichmäßig, definiert also eine stetige Funktion auf $\mathbb{A}^\times/\mathbb{Q}^\times$. Diese Funktionen sind schnell-fallend in dem Sinne, dass es für jedes $N \in \mathbb{N}$ ein $C_N > 0$ gibt mit*

$$|E(f)(x)| \leq E(|f|)(x) \leq C_N|x|^{-N} \quad \textit{für } |x| \geq 1.$$

Es gilt

$$E(f)(x) = \frac{1}{|x|}\left(E(\hat{f})\left(\frac{1}{x}\right) + \hat{f}(0)\right) - f(0).$$

Beweis: Wir können ohne Einschränkung annehmen, dass die Funktion f von der Form $f(x) = \mathbf{1}_R(x_{\mathrm{fin}})f_\infty(x_\infty)$ ist, wobei R ein einfaches Rechteck ist und $f_\infty \in \mathcal{S}(\mathbb{R})$. Wie im Beweis der Poissonschen Summenformel können wir ferner annehmen, dass R eine Teilmenge von $\widehat{\mathbb{Z}}$ ist. Da $f_\infty \in \mathcal{S}(\mathbb{R})$, gibt es ein $C > 0$ so dass $|f_\infty(x)| \leq C(1 + |x|)^{-2}$ für $x \in \mathbb{R}$ gilt.

Wir schätzen zunächst einmal ab:

$$\sum_{q \in \mathbb{Q}^\times} |f(qx)| \leq C \sum_{\substack{q \in \mathbb{Q}^\times \\ q x_{\mathrm{fin}} \in \widehat{\mathbb{Z}}}} \left(\frac{1}{1 + |q x_\infty|_\infty} \right)^2 .$$

Sei $q_0 \in \mathbb{Q}^\times$. Wir beweisen gleichmäßige Konvergenz in einer Menge der Form $q_0 \widehat{\mathbb{Z}}^\times \times U$ mit einer kompakten Teilmenge U von $\mathbb{R}^\times$. Ist x in dieser Menge, so gilt $q x_{\mathrm{fin}} \in \widehat{\mathbb{Z}} \Leftrightarrow q \in q_0^{-1} \mathbb{Z}$. Es folgt

$$\sum_{q \in \mathbb{Q}^\times} |f(qx)| \leq C \sum_{q \in q_0^{-1} \mathbb{Z} \smallsetminus \{0\}} \left(\frac{1}{1 + |q x_\infty|_\infty} \right)^2 .$$

Da die rechte Seite lokal gleichmäßig in x_∞ konvergiert, folgt die Konvergenz.

Wir beweisen nun die Wachstumsabschätzung. Ist nun $x \in \mathbb{A}^\times$ mit $1 \leq |x| = |x_{\mathrm{fin}}||x_\infty|$ und ist $f(x) \neq 0$, so folgt $|x_{\mathrm{fin}}| \leq 1$ und damit $|x_\infty| \geq 1$. Sei $N \in \mathbb{N}$, $N \geq 2$ gegeben. Da $f_\infty \in \mathcal{S}(\mathbb{R})$, gibt es ein $C_N > 0$ so dass $|f_\infty(x_\infty)| \leq C_N |x_\infty|^{-N}$ gilt für $|x_\infty| \geq |q_0|_\infty$, $x_\infty \in \mathbb{R}$. Dann ist

$$\sum_{q \in \mathbb{Q}^\times} |f(qx)| \leq C_N \sum_{k \in \mathbb{Z}} |q_0 k x_\infty|^{-N} = C_N |x_\infty|^{-N} \sum_{k \in \mathbb{Z}} |q_0 k|_\infty^{-N} .$$

Nun ist

$$|x_\infty|^{-N} = |x_{\mathrm{fin}}|^N |x|^{-N} \leq |x|^{-N} ,$$

woraus die Abschätzung von $E(f)(x)$ folgt.

Zum Beweis der Funktionalgleichung wollen wir schließlich die Poissonsche Summenformel anwenden. Sei $f_x(a) = f(ax)$ mit $x \in \mathbb{A}^\times$. Dann folgt

$$\widehat{f_x}(y) = \int_{\mathbb{A}} f_x(z) e(-zy) \, \mathrm{d}z = |x|^{-1} \hat{f}(y/x) .$$

Daraus folgt

$$E(f)(x) = \sum_{q \in \mathbb{Q}} f(qx) - f(0) = \frac{1}{|x|} \sum_{q \in \mathbb{Q}} \hat{f}(q/x) - f(0)$$

$$= \frac{1}{|x|} \left(E(\hat{f})(1/x) + \hat{f}(0) \right) - f(0) .$$

Damit ist das Lemma vollständig bewiesen. $\square$

Für $f \in \mathcal{S}(\mathbb{A})$ definiere das *Zeta-Integral* von f durch

$$\zeta(f, s) = \int_{\mathbb{A}^\times} f(x) \, |x|^s \, \mathrm{d}^\times x .$$

Hierbei ist das Haar-Maß $\mathrm{d}^\times x$ auf $\mathbb{A}^\times = \mathbb{A}_{\mathrm{fin}}^\times \times \mathbb{R}^\times$ gewählt als das Produkt $\mathrm{d}^\times x_{\mathrm{fin}} \times \frac{\mathrm{d}t}{t}$ mit der Normierung $\mathrm{d}^\times x_{\mathrm{fin}}(\widehat{\mathbb{Z}}^\times) = 1$.

Satz 6.2.2 *Es gilt*

$$\zeta(f,s) = \int_{\mathbb{A}^\times/\mathbb{Q}^\times} E(f)(x)\,|x|^s\,\mathrm{d}^\times x\,.$$

Das Integral $\zeta(f,s)$ konvergiert lokal-gleichmäßig für $\mathrm{Re}(s) > 1$ und definiert dort eine holomorphe Funktion, die zu einer meromorphen Funktion auf ganz $\mathbb{C}$ fortsetzt. Diese Funktion ist holomorph bis auf (höchstens) einfache Pole in $s = 0, 1$ mit den Residuen $-f(0)$ und $\hat{f}(0)$. Das Zeta-Integral erfüllt die Funktionalgleichung

$$\zeta(f,s) = \zeta(\hat{f}, 1-s)\,.$$

Beweis: Wir beweisen zunächst die Konvergenz für $\mathrm{Re}(s) > 1$. Hierzu ersetzen wir f durch $|f|$ und schätzen diese Funktion weiter ab gegen ein skalares Vielfaches von $\mathbf{1}_{n^{-1}\widehat{\mathbb{Z}}}(x_{\mathrm{fin}})(1 + |x|_\infty^N)^{-1}$, wobei $n, N \in \mathbb{N}$ mit $N > \mathrm{Re}(s)$. Die Konvergenz folgt, da einerseits $\int_0^\infty \frac{t^{s-1}}{1+t^N}\,\mathrm{d}t < \infty$ und andererseits $\int_{n^{-1}\widehat{\mathbb{Z}}} |x|^s\,\mathrm{d}^\times x = n^s \int_{\widehat{\mathbb{Z}}} |x|^s\,\mathrm{d}^\times < \infty$ nach Proposition 5.3.4. Diese Abschätzungen gelten lokal gleichmäßig in $\mathrm{Re}(s) > 1$, womit die Konvergenz bewiesen ist.

Sei $F = \widehat{\mathbb{Z}}^\times \times (0, \infty)$. Dann ist nach Satz 5.3.3 die Menge F ein Vertretersystem von $\mathbb{A}^\times/\mathbb{Q}^\times$. Da wir absolute Konvergenz haben, können wir für $\mathrm{Re}(s) > 1$ rechnen

$$\zeta(f,s) = \int_{\mathbb{A}^\times} f(x)\,|x|^s\,\mathrm{d}^\times x = \sum_{q \in \mathbb{Q}^\times} \int_{qF} f(x)\,|x|^s\,\mathrm{d}^\times x$$

$$= \sum_{q \in \mathbb{Q}^\times} \int_F f(qx)\,|qx|^s\,\mathrm{d}^\times x = \int_{\mathbb{A}^\times/\mathbb{Q}^\times} E(f)(x)\,|x|^s\,\mathrm{d}^\times x\,.$$

Da $\{1\}$ eine Nullmenge in $\mathbb{R}_+^\times$ ist, ist $\mathbb{A}^1/\mathbb{Q}^\times$ also eine Nullmenge in $\mathbb{A}^\times/\mathbb{Q}^\times$. Daher können wir das Zeta-Integral zerlegen in $\int = \int_{|x|>1} + \int_{|x|<1}$. Zu gegebenem $N \in \mathbb{N}$ gibt es ein $C_N > 0$ so dass $|f_\infty(x_\infty)| \leq C_N |x_\infty|^{-N}$ gilt für $|x_\infty| \geq |q_0|_\infty$, $x_\infty \in \mathbb{R}$. Für beliebiges $N \in \mathbb{N}$ schätzen wir ab

$$\int_{|x|>1} E(|f|)(x)\,|x|^{\mathrm{Re}(s)}\,\mathrm{d}^\times x \leq C_N \int_{\substack{x\in\mathbb{A}^\times/\mathbb{Q}^\times \\ |x|>1}} |x|^{\mathrm{Re}(s)-N}\,\mathrm{d}^\times x = C_N \int_1^\infty t^{\mathrm{Re}(s)-N}\frac{\mathrm{d}t}{t}\,.$$

Die rechte Seite ist endlich für $\mathrm{Re}(s) < N - 1$. Da dies für jedes N gilt, konvergiert das Integral $\int_{|x|>1}$ für jedes s und definiert eine ganze Funktion in s.

Für das Integral $\int_{|x|<1}$ benutzen wir die Funktionalgleichung von $E(f)$ und rechnen

$$\int\limits_{|x|<1} E(f)(x)\,|x|^s\,\mathrm{d}^\times x \;=\; \int\limits_{|x|<1} |x|^{s-1} E(\hat{f})(1/x)\,\mathrm{d}^\times x$$

$$+\int\limits_{|x|<1} |x|^{s-1}\,\mathrm{d}^\times x\,\hat{f}(0) - \int\limits_{|x|<1} |x|^s\,\mathrm{d}^\times x\,f(0)\,.$$

Das erste Integral ist gleich $\int_{|x|>1} E(\hat{f})(x)|x|^{1-s}\,\mathrm{d}^\times x$ und damit eine ganze Funktion in s. Das zweite konvergiert für $\mathrm{Re}(s) > 1$ und ist gleich

$$\int\limits_0^1 t^{s-1}\frac{\mathrm{d}t}{t} \;=\; \left.\frac{t^{s-1}}{s-1}\right|_0^1 \;=\; \frac{1}{s-1}\,.$$

Das dritte konvergiert für $\mathrm{Re}(s) > 0$ und ist $\int_0^1 t^s\frac{\mathrm{d}t}{t} = \frac{1}{s}$. Insgesamt folgt

$$\zeta(f,s) \;=\; \int\limits_{|x|>1} \left(E(f)(x)|x|^s + E(\hat{f})(x)|x|^{1-s}\right)\,\mathrm{d}^\times x - \frac{\hat{f}(0)}{1-s} - \frac{f(0)}{s}\,.$$

Der Satz ist bewiesen. $\square$

Beispiel 6.2.3 Sei

$$f(x) \;=\; \mathbf{1}_{\widehat{\mathbb{Z}}}(x_{\mathrm{fin}})\mathrm{e}^{-\pi x^2} \;=\; \prod_p f_p(x)\,,$$

wobei $f_p = \mathbf{1}_{\mathbb{Z}_p}$ ist falls $p < \infty$. Wir stellen fest, dass jeder lokale Faktor f_p selbstdual ist bezüglich der Fourier-Transformation, dass also $\hat{f}_p = f_p$ für jedes $p \le \infty$ richtig ist. Daher folgt

$$\hat{f}(x) \;=\; \prod_{p\le\infty} \hat{f}_p(x) \;=\; f(x)\,.$$

Es gilt

$$\zeta(f,s) = \int\limits_{\mathbb{A}^\times} f(x)|x|^s\,\mathrm{d}^\times x = \underbrace{\left(\prod_{p<\infty}\int\limits_{\mathbb{Z}_p\smallsetminus\{0\}} |x|^s\,\mathrm{d}^\times x\right)}_{=\prod_p \sum_{n=0}^\infty p^{-ns}=\zeta(s)}\underbrace{\int\limits_{\mathbb{R}^\times} |x|^s\mathrm{e}^{-\pi x^2}\frac{\mathrm{d}x}{|x|}}_{=\Gamma(s/2)\pi^{-s/2}} = \tilde{\zeta}(s)\,.$$

Wir haben also einen weiteren Beweis für die Funktionalgleichung der Riemannschen Zetafunktion gefunden. Oder war es doch derselbe?

Definition 6.2.4 Eine *total unzusammenhängende Gruppe* ist eine topologische Gruppe G die eine Einsumgebungsbasis besitzt, welche aus offenen Untergruppen besteht (siehe Aufgabe 4.12).

Das heißt, G ist total unzusammenhängend, falls es eine Familie $(U_i)_{i \in I}$ von offenen Untergruppen gibt, so dass es zu jeder Umgebung U der Eins in G ein $i \in I$ gibt, so dass $U_i \subset U$.

Beachte, dass eine offene Untergruppe H der topologischen Gruppe G stets abgeschlossen ist. Dies ersieht man aus der Nebenklassenzerlegung

$$G = \bigcup_{g \in G} gH,$$

denn man kann nun das Komplement von H schreiben als

$$G \smallsetminus H = \bigcup_{g \in G \smallsetminus H} gH.$$

Mit H ist auch die Nebenklasse gH eine offene Menge, da die Abbildung $x \mapsto gx$ ein Homöomorphismus von G ist. Wir haben also $G \smallsetminus H$ als Vereinigung offener Mengen dargestellt. Es ist also $G \smallsetminus H$ offen, ergo ist H abgeschlossen.

Die Existenz sowohl offener als auch abgeschlossener Mengen widerspricht den Vorstellungen von Topologie, die man sich in Betrachtung des $\mathbb{R}^n$ gebildet haben mag. Dies zeigt allerdings nur, dass die Topologie des $\mathbb{R}^n$ doch etwas zu speziell ist, um ein Weltbild darauf zu errichten.

Lemma 6.2.5 (a) *Ist G eine total unzusammenhängende kompakte Gruppe, dann hat jeder Charakter von G endliches Bild. Dasselbe gilt für eine endlich-dimensionale Darstellung $\pi : G \to \mathrm{GL}(V)$. Insbesondere ist also π auf einer offenen Untergruppe trivial.*

(b) *Jeder Charakter der Gruppe $\mathbb{A}^1/\mathbb{Q}^\times$ hat endliches Bild.*

(c) *Jeder Charakter χ der Gruppe $\mathbb{A}^\times/\mathbb{Q}^\times$ ist von der Form $\chi(x) = |x|^{it} \chi_0(x)$, für ein eindeutig bestimmtes $t \in \mathbb{R}$ und einen eindeutig bestimmten Charakter χ_0 mit endlichem Bild.*

Beweis: Sei $\chi : G \to \mathbb{T}$ ein Charakter und sei $U = \mathbb{T} \cap \{\mathrm{Re}(z) > 0\}$. Dann ist U eine offene Einsumgebung in $\mathbb{T}$, also enthält $\chi^{-1}(U)$ eine offene Untergruppe H von G. Dann ist $\chi(H) \subset U$ eine Untergruppe von U, also $\chi(H) = \{1\}$. Das heißt, χ faktorisiert über G/H. Da G kompakt ist und H offen, ist die Gruppe G/H aber endlich.

Nun zum Fall einer endlich-dimensionalen Darstellung π. Jeder endlich-dimensionale Banach-Raum V ist als topologischer Vektorraum isomorph zum $\mathbb{C}^n$, mit $n = \dim V$. Die Darstellung π ist dann ein stetiger Gruppenhomomorphismus $\pi : G \to \mathrm{GL}_n(\mathbb{C}) \subset \mathrm{GL}_{2n}(\mathbb{R})$. Nach Proposition 3.4.1 existiert eine offene Einsumgebung U von $\mathrm{GL}_{2n}(\mathbb{R})$, die keine nichttriviale Untergruppe enthält. Dann ist

$\pi^{-1}(U)$ eine offene Einsumgebung in G, enthält also eine offene Untergruppe H. Dann muss $\pi(H)$ eine Untergruppe von $\mathrm{GL}_{2n}(\mathbb{R})$ sein, die ganz in U enthalten ist, also ist $\pi(H) = \{1\}$. Der Kern C des Gruppenhomomorphismus π enthält damit also eine offene Gruppe H, ist dann aber wegen $C = \bigcup_{x \in C} xH$ selbst offen und damit ist G/C endlich.

Die Gruppe $\mathbb{A}^1/\mathbb{Q}^\times$ ist isomorph zu $\widehat{\mathbb{Z}}^\times$. Daher hat sie eine Einsumgebungsbasis bestehend aus offenen Untergruppen, d. h., sie ist eine total unzusammenhängende Gruppe.

Teil (c) folgt aus (b) und $\mathbb{A}^\times/\mathbb{Q}^\times \cong (\mathbb{A}^1/\mathbb{Q}^\times) \times \mathbb{R}_+^\times$. $\square$

6.3 Dirichlet L-Funktionen

Erinnern wir uns, dass ein Charakter χ einer topologischen Gruppe G ein stetiger Gruppenhomomorphismus von G in die Kreisgruppe $\mathbb{T}$ ist. Ist G eine endliche Gruppe, so verstehen wir sie als topologische Gruppe versehen mit der diskreten Topologie. Dann ist jede Abbildung von G in einen beliebigen topologischen Raum stetig, die Charaktere sind dann also genau die Gruppen-Homomorphismen $G \to \mathbb{T}$. Ist G eine abelsche endliche Gruppe, dann gibt es genau so viele Charaktere wie Elemente von G, wie in Aufgabe 6.2 gezeigt wird.

Sei $N \in \mathbb{N}$. Sei $(\mathbb{Z}/N\mathbb{Z})^\times$ die Einheitengruppe des endlichen Rings $\mathbb{Z}/N\mathbb{Z}$. Ein Charakter

$$\chi : (\mathbb{Z}/N\mathbb{Z})^\times \to \mathbb{T}$$

heißt *Dirichlet Charakter* modulo N. Ist d ein Teiler von N und ist χ ein Dirichlet Charakter modulo d, so induziert χ einen Dirichlet Charakter modulo N durch die Projektion

$$(\mathbb{Z}/N\mathbb{Z})^\times \to (\mathbb{Z}/d\mathbb{Z})^\times \xrightarrow{\chi} \mathbb{T}.$$

Man nennt χ einen *primitiven Dirichlet Charakter modulo N*, wenn χ nicht induziert ist durch einen Charakter modulo d mit $d < N$. In diesem Fall heißt N der *Führer* von χ.

Beispiel 6.3.1 Man hat $|(\mathbb{Z}/3\mathbb{Z})^\times| = 2$ und $|(\mathbb{Z}/5\mathbb{Z})^\times| = 4$, also $|(\mathbb{Z}/15\mathbb{Z})^\times| = 8$, es gibt also 8 verschiedene Charaktere modulo 15. Von diesen sind 2 induziert von $\mathbb{Z}/3\mathbb{Z}$ und 4 induziert von $\mathbb{Z}/5\mathbb{Z}$, wobei genau einer, der triviale Charakter, von beiden induziert ist. Also gibt es genau 3 primitive Charaktere modulo 15.

Sei χ ein primitiver Dirichlet-Charakter modulo N. Man setzt $\chi(n) = 0$ falls $\mathrm{ggT}(n, N) > 1$ und setzt χ so zu einer multiplikativen Funktion nach $\mathbb{Z}$ fort. Die zugehörige *Dirichlet L-Reihe* ist

$$L(\chi, s) = \sum_{n=1}^{\infty} \frac{\chi(n)}{n^s}.$$

Diese Reihe konvergiert absolut für $\mathrm{Re}(s) > 1$, da $|\chi(n)| \leq 1$. Auf Grund der Multiplikativität von χ kann man $L(\chi, s)$ in ein Euler-Produkt:

$$L(\chi, s) = \prod_p \frac{1}{1 - \chi(p)\, p^{-s}}$$

entwickeln.

Lemma 6.3.2 *Der Isomorphismus*

$$\mathbb{A}^1/\mathbb{Q}^\times \cong \prod_p \mathbb{Z}_p^\times \cong \varprojlim_{N \in \mathbb{N}} (\mathbb{Z}/N\mathbb{Z})^\times$$

induziert eine Bijektion zwischen der Menge aller Charaktere der Gruppe $\mathbb{A}^1/\mathbb{Q}^\times$ und der Menge aller primitiven Dirichlet-Charaktere wie folgt: Ist χ ein primitiver Charakter modulo N_0, so liefert χ via

$$\mathbb{A}^1/\mathbb{Q}^\times \cong \varprojlim_{N \in \mathbb{N}} (\mathbb{Z}/N\mathbb{Z})^\times \xrightarrow{\mathrm{Proj}} (\mathbb{Z}/N_0\mathbb{Z})^\times \xrightarrow{\chi} \mathbb{T}$$

einen Charakter $\phi(\chi)$ von $\mathbb{A}^1/\mathbb{Q}^\times$.

Beweis: Wir zeigen, dass ϕ eine Bijektion von der Menge der primitiven Dirichlet-Charaktere in die Menge der Charaktere von $\mathbb{A}^1/\mathbb{Q}^\times$ ist. Für die Injektivität nimm an $\phi(\chi) = \phi(\chi')$. Sei N_1 die kleinste natürliche Zahl so dass $\phi(\chi)$ über $(\mathbb{Z}/N_1\mathbb{Z})^\times$ faktorisiert. Da χ primitiv ist, folgt $N_1 = N_0$ und damit ist N_0 durch $\phi(\chi) = \phi(\chi')$ eindeutig festgelegt, also ist auch χ' ein Dirichlet-Charakter modulo N_0 und es folgt $\chi = \chi'$.

Für die Surjektivität sei η ein Charakter von $\mathbb{A}^1/\mathbb{Q}^\times$. Für ein gegebenes $N \in \mathbb{N}$ sei U_N die Menge aller $x \in \prod_p \mathbb{Z}_p^\times$ mit $x_p \equiv 1 \bmod N$ für jedes p. Die U_N bilden eine Einsumgebungsbasis in $\prod_p \mathbb{Z}_p^\times$, daher gibt es ein N so dass U_N im Kern von η liegt. Sei N minimal mit dieser Eigenschaft. Dann faktorisiert η über $(\mathbb{Z}/N\mathbb{Z})^\times$ und aus der Minimalität von N folgt, dass η über einen primitiven Dirichlet-Charakter faktorisiert. $\qquad\square$

Weiter kann man über den Isomorphismus

$$\mathbb{A}^\times/\mathbb{Q}^\times \cong \mathbb{A}^1/\mathbb{Q}^\times \times (0, \infty)$$

die Menge aller Charaktere von $\mathbb{A}^1/\mathbb{Q}^\times$ identifizieren mit der Menge aller Charaktere von $\mathbb{A}^\times/\mathbb{Q}^\times$, die endliches Bild haben.

Sei χ ein Charakter von $\mathbb{A}^\times/\mathbb{Q}^\times$. Wir fassen χ als Charakter von $\mathbb{A}^\times = \mathbb{A}_{\mathrm{fin}}^\times \times \mathbb{R}^\times$ auf und schreiben dementsprechend: $\chi = \chi_{\mathrm{fin}} \chi_\infty$.

Definition 6.3.3 Sei χ ein Charakter von $\mathbb{A}^\times/\mathbb{Q}^\times$ mit endlichem Bild und sei $f \in \mathcal{S}(\mathbb{A})$. Dann definiere

$$\zeta(f, \chi, s) = \int_{\mathbb{A}^\times} f(x)\chi(x)|x|^s \, \mathrm{d}^\times x \,.$$

Analog zu Satz 6.2.2 beweist man

$$\zeta(f, \chi, s) = \int_{\mathbb{A}^\times/\mathbb{Q}^\times} E(f)(x)\chi(x)|x|^s \, \mathrm{d}^\times x \,,$$

falls das Integral $\zeta(f, \chi, s)$ konvergiert. Für den trivialen Charakter $\chi = 1$ gilt $\zeta(f, 1, s) = \zeta(f, s)$. Dieser Fall ist also schon behandelt.

Satz 6.3.4 *Sei $\chi \neq 1$ ein Charakter von $\mathbb{A}^\times/\mathbb{Q}^\times$ mit endlichem Bild und Führer $N \in \mathbb{N}$. Das Integral $\zeta(f, \chi, s)$ konvergiert lokal gleichmäßig für $\mathrm{Re}(s) > 1$ und definiert eine holomorphe Funktion, die zu einer ganzen Funktion auf $\mathbb{C}$ fortsetzt. Es gilt*

$$\zeta(f, \chi, s) = \zeta(\hat{f}, \overline{\chi}, 1 - s) \,.$$

Es gibt ein f mit

$$\zeta(f, \chi, s) = L_\infty(\chi, s)L(\chi, s) \,,$$

wobei

$$L_\infty(\chi, s) = \Gamma\left(\frac{s + v}{2}\right)\pi^{-\frac{s+v}{2}}$$

und $v \in \{0, 1\}$ definiert ist durch $\chi_{\mathrm{fin}}(-1) = \chi_\infty(-1) = (-1)^v$.
Mit $\tilde{L}(\chi, s) = L_\infty(\chi, s)L(\chi, s)$ folgt

$$\tilde{L}(\chi, s) = (-i)^v N^{-s}\overline{\tau(\chi, e)}\tilde{L}(1 - s, \overline{\chi}) \,,$$

wobei $\tau(\chi, e) = \phi(N) \int_{\frac{1}{N}\widehat{\mathbb{Z}}^\times} \chi(x)e(x) \, \mathrm{d}^\times x$ und $\phi(N)$ die Eulersche ϕ-Funktion ist. Es folgt $|\tau(\chi, e)| = \sqrt{N}$.

Beweis: Wenn wir die Funktionalgleichung bewiesen haben, folgt durch zweimalige Anwendung derselben die Gleichung $|\tau(\chi, e)\tau(\overline{\chi}, e)| = N$. Es ist nun

$$\overline{\tau(\chi, e)} = \phi(N) \int_{\frac{1}{N}\widehat{\mathbb{Z}}^\times} \overline{\chi}(x)e(-x) \, \mathrm{d}^\times x = \phi(N) \int_{\frac{1}{N}\widehat{\mathbb{Z}}^\times} \overline{\chi}((-1)x)e(x) \, \mathrm{d}^\times x$$

$$= \overline{\chi(-1)}\phi(N) \int_{\frac{1}{N}\widehat{\mathbb{Z}}^\times} \overline{\chi}(x)e(x) \, \mathrm{d}^\times x = \overline{\chi(-1)}\tau(\overline{\chi}, e) \,.$$

Damit haben $\tau(\chi, e)$ und $\tau(\overline{\chi}, e)$ denselben Absolutbetrag und die Gleichheit $|\tau(\chi, e)| = \sqrt{N}$ ist bewiesen.

Für die anderen Aussagen vollziehen wir den Beweis aus dem Fall $\chi = 1$, also von Satz 6.2.2 nach. Es klappt alles gut bis zur Stelle

$$
\int\limits_{|x|<1} E(f)(x)\chi(x)\,|x|^s\,\mathrm{d}^\times x \;=\; \int\limits_{|x|<1} |x|^{s-1} E(\hat{f})(1/x)\chi(x)\,\mathrm{d}^\times x
$$

$$
+ \int\limits_{|x|<1} \chi(x)|x|^{s-1}\,\mathrm{d}^\times x\,\hat{f}(0) - \int\limits_{|x|<1} \chi(x)|x|^s\,\mathrm{d}^\times x\,f(0)\,.
$$

Der erste Summand auf der rechten Seite ist ganz in s. Wir zeigen, dass die beiden letzten Summanden Null sind. Es ist $\{|x| < 1\} \cong \mathbb{A}^1/\mathbb{Q}^\times \times (0,1)$. Mit diesem Isomorphismus schreiben wir das erste Integral als

$$
\int\limits_{(0,1)} t^{s-1} \int\limits_{\mathbb{A}^1/\mathbb{Q}^\times} \chi(y)\,\mathrm{d}^\times y\,\frac{\mathrm{d}t}{t}\,.
$$

Nach Lemma 5.4.5 ist das innere Integral gleich Null. Das zweite Integral behandelt man ebenso. Es folgt der Satz bis auf den letzten Punkt, die Existenz eines $f \in \mathcal{S}(\mathbb{A})$ mit

$$
\zeta(f,\chi,s) \;=\; L_\infty(\chi,s)L(\chi,s)\,.
$$

Wir fassen nun χ als Charakter von $\mathbb{A}^\times$ auf. Für $p \leq \infty$ sei χ_p der Charakter von $\mathbb{Q}_p^\times$ gegeben durch

$$
\mathbb{Q}_p^\times \to \mathbb{A}^\times \xrightarrow{\ \chi\ } \mathbb{T}\,,
$$

wobei $\mathbb{Q}_p^\times$ via $x \mapsto (\dots, 1, x, 1, \dots)$ eingebettet wird. Sei $p < \infty$.

Ein *Quasicharakter* der Gruppe $\mathbb{Q}_p^\times$ ist ein stetiger Gruppenhomomorphismus $\lambda : \mathbb{Q}_p^\times \to \mathbb{C}^\times$. Der Quasicharakter λ heißt *unverzweigt*, falls $\lambda(\mathbb{Z}_p^\times) = 1$.

Lemma 6.3.5 *Ein Quasicharakter λ von $\mathbb{Q}_p^\times$ ist genau dann unverzweigt, wenn es ein $s \in \mathbb{C}$ gibt mit*

$$
\lambda(a) \;=\; |a|^s\,.
$$

Beweis: Es ist klar, dass jeder Quasicharakter der angegebenen Form unverzweigt ist, da $|\mathbb{Z}_p^\times| = 1$. Sei also λ ein unverzweigter Quasicharakter. Wir haben eine exakte Sequenz von abelschen Gruppen

$$
1 \to \mathbb{Z}_p^\times \to \mathbb{Q}_p^\times \xrightarrow{\ |\cdot|\ } p^{\mathbb{Z}} \to 1\,.
$$

Das bedeutet, dass ein Quasicharakter λ genau dann unverzweigt ist, wenn er über $p^{\mathbb{Z}}$ faktorisiert. Es existiert ein $s \in \mathbb{C}$ so dass $\lambda(p) = p^{-s}$. Für ein beliebiges $a = p^k u \in \mathbb{Q}_p^\times$ mit $u \in \mathbb{Z}_p^\times$ und $k \in \mathbb{Z}$ gilt dann

$$
\lambda(a) \;=\; \lambda(p^k) \;=\; \lambda(p)^k \;=\; (p^{-k})^s \;=\; |a|^s\,. \qquad \square
$$

Lemma 6.3.6 *Für fast alle p ist χ_p unverzweigt. Genauer gilt: Kommt χ von einem primitiven Dirichlet-Charakter modulo N, so ist χ_p genau dann unverzweigt, wenn* *p kein Teiler von N ist. Ist p ein Teiler von $N = p^k n$ mit n teilerfremd zu p, so ist k die kleinste natürliche Zahl mit $\chi_p(1 + p^k \mathbb{Z}_p) = 1$.*

Beweis: Ist $N = p_1^{k_1} \cdots p_l^{k_l}$, so faktorisiert χ über

$$\prod_p \mathbb{Z}_p^\times \to \prod_{j=1}^l \left(\mathbb{Z} / p_j^{k_j} \mathbb{Z} \right)^\times.$$

Der Zusatz folgt aus der Tatsache, dass χ primitiv ist. $\qquad\square$

Sei S die Menge der Primzahlen, die N teilen. Wir definieren

- $f_p = \mathbf{1}_{\mathbb{Z}_p}$, falls χ_p unverzweigt,
- $f_p = p^k(1 - \frac{1}{p})\mathbf{1}_{1 + p^k \mathbb{Z}_p}$ falls $N = p^k N'$ mit N' teilerfremd zu p,
- $f_\infty(t) = t^\nu \mathrm{e}^{-\pi t^2}$,

und schließlich $f = \prod_{p \leq \infty} f_p \in \mathcal{S}(\mathbb{A})$.

Wir rechnen dann

$$\zeta(f, \chi, s) = \int_{\mathbb{A}^\times} f(x)\chi(x)|x|^s \, \mathrm{d}^\times x \;=\; \prod_p \underbrace{\int_{\mathbb{Q}_p^\times} f_p(x)\chi_p(x)|x|_p^s \, \mathrm{d}^\times x}_{=\zeta_p(f_p,\chi_p,s)}$$

$$= \prod_{p \in S} \int_{\mathbb{Q}_p^\times} f_p(x)\chi_p(x)|x|_p^s \, \mathrm{d}^\times x \times \prod_{\substack{p \notin S \\ p < \infty}} \int_{\mathbb{Q}_p^\times} f_p(x)\chi_p(x)|x|_p^s \, \mathrm{d}^\times x$$

$$\times \int_{\mathbb{R}^\times} f_\infty(x)\chi_\infty(x)|x|_\infty^s \, \mathrm{d}^\times x$$

Für eine Primzahl $p \notin S$ ist

$$\int_{\mathbb{Q}_p^\times} f_p(x)\chi_p(x)|x|_p^s \, \mathrm{d}^\times x = \int_{\mathbb{Z}_p \smallsetminus \{0\}} \chi_p(x)|x|_p^s \, \mathrm{d}^\times x$$

$$= \sum_{j=0}^\infty \chi_p(p)^j \, p^{-js} \;=\; \frac{1}{1 - \chi_p(p)p^{-s}}.$$

Sei $p \in S$ und sei $N = p^k N'$ mit N' teilerfremd zu p. Dann ist

$$\int_{\mathbb{Q}_p^\times} f_p(x)\chi_p(x)|x|_p^s \, \mathrm{d}^\times x = p^k \left(1 - \frac{1}{p} \right) \int_{1 + p^k \mathbb{Z}_p} \chi_p(x)|x|_p^s \, \mathrm{d}^\times x$$

$$= p^k \left(1 - \frac{1}{p} \right) \int_{1 + p^k \mathbb{Z}_p} \mathrm{d}^\times x = 1.$$

Für $p = \infty$ und $v = 0$ erhalten wir den Beitrag

$$\int_{\mathbb{R}^\times} e^{-\pi x^2} |x|^s \frac{dx}{|x|} = \Gamma\left(\frac{s}{2}\right) \pi^{-\frac{s}{2}}.$$

Für $v = 1$ hingegen

$$\int_{\mathbb{R}^\times} e^{-\pi x^2} x \underbrace{\chi_\infty(x)}_{=\operatorname{sgn}(x)} |x|^s \frac{dx}{|x|} = \int_{\mathbb{R}^\times} e^{-\pi x^2} |x|^{s+1} \frac{dx}{|x|} = \Gamma\left(\frac{s+1}{2}\right) \pi^{-\frac{s+1}{2}}.$$

Damit ist gezeigt, dass das gewählte f die Gleichung

$$\zeta(f, \chi, s) = L_\infty(\chi, s) L(\chi, s)$$

erfüllt.

Wir müssen die Fourier-Transformierte von f bestimmen. Sei hierzu $p < \infty$. Ist p unverzweigt, dann folgt $\hat{f} = f$. Ist p hingegen verzweigt und ist $N = p^k N'$ mit N' teilerfremd zu p, dann ist der Beitrag gleich

$$\hat{f}_p(x) = \int_{\mathbb{Q}_p} f_p(y) e_p(-xy)\, dy = p^k \left(1 - \frac{1}{p}\right) \int_{1 + p^k \mathbb{Z}_p} e_p(-xy)\, dy$$

$$= p^k \left(1 - \frac{1}{p}\right) p^{-k} e_p(-x) \int_{\mathbb{Z}_p} e_p(-p^k xy)\, dy$$

$$= \left(1 - \frac{1}{p}\right) \overline{e_p(x)} \mathbf{1}_{p^{-k}\mathbb{Z}_p}(x).$$

Ist $p = \infty$ und $v = 0$, so ist $\hat{f}_\infty = f_\infty$. Ist aber $v = 1$, so folgt

$$\hat{f}_\infty(x) = \int_{\mathbb{R}} y e^{-\pi y^2 - 2\pi i xy}\, dy = \frac{1}{-2\pi i} \frac{\partial}{\partial x} \int_{\mathbb{R}} e^{-\pi y^2 - 2\pi i xy}\, dy$$

$$= \frac{1}{-2\pi i} \frac{\partial}{\partial x} e^{-\pi x^2} = \frac{x}{i} e^{-\pi x^2} = -i f_\infty(x)$$

Wir sehen, dass

$$\tilde{L}(\chi, s) = \zeta(\hat{f}, \overline{\chi}, 1 - s) = \prod_p \zeta_p(\hat{f}_p, \overline{\chi}_p, 1 - s).$$

Wir berechnen die lokalen Beiträge für $\operatorname{Re}(1 - s) > 1$. Ist p eine Primzahl so dass χ_p unverzweigt ist, so folgt

$$\zeta_p(\hat{f}, \overline{\chi}, 1 - s) = \frac{1}{1 - \overline{\chi(p)} p^{1-s}}.$$

Ist $p = \infty$ so folgt

$$\zeta_p(\hat{f}, \overline{\chi}, 1 - s) = (-i)^v L_\infty(\overline{\chi}, 1 - s).$$

Es bleibt der Fall einer verzweigten Primzahl p zu betrachten. Sei $N = p^k N'$ mit N' teilerfremd zu p, dann ist

$$\zeta_p(\hat{f}, \overline{\chi}, 1-s) = \left(1 - \frac{1}{p}\right) \int\limits_{p^{-k}\mathbb{Z}_p \smallsetminus \{0\}} \overline{e_p(x)\chi_p(x)}|x|^{1-s}\, \mathrm{d}^{\times}x$$

$$= \left(1 - \frac{1}{p}\right) \sum_{j=-k}^{\infty} p^{js-j} \int\limits_{p^j \mathbb{Z}_p^{\times}} \overline{e_p(x)\chi_p(x)}\, \mathrm{d}^{\times}x\,.$$

Wir zeigen, dass $\int_{p^j \mathbb{Z}_p^{\times}} \overline{e_p(x)\chi_p(x)}\, \mathrm{d}^{\times}x = 0$ für $j > -k$. Ist $j \geq 0$, so ist e_p auf dem Integrationsbereich gleich 1. Man hat dann also $\int_{p^j \mathbb{Z}_p^{\times}} \overline{\chi_p(x)}\, \mathrm{d}^{\times}x = 0$, da $\chi_p(\mathbb{Z}_p^{\times}) \neq 1$. Ist $-k < j < 0$, dann ist χ_p nichttrivial auf der multiplikativen Gruppe $1 + p^{k-1}\mathbb{Z}_p$. Andererseits ist $p^j(1 + p^{k-1}\mathbb{Z}_p) = p^j + p^{k-1+j}\mathbb{Z}_p$ und e_p ist trivial auf $p^{k-1+j}\mathbb{Z}_p \subset \mathbb{Z}_p$. Daher folgt das Verschwinden des Integrals mit demselben Argument. Es ist also

$$\zeta_p(\hat{f}, \overline{\chi}, 1-s) = p^k \left(1 - \frac{1}{p}\right)(p^k)^{-s} \int\limits_{p^{-k}\mathbb{Z}_p^{\times}} \overline{e_p(x)\chi_p(x)}\, \mathrm{d}^{\times}x\,.$$

Das Produkt über aller verzweigten p liefert dann gerade $N^{-s}\overline{\tau(\chi, e)}$ und der Satz ist bewiesen. $\qquad\square$

In Tate's Thesis wird der Quotient $\mathbb{A}^{\times}/\mathbb{Q}^{\times} = \mathrm{GL}_1(\mathbb{A})/\mathrm{GL}_1(\mathbb{Q})$ betrachtet. In der Theorie der automorphen Formen wollen wir analog den Quotienten

$$\mathrm{GL}_n(\mathbb{A})/\mathrm{GL}_n(\mathbb{Q})$$

betrachten, wobei wir uns in diesem Buch allerdings auf den Fall $n = 2$ einschränken.

6.4 Galois-Darstellungen und L-Funktionen

Dieser Abschnitt ist ein Übersichts-Abschnitt ohne strenge Beweise.

Die Langlands-Vermutungen besagen unter anderem, dass L-Funktionen zu Galois-Darstellungen stets automorph sind. In diesem Abschnitt definieren wir diese L-Funktionen, betrachten den zahlentheoretischen Hintergrund und die Motivation durch das eindimensionale Beispiel.

Sei $L/\mathbb{Q}$ eine endliche Körpererweiterung und sei $\mathcal{O}_L$ der *Ganzzahlring* von L, d. h., $\mathcal{O}_L$ ist die Menge aller $\alpha \in L$ so dass $f(\alpha) = 0$ für ein normiertes Polynom $f \in \mathbb{Z}[x]$. Hierbei heißt ein Polynom *normiert*, falls sein Leitkoeffizient gleich Eins ist. Es gilt:

- $\mathcal{O}_L$ ist ein Unterring von L.
- Es gibt eine Basis $v_1, \ldots, v_n$ von L über $\mathbb{Q}$ so dass $\mathcal{O}_L = \mathbb{Z}v_1 \oplus \mathbb{Z}v_2 \oplus \cdots \oplus \mathbb{Z}v_n$.
- Es gilt $\mathcal{O}_L \cap \mathbb{Q} = \mathbb{Z}$.
- $\mathcal{O}$ ist ein *Dedekind-Ring*, d. h., jedes Ideal ist ein Produkt von Primidealen. Außerdem gilt für jedes Primideal $P \neq 0$, dass $\mathcal{O}/P$ ein endlicher Körper ist.
- Ist $P \neq 0$ ein Primideal von $\mathcal{O}_L$, dann ist $P \cap \mathbb{Z}$ ein Primideal $\neq 0$ von $\mathbb{Z}$, also existiert genau eine Primzahl p mit $P \cap \mathbb{Z} = (p)$. In diesem Fall sagt man, P liegt über p, oder p teilt P.

Wir nehmen nun an, dass $L/\mathbb{Q}$ eine Galois-Erweiterung ist und bezeichnen die Galois-Gruppe mit $\mathrm{Gal}(L/\mathbb{Q})$. Dann operiert $\mathrm{Gal}(L/\mathbb{Q})$ auf $\mathcal{O}_L$ und auf der Menge Prim_L aller Primideale von $\mathcal{O}_L$. Wir schreiben ferner $\mathrm{Gal}(K)$ für die Galois-Gruppe $\mathrm{Gal}(\overline{K}/K)$, wobei K ein beliebiger Körper ist und $\overline{K}$ ein algebraischer Abschluss von K. Damit ist also $\mathrm{Gal}(K)$ die Gruppe aller Körper-Automorphismen von $\overline{K}$, die K punktweise festhalten.

Für eine gegebene Primzahl p sei $\mathrm{Prim}_{L,p}$ die Menge aller Primideale von $\mathcal{O}_L$, die über p liegen. Dann ist $\mathrm{Prim}_{L,p}$ stets nichtleer und endlich. Die Galois-Gruppe $\mathrm{Gal}(L/\mathbb{Q})$ operiert auf $\mathrm{Prim}_{L,p}$.

Für ein $P \in \mathrm{Prim}_{L,p}$ sei

$$\mathrm{Gal}(L/\mathbb{Q})_P = \{g \in \mathrm{Gal}(L/\mathbb{Q}) : gP = P\}$$

die *Zerlegungsgruppe* von P. Dann operiert $\mathrm{Gal}(L/\mathbb{Q})_P$ auf dem endlichen Körper $\mathcal{O}/P$, d. h. wir haben einen Gruppenhomomomorphismus

$$\phi_P : \mathrm{Gal}(L/\mathbb{Q})_P \to \mathrm{Gal}(\mathcal{O}_L/P)$$

der Kern dieses Homomorphismus I_P wird die *Trägheitsgruppe* in P genannt. Da $\mathcal{O}_L/P$ ein endlicher Körper ist, ist die Galois-Gruppe eine endliche zyklische Gruppe und wird erzeugt von dem *Frobenius-Homomorphismus*

$$\mathrm{Frob}_p : x \mapsto x^p \, .$$

Man kann zeigen, dass der Homomorphismus ϕ_P surjektiv ist. Man kann also Frob_p als Element von $\mathrm{Gal}(L/\mathbb{Q})_P/I_P$ auffassen.

Eine *Galois-Darstellung* ist ein Gruppenhomomorphismus

$$\rho : \mathrm{Gal}(L/\mathbb{Q}) \to \mathrm{GL}(V) \, ,$$

wobei V ein endlich-dimensionaler $\mathbb{C}$-Vektorraum ist. Auf dem Raum

$$V^{I_P} = \{v \in V : gv = v \; \forall g \in I_P\}$$

operiert dann $\mathrm{Gal}(L/\mathbb{Q})_P/I_P$, also auch Frob_p. Die Galois-Gruppe $\mathrm{Gal}(L/\mathbb{Q})$ operiert transitiv auf der Menge $\mathrm{Prim}_{L,p}$, also hängt das charakteristische Polynom

$$\det\left(1 - x\,\mathrm{Frob}_p\,|V^{I_P}\right) = \det\left(1 - x\rho(\mathrm{Frob}_p)|_{V^{I_P}}\right)$$

nur von p ab! Definiere nun die *Artin L-Funktion* der Galois-Darstellung ρ als

$$L(\rho, s) \;=\; \prod_p \frac{1}{\det\left(1 - p^{-s}\,\mathrm{Frob}_p \,|\, V^{I_P}\right)}\,.$$

Man kann zeigen: Das Produkt $L(\rho, s)$ konvergiert absolut für $\mathrm{Re}(s) > \dim V$ und lässt sich zu einer meromorphen Funktion auf $\mathbb{C}$ fortsetzen.

Eine Galois-Darstellung ρ heißt *irreduzibel*, falls es keine Unterdarstellung gibt, d. h. falls für jeden Teilraum $U \subset V$ gilt: ist $\rho(g)U \subset U$ für jedes $g \in \mathrm{Gal}(L/\mathbb{Q})$, dann ist $U = 0$ oder $U = V$.

Artin-Vermutung: Ist ρ irreduzibel und $\neq 1$, dann ist $L(\rho, s)$ eine ganze Funktion.

Wir wollen nun die Artin-Vermutung für eindimensionale Darstellungen beweisen. Hierzu zitieren wir den klassischen Satz von Kronecker-Weber.

Satz 6.4.1 (Kronecker-Weber) *Ist $K/\mathbb{Q}$ eine endliche Galois-Erweiterung mit abelscher Galois-Gruppe, dann ist K ein Unterkörper von $\mathbb{Q}(\xi)$, wobei ξ eine Einheitswurzel ist. Man kann das so formulieren: jeder abelsche Zahlkörper ist ein Kreisteilungskörper.*

Man beachte nun folgendes: ist $K/\mathbb{Q}$ eine Galois-Erweiterung mit Galoisgruppe H, so ist $\mathrm{Gal}(K)$ eine normale Untergruppe von $\mathrm{Gal}(\mathbb{Q})$ und es gilt $H = \mathrm{Gal}(\mathbb{Q})/\mathrm{Gal}(K)$.

Für eine beliebige Gruppe G sei G^{ab} der größte abelsche Quotient, das heißt, $G^{\mathrm{ab}} = G/[G, G]$, wobei $[G, G]$ die *Kommutatorgruppe* von G ist, d. h., $[G, G]$ ist die Untergruppe, die von allen Elementen der Form $[a, b] = aba^{-1}b^{-1}$, mit $a, b \in G$, erzeugt wird.

Sei μ_∞ die Menge aller Einheitswurzeln in $\mathbb{C}$, also aller Zahlen der Form $\mathrm{e}^{2\pi i\alpha}$ mit $\alpha \in \mathbb{Q}/\mathbb{Z}$. Sei $K_0 = \mathbb{Q}(\mu_\infty)$ dann ist die Erweiterung $K_0/\mathbb{Q}$ eine (unendliche) Galois-Erweiterung mit Galois-Gruppe $\mathrm{Gal}(\mathbb{Q})^{\mathrm{ab}}$, wie aus dem Satz von Kronecker-Weber folgt. Hieraus erhält man

$$\mathrm{Gal}(\mathbb{Q})^{\mathrm{ab}} = \mathrm{Aut}(\mu_\infty) = \mathrm{Aut}(\mathbb{Q}/\mathbb{Z})$$

$$= \mathrm{Aut}\left(\bigoplus_p \varinjlim_{k\in\mathbb{N}} p^{-k}\mathbb{Z}/\mathbb{Z}\right)$$

$$= \prod_p \varprojlim_{k\in\mathbb{N}} \underbrace{\mathrm{Aut}(\mathbb{Z}/p^k\mathbb{Z})}_{=(\mathbb{Z}/p^k\mathbb{Z})^\times}$$

$$= \prod_p \mathbb{Z}_p^\times \;\cong\; \mathbb{A}^1/\mathbb{Q}^\times\,.$$

Nun zur Situation der Artin-Vermutung. Gegeben eine endliche Galois-Erweiterung L von $\mathbb{Q}$ mit Galois-Gruppe $\mathrm{Gal}(L/\mathbb{Q})$ und ein Charakter $\rho : \mathrm{Gal}(L/\mathbb{Q}) \to \mathbb{T}$. Nach der Galois-Theorie ist $\mathrm{Gal}(L/\mathbb{Q})$ gerade der Quotient $\mathrm{Gal}(\mathbb{Q})/\mathrm{Gal}(L)$, also kann ρ zu einem Charakter $\rho : \mathrm{Gal}(\mathbb{Q}) \to \mathbb{T}$ geliftet werden. Da $\mathbb{T}$ abelsch ist, faktorisiert ρ in eindeutiger Weise über den abelschen Quotienten $\mathrm{Gal}(\mathbb{Q})^{\mathrm{ab}}$. Nach dem oben angegebenen Kronecker-Weber-Isomorphismus liefert ρ also einen Charakter von $\mathbb{A}^1/\mathbb{Q}$, also einen Dirichlet-Charakter χ_ρ.

Lemma 6.4.2 *Die Artin-L-Funktion zu ρ stimmt überein mit der Dirichlet-L-Funktion zu χ_ρ, also*

$$L(\rho, s) \;=\; L(\chi_\rho, s)\,.$$

Beweisskizze: In der Definition von $L(\rho, s)$ kann man den Körper L durch den Fixkörper der Gruppe $\ker(\rho)$ ersetzen. Dieser hat eine abelsche Galoisgruppe über $\mathbb{Q}$, ist also ein Unterkörper von $\mathbb{Q}(\mu_N)$ für ein $N \in \mathbb{N}$, wobei μ_N die Gruppe der N-ten Einheitswurzeln ist. Man vergrößert den Körper wiederum und nimmt also an, dass $L = \mathbb{Q}(\mu_N)$ mit minimalem N gilt. Dann ist $\mathcal{O}_L = \mathbb{Z}[\mu_N]$ und für ein Primideal P über p gilt $\mathcal{O}_L/P \cong \mathbb{F}_p[\mu_{N'}]$, wobei N' der zu p teilerfremde Teil von N ist, also $N = p^k N'$. Im Fall $p|N$ ist $\mathrm{Gal}(L/\mathbb{Q})_P = I_P$ und $\rho(\mathrm{Gal}(L/\mathbb{Q})_P) \neq 1$, also ist der Euler-Faktor von $L(\rho, s)$ gleich 1. Im anderen Fall ist der Frobenius gerade das Element von $\mathrm{Gal}(L/\mathbb{Q})$, das gegeben ist durch $\xi \mapsto \xi^p$ für jedes $\xi \in \mu_N$. Damit ist $\rho(\mathrm{Frob}_p) = \chi_\rho(p)$ und das Lemma folgt. $\qquad\square$

Ist $\rho \neq 1$, dann folgt also, dass $L(\rho, s)$ eine ganze Funktion ist, wir haben in diesem Fall also die Artin-Vermutung für eindimensionale Darstellungen bewiesen!

Die absolute Galois-Gruppe G von $\mathbb{Q}$ und ihre Darstellungen bergen die tiefsten und folgenreichsten Geheimnisse der Mathematik überhaupt. Da, wie wir gesehen haben, der größte abelsche Quotient G^{ab} der Galois-Gruppe isomorph zu $\mathbb{A}^1/\mathbb{Q}^\times$ ist, kann man die eindimensionalen unitären Galois-Darstellungen mit den Charakteren von $\mathbb{A}^1/\mathbb{Q}^\times = \mathrm{GL}_1(\mathbb{A})^1/\mathrm{GL}_1(\mathbb{Q})$ identifizieren.

Um höherdimensionale Galois-Darstellungen zu verstehen sollte man also $\mathrm{GL}_n(\mathbb{A})^1/\mathrm{GL}_n(\mathbb{Q})$ anschauen, wobei

$$\mathrm{GL}_n(\mathbb{A})^1 \;=\; \{g \in \mathrm{GL}_n(\mathbb{A}) : |\det(g)| = 1\}\,.$$

Da aber $\mathrm{GL}_n(\mathbb{Q})$ nicht normal ist in $\mathrm{GL}_n(\mathbb{A})^1$, ist der Quotient keine Gruppe, hat also keine Darstellungen. Was sollte also die Entsprechung der Charaktere von $\mathbb{A}^1/\mathbb{Q}^\times$ sein?

Die Antwort liegt in der Fourier-Analysis der kompakten Gruppe $\mathbb{A}^1/\mathbb{Q}^\times$! Jeder Charakter $\chi : \mathbb{A}^1/\mathbb{Q}^\times \to \mathbb{T} \subset \mathbb{C}$ ist ein Element von $L^2(\mathbb{A}^1/\mathbb{Q}^\times)$ und die Charaktere bilden eine Orthonormalbasis dieses Hilbert-Raums, d. h., man hat

$$L^2(\mathbb{A}^1/\mathbb{Q}^\times) \;=\; \bigoplus_\chi \mathbb{C}\chi\,.$$

Angenommen nun, dass der Darstellungsraum $L^2\big(\mathrm{GL}_n(\mathbb{A})^1/\mathrm{GL}_n(\mathbb{Q})\big)$ in eine direkte Summe $\bigoplus_\pi V_\pi$ von irreduziblen Unterräumen zerfiele, dann wären diese π

der richtige Ersatz für die Charaktere χ. Die globale Langlands-Vermutung besagt, dass es zu jeder n-dimensionalen Galois-Darstellung ρ eine solche Darstellung π gibt, so dass $L(\rho, s) = L(\pi, s)$. (Wir haben weder π noch $L(\pi, s)$ bisher exakt definiert, werden dies aber tun.) Man kann zeigen, dass die automorphen L-Funktionen $L(\pi, s)$ zu ganzen Funktionen ausdehnen, also ist mit der globalen Langlands-Vermutung auch gleich die allgemeine Artin-Vermutung bewiesen.

Eine solche Zerlegung von $L^2 \left(\mathrm{GL}_n(\mathbb{A})^1 / \mathrm{GL}_n(\mathbb{Q}) \right)$ als eine Summe von irreduziblen Darstellungen existiert zwar nicht, wohl aber, wenn man den L^2-Raum durch einen bestimmten Teilraum, den Raum der Spitzenformen, ersetzt, wie wir im nächsten Kapitel zeigen werden.

6.5 Aufgaben

Aufgabe 6.1 Sei $\chi : (\mathbb{Z}/N\mathbb{Z})^\times \to \mathbb{T}$ ein Dirichlet-Charakter modulo N. Der *Führer* $f_\chi \in \mathbb{N}$ von χ ist der kleinste Teiler von N, so dass χ über die Projektion $\mathbb{Z}/N\mathbb{Z} \to \mathbb{Z}/f_\chi\mathbb{Z}$ faktorisiert.

Zeige: Sind χ, η Dirichlet-Charaktere modulo N mit $(f_\chi, f_\eta) = 1$, dann gilt $f_{\chi\eta} = f_\chi f_\eta$.

Aufgabe 6.2 Sei A eine endliche abelsche Gruppe. Wir versehen den Vektorraum $C(A)$ aller Funktionen $f : A \to \mathbb{C}$ mit dem Skalarprodukt $\langle f, g \rangle = \frac{1}{|A|} \sum_{a \in A} f(a)\overline{g(a)}$. Sei $\widehat{A}$ die Menge aller Gruppenhomomorphismen $\chi : A \to \mathbb{T}$.

(a) Zeige, dass $|\widehat{A}| = |A|$. (Hierzu kann der Hauptsatz über endliche abelsche Gruppen benutzt werden. Dieser besagt, dass A als Produkt von zyklischen Gruppen dargestellt werden kann.)
(b) Zeige, dass die $\chi \in \widehat{A}$ eine Orthonormalbasis von $C(A)$ bilden.
(c) Sei $N \in \mathbb{N}$ und sei $a \in A = (\mathbb{Z}/N\mathbb{Z})^\times$. Zeige, dass es Koeffizienten $c(\chi) \in \mathbb{C}$ gibt, so dass

$$\sum_{\chi \in \widehat{A}} c(\chi) L(\chi, s) = \sum_{\substack{n \in \mathbb{N} \\ n \equiv a \bmod N}} \frac{1}{n^s}.$$

Aufgabe 6.3 Sei $K \subset G$ eine kompakte Untergruppe und sei $L^1(G)^K$ die Menge aller $f \in L^1(G)$, die unter K bi-invariant sind, für die also gilt $f(k_1 x k_2) = f(x)$ falls $k_1, k_2 \in K$. Zeige: $L^1(G)^K$ ist eine Unteralgebra von $L^1(G)$.

Aufgabe 6.4 Sei $\tau : K \to \mathrm{GL}(V)$ eine stetige Darstellung der kompakten Gruppe K auf dem Banach-Raum V. Zeige: Die Abbildung $P : V \to V$ gegeben durch

$$P(v) = \int_K \tau(k) v \, \mathrm{d}k$$

ist eine Projektion mit Bild $V_\pi(\tau)$.

Kapitel 7
Automorphe Darstellungen der $\mathrm{GL}_2(\mathbb{A})$

Wir führen zunächst eine praktische Schreibweise ein. Ist R ein Ring, so schreiben wir G_R für die Gruppe $\mathrm{GL}_2(R)$ der invertierbaren 2×2-Matrizen. Dies sind genau die Matrizen, deren Determinante eine Einheit im Ring R ist. Insbesondere ist $G_{\mathbb{A}} = \mathrm{GL}_2(\mathbb{A})$ das eingeschränkte Produkt der Gruppen $G_{\mathbb{Q}_p}$. Wir schreiben weiter G_p für die Gruppe $G_{\mathbb{Q}_p} = \mathrm{GL}_2(\mathbb{Q}_p)$, also insbesondere $G_\infty = G_{\mathbb{R}} = \mathrm{GL}_2(\mathbb{R})$. Ist S eine beliebige Stellenmenge, so schreiben wir $G_S = G_{\mathbb{A}_S} = \mathrm{GL}_2(\mathbb{A}_S)$, dies ist das eingeschränkte Produkt der G_p mit $p \in S$. Ebenso schreiben wir G^S für $\mathrm{GL}_2(\mathbb{A}^S)$, dann gilt also $G_{\mathbb{A}} = G_S \times G^S$. Ist S die Menge aller Primzahlen, also die Menge aller endlichen Stellen, so schreiben wir auch $G_{\mathrm{fin}} = G_S = G_{\mathbb{A}_{\mathrm{fin}}}$.

Für einen Ring R sei Z_R die Menge aller Diagonalmatrizen $\left(\begin{smallmatrix} r & \\ & r \end{smallmatrix}\right)$ mit $r \in R^\times$. Für $p \le \infty$ schreiben wir auch Z_p für $Z_{\mathbb{Q}_p}$. Wir können $G_{\mathbb{Q}} \backslash G_{\mathbb{A}}^1$ mit $(G_{\mathbb{Q}} Z_{\mathbb{R}}) \backslash G_{\mathbb{A}}$ identifizieren.

Das Haar-Integral einer lokalkompakten Gruppe wie $G_{\mathbb{A}}$ schreiben wir stets als $\int_{G_{\mathbb{A}}} f(x)\, dx$, wobei f eine integrierbare Funktion sein soll. Das bedeutet, wir unterscheiden die Haar-Maße nicht in der Schreibweise. Durch den Integrationsbereich wird immer jeweils klar sein, welches Haar-Maß zu nehmen ist.

7.1 Hauptserien

Wir werden hier eine wichtige Klasse von Darstellungen der Gruppe $G_p = \mathrm{GL}_2(\mathbb{Q}_p)$ für eine Primzahl p beschreiben, die *Hauptserien-Darstellungen*.

Die Gruppe G_p erhält eine lokalkompakte Topologie von der Inklusion $G_p = \mathrm{GL}_2(\mathbb{Q}_p) \subset \mathrm{M}_2(\mathbb{Q}_p) \cong \mathbb{Q}_p^4$. Mit dieser Topologie ist G_p eine lokalkompakte Gruppe.

A. Deitmar, *Automorphe Formen*
DOI 10.1007/978-3-642-12390-0, © Springer 2010

Sei p eine Primzahl. Es bezeichne A_p die Gruppe der Diagonalmatrizen in G_p und N_p die Gruppe aller Matrizen der Form $\left(\begin{smallmatrix} 1 & x \\ & 1 \end{smallmatrix}\right)$ mit $x \in \mathbb{Q}_p$. Schließlich sei K_p die kompakte offene Untergruppe $GL_2(\mathbb{Z}_p)$. Wir versehen G_p mit dem eindeutig bestimmten Haar-Maß, dass der kompakten offenen Untergruppe K_p das Maß 1 gibt.

Sei $\lambda : A_p \to \mathbb{C}^\times$ ein Quasicharakter. Wir schreiben a^λ für $\lambda(a)$ und fassen die Gruppe der Quasicharaktere als eine additive Gruppe auf. Sind also λ und λ' Quasicharaktere, so ist $\lambda + \lambda'$ der Quasicharakter gegeben durch

$$a^{\lambda+\lambda'} = a^\lambda a^{\lambda'}.$$

Beispiel 7.1.1 Sind λ_1, λ_2 komplexe Zahlen, so ist $a \mapsto a^\lambda$ mit

$$\begin{pmatrix} a_1 & \\ & a_2 \end{pmatrix}^\lambda \stackrel{\text{def}}{=} |a_1|^{\lambda_1} |a_2|^{\lambda_2}$$

ein Quasicharakter von A_p. Auf diese Weise bildet $\mathbb{C}^2$ eine Untergruppe der Quasicharakter-Gruppe von A_p. Als besonderes Beispiel betrachten wir den Quasicharakter $a^\delta = |a_1|/|a_2|$. Man beachte, dass die Modularfunktion von der Gruppe $B_p = A_p N_p$ gegeben ist durch $\Delta_{B_p}(an) = a^\delta$ (Aufgabe 7.4).

Proposition 7.1.2 *Die Gruppe G_p ist unimodular. Es gilt die Iwasawa-Zerlegung*

$$G_p = A_p N_p K_p.$$

Man kann die Haar-Maße so normieren, dass die Iwasawa-Integralformel

$$\int_{G_p} h(x)\,\mathrm{d}x = \int_{A_p} \int_{N_p} \int_{K_p} h(ank)\,\mathrm{d}k\,\mathrm{d}n\,\mathrm{d}a$$

für jedes $h \in L^1(G_p)$ richtig ist. Es gibt stetige Funktionen

$$\underline{a} : G_p \to A_p, \quad \underline{n} : G_p \to N_p, \quad \underline{k} : G_p \to K_p,$$

so dass für jedes $g \in G_p$ gilt $g = \underline{a}(g)\underline{n}(g)\underline{k}(g)$. Für jede Wahl solcher Funktionen und jedes $f \in L^1(K_p)$, das unter Linkstranslationen mit Elementen der Gruppe $L_p = K_p \cap A_p N_p$ invariant ist, also $f \in L^1(L_p \backslash K_p)$ und jedes $y \in G$ gilt die Integralformel

$$\int_{K_p} f(k)\,\mathrm{d}k = \int_{K_p} \underline{a}(ky)^\delta f(\underline{k}(ky))\,\mathrm{d}k.$$

Wir schreiben der Einfachheit halber auch $\underline{an}(x) = \underline{a}(x)\underline{n}(x)$.

Beachte, dass die Iwasawa-Zerlegung keine direkte Produktzerlegung ist wie im reellen Fall. Der Schnitt der Gruppen A_p und N_p ist zwar die triviale Gruppe, aber K_p hat mit beiden Faktoren A_p und N_p einen nichtleeren Schnitt.

Beweis: Sei $g = \begin{pmatrix} a & b \\ c & d \end{pmatrix}$ ein Element von G_p. Ist $|c| > |d|$, so multiplizieren wir g von rechts mit der Matrix $\begin{pmatrix} & 1 \\ 1 & \end{pmatrix} \in K_p$, so dass wir $|c| \le |d|$ annehmen können. Da g invertierbar ist, ist dann $d \ne 0$ und es gilt

$$\begin{pmatrix} a & b \\ c & d \end{pmatrix} = \underbrace{\begin{pmatrix} a - \frac{bc}{d} & b \\ & d \end{pmatrix}}_{\in A_p N_p} \underbrace{\begin{pmatrix} 1 & \\ c/d & 1 \end{pmatrix}}_{\in K_p} .$$

Dies zeigt die Gültigkeit der Zerlegung $G_p = A_p N_p K_p$. Nun ist $B = A_p N_p$ eine abgeschlossene Untergruppe von G_p, nämlich die Gruppe der oberen Dreiecksmatrizen. Ferner ist $da\, dn$ ein Haar-Maß auf B, siehe Aufgabe 8.2. Damit folgt die Iwasawa-Intergalformel mit Satz 3.1.14. Die Abbildungen $\underline{a}, \underline{n}, \underline{k}$ sind durch die obige Formel definiert. Sie sind stetig auf den offenen Mengen $\{|c| > |d|\}$ und $\{|c| \le |d|\}$ und damit insgesamt stetig.

Ein Quasicharakter χ der Gruppe A_p heißt *unverzweigt*, falls er trivial ist auf $A_p \cap K_p$. Dies ist genau dann der Fall, wenn es $\lambda_1, \lambda_2 \in \mathbb{C}$ gibt mit $\chi \begin{pmatrix} a_1 & \\ & a_2 \end{pmatrix} = |a_1|^{\lambda_1} |a_2|^{\lambda_2}$.

Wir zeigen nun die Unimodularität. Sei $\Delta : G_p \to \mathbb{R}_+^\times$ die Modularfunktion von G_p. Wir zeigen, dass Δ trivial ist. Zunächst gilt $\Delta(K_p) = 1$, da K_p kompakt ist. Daher ist Δ eingeschränkt auf A_p ein unverzweigter Quasicharakter. Es existieren also $\lambda_1, \lambda_2 \in \mathbb{C}$ mit $\Delta \begin{pmatrix} a_1 & \\ & a_2 \end{pmatrix} = |a_1|^{\lambda_1} |a_2|^{\lambda_2}$. Sei $w = \begin{pmatrix} & 1 \\ 1 & \end{pmatrix} \in G_p$, dann vertauscht die Konjugation mit w die Einträge a_1 und a_2. Wegen $\Delta(waw^{-1}) = \Delta(a)$ folgt daher $\lambda_1 = \lambda_2$. Schreiben wir $\lambda \in \mathbb{C}$ für diese Zahl. Nach Definition muss Δ auf dem Zentrum von G_p trivial sein, also folgt

$$1 = \Delta \begin{pmatrix} a & \\ & a \end{pmatrix} = |a|^{2\lambda} .$$

Damit folgt dass $p^{2\lambda} = 1$ ist. Da $\Delta \ge 0$, folgt durch Wurzelziehen, dass $p^\lambda = 1$ und damit ist $\Delta(A_p) = 1$. Ist $n = \begin{pmatrix} 1 & x \\ & 1 \end{pmatrix} \in N_p$, so gibt es ein $k \in \mathbb{N}$ so dass $n^{p^k} = \begin{pmatrix} 1 & p^k x \\ & 1 \end{pmatrix} \in K_p$ ist. Damit ist $1 = \Delta(n^{p^k}) = \Delta(n)^{p^k}$ und da $\Delta \ge 0$ ist, folgt $\Delta(n) = 1$. Nach der Iwasawa-Zerlegung ergibt sich also $\Delta(G_p) = \Delta(A_p)\Delta(N_p)\Delta(K_p) = 1$, die Gruppe G_p ist also unimodular.

Da der Raum der stetigen Funktionen $C(L_p \backslash K_p)$ dicht in $L^1(K_p)$ liegt, reicht es, die letzte Formel für $f \in C(L_p \backslash K_p)$ zu zeigen. Wähle eine unter L_p beidseitig invariante Funktion $\eta \in C_c(A_p N_p)$ so dass $\eta \ge 0$ und $\int_{A_p N_p} \eta(an)\, da\, dn = 1$. Setze $g(x) = \eta(\underline{an}(x)) f(\underline{k}(x))$. Dann ist $g \in C_c(G)$ und

$$\int_{G_p} g(x)\, dx = \int_{A_p N_p} \eta(an)\, dan \int_{K_p} f(k)\, dk = \int_{K_p} f(k)\, dk .$$

Andererseits, da G_p unimodular ist, ist das Integral auch

$$\int_{G_p} g(xy)\,\mathrm{d}x = \int_{G_p} \eta(\underline{an}(xy))\, f(\underline{k}(xy))\,\mathrm{d}x$$

$$= \int_{A_p N_p} \int_{K_p} \eta(\underline{an}(anky))\, f(\underline{k}(ky))\,\mathrm{d}k\,\mathrm{d}a\,\mathrm{d}n$$

$$= \int_{K_p} \left(\int_{A_p N_p} \eta(\underline{an}(anky))\,\mathrm{d}an \right) f(\underline{k}(ky))\,\mathrm{d}k$$

$$= \int_{K_p} \left(\int_{A_p N_p} \eta(an\underline{an}(ky))\,\mathrm{d}an \right) f(\underline{k}(ky))\,\mathrm{d}k$$

$$= \int_{K_p} \underline{a}(ky)^\delta \left(\int_{A_p N_p} \eta(an)\,\mathrm{d}an \right) f(\underline{k}(ky))\,\mathrm{d}k$$

$$= \int_{K_p} \underline{a}(ky)^\delta\, f(\underline{k}(ky))\,\mathrm{d}k\,.$$

Damit ist die Proposition vollständig bewiesen. $\qquad\qquad\square$

Sei V_λ der Raum aller messbaren Funktionen $\varphi : G_p \to \mathbb{C}$ mit

- $\varphi(anx) = a^{\lambda+\delta/2}\varphi(x)$, $a \in A_p$, $n \in N_p$, $x \in G_p$ und
- $\int_{K_p} |\varphi(k)|^2\,\mathrm{d}k < \infty$.

Wir identifizieren zwei Funktionen, wenn sie sich nur auf einer Nullmenge unterscheiden und erhalten einen Hilbert-Raum mit dem Skalarprodukt

$$\langle \varphi, \psi \rangle \overset{\text{def}}{=} \int_{K_p} \varphi(k)\overline{\psi(k)}\,\mathrm{d}k\,.$$

Die Darstellung π_λ von G_p auf dem Raum V_λ wird definiert als

$$\pi_\lambda(y)\varphi(x) \overset{\text{def}}{=} \varphi(xy)\,,$$

also durch die Rechtstranslation.

> **Satz 7.1.3** *Die Abbildung π_λ ist eine Darstellung der Gruppe G_p auf dem Hilbert-Raum V_λ. Sie ist genau dann unitär, wenn λ ein Charakter ist, also wenn $a^\lambda \in \mathbb{T}$ für jedes $a \in A_p$ gilt. Die Einschränkung auf die kompakte offene Untergruppe K_p ist unitär.*
>
> *Diese Darstellungen heißen die* Hauptserien-Darstellungen *von G_p.*

Beachte, dass a^λ genau dann in $\mathbb{T}$ liegt, wenn $a^{\lambda+\overline{\lambda}} = 1$ ist.

Beweis: Als erstes ist zu zeigen, dass $\pi_\lambda(y)\varphi$ tatsächlich wieder in V_λ liegt, wenn $\varphi \in V_\lambda$ ist. Die erste Eigenschaft ist klar, denn

$$\pi_\lambda(y)\varphi(anx) = \varphi(anxy) = a^{\lambda+\delta/2}\varphi(xy) = a^{\lambda+\delta/2}\pi_\lambda(y)\varphi(x)\,.$$

Die zweite Eigenschaft ist subtiler. Wir müssen zeigen $\|\pi_\lambda(y)\varphi\|^2 = \int_{K_p} \times |\varphi(ky)|^2\,dk < \infty$. In dem folgenden Lemma zeigen wir eine viel schärfere Aussage.

Lemma 7.1.4 *Ist $U \subset G$ eine kompakte Teilmenge, so gibt es ein $C > 0$ so dass für jedes $y \in U$ und jedes $\varphi \in V_\lambda$ gilt*

$$\|\pi_\lambda(y)\varphi\| \leq C\,\|\varphi\|\,.$$

Beweis: Es gilt $\varphi(ky) = \underline{a}(ky)^{\lambda+\delta/2}\varphi(\underline{k}(ky))$ und wir schließen

$$\int\limits_{K_p} |\varphi(ky)|^2\,dk = \int\limits_{K_p} \underline{a}(ky)^{\lambda+\overline{\lambda}+\delta}|\varphi(\underline{k}(ky))|^2\,dk\,.$$

Die stetige Funktion $(y,k) \mapsto \underline{a}(ky)^{\lambda+\overline{\lambda}}$ ist auf dem Kompaktum $U \times K_p$ beschränkt, also gibt es ein $C > 0$ mit $|\underline{a}(ky)^{\lambda+\overline{\lambda}}| \leq C^2$ für alle $y \in U$ und alle $k \in K_p$. Mit Proposition 7.1.2 erhalten wir

$$\|\pi_\lambda(y)\varphi\|^2 \leq C^2 \int\limits_{K_p} \underline{a}(ky)^\delta |\varphi(\underline{k}(ky))|^2\,dk = C^2 \int\limits_{K_p} |\varphi(k)|^2\,dk = C^2\,\|\varphi\|^2\,.$$

Das Lemma ist gezeigt. $\qquad\qquad\qquad\qquad\qquad\qquad\qquad\qquad\qquad\qquad\qquad$ $\square$

Weiter müssen wir zeigen, dass die Abbildung $G_p \times V_\lambda \to V_\lambda$, gegeben durch $(g,\varphi) \mapsto \pi_\lambda(g)\varphi$, stetig ist. Sei also $y_n \to y$ eine konvergente Folge in G_p und $\varphi_n \to \varphi$ eine konvergente Folge in V_λ. Wir müssen zeigen, dass die Folge $\pi_\lambda(y_n)\varphi_n$ in V_λ gegen $\pi_\lambda(y)\varphi$ konvergiert. Die Menge $U = \{y_n : n \in \mathbb{N}\} \cup \{y\}$

ist kompakt in G_p, sei $\mathrm{C} > 0$ die Konstante aus dem Lemma zu diesem U. Es gilt dann

$$\|\pi_\lambda(y_n)\varphi_n - \pi_\lambda(y)\varphi\| \leq \|\pi_\lambda(y_n)\varphi_n - \pi_\lambda(y_n)\varphi\| + \|\pi_\lambda(y_n)\varphi - \pi_\lambda(y)\varphi\|$$

$$\leq \mathrm{C}\underbrace{\|\varphi_n - \varphi\|}_{\to 0} + \|\pi_\lambda(y_n)\varphi - \pi_\lambda(y)\varphi\|\ .$$

Der erste Summend geht gegen Null, wenn $n \to \infty$. Wir betrachten das Quadrat des zweiten Summanden:

$$\|\pi_\lambda(y_n)\varphi - \pi_\lambda(y)\varphi\|^2 = \int\limits_{K_p} |\varphi(ky_n) - \varphi(ky)|^2\, dk\ .$$

Wir nehmen zunächst an, dass die Funktion φ auf K_p beschränkt ist. Dann ist sie auch auf KU beschränkt, sagen wir durch eine Konstante $\mathrm{D} > 0$. Dann ist $|\varphi(ky_n) - \varphi(ky)|^2 \leq 4\mathrm{D}^2$ und die konstante Funktion $4\mathrm{D}^2$ ist auf dem Kompaktum K_p integrabel, also kann man nach dem Satz der Majorisierten Konvergenz schließen, dass das Integral $\int_{K_p} |\varphi(ky_n) - \varphi(ky)|^2\, dk$ für $n \to \infty$ gegen Null geht. Ist die Funktion ϕ nicht beschränkt auf K_p, so ist sie doch quadrat-integrierbar und daher gibt es zu gegebenem $\varepsilon > 0$ eine auf K_p beschränkte Funktion $\psi \in V_\lambda$ so dass $\|\varphi - \psi\| < \varepsilon/4\mathrm{C}$. Es existiert ferner ein n_0, so dass für alle $n \geq n_0$ gilt $\|\pi_\lambda(y_n)\psi - \pi_\lambda(y)\psi\| < \varepsilon/2$. Dann ist für jedes $n \geq n_0$,

$$\|\pi_\lambda(y_n)\varphi - \pi_\lambda(y)\varphi\| \leq \|\pi_\lambda(y_n)\varphi - \pi_\lambda(y_n)\psi\| + \|\pi_\lambda(y_n)\psi - \pi_\lambda(y)\psi\|$$
$$+ \|\pi_\lambda(y)\psi - \pi_\lambda(y)\varphi\|$$
$$\leq 2\mathrm{C}\|\varphi - \psi\| + \|\pi_\lambda(y_n)\psi - \pi_\lambda(y)\psi\| < \frac{\varepsilon}{2} + \frac{\varepsilon}{2} = \varepsilon\ .$$

Damit ist gezeigt, dass π_λ in der Tat eine Darstellung ist.

Für das Unitaritätskriterium beachte, dass einerseits

$$\int\limits_{K_p} |\varphi(ky)|^2\, dk = \int\limits_{K_p} \underline{a}(ky)^{\lambda + \overline{\lambda} + \delta} |\varphi(\underline{k}(ky))|^2\, dk$$

für jedes $\varphi \in V_\lambda$. Nun sagt Proposition 7.1.2 andererseits

$$\int\limits_{K_p} |\varphi(k)|^2\, dk = \int\limits_{K_p} \underline{a}(ky)^{\delta} |\varphi(\underline{k}(ky))|^2\, dk\ .$$

Wir sehen also, dass die Unitarität von π_λ äquivalent ist zu der Identität

$$\int\limits_{K_p} \underline{a}(ky)^{\delta} |\varphi(\underline{k}(ky))|^2\, dk = \int\limits_{K_p} \underline{a}(ky)^{\lambda + \overline{\lambda}} \underline{a}(ky)^{\delta} |\varphi(\underline{k}(ky))|^2\, dk$$

für jedes $\varphi \in V_\lambda$. Dies ist allerdings äquivalent zu $a^{\lambda + \overline{\lambda}} = 1$ für jedes $a \in A_p$.

Die Einschränkung auf die Untergruppe K_p ist eine Unterdarstellung der rechts-regulären Darstellung auf $L^2(K_p)$. Damit ist sie unitär und der Satz ist bewiesen. $\square$

7.2 Reell zu adelisch

Als Teilmenge von $M_2(\mathbb{A}) \cong \mathbb{A}^4$ erbt $G_\mathbb{A}$ eine Topologie, mit der diese Gruppe aber, wie die Idele, also $GL_1(\mathbb{A})$, nicht zu einer topologischen Gruppe wird, da die Inversion nicht stetig ist. Es gilt

$$G_\mathbb{A} = G_{\mathrm{fin}} \times G_\mathbb{R}.$$

Erweitert man, wie bei den Idelen, die Topologie so, dass auch die Inversion stetig wird, erhält man die eingeschränkte Produkttopologie auf

$$G_{\mathrm{fin}} = \widehat{\prod}_{p<\infty}^{K_p} G_p.$$

Die Gruppe

$$G_{\widehat{\mathbb{Z}}} = \prod_{p<\infty} K_p$$

ist eine maximale kompakte (und offene) Untergruppe von G_{fin}. Wir wählen auf G_{fin} das eindeutig bestimmte Haar-Maß, das der kompakten offenen Untergruppe $G_{\widehat{\mathbb{Z}}}$ das Maß 1 gibt.

Satz 7.2.1 *Die Gruppe $G_\mathbb{Q}$ liegt dicht in G_{fin} und ebenso für SL_2.*

Die Gruppe $G_\mathbb{Q}$ liegt diskret in $G_\mathbb{A}$. Sie liegt ganz in $G_\mathbb{A}^1 = \{g \in G_\mathbb{A} : |\det g| = 1\}$. Der Quotient $G_\mathbb{Q} \backslash G_\mathbb{A}^1$ ist nicht kompakt, hat aber endliches Haar-Maß. Dasselbe gilt für $SL_2(\mathbb{Q}) \backslash SL_2(\mathbb{A})$.

Beachte die folgende Konsequenz: Für jede (kompakte) offene Untergruppe K_{fin} von G_{fin} gilt

$$G_\mathbb{A} = G_\mathbb{Q} G_\mathbb{R} K_{\mathrm{fin}}.$$

Beweis: Sei X der Abschluss von $G_\mathbb{Q}$ in G_{fin}. Da $\mathbb{Q}^\times$ dicht in $\mathbb{A}_{\mathrm{fin}}^\times$ ist, sind alle Diagonalmatrizen in X. Da $\mathbb{Q}$ dicht ist in $\mathbb{A}_{\mathrm{fin}}$, sind alle oberen und unteren Dreiecksmatrizen in X. Da X eine Gruppe ist, enthält X auch alle Produkte der Form

$$\begin{pmatrix} a & x \\ & b \end{pmatrix} \begin{pmatrix} 1 & \\ y & 1 \end{pmatrix} = \begin{pmatrix} a+xy & x \\ by & b \end{pmatrix}.$$

Die Menge all dieser Produkte ist genau die Menge aller Matrizen in G_{fin}, deren rechter unterer Eintrag eine Einheit in A_{fin} ist. Sei nun $\begin{pmatrix} a & b \\ c & d \end{pmatrix}$ eine beliebige Matrix in G_{fin}. Wir wollen zeigen, dass diese Matrix in X liegt. Da $\mathbb{A}_{\text{fin}} = \mathbb{Q}\widehat{\mathbb{Z}}$, ist $a = a'/n(a)$, $b = b'/n(b)$ und so fort mit $a', b', c', d' \in \widehat{\mathbb{Z}}$ und $n(a), n(b), n(c), n(d) \in \mathbb{N}$. Nach Multiplikation mit der Matrix $\left(\begin{smallmatrix} n(a)n(b) & \\ & n(c)n(d) \end{smallmatrix}\right)$ können wir annehmen, dass $\left(\begin{smallmatrix} a & b \\ c & d \end{smallmatrix}\right) \in \mathrm{M}_2(\widehat{\mathbb{Z}})$. Diese Matrix ist aber auch invertierbar über $\mathbb{A}_{\text{fin}}$, also ist insbesondere das Maximum $\max(|b|_p, |d|_p)$ ungleich Null für alle $p < \infty$ und $\max(|b|_p, |d|_p) = 1$ für fast alle p. Wenn wir die Matrix von links mit $\left(\begin{smallmatrix} 1 & \\ z & 1 \end{smallmatrix}\right)$ multiplizieren, wird d durch $d + zb$ ersetzt. Wir können dann z so wählen, dass $|d + bz|_p \neq 0$ für alle p und $|d + bz|_p = 1$ für fast alle p, also ist dann $d + bz$ eine Einheit in $\mathbb{A}_{\text{fin}}$, damit ist die ursprüngliche Matrix $\left(\begin{smallmatrix} a & b \\ c & d \end{smallmatrix}\right)$ in X. Es bleibt schließlich zu zeigen, dass $\mathrm{SL}_2(\mathbb{Q})$ dicht liegt in $\mathrm{SL}_2(\mathbb{A}_{\text{fin}})$. Hierzu sei $g \in \mathrm{SL}_2(\mathbb{A}_{\text{fin}})$ und g_n eine Folge in $G_{\mathbb{Q}}$, die gegen g konvergiert. Dann konvergiert auch $\det g_n$ gegen $\det g = 1$, also konvergiert die Folge $\left(\begin{smallmatrix} \det g_n^{-1} & \\ & 1 \end{smallmatrix}\right) g_n \in \mathrm{SL}_2(\mathbb{Q})$ gegen g.

Wir zeigen nun die Diskretheit von $G_{\mathbb{Q}}$. Sei hierzu $U \subset G_{\mathbb{R}}$ eine offene Einsumgebung so dass $U \cap \mathrm{GL}_2(\mathbb{Z}) = \{1\}$. Dann ist $V = G_{\widehat{\mathbb{Z}}} \times U$ eine offene Einsumgebung in $G_{\mathbb{A}}$. Da $G_{\mathbb{Q}} \cap G_{\widehat{\mathbb{Z}}} = \mathrm{GL}_2(\mathbb{Z})$, folgt $G_{\mathbb{Q}} \cap V = \{1\}$, also liegt $G_{\mathbb{Q}}$ diskret. Nach der Produktformel gilt für $g \in G_{\mathbb{Q}}$ schon $|\det g| = 1$.

Sei $G_{\mathbb{R}}^1 = \mathrm{GL}_2(\mathbb{R})^1$ die Menge aller $g \in \mathrm{GL}_2(\mathbb{R})$ mit $|\det(g)| = 1$. Wir wissen, dass $\mathrm{SL}_2(\mathbb{Z}) \backslash \mathrm{SL}_2(\mathbb{R})$ und $\mathrm{GL}_2(\mathbb{Z}) \backslash G_{\mathbb{R}}^1$ nicht kompakt sind, aber jeweils endliches Haar-Maß haben. Daher folgt die nächste Behauptung aus der Proposition:

Proposition 7.2.2 *Die Abbildung*

$$\phi : G_{\mathbb{Z}} x \mapsto G_{\mathbb{Q}}(1, x) G_{\widehat{\mathbb{Z}}}$$

ist ein $G_{\mathbb{R}}$-äquivarianter Homöomorphismus

$$G_{\mathbb{Z}} \backslash G_{\mathbb{R}} \xrightarrow{\cong} G_{\mathbb{Q}} \backslash G_{\mathbb{A}} / G_{\widehat{\mathbb{Z}}}.$$

Die Abbildung $\mathrm{SL}_2(\mathbb{Z}) x \mapsto \mathrm{SL}_2(\mathbb{Q})(1, x) \mathrm{SL}_2(\widehat{\mathbb{Z}})$ ist ein $\mathrm{SL}_2(\mathbb{R})$-äquivarianter Homöomorphismus

$$\mathrm{SL}_2(\mathbb{Z}) \backslash \mathrm{SL}_2(\mathbb{R}) \xrightarrow{\cong} \mathrm{SL}_2(\mathbb{Q}) \backslash \mathrm{SL}_2(\mathbb{A}) / \mathrm{SL}_2(\widehat{\mathbb{Z}}).$$

Beweis: Wir zeigen die erste Aussage, die zweite geht genauso. Wir müssen zunächst Wohldefiniertheit der Abbildung ϕ zeigen. Seien hierzu $x, y \in G_{\mathbb{R}}$ mit

$$\mathrm{GL}_2(\mathbb{Z}) x = \mathrm{GL}_2(\mathbb{Z}) y.$$

Dann folgt $x = \gamma y$ für ein $\gamma \in \mathrm{GL}_2(\mathbb{Z})$. Beachte $\mathrm{GL}_2(\mathbb{Z}) = G_{\mathbb{Q}} \cap G_{\widehat{\mathbb{Z}}}$. Daher ist in $G_{\mathbb{Q}} \backslash G_{\mathbb{A}}^1 / G_{\widehat{\mathbb{Z}}}$ die folgende Identität richtig

$$[1, x] = [1, \gamma y] = [\gamma \gamma^{-1}, \gamma y] = [\gamma^{-1}, y] = [1, y].$$

Die Abbildung ϕ ist damit wohldefiniert.

Als nächstes zeigen wir die Injektivität. Sei also $\phi(x) = \phi(y)$, dann ist

$$G_{\mathbb{Q}}(1, x)G_{\widehat{\mathbb{Z}}} = G_{\mathbb{Q}}(1, y)G_{\widehat{\mathbb{Z}}} \, .$$

Das bedeutet, dass es ein $\gamma \in G_{\mathbb{Q}}$ und ein $k \in G_{\widehat{\mathbb{Z}}}$ gibt mit

$$(1, x) = \gamma(1, y)k = (\gamma k, \gamma y) \, .$$

Es folgt $\gamma k = 1$, also liegt $\gamma = k^{-1}$ in $G_{\mathbb{Q}} \cap G_{\widehat{\mathbb{Z}}} = G_{\mathbb{Q}} \cap \prod_{p<\infty} K_p = \mathrm{GL}_2(\mathbb{Z})$. Wegen $x = \gamma y$ folgt also $\mathrm{GL}_2(\mathbb{Z})x = \mathrm{GL}_2(\mathbb{Z})y$, damit ist ϕ injektiv.

Für die Surjektivität müssen wir zeigen, dass $G_{\mathbb{A}} = G_{\mathbb{Q}}G_{\mathbb{R}}G_{\widehat{\mathbb{Z}}}$. Sei hierfür $x = (x_{\mathrm{fin}}, x_\infty) \in G_{\mathbb{A}}$. Da $G_{\mathbb{Q}}$ dicht ist in G_{fin}, existiert $\gamma \in G_{\mathbb{Q}}$ so dass $k = \gamma^{-1}x_{\mathrm{fin}} \in G_{\widehat{\mathbb{Z}}}$. Wir haben also $x = \gamma(1, \gamma^{-1}x_\infty)k$ und die Behauptung ist bewiesen. Dass ϕ stetig ist und offen, ist leicht zu sehen. $\qquad\square$

Wir folgern schließlich die Endlichkeit des Haar-Maßes von $G_{\mathbb{Q}}\backslash G_{\mathbb{A}}^1$ wie folgt. Das Haar-Maß induziert ein $G_{\mathbb{R}}^1$-invariantes Maß auf

$$G_{\mathbb{Q}}\backslash G_{\mathbb{A}}^1 / G_{\widehat{\mathbb{Z}}} \cong \mathrm{GL}_2(\mathbb{Z})\backslash G_{\mathbb{R}}^1 \, .$$

Wegen der Eindeutigkeit des Haar-Maßes muss dies ein Vielfaches des Haar-Maßes von $G_{\mathbb{R}}^1$ sein. Wir wissen aber schon, dass der Quotient

$$\mathrm{GL}_2(\mathbb{Z})\backslash G_{\mathbb{R}}^1 \cong \mathrm{SL}_2(\mathbb{Z})\backslash \mathrm{SL}_2(\mathbb{R})$$

endliches Haar-Maß hat. Also hat $G_{\mathbb{Q}}\backslash G_{\mathbb{A}}^1 / G_{\widehat{\mathbb{Z}}}$ endliches Haar-Maß. Da die Gruppe $G_{\widehat{\mathbb{Z}}}$ kompakt ist, hat sie endliches Haar-Maß, also hat auch $G_{\mathbb{Q}}\backslash G_{\mathbb{A}}^1$ endliches Haar-Maß. $\qquad\square$

Für $N \in \mathbb{N}$ sei

$$\Gamma(N) = \left\{g \in \mathrm{GL}_2(\mathbb{Z}) : g \equiv \begin{pmatrix} 1 & \\ & 1 \end{pmatrix} \bmod N \right\} \, .$$

Dies ist gerade der Kern des Gruppenhomomorphismus

$$\phi : \mathrm{GL}_2(\mathbb{Z}) \to \mathrm{GL}_2(\mathbb{Z}/N\mathbb{Z}) \, ,$$

also eine Untergruppe von endlichem Index. Beachte, dass für $N \geq 3$ die Gruppe $\Gamma(N)$ in $\mathrm{SL}_2(\mathbb{Z})$ enthalten ist. Eine Untergruppe $\Gamma \subset \mathrm{GL}_2(\mathbb{Z})$, die für ein $N \in \mathbb{N}$ die Gruppe $\Gamma(N)$ enthält, heißt *Kongruenzuntergruppe*.

Lemma 7.2.3 *Sei Γ eine Kongruenzuntergruppe. Dann ist der Abschluss K_Γ von Γ in $G_{\widehat{\mathbb{Z}}}$ eine offene Untergruppe der kompakten Gruppe $G_{\widehat{\mathbb{Z}}}$. Es gilt*

$$\Gamma = K_\Gamma \cap G_{\mathbb{Q}} \, .$$

Ist umgekehrt K eine offene Untergruppe von $G_{\widehat{\mathbb{Z}}}$, so ist $\Gamma = K \cap G_{\mathbb{Q}}$ eine Kongruenzuntergruppe.

Beweis: Für $N \in \mathbb{N}$ sei

$$K_N = \left\{ g \in G_{\widehat{\mathbb{Z}}} : g \equiv \left(\begin{smallmatrix} 1 & \\ & 1 \end{smallmatrix}\right) \bmod N \right\}.$$

Dann ist K_N eine offene Untergruppe mit $K_N \cap G_{\mathbb{Q}} = \Gamma(N)$. Da $G_{\mathbb{Q}}$ dicht liegt in G_{fin}, liegt $\Gamma(N)$ dicht in K_N, also ist K_N der Abschluss von $\Gamma(N)$.

Sei nun Γ eine beliebige Kongruenzuntergruppe. Dann gibt es ein N mit $\Gamma(N) \subset \Gamma$. Dann enthält der Abschluss K_Γ schon die offene Untergruppe K_N, ist damit also selber offen.

Nun zeigen wir $\Gamma = K_\Gamma \cap G_{\mathbb{Q}}$. Die Inklusion „$\subset$" ist klar. Für die andere Inklusion sei $\Sigma = K_\Gamma \cap G_{\mathbb{Q}}$. Dann ist $\Gamma(N)$ ein Normalteiler von Γ und von Σ. Die Inklusion $\Sigma \subset K_\Sigma$ erzeugt eine Bijektion

$$\Sigma / \Gamma(N) \xrightarrow{\cong} K_\Gamma / K_N \cong \Gamma / \Gamma(N).$$

Hieraus folgt $\Sigma = \Gamma$ und die behauptete Gleichheit.

Ist schließlich K eine beliebige offene Untergruppe von $G_{\widehat{\mathbb{Z}}}$, so existiert ein $N \in \mathbb{N}$ so dass K die Gruppe K_N enthält, da die K_N laut Übungsaufgabe 5.5 eine Einsumgebungsbasis in $G_{\widehat{\mathbb{Z}}}$ bilden. Also enthält $\Gamma = K \cap G_{\mathbb{Q}}$ auch $\Gamma(N)$, ist also eine Kongruenzuntergruppe. $\square$

Proposition 7.2.4 *Sei Γ eine Kongruenzuntergruppe und sei K_Γ der Abschluss von Γ in $G_{\widehat{\mathbb{Z}}}$. Die Abbildung $\phi : \Gamma x \mapsto G_{\mathbb{Q}}(1, x)K_\Gamma$ ist ein $G_{\mathbb{R}}^1$-äquivarianter Homöomorphismus*

$$\Gamma \backslash G_{\mathbb{R}}^1 \xrightarrow{\cong} G_{\mathbb{Q}} \backslash G_{\mathbb{A}}^1 / K_\Gamma.$$

Ist $\Gamma \subset \mathrm{SL}_2(\mathbb{Q})$, so ist auch K_Γ in $\mathrm{SL}_2(\widehat{\mathbb{Z}})$ und die Abbildung $\Gamma x \mapsto \mathrm{SL}_2(\mathbb{Q}) \times (1, x)K_\Gamma$ ist ein $\mathrm{SL}_2(\mathbb{R})$-äquivarianter Homöomorphismus

$$\Gamma \backslash \mathrm{SL}_2(\mathbb{R}) \xrightarrow{\cong} \mathrm{SL}_2(\mathbb{Q}) \backslash \mathrm{SL}_2(\mathbb{A}) / K_\Gamma.$$

Beweis: Der Beweis läuft ebenso wie der von Proposition 7.2.2. $\square$

Satz 7.2.5 *Sei Γ eine Kongruenzuntergruppe und sei K_Γ der Abschluss von Γ in $G_{\widehat{\mathbb{Z}}}$. Die Restriktionsabbildung induziert einen unitären $G_{\mathbb{R}}^1$-Isomorphismus*

$$L^2(G_{\mathbb{Q}} Z_{\mathbb{R}} \backslash G_{\mathbb{A}})^{K_\Gamma} \xrightarrow{\cong} L^2\left(\Gamma \backslash G_{\mathbb{R}}^1\right).$$

Beweis: Die Aussage folgt wegen $L^2(G_{\mathbb{Q}} Z_{\mathbb{R}} \backslash G_{\mathbb{A}})^{K_\Gamma} \cong L^2(G_{\mathbb{Q}} Z_{\mathbb{R}} \backslash G_{\mathbb{A}} / K_\Gamma)$ aus der letzten Proposition. $\square$

> **Satz 7.2.6** *Die klassischen holomorphen Modulformen, sowie die Maaß-schen Wellenformen lassen sich in kanonischer Weise als Elemente von $L^2(G_{\mathbb{Q}}Z_{\mathbb{R}}\backslash G_{\mathbb{A}})$ deuten.*

Es gilt ferner, dass diese Korrespondenz verträglich mit L-Funktionen ist in dem folgenden Sinne: Jeder klassischen oder Maaßschen Spitzenform f haben wir eine L-Funktion $L(f,s)$ zugeordnet. Die Räume der Spitzenformen haben nun Basen, die aus solchen Funktionen f bestehen, deren Bilder in $L^2(G_{\mathbb{Q}}Z_{\mathbb{R}}\backslash G_{\mathbb{A}}/K_{\Gamma})$ irreduzible Darstellungen π_f der Gruppe $G_{\mathbb{A}}$ erzeugen. Im nächsten Kapitel werden wir solchen Darstellungen π ihrerseits L-Funktionen $L(\pi,s)$ zuordnen, wobei sich herausstellt, dass $L(\pi,s) = L(f,s)$ ist, falls π eine Darstellung ist, die von einer Spitzenform f erzeugt wird. Diesen Sachverhalt werden wir nicht in voller Allgemeinheit zeigen, sondern nur für die Spitzenformen der Modulgruppe durchrechnen.

Beweis des Satzes: Sowohl die Wellenformen als auch die Modulformen liegen in $L^2(\Gamma\backslash\mathbb{H})$, wobei Γ eine Kongruenzuntergruppe ist. Die natürliche Abbildung $g \mapsto gi$ stiftet eine $\mathrm{SL}_2(\mathbb{R})$-äquivariante Bijektion $\mathrm{SL}_2(\mathbb{R})/\mathrm{SO}(2) \cong \mathbb{H}$. Dasselbe geht mit $G_{\mathbb{R}}^1$, indem wir die Operation von $\mathrm{SL}_2(\mathbb{R})$ auf $\mathbb{H}$ wie folgt erweitern zu einer Operation der Gruppe $G_{\mathbb{R}}^1$: Ist $g = \left(\begin{smallmatrix} a & b \\ c & d \end{smallmatrix}\right) \in G_{\mathbb{R}}^1$ schon von Determinante 1, so ist die Operation $z \mapsto gz = \frac{az+b}{cz+d}$ bereits definiert. Ist $\det(g) = -1$, so liegt die komplexe Zahl $\frac{az+b}{cz+d}$ in der unteren Halbebene $\overline{\mathbb{H}}$. Wir definieren in diesem Fall also für $z \in \mathbb{H}$,

$$gz = \overline{\frac{az+b}{cz+d}} = \frac{a\bar{z}+b}{c\bar{z}+d}.$$

Man erhält in der Tat eine Operation von $G_{\mathbb{R}}^1$ auf $\mathbb{H}$ und die Abbildung $g \mapsto gi$ liefert eine Bijektion $G_{\mathbb{R}}^1/\mathrm{O}(2) \cong \mathbb{H}$.

Daher ist kanonisch

$$L^2(\Gamma\backslash\mathbb{H}) \cong L^2(\Gamma\backslash G_{\mathbb{R}}^1/\mathrm{O}(2)) \cong L^2(\Gamma\backslash G_{\mathbb{R}}^1)^{\mathrm{O}(2)}$$

Ein Unterraum von $L^2(\Gamma\backslash G_{\mathbb{R}}^1)$. Nach dem letzten Satz gibt es eine kanonische isometrische Einbettung $L^2(\Gamma\backslash G_{\mathbb{R}}^1) \hookrightarrow L^2(G_{\mathbb{Q}}Z_{\mathbb{R}}\backslash G_{\mathbb{A}})$. $\qquad\square$

Definition 7.2.7 In diesem Buch definieren wir eine Automorphe Form als ein Element von $L^2(G_{\mathbb{Q}}Z_{\mathbb{R}}\backslash G_{\mathbb{A}})$.

Der Satz besagt also, dass holomorphe Modulformen, sowie Maaßsche Wellenformen Automorphe Formen sind. In der Literatur finden sich auch andere Definitionen des Begriffs einer Automorphen Form, die teilweise enger, teilweise weiter gefasst sind. Zum Beispiel kann man die L^2-Bedingung durch Wachstumsbedingungen ersetzen. In diesem Fall zählen dann auch die nichtholomorphen Eisenstein-Reihen zu den Automorphen Formen.

7.3 Bochner-Integral, Kompakte Operatoren und Arzela-Ascoli

In diesem Abschnitt stellen wir einige Techniken zur Verfügung, die später gebraucht werden.

Das Bochner-Integral wird auch Vektor-wertiges Integral genannt. Für eine Funktion $f : X \to V$ mit Werten in einem Banach-Raum V wollen wir ein Integral $\int_X f \, d\mu \in V$ definieren, so dass für jedes stetige lineare Funktional α auf V die Formel

$$\alpha\left(\int_X f \, d\mu\right) = \int_X \alpha(f) \, d\mu$$

gilt, wobei $\alpha(f)$ als $\alpha \circ f$ zu lesen ist.

Wir brauchen zunächst den Begriff der Operatornorm.

Definition 7.3.1 Sei V ein Banach-Raum. Eine lineare Abbildung $T : V \to V$ heißt auch *linearer Operator* auf V. Die *Operatornorm* von T ist definiert als

$$\|T\|_{\mathrm{op}} \overset{\mathrm{def}}{=} \sup_{v \in V \smallsetminus \{0\}} \frac{\|Tv\|}{\|v\|} = \sup_{\|v\|=1} \|Tv\| \, .$$

Der Operator T wird ein *beschränkter Operator* genannt, falls $\|T\|_{\mathrm{op}} < \infty$.

Lemma 7.3.2 *Sei T ein linearer Operator auf dem Banach-Raum V. Dann gilt $\|Tv\| \leq \|T\|_{\mathrm{op}} \|v\|$, falls $v \in V$. Der Operator T ist genau dann stetig, wenn er beschränkt ist.*

Beweis: Die erste Aussage ist klar. Sei T stetig. Angenommen, $\|T\|_{\mathrm{op}} = \infty$, dann gibt es eine Folge $v_j \in V$ mit $\|v_j\| = 1$ und $\|Tv_j\| \to \infty$. Wir können annehmen, dass $\|Tv_j\| \neq 0$ für jedes j ungleich Null ist. Es folgt dann, dass die Folge $\frac{1}{\|Tv_j\|} v_j$ gegen Null geht, also geht auch die Folge $\left\|T\left(\frac{1}{\|Tv_j\|} v_j\right)\right\| = \frac{\|Tv_j\|}{\|Tv_j\|}$ gegen Null, was ein Widerspruch ist.

Sei umgekehrt $C = \|T\|_{\mathrm{op}} < \infty$ und sei (v_j) eine Folge in V, die gegen $v \in V$ konvergiert. Dann gilt $\|Tv_j - Tv\| \leq C \|v_j - v\|$, also konvergiert Tv_j gegen Tv und damit ist T stetig. $\qquad\square$

Sei also $(V, \|\cdot\|)$ ein Banach-Raum und sei $(X, \mathcal{A}, \mu)$ ein Maßraum. Eine *einfache Funktion* ist eine Funktion $s : X \to V$, die sich in der Form

$$s = \sum_{j=1}^{n} \mathbf{1}_{A_j} b_j$$

schreiben lässt, wobei $A_1, \ldots, A_n$ paarweise disjunkte messbare Mengen endlichen Maßes sind, also $\mu(A_j) < \infty$, und $b_j \in V$. Wir definieren das Integral der einfachen Funktion s als

$$\int_X s \, d\mu \overset{\text{def}}{=} \sum_{j=1}^{n} \mu(A_j) b_j \in V \, .$$

Beachte, dass $\left\| \int_X s \, d\mu \right\| \leq \int_X \|s\| \, d\mu$ und dass für jede lineare Abbildung $T : V \to W$ für einen Banach-Raum W gilt $T\left(\int_X s \, d\mu \right) = \int_X T(s) \, d\mu$, wobei $T(s)$ als $T \circ s$ zu lesen ist.

Wir versehen V mit der Borel-σ-Algebra. Eine messbare Funktion $f : X \to V$ heißt *integrabel*, falls es eine Folge s_n einfacher Funktionen gibt, so dass

$$\lim_{n \to \infty} \int_X \|f - s_n\| \, d\mu = 0 \, .$$

In diesem Fall nennen wir (s_n) eine *approximierende Folge*.

Satz 7.3.3 (a) *Ist f integrabel und ist (s_n) eine approximierende Folge, dann konvergiert die Folge von Vektoren $\int_X s_n \, d\mu$ in V. Der Grenzwert dieser Folge hängt nicht von der Wahl der approximierenden Folge ab. Wir definieren das* Integral *von f als diesen Grenzwert:*

$$\int_X f \, d\mu \overset{\text{def}}{=} \lim_{n \to \infty} \int_X s_n \, d\mu \, .$$

(b) *Für jede integrable Funktion f gilt*

$$\left\| \int_X f \, d\mu \right\| \leq \int_X \|f\| \, d\mu < \infty \, .$$

(c) *Sei f integrabel. Für jeden stetigen linearen Operator $T : V \to W$ in einen Banach-Raum W gilt*

$$T\left(\int_X f \, d\mu \right) = \int_X T(f) \, d\mu \, .$$

(d) *Im Falle $V = \mathbb{C}$ stimmt das Bochner-Integral mit dem üblichen Integral überein.*

Beweis: Es reicht zu zeigen, dass für jede approximierende Folge (s_n) die Folge $\int_X s_n \, d\mu$ konvergiert, denn ist (t_n) eine weitere approximierende Folge, dann ist auch die Folge (r_n) mit $r_{2n} = s_n$ und $r_{2n-1} = t_n$ eine approximierende Folge. Da dann $\int_X r_n \, \mathrm{d}\mu$ konvergiert, sind die Grenzwerte von $\int_X s_n \, \mathrm{d}\mu$ und $\int_X t_n \, \mathrm{d}\mu$ gleich.

Um die Konvergenz zu zeigen, reicht es, zu zeigen, dass $\int_X s_n \, \mathrm{d}\mu$ eine Cauchy-Folge ist. Für $m, n \in \mathbb{N}$ beachte

$$\left\| \int_X s_m \, \mathrm{d}\mu - \int_X s_n \, \mathrm{d}\mu \right\| = \left\| \int_X s_m - s_n \, \mathrm{d}\mu \right\| \leq \int_X \| s_m - s_n \| \, \mathrm{d}\mu$$

$$\leq \int_X \| s_m - f \| \, \mathrm{d}\mu + \int_X \| f - s_n \| \, \mathrm{d}\mu \, ,$$

wobei die rechte Seite gegen Null geht für $m, n \to \infty$. Daher ist $\int_X s_n \, \mathrm{d}\mu$ tatsächlich eine Cauchy-Folge. Hieraus folgt (a).

Für (b) betrachte die Ungleichung $\big| \| f \| - \| s_n \| \big| \leq \| f - s_n \|$, welche impliziert, dass die $\mathbb{C}$-wertige Funktion $\| f \|$ integrabel ist und dass die Folge $\| s_n \|$ gegen $\| f \|$ in $L^1(X)$ konvergiert. Es folgt

$$\left\| \int_X f \, \mathrm{d}\mu \right\| = \lim_n \left\| \int_X s_n \, \mathrm{d}\mu \right\| \leq \lim_n \int_X \| s_n \| \, \mathrm{d}\mu = \int_X \| f \| \, \mathrm{d}\mu \, .$$

Schließlich zu Teil (c). Die Stetigkeit und Linearität von T impliziert

$$T \left(\int_X f \, \mathrm{d}\mu \right) = \lim_n \int_X T(s_n) \, \mathrm{d}\mu \, .$$

Wir wollen zeigen, dass $T(f)$ integrierbar ist und dass die rechte Seite gleich $\int_X T(f) \, \mathrm{d}\mu$ ist. Da T stetig ist, gibt es ein $C > 0$, so dass $|T(v)| \leq C \| v \|$ für jedes $v \in V$ gilt. Wir können daher abschätzen:

$$\int_X \| T(f) - T(s_n) \| \, \mathrm{d}\mu = \int_X \| T(f - s_n) \| \, \mathrm{d}\mu \leq C \int_X \| f - s_n \| \, \mathrm{d}\mu \, .$$

Da die rechte Seite gegen Null geht, folgt die Behauptung. Teil (d) ist klar, da eine approximierende Folge in der L^1-Topologie gegen f konvergiert und das Integral ein stetiges lineares Funktional auf L^1 ist. $\qquad\square$

Definition 7.3.4 Ein topologischer Raum Y heißt *separabel*, falls Y eine abzählbare dichte Teilmenge enthält.

Eine Abbildung $f : X \to Y$ in einen topologischen Raum Y heißt *separable Abbildung*, falls das Bild $f(X)$ in Y separabel ist.

Beispiele 7.3.5 • Die Menge $\mathbb{R}$ der reellen Zahlen enthält die abzählbare dichte Teilmenge $\mathbb{Q}$, ist also separabel.

- Ist (V, d) ein metrischer Raum, so ist jede kompakte Teilmenge $K \subset V$ separabel. Dies sieht man ein, indem man K durch offene Bälle vom Radius $1/n$ überdeckt, wobei n in $\mathbb{N}$ läuft. Die Mittelpunkte all dieser Bälle ist eine abzählbare dichte Teilmenge.
- Ein Hilbert-Raum H ist genau dann separabel, wenn er eine abzählbare Orthonormalbasis $(e_i)_{i \in \mathbb{N}}$ besitzt. In diesem Fall ist die Menge aller $\mathbb{Q}$-Linearkombinationen der Basisvektoren e_i eine abzählbare dichte Teilmenge.
- Ist $(X, \mathcal{A}, \mu)$ ein Maßraum so dass die Σ-Algebra $\mathcal{A}$ ein abzählbares Erzeugendensystem besitzt, so ist der Raum $L^2(X, \mu)$ separabel.
- Ist (V, d) ein separabler metrischer Raum, so ist jede Abbildung $f : X \to V$ separabel, siehe Aufgabe 7.1.
- Ist X ein topologischer Raum und (V, d) ein metrischer Raum, so ist jede stetige Funktion $f : X \to V$ mit kompaktem Träger separabel.

Definition 7.3.6 Ist X ein Maßraum, so heißt eine Abbildung $f : X \to V$ in einen topologischen Raum V *wesentlich separabel*, falls es eine Nullmenge $N \subset X$ gibt, so dass f auf $X \smallsetminus N$ separabel ist.

Satz 7.3.7 *Sei V ein Banach-Raum. Für eine messbare Funktion $f : X \to V$ sind äquivalent:*

- *f ist integrabel.*
- *f ist wesentlich separabel und $\int_X \| f \| \, d\mu < \infty$.*

Beweis: Ist f integrabel, dann ist nach Satz 7.3.3 (b) die Funktion $\| f \|$ ebenfalls integrabel. Wir müssen zeigen, dass f wesentlich separabel ist. Sei (s_n) eine approximierende Folge. Da jedes s_n eine einfache Funktion ist, ist der Banach-Raum E, der von allen Bildern $s_n(X)$ erzeugt wird, separabel. Die Menge $N = f^{-1}(V \smallsetminus E)$ ist eine abzählbare Vereinigung $N = \bigcup_n N_n$, wobei $N_n = \{x \in X : | \, \| f(x) - e \| \geq \frac{1}{n} \, \forall e \in E\}$. Da $\int_X \| f - s_n \| \, d\mu$ gegen Null geht, ist die Menge N_n eine Nullmenge für jedes $n \in \mathbb{N}$ und damit ist auch N eine Nullmenge, also ist f wesentlich separabel.

Für die Umkehrung nimm an, dass f wesentlich separabel ist und dass $\int_X \| f \| \times d\mu < \infty$ gilt. Sei $C = \{c_n : n \in \mathbb{N}\}$ eine abzählbare dichte Teilmenge von $f(X)$. Für $n \in \mathbb{N}$ und $\delta > 0$ sei A_n^δ die Menge aller $x \in X$ so dass $\| f(x) \| \geq \delta$ und $\| f(x) - c_n \| < \delta$. Da f messbar ist, ist dies eine messbare Menge. Wir machen diese Folge paarweise disjunkt indem wir definieren:

$$D_n^\delta \overset{\text{def}}{=} A_n^\delta \smallsetminus \bigcup_{k < n} A_k^\delta \, .$$

Die Menge $\bigcup_{n \in \mathbb{N}} A_n^\delta = \bigcup_{n \in \mathbb{N}} D_n^\delta$ ist gleich $f^{-1}(X \smallsetminus B_\delta(0))$, da C dicht ist. Da f integrabel ist, ist die Menge $\bigcup_{n \in \mathbb{N}} D_n^\delta$ von endlichem Maß. Sei $s_n =$

$\sum_{j=1}^{n} \mathbf{1}_{D_j^{1/n}} c_j$. Dann ist s_n eine einfache Funktion. Wir zeigen, dass die Folge (s_n) punktweise gegen f konvergiert. Sei $x \in X$. Ist $f(x) = 0$, dann gilt $s_n(x) = 0$ für jedes n. Nimm also an, dass $f(x) \neq 0$. Dann ist $\|f(x)\| \geq \frac{1}{n}$ für ein $n \in \mathbb{N}$. Für jedes $m \geq n$ gilt $x \in \bigcup_{\nu \in \mathbb{N}} D_\nu^{1/m}$, so dass es für jedes $m \geq n$ ein eindeutig bestimmtes ν_0 gibt mit $x \in D_{\nu_0}^{1/m}$, also $s_m(x) = c_{\nu_0}$ und $\|f(x) - c_{\nu_0}\| < \frac{1}{m}$, woraus folgt $s_n \to f$ wie behauptet. Wir sehen ebenso, dass $\|s_n\| \leq 2\|f\|$ nach Konstruktion. Es folgt $\|f - s_n\| \to 0$ punktweise und $\|f - s_n\| \leq \|f\| + \|s_n\| \leq 3\|f\|$, daher folgt nach dem Satz über majorisierte Konvergenz: $\int_X \|f - s_n\| \, d\mu \to 0$. $\qquad\square$

Korollar 7.3.8 *Sei X ein lokalkompakter topologischer Raum und μ ein Radon-Maß. Dann ist jede stetige Funktion $f : X \to V$ mit kompaktem Träger integrabel.*

Beweis: Die $\mathbb{C}$-wertige Funktion $\|f\|$ ist ebenfalls stetig und hat kompakten Träger, ist also integrabel. Damit folgt die Behauptung aus Satz 7.3.7. $\qquad\square$

Sei (π, V_π) eine stetige Darstellung der lokalkompakten Gruppe G auf einem separablen Banach-Raum V und sei $f \in C_c(G)$. Dann ist die Funktion

$$x \mapsto f(x)\pi(x)$$

eine messbare, lokal beschränkte Funktion mit kompaktem Träger mit Werten in dem Banach-Raum aller stetigen Operatoren auf V_π, also ist sie integrabel. Der Operator

$$\pi(f) \overset{\text{def}}{=} \int_G f(x)\pi(x) \, dx$$

ist stetig und erfüllt

$$\|\pi(f)\|_{\mathrm{op}} \leq \int_G |f(x)| \, \|\pi(x)\|_{\mathrm{op}} \, dx \, .$$

Zu jedem beschränkten Operator T auf einem Hilbert-Raum V gibt es einen beschränkten Operator T^* mit

$$\langle Tv, w \rangle = \langle v, T^*w \rangle$$

für alle $v, w \in V$. Dieser heißt der adjungierte Operator.

Lemma 7.3.9 *Sei (π, V_π) eine unitäre Darstellung von G. Ist $f \in L^1(G)$, so ist die Funktion $x \mapsto f(x)\pi(x)$ mit Werten in dem Banach-Raum der stetigen Operatoren auf V_π integrierbar und für das Integral gilt*

$$\|\pi(f)\|_{\mathrm{op}} \leq \|f\|_1 \, .$$

Für $f, g \in L^1(G)$ gilt $\pi(f * g) = \pi(f)\pi(g)$ und $\pi(f^*) = \pi(f)^*$.

Beweis: Wir beginnen mit der Integrabilität von $f(x)\pi(x)$. Da π unitär ist, gilt $\|f(x)\pi(x)\|_{\mathrm{op}} = |f(x)|$ und damit ist

$$\int_G \|f(x)\pi(x)\|\,\mathrm{d}x \;=\; \int_G |f(x)|\,\mathrm{d}x \;<\; \infty\,.$$

Wir zeigen noch, dass $f(x)\pi(x)$ separabel ist. Da f integrabel ist, existiert eine σ-kompakte offene Untergruppe H von G, so dass f außerhalb von H verschwindet, siehe Corollary 1.3.5 (d) in [8]. Schreibe $H = \bigcup_{n\in\mathbb{N}} K_n$ für kompakte Mengen K_n. Auf dem Kompaktum K_n ist die stetige Abbildung π separabel, also ist π und damit auch $f(x)\pi(x)$ auch separabel auf H. Die verbleibenden Aussagen rechnet man leicht nach. $\qquad\square$

Ein Operator T auf einem Hilbert-Raum H heißt ein *kompakter Operator*, falls T beschränkte Mengen auf relativ kompakte Mengen abbildet. Ist T kompakt und S ein beschränkter Operator, dann sind ST und TS beide kompakt. Man kann die Definition auch umformulieren: Ein Operator T ist genau dann kompakt, wenn für eine gegebene beschränkte Folge $v_j \in H$ die Folge Tv_j eine konvergente Teilfolge hat. Falls die v_j in einem endlich-dimensionalen Unterraum liegen, gilt dies für jeden Operator. Also kann man sich auf Folgen (v_j) einschränken, die linear unabhängig sind.

Ein Operator heißt *normal*, falls $TT^* = T^*T$ gilt.

Satz 7.3.10 (Spektralsatz für normale kompakte Operatoren) *Sei T ein kompakter normaler Operator auf dem Hilbert-Raum H. Dann existiert eine Folge von komplexen Zahlen $\lambda_n \neq 0$, die entweder endlich ist oder gegen Null geht, so dass man folgende orthogonale Zerlegung hat:*

$$H \;=\; \ker(T) \;\oplus\; \overline{\bigoplus_n \mathrm{Eig}(T,\lambda_n)}\,.$$

Jeder Eigenraum $\mathrm{Eig}(T,\lambda_n) = \{v \in H : Tv = \lambda_n v\}$ *ist endlich-dimensional und die Eigenräume sind paarweise orthogonal.*

Beweis: Den Beweis findet man in allen Büchern über Funktional-Analysis, zum Beispiel in [8, 26, 34, 36]. $\qquad\square$

Sei G eine lokalkompakte Gruppe. Eine *Dirac-Folge* in G ist eine Folge stetiger Funktionen $f_j \in C_c(G)$ so dass gilt:

- $\mathrm{supp}\, f_{j+1} \subset \mathrm{supp}\, f_j$,
- Für jede Einsumgebung U gibt es j mit $\mathrm{supp}\, f_j \subset U$,
- $f_j \geq 0$, $f_j(x^{-1}) = f_j(x)$ und $\int_G f_j(x)\,\mathrm{d}x \;=\; 1$.

Eine Dirac-Folge existiert stets, falls die Gruppe eine *abzählbare Einsumgebungsbasis* besitzt, d. h., wenn es eine Folge $(U_j)_{j \in \mathbb{N}}$ von Einsumgebungen gibt, so dass es zu jeder Einsumgebung U ein $j \in \mathbb{N}$ gibt mit $U_j \subset U$.

Beispiele 7.3.11 • Ist die Gruppe G *metrisierbar*, d. h., gibt es eine Metrik d auf G, die die Topologie erzeugt, so hat G eine abzählbare Einsumgebungsbasis, denn man kann U_j als den offenen Ball $B_{1/j}(1)$ vom Radius 1 um das Einselement wählen.

• Die Gruppe $\mathrm{GL}_2(\mathbb{R})$ hat eine abzählbare Einsumgebungsbasis, denn man kann U_j als den offenen Ball um $\left(\begin{smallmatrix} 1 & \\ & 1 \end{smallmatrix}\right)$ vom Radius $1/j$ in $\mathrm{M}_2(\mathbb{R}) \cong \mathbb{R}^4$ wählen.

• Für jede Primzahl p hat die Gruppe $G_p = \mathrm{GL}_2(\mathbb{Q}_p)$ eine abzählbare Einsumgebungsbasis gegeben durch $U_j = 1 + p^j \, \mathrm{M}_2(\mathbb{Z}_p)$.

• Ist G das eingeschränkte Produkt abzählbar vieler Gruppen G_k mit abzählbaren Einsumgebungsbasen, so hat G eine abzählbare Einsumgebungsbasis. Also hat insbesondere die Gruppe $G_{\mathbb{A}}$ eine abzählbare Einsumgebungsbasis.

Lemma 7.3.12 *Ist (f_j) eine Dirac-Folge und (π, V_π) eine unitäre Darstellung. Dann konvergiert $\pi(f_j)v$ gegen v für jedes $v \in V_\pi$.*

Beweis: Sei $\varepsilon > 0$ und sei U_ε die offene ε-Umgebung von $v \in V_\pi$. Wegen der Stetigkeit der Darstellung existiert eine Einsumgebung U in G mit $\pi(U)v \subset U_\varepsilon$. Sei f_j eine Dirac-Folge, dann existiert j_0 so dass für $j \geq j_0$ gilt $\operatorname{supp} f_j \subset U$. Dann gilt für jedes $j \geq j_0$

$$\left\| \pi(f_j)v - v \right\| = \left\| \int_U f_j(x)(\pi(x)v - v)\, \mathrm{d}x \right\| \leq \int_U f_j(x) \left\| \pi(x)v - v \right\| \mathrm{d}x < \varepsilon. \qquad \square$$

Auf $C_c(G)$ betrachten wir die Involution $f^*(x) = \overline{f(x^{-1})}$. Ein Element $f \in C_c(G)$ heißt *selbstadjungiert*, falls $f^* = f$.

Proposition 7.3.13 *Sei A ein Unterraum von $C_c(G)$, der eine Dirac-Folge enthält. Sei (η, V_η) eine unitäre Darstellung von G so dass für jedes $f \in A$ der Operator $\eta(f)$ kompakt ist. Dann ist η eine direkte Summe irreduzibler Darstellungen mit endlichen Vielfachheiten.*

Beweis: Das Lemma von Zorn gibt uns einen Unterraum U, der maximal ist mit der Eigenschaft, dass er in eine Summe von irreduziblen Unterdarstellungen zerfällt. Die Annahme der Proposition gilt auch für das Orthokomplement $U^\perp$ von U in $V = V_\eta$. Dieses Orthokomplement enthält keinen irreduziblen Unterraum. Wir müssen zeigen, dass es Null ist. Mit anderen Worten, wir müssen zeigen, dass eine

Darstellung $\eta \neq 0$ wie in der Proposition stets eine irreduzible Unterdarstellung enthält.

Der Raum A enthält eine Dirac-Folge. Diese besteht nach Definition aus selbstadjungierten Elementen. Sei $f \in A$ selbstadjungiert. Dann ist $\eta(f)$ selbstadjungiert und kompakt. Nach dem Spektralsatz zerlegt sich der Raum $V = V_\eta$ wie folgt

$$V = V_{f,0} \oplus \bigoplus_{j=1}^{\infty} V_{f,j} \, ,$$

wobei $V_{f,0}$ der Kern von $\eta(f)$ ist und $V_{f,i}$ ist der Eigenraum von $\eta(f)$ für einen Eigenwert $\lambda_i \neq 0$. Die Folge λ_i geht gegen Null und jeder Raum $V_{f,i}$ ist endlich-dimensional für $i > 0$. Für jeden abgeschlossenen invarianten Unterraum $V' \subset V$ erhält man ebenso eine Zerlegung

$$V' = V'_{f,0} \oplus \bigoplus_{j=1}^{\infty} V'_{f,j} \, ,$$

mit $V'_{f,i} \subset V_{f,i}$ für jedes $i \geq 0$. Da A eine Dirac-Folge (f_j) enthält, hat jeder nichttriviale abgeschlossene invariante Unterraum U einen nichttrivialen Schnitt mit einem der Räume $V_{f,i}$ für ein $i > 0$ und ein $f \in A$, denn sonst wäre $U \subset \ker \eta(f)$ für jedes $f \in A$, was wegen $\eta(f_j)u \to u$ für $u \in U$ eine Widerspruch erzeugen würde.

Wähle ein festes f und ein $i > 0$ und betrachte die Menge aller nichttrivialen Schnitte $V_{f,i} \cap U$, wobei U über alle abgeschlossenen invarianten Unterräume läuft. Unter all diesen Schnitten wähle einen $W = V_{f,i} \cap U$ von minimaler Dimension, was möglich ist, da schon $V_{f,i}$ endlich-dimensional ist. Sei

$$U^1 = \bigcap_{U : U \cap V_{f,i} = W} U \, ,$$

wobei der Schnitt über alle abgeschlossenen invarianten Unterräume läuft, deren Schnitt mit $V_{f,i}$ gerade W ist. Dann ist U^1 selbst ein abgeschlossener invarianter Unterraum. Wir behaupten nun, dass U^1 irreduzibel ist. Zum Zwecke des Beweises nimm an, es gäbe eine orthogonale Zerlegung $U^1 = E \oplus F$ in abgeschlossene invariante Teilräume E, F. Wegen der Minimalität von W ist $W \subset E$ oder $W \subset F$, so dass einer der beiden Räume E oder F Null sein muss, also ist U^1 tatsächlich irreduzibel. Damit haben wir aber gezeigt, dass V wirklich einen irreduziblen Unterraum enthalten muss. Wie bereits gezeigt, impliziert dies, dass V eine direkte Summe von irreduziblen Unterräumen ist.

Es bleibt zu zeigen, dass die Vielfachheiten endlich sind. Hierzu nimm an, dass I eine Indexmenge ist und $V_i \subset V_\eta$ linear unabhängige Unterdarstellungen, so dass $\sigma_i = \eta_i|_{V_i}$ paarweise unitär isomorph sind. Ist dann $\lambda \in \mathbb{C} \smallsetminus \{0\}$ ein Eigenwert eines $\sigma_i(f)$, dann ist λ schon ein Eigenwert von $\sigma_i(f)$ für jedes $i \in I$. Da die Eigenwerte von $\eta(f)$ endliche Vielfachheit haben, muss I endlich sein. $\qquad\square$

Der Satz von Arzela-Ascoli

Wir kommen nun zum Satz von Arzela-Ascoli. Sei (X, d) ein separabler metrischer Raum. Sei $C(X)$ die Menge der stetigen komplexwertigen Funktionen auf X. Eine Teilmenge $\mathcal{F} \subset C(X)$ heißt *normal*, wenn jede Folge in $\mathcal{F}$ eine lokal-gleichmäßig konvergente Teilfolge besitzt.

Satz 7.3.14 (Arzela-Ascoli) *Eine Teilmenge $\mathcal{F}$ von $C(X)$ ist normal, falls*

- *für jedes $x \in X$ die Menge $\mathcal{F}(x) = \{f(x) : f \in \mathcal{F}\}$ beschränkt ist und*
- *$\mathcal{F}$ in jedem Punkt x von X gleichstetig ist.*

Hierbei heißt $\mathcal{F}$ *gleichstetig* in x, falls gilt:

$$\forall_{\varepsilon > 0} \, \exists_{\delta > 0} \, \forall_{f \in \mathcal{F}} \; : \; d(x, y) < \delta \;\Rightarrow\; |f(x) - f(y)| < \varepsilon.$$

(Dies ist das ε, δ Kriterium für Stetigkeit, nur dass das δ nicht von der Funktion $f \in \mathcal{F}$ anhängt.)

Beachte, dass die Gleichstetigkeit bei Funktionen auf der Mannigfaltigkeit $G_\infty = GL_2(\mathbb{R})$ auch durch ein Differential-Kriterium verifiziert werden kann: Liegt $\mathcal{F}$ ganz in $C^1(G_\infty)$ und ist für jedes $X \in M_2(\mathbb{R})$ die Menge

$$X\mathcal{F}(M) = \{R_X f(x) : f \in \mathcal{F}, \, x \in G_\infty\}$$

beschränkt, so ist die Menge $\mathcal{F}$ gleichstetig. Dies ergibt sich aus dem Mittelwertsatz der Differentialrechnung, denn aus der Annahme folgt, dass es für jedes Kompaktum $U \subset G_\infty$ eine Schranke $C(U) > 0$ gibt, so dass $\|Df(x)\| < C(U)$ für jedes $f \in \mathcal{F}$ und jedes $x \in U$ gilt, wobei $Df(x)$ das Differential der Abbildung f ist.

Beweis des Satzes. Sei $(x_n)_{n \in \mathbb{N}}$ eine dichte Folge in X. Da $\mathcal{F}(x_1)$ beschränkt ist, existiert eine Teilfolge f_j^1 von f_j so dass $f_j^1(x_1)$ konvergiert. Sei dann f_j^2 eine Teilfolge von f_j^1 so dass auch $f_j^2(x_2)$ konvergiert. Iterativ wird für jedes $n \in \mathbb{N}$ eine Teilfolge f_j^{n+1} von f_j^n gewählt so dass $f_j^{n+1}(x_{n+1})$ konvergiert. Sei dann

$$g_j = f_j^j.$$

Dann konvergiert $g_j(x_n)$ für jedes $n \in \mathbb{N}$. Nenne den Grenzwert $g(x_n)$. Wir behaupten, dass die Folge g_j lokal-gleichmäßig konvergiert. Sei hierzu $x \in X$ und $\varepsilon > 0$. Dann existiert ein $\delta > 0$ so dass aus $d(x, y) < \delta$ folgt $|g_j(x) - g_j(y)| < \varepsilon/3$ für jedes $j \in \mathbb{N}$.

Da die Folge der x_n dicht ist, gibt es ein $n \in \mathbb{N}$ so dass $d(x_n, x) < \delta$ und es existiert ein j_0 so dass für $j \geq j_0$ gilt $|g_j(x_n) - g(x_n)| < \varepsilon/6$. Also folgt für $i, j \geq j_0$ schon $|g_i(x_n) - g_j(x_n)| < \varepsilon/3$. Sind dann $i, j \geq j_0$, so folgt

$$|g_i(x) - g_j(x)| \leq |g_i(x) - g_i(x_n)| + |g_i(x_n) - g_j(x_n)| + |g_j(x_n) - g_j(x)|$$

$$< \frac{\varepsilon}{3} + \frac{\varepsilon}{3} + \frac{\varepsilon}{3} = \varepsilon.$$

Damit ist $g_j(x)$ eine Cauchy-Folge, also konvergent gegen ein, sagen wir, $g(x)$. Um zu zeigen, dass diese Konvergenz lokal-gleichmäßig ist, sei $y \in X$ mit $d(x, y) < \delta/2$ gegeben, dann ist $d(x_n, y) < \delta$ und die obige Rechnung zeigt, dass für $j \geq j_0$ gilt $|g_j(y) - g(y)| \leq \varepsilon$. $\square$

7.4 Spitzenformen

Für einen Ring R sei $N_R = \{ \left(\begin{smallmatrix} 1 & x \\ & 1 \end{smallmatrix} \right) : x \in R \}$. Dann ist N_R eine Gruppe isomorph zur additiven Gruppe des Rings R. Eine Funktion $f \in L^2(G_\mathbb{Q} \backslash G_\mathbb{A}^1)$ heißt *Spitzenform*, falls

$$\int\limits_{N_\mathbb{Q} \backslash N_\mathbb{A}} f(nx)\, dn = 0$$

für fast alle $x \in G_\mathbb{A}^1$ gilt. Sei $L_{\text{cusp}}^2 = L_{\text{cusp}}^2(G_\mathbb{Q} \backslash G_\mathbb{A}^1)$ der Raum der Spitzenformen. Dieser ist stabil unter der Darstellung von $G_\mathbb{A}^1$ durch Rechtstranslation, d. h. mit

$$R(y)f(x) = f(xy)$$

gilt $R(y)L_{\text{cusp}}^2 = L_{\text{cusp}}^2$ für jedes $y \in G_\mathbb{A}^1$.

Wir haben einen Isomorphismus

$$G_\mathbb{A}^1 \times \mathbb{R}_+^\times \overset{\cong}{\longrightarrow} G_\mathbb{A}$$

gegeben durch $(g, t) \mapsto \sqrt{t}\, g$, wobei $\sqrt{t}$ als $\sqrt{t} \left(\begin{smallmatrix} 1 & \\ & 1 \end{smallmatrix} \right)$ an der unendlichen Stelle und $\left(\begin{smallmatrix} 1 & \\ & 1 \end{smallmatrix} \right)$ an den endlichen Stellen zu verstehen ist.

Definition 7.4.1 Sei $C_c^\infty(G_\mathbb{A})$ die Menge aller Linearkombinationen von Funktionen $f = \prod_p f_p$ auf $G_\mathbb{A}$, wobei für jedes $p \leq \infty$ die Funktion f_p in $C_c^\infty(G_{\mathbb{Q}_p})$ liegt und für fast alle p gilt $f_p = \mathbf{1}_{K_p}$. Es sei R die Darstellung von $G_\mathbb{A}$ auf $L^2(G_\mathbb{Q} Z_\mathbb{R} \backslash G_\mathbb{A})$ gegeben durch $R(x)\varphi(y) = \varphi(yx)$. Für $f \in C_c^\infty(G_\mathbb{A})$ ist dann der Operator $R(f)$ durch Integration definiert, also $R(f) = \int_{G_\mathbb{A}} f(x)R(x)\, dx$.

Sei $K_\infty = O(2)$ und $K_p = \mathrm{GL}_2(\mathbb{Z}_p)$ für $p < \infty$. Ferner sei $K_{\text{fin}} = \mathrm{GL}_2(\widehat{\mathbb{Z}}) = \prod_{p < \infty} K_p$ und $K_\mathbb{A} = K_{\text{fin}} \times K_\infty$. Für einen Ring R sei P_R die Menge aller oberen Dreiecksmatrizen in $\mathrm{GL}_2(R)$. Für $c > 0$ sei A_c die Menge aller Matrizen der Form

$\left(\begin{smallmatrix} y & \\ & 1 \end{smallmatrix}\right)$, wobei $y \in \mathbb{R}$ und $y \leq c$ ist. Ein *Siegel-Bereich* ist eine Menge der Form $SA_c K_{\mathbb{A}}$, wobei $c > 0$ und $S \subset P_{\mathbb{R}}$ eine kompakte Teilmenge ist.

Lemma 7.4.2 *Es existiert ein Kompaktum $S \subset P_{\mathbb{R}}$ und ein $c > 0$ mit*

$$G_{\mathbb{A}} = G_{\mathbb{Q}} Z_{\mathbb{R}} SA_c K_{\mathbb{A}} .$$

Beweis: Als Konsequenz von Proposition 7.2.2 haben wir

$$G_{\mathbb{Q}} Z_{\mathbb{R}} \backslash G_{\mathbb{A}} / K_{\mathbb{A}} \cong G_{\mathbb{Z}} Z_{\mathbb{R}} \backslash G_{\mathbb{R}} / K_{\infty} .$$

Unsere Behauptung ist, dass das Bild von SA_c auf der linken Seite gleich der ganzen linken Seite ist, also brauchen wir dies nur auf der rechten Seite zu zeigen. Es reicht also zu zeigen

$$G_{\mathbb{R}} / K_{\infty} = G_{\mathbb{Z}} Z_{\mathbb{R}} SA_c K_{\infty} / K_{\infty} .$$

Falls nun S die Menge $\left\{ \left(\begin{smallmatrix} 1 & x \\ & 1 \end{smallmatrix}\right) : |x| \leq \frac{1}{2} \right\}$ umfasst und $c \leq \frac{\sqrt{3}}{2}$, dann umfasst $SA_c K_{\infty} / K_{\infty}$ einen Fundamentalbereich von $\mathrm{SL}_2(\mathbb{Z})$ in der oberen Halbebene $\mathbb{H}$, woraus die Behauptung folgt. $\square$

Eine Funktion φ auf $Z_{\mathbb{R}} G_{\mathbb{Q}} \backslash G_{\mathbb{A}}$ heißt *schnell fallend*, falls es ein Kompaktum S und ein $c > 0$ gibt, so dass Lemma 7.4.2 erfüllt ist und zu jedem $n \in \mathbb{N}$ existiert $C_n > 0$ so dass gilt

$$\left| \varphi \left(s \left(\begin{smallmatrix} y & \\ & 1 \end{smallmatrix}\right) k \right) \right| \leq C_n y^{-n}$$

für jedes $s \left(\begin{smallmatrix} y & \\ & 1 \end{smallmatrix}\right) k$ aus dem Siegel-Bereich $SA_c K_{\mathbb{A}}$.

Proposition 7.4.3 *Sei $f \in C_c^{\infty}(G_{\mathbb{A}})$.*

(a) *Es existiert eine Konstante $C > 0$ so dass für jedes $\varphi \in L^2_{\mathrm{cusp}}(G_{\mathbb{Q}} \backslash G_{\mathbb{A}}^1) \cong L^2_{\mathrm{cusp}}(G_{\mathbb{Q}} Z_{\mathbb{R}} \backslash G_{\mathbb{A}})$ gilt*

$$\sup_{x \in G_{\mathbb{A}}} |R(f)\varphi(x)| \leq C \|\varphi\|_2 .$$

Ferner ist die Funktion $R(f)\varphi$ schnell fallend.
(b) *Der Operator $R(f)$ ist kompakt auf $L^2_{\mathrm{cusp}}(G_{\mathbb{Q}} Z_{\mathbb{R}} \backslash G_{\mathbb{A}})$.*

Beweis: Für einen Ring R sei N_R die Gruppe aller Matrizen der Form $\left(\begin{smallmatrix} 1 & x \\ & 1 \end{smallmatrix}\right)$ mit $x \in R$. Wir berechnen nun

$$R(f)\varphi(x) = \int_{G_{\mathbb{A}}} f(y)\varphi(xy)\,\mathrm{d}y = \int_{G_{\mathbb{A}}} f(x^{-1}y)\varphi(y)\,\mathrm{d}y$$

$$= \int_{N_{\mathbb{Q}} \backslash G_{\mathbb{A}}} \underbrace{\sum_{\gamma \in N_{\mathbb{Q}}} f(x^{-1}\gamma y)\,\varphi(y)\,\mathrm{d}y}_{=K(x,y)} .$$

Sei $K_0(x, y) = \int_{\mathbb{A}} f\left(x^{-1} \left(\begin{smallmatrix} 1 & a \\ & 1 \end{smallmatrix}\right) y\right) \mathrm{d}a$. Dann ist

$$
\int\limits_{N_{\mathbb{Q}} \backslash G_{\mathbb{A}}} K_0(x, y)\varphi(y)\,\mathrm{d}y = \int\limits_{N_{\mathbb{Q}} \backslash G_{\mathbb{A}}} \int\limits_{\mathbb{A}} f\left(x^{-1} \left(\begin{smallmatrix} 1 & a \\ & 1 \end{smallmatrix}\right) y\right)\,\mathrm{d}a\,\varphi(y)\,\mathrm{d}y
$$

$$
= \int\limits_{N_{\mathbb{Q}} \backslash G_{\mathbb{A}}} \int\limits_{\mathbb{A}/\mathbb{Q}} \sum_{\gamma \in N_{\mathbb{Q}}} f\left(x^{-1}\gamma \left(\begin{smallmatrix} 1 & a \\ & 1 \end{smallmatrix}\right) y\right)\,\mathrm{d}a\,\varphi(y)\,\mathrm{d}y
$$

$$
= \int\limits_{\mathbb{A}/\mathbb{Q}} \int\limits_{N_{\mathbb{Q}} \backslash G_{\mathbb{A}}} \sum_{\gamma \in N_{\mathbb{Q}}} f(x^{-1}\gamma y)\varphi\left(\left(\begin{smallmatrix} 1 & a \\ & 1 \end{smallmatrix}\right) y\right)\,\mathrm{d}y\,\mathrm{d}a
$$

$$
= \int\limits_{N_{\mathbb{Q}} \backslash G_{\mathbb{A}}} \sum_{\gamma \in N_{\mathbb{Q}}} f(x^{-1}\gamma y) \underbrace{\int\limits_{\mathbb{A}/\mathbb{Q}} \varphi\left(\left(\begin{smallmatrix} 1 & a \\ & 1 \end{smallmatrix}\right) y\right)\,\mathrm{d}a}_{=0}\,\mathrm{d}y = 0 \,.
$$

Setze also $K'(x, y) = K(x, y) - K_0(x, y)$, so folgt

$$
R(f)\varphi(x) = \int\limits_{N_{\mathbb{Q}} \backslash G_{\mathbb{A}}} K'(x, y)\varphi(y)\,\mathrm{d}y \,.
$$

Sei $F_{x,y}(t) = f\left(x^{-1} \left(\begin{smallmatrix} 1 & t \\ & 1 \end{smallmatrix}\right) y\right)$, $t \in \mathbb{A}$. So gilt $K_0(x, y) = \widehat{F}_{x,y}(0)$ und es folgt aus der Poissonschen Summenformel, dass

$$
K'(x, y) = \sum_{q \in \mathbb{Q}^{\times}} \widehat{F}_{x,y}(q) = \sum_{q \in \mathbb{Q}^{\times}} \int\limits_{\mathbb{A}} f\left(x^{-1} \left(\begin{smallmatrix} 1 & t \\ & 1 \end{smallmatrix}\right) y\right) e(-qt)\,\mathrm{d}t \,.
$$

Sei nun $x \in SA_c K_{\mathbb{A}}$, $x = p_x \left(\begin{smallmatrix} a_x & \\ & 1 \end{smallmatrix}\right) k_x$, so gilt

$$
K'(x, y) \neq 0 \Rightarrow y \in N_{\mathbb{Q}} X_P \left(\begin{smallmatrix} a_x & \\ & 1 \end{smallmatrix}\right) K_{\mathbb{A}} \subset N_{\mathbb{Q}} \left(\begin{smallmatrix} a_x & \\ & 1 \end{smallmatrix}\right) X_G \,,
$$

wobei $X_P \subset P(\mathbb{A})$ und $X_G \subset G_{\mathbb{A}}$ feste Kompakta sind. Wir können also schreiben

$$
K'(x, y) = \sum_{q \in \mathbb{Q}^{\times}} \int\limits_{\mathbb{A}} f\left(x^{-1} \left(\begin{smallmatrix} 1 & t \\ & 1 \end{smallmatrix}\right) y\right) e(-qt)\,\mathrm{d}t
$$

$$
= \sum_{q \in \mathbb{Q}^{\times}} \int\limits_{\mathbb{A}} f\left(\omega_x \left(\begin{smallmatrix} 1 & ta_x^{-1} \\ & 1 \end{smallmatrix}\right) \omega_y\right) e(-qt)\,\mathrm{d}t \,,
$$

wobei ω_x und ω_y in festen Kompakta bleiben. Die Substitution $v = ta_x^{-1}$ liefert

$$
K'(x, y) = |a_x| \sum_{q \in \mathbb{Q}^{\times}} \int\limits_{\mathbb{A}} f\left(\omega_x \left(\begin{smallmatrix} 1 & t \\ & 1 \end{smallmatrix}\right) \omega_{x,y}\right) e(-qa_x t)\,\mathrm{d}t \,.
$$

Die Funktion $\lambda \mapsto \int_{\mathbb{A}} f(\omega_x \left(\begin{smallmatrix} 1 & t \\ & 1 \end{smallmatrix}\right) \omega_{x,y}) e(-\lambda t)\,\mathrm{d}t$ ist die Fourier-Transformation einer Schwartz-Bruhat-Funktion und damit selbst wieder eine Schwartz-Bruhat-Funktion. Also läuft die Summe über $\mathbb{Q}^{\times}$ geschnitten mit einem Kompaktum in $\mathbb{A}_{\mathrm{fin}}$ und es existiert zu jedem $\nu \in \mathbb{N}$ eine Konstante $C_{\nu} > 0$ so dass

$$|K'(x, y)| \leq C_{\nu}|a_x|(1 + |a_x|)^{-\nu} .$$

Hieraus folgt mit der Cauchy-Schwarz Ungleichung

$$|R(f)\varphi(x)| \leq C_{\nu}|a_x|(1+|a_x|)^{-\nu} \int_{\left(\begin{smallmatrix} a_x & \\ & 1 \end{smallmatrix}\right) X_G} |\varphi(y)|\,\mathrm{d}y \leq C_{\nu}|a_x|(1+|a_x|)^{-\nu} \|\varphi\|_2 .$$

Damit folgt Teil (a). Für Teil (b) benutzen wir den Satz von Arzela-Ascoli. Sei $f \in \mathrm{C}_c^{\infty}(G_{\mathbb{A}})$. Dann existiert eine kompakte offene Untergruppe K von G_{fin} so dass f invariant ist unter K in dem Sinne, dass gilt $f(k_1 x k_2) = f(x)$ für alle $k_1, k_2 \in K$. Sei $\Gamma = K \cap G_{\mathbb{Q}}$ die entsprechende Gruppe. Damit gilt

$$R(f)L^2\left(G_{\mathbb{Q}} \backslash G_{\mathbb{A}}^1\right) \subset \mathrm{C}^{\infty}\left(G_{\mathbb{Q}} \backslash G_{\mathbb{A}}^1\right)^K = \mathrm{C}^{\infty}\left(\Gamma \backslash G_{\mathbb{R}}^1\right) .$$

Nach Teil (a) ist das Bild von $\{\varphi \in L^2_{\mathrm{cusp}} : \|\varphi\|_2 = 1\}$ global beschränkt und ebenso das Bild von $R_X R(f) = R(L_X f)$ für jedes $X \in \mathrm{M}_2(\mathbb{R})$ in der Notation von Abschn. 3.4. Nach dem Satz von Arzela-Ascoli hat jede Folge in $R(f)L^2_{\mathrm{cusp}}$ eine punktweise konvergente Teilfolge und nach Teil (a) ist diese Teilfolge dominiert durch die Konstante, damit konvergiert die Folge im L^1-Sinne und da sie beschränkt ist, auch im L^2-Sinne. Also ist der Operator $R(f)$ auf L^2_{cusp} in der Tat kompakt. $\qquad\square$

Mit Proposition 7.3.13 folgt hieraus:

Satz 7.4.4 *Der Raum $L^2_{\mathrm{cusp}}(G_{\mathbb{Q}} Z_{\mathbb{R}} \backslash G_{\mathbb{A}})$ zerfällt in eine direkte Summe von irreduziblen Unterräumen mit endlichen Vielfachheiten:*

$$L^2_{\mathrm{cusp}}(G_{\mathbb{Q}} Z_{\mathbb{R}} \backslash G_{\mathbb{A}}) = \bigoplus_{\pi \in \widehat{G_{\mathbb{A}}}} N_{\mathrm{cusp}}(\pi)\pi .$$

$\qquad\square$

7.5 Der Tensorprodukt-Satz

Einer der wichtigsten Sätze der Theorie der automorphen Formen ist der Tensorprodukt-Satz, der besagt, dass jede zulässige irreduzible unitäre Darstellung der Gruppe $G_{\mathbb{A}}$ ein unendliches Tensorprodukt von Darstellungen der Gruppen G_p mit $p \leq \infty$ ist. Wir werden in diesem Abschnitt zunächst unendliche Tensorprodukte in diesem Sinne definieren, dann den Begriff der zulässigen Darstellung einführen und schließlich den Tensorprodukt-Satz beweisen.

7.5.1 Synthese

In diesem Unterabschnitt konstruieren wir unendliche Tensorprodukte von lokalen Darstellungen und zeigen, dass sie irreduzible Darstellungen der globalen Gruppe sind.

Definition 7.5.1 Eine *$*$-Algebra* ist ein Paar $(A, *)$ bestehend aus einer $\mathbb{C}$-Algebra A und einer Abbildung $A \to A; a \mapsto a^*$ mit folgenden Eigenschaften:

$$(a + b)^* = a^* + b^*, \quad (\lambda a)^* = \overline{\lambda} a^* \quad (ab)^* = b^* a^*,$$

falls $a, b \in A$ und $\lambda \in \mathbb{C}$. Schließlich wird noch verlangt, dass

$$a^{**} = (a^*)^* = a$$

für jedes $a \in A$. Die Abbildung $a \mapsto a^*$ heißt die *Involution* der $*$-Algebra A.

Beispiele 7.5.2 • $\mathbb{C}$ selbst ist eine $*$-Algebra mit $z^* = \overline{z}$.

- Die Algebra $M_n(\mathbb{C})$ der $n \times n$-Matrizen ist eine $*$-Algebra mit $A^* = \overline{A}^t$.
- Sei V ein Hilbert-Raum. Die Algebra $\mathcal{B}(V)$ der stetigen Operatoren $T : V \to V$ ist eine $*$-Algebra, wobei T^* der adjungierte Operator zu T ist. Dieser ist eindeutig bestimmt durch die Eigenschaft

$$\langle Tv, w \rangle = \langle v, T^* w \rangle$$

für alle $v, w \in V$.

- Sei G eine lokalkompakte Gruppe und sei A die Faltungsalgebra $L^1(G)$. Mit der Involution $f^*(x) = \Delta(x^{-1}) \overline{f(x^{-1})}$ ist A eine $*$-Algebra, wobei $\Delta(x)$ die Modularfunktion der Gruppe G ist.

Definition 7.5.3 Sei A eine $*$-Algebra. Eine *$*$-Darstellung* von A auf einem Hilbert-Raum V ist ein Algebrenhomomorphismus $\pi : A \to \mathcal{B}(V)$ so dass $\pi(a)^* = \pi(a^*)$ für jedes $a \in A$ gilt. Eine $*$-Darstellung heißt *irreduzibel*, falls es keinen A-stabilen abgeschlossenen Unterraum gibt außer den beiden trivialen 0 und V.

Mit anderen Worten, π ist irreduzibel, falls für jeden abgeschlossenen Unterraum $U \subset V$ gilt

$$\pi(A)U \subset U \implies (U = 0 \text{ oder } U = V).$$

Hierbei verstehen wir unter $\pi(A)U$ den Unterraum von V, der aufgespannt wird von allen Vektoren der Form $\pi(a)u$, wobei $a \in A$ und $u \in U$ ist.

Ist A eine $*$-Algebra und $\pi : A \to \mathcal{B}(V)$ eine irreduzible Darstellung, so sagen wir auch, dass V ein *irreduzibler Modul* unter A ist. Dieser Begriff darf nicht mit dem Begriff eines *einfachen Moduls* verwechselt werden:

Ein *Modul* einer $\mathbb{C}$-Algebra A ist ein $\mathbb{C}$-Vektorraum M zusammen mit einem Algebrenhomomorphismus $A \to \mathrm{End}(M)$, meist nur geschrieben als $(a, m) \mapsto am$. Ein *einfacher Modul* ist ein Modul M, der außer 0 und M keine A-stabilen Unterräume hat. Der Unterschied zum Begriff des irreduziblen Moduls besteht also darin, dass auf M keine Topologie vorausgesetzt ist und bei der Irreduzibilität lediglich abgeschlossene stabile Unterräume ausgeschlossen sind, wohingegen es durchaus noch unabgeschlossene stabile Unterräume geben darf.

Ein A-Modul M heißt *regulärer Modul*, falls $AM \neq 0$ gilt, d. h., ein Modul ist regulär, wenn die Operation der Algebra nicht die Nulloperation ist. Ist M regulär und einfach, so folgt $AM = M$.

Wir benutzen im Folgenden das *Lemma von Schur*:

Lemma 7.5.4 *Ist (π, V) eine irreduzible unitäre Darstellung einer Gruppe G oder eine irreduzible $*$-Darstellung einer $*$-Algebra A, so ist jeder beschränkte Operator $T : V \to V$ der mit allen $\pi(x)$ vertauscht, ein Skalar, also von der Form $\lambda \mathrm{Id}$ für ein $\lambda \in \mathbb{C}$. Insbesondere folgt: Ist A kommutativ, so ist jede irreduzible $*$-Darstellung eindimensional.*

Ist V endlich-dimensional, so ist das Skalarprodukt auf V, bezüglich dessen π eine unitäre oder $*$-Darstellung ist, eindeutig bestimmt bis auf ein skalares Vielfaches.

Beweis: Wir geben einen vollständigen Beweis im Fall dass V endlich-dimensional ist. Für den allgemeinen Fall geben wir eine Beweisskizze und Literaturhinweise. Betrachte zunächst eine irreduzible unitäre Darstellung einer Gruppe G. Sei dann $A \subset \mathcal{B}(V)$ die Algebra, die von allen Operatoren $\pi(g)$ mit $g \in G$ erzeugt wird, dann ist A abgeschlossen unter $T \mapsto T^*$, also ist die Inklusion $A \hookrightarrow \mathcal{B}(V)$ eine irreduzible $*$-Darstellung. Da jedes $a \in A$ eine Linearkombination von Operatoren der Form $\pi(g)$, $g \in G$ ist, kommutiert ein Operator $T \in \mathcal{B}(V)$ genau dann mit allen $a \in A$, wenn er mit allen $\pi(g)$ vertauscht. Wir brauchen also nur den Fall einer $*$-Darstellung einer Algebra A zu betrachten. Vertauscht der Operator T mit allen $a \in A$, so vertauscht wegen $aT^* = (Ta^*)^* = (a^*T)^* = T^*a$ der Operator T^* ebenfalls mit allen $a \in A$. Also vertauschen auch die selbstadjungierten Operatoren $T + T^*$ und $(iT) + (iT)^*$ mit allen $a \in A$. Wegen $T = \frac{1}{2}(T + T^*) + \frac{1}{2i}((iT) + (iT)^*)$ reicht es, die Behauptung für einen selbstadjungierten Operator T zu zeigen.

Ist nun V endlich-dimensional, dann ist jeder selbstadjungierte Operator T diagonalisierbar. Insbesondere hat T einen Eigenwert $\lambda \in \mathbb{C}$. Sei E_λ der zugehörige Eigenraum. Wir zeigen, dass E_λ unter der Algebra A stabil bleibt. Sei also $v \in E_\lambda$ und $a \in A$. Dann gilt $T\pi(a)v = \pi(a)Tv = \pi(a)\lambda v = \lambda\pi(a)v$, was gleichbedeutend ist mit $\pi(a)v \in E_\lambda$. Also ist der abgeschlossene Teilraum E_λ von V unter A stabil und ungleich Null, damit muss nach der Irreduzibilität dieser Raum schon ganz V sein, d. h., $T = \lambda\mathrm{Id}$, wie behauptet.

Ist V unendlich-dimensional, so muss es nicht notwendig Eigenwerte geben. Man verschafft sich aber mit Hilfe der Spektraltheorie einen Ersatz, so dass das obige Argument auch auf diesen Fall übertragen werden kann. Material hierzu findet man in den Büchern [17, 26, 34, 36]. In dem Buch [8] findet man einen anderen Beweis des Schur-Lemmas, der den stetigen Funktionalkalkül benutzt.

Wir beweisen noch den Zusatz über die Eindeutigkeit des Skalarproduktes. Es reicht dies im Algebren-Fall zu tun. Seien hierzu $\langle .,. \rangle_1$ und $\langle .,. \rangle_2$ zwei Skalarprodukte auf dem endlich-dimensionalen Raum V, so dass π bezüglich beiden eine *-Darstellung ist. Nach dem Rieszschen Darstellungssatz gibt es einen Linearen Operator $T : V \to V$ so dass

$$\langle v, w \rangle_2 = \langle v, Tw \rangle_1$$

gilt. Für $a \in A$ ist dann

$$\langle v, \pi(a)Tw \rangle_1 = \langle \pi(a^*)v, Tw \rangle_1 = \langle \pi(a^*)v, w \rangle_2 = \langle v, \pi(a)w \rangle_2$$
$$= \langle v, T\pi(a)w \rangle_1 .$$

Da dies für alle v, w gilt, ist $\pi(a)T = T\pi(a)$ für jedes $a \in A$, also ist T ein Skalar, was zu beweisen war. $\qquad\square$

Eine irreduzible unitäre Darstellung (π, V_π) von G_p mit $p < \infty$ heißt *unverzweigt*, falls der Vektorraum der K_p-Invarianten,

$$V_\pi^{K_p} = \{v \in V_\pi : \pi(k)v = v \,\, \forall k \in K_p\}$$

nicht der Nullraum ist, wobei K_p die kompakte offene Untergruppe $\mathrm{GL}_2(\mathbb{Z}_p)$ bezeichnet.

Lemma 7.5.5 *Ist π unverzweigt, so ist* $\dim V_\pi^{K_p} = 1$.

Beweis: Schreibe $G = G_p$ und $K = K_p$ und nimm an, π ist unverzweigt. Sei $\mathcal{H}_p = \mathcal{H}_G$ die Faltungsalgebra aller lokalkonstanten Funktionen mit kompakten Trägern und sei $\mathcal{H}_p^{K_p}$ die Unteralgebra der K_p-biinvarianten Funktionen. Sei P die Orthogonal-Projektion auf $V_\pi^{K_p}$. Dann ist $P = \pi(\mathbf{1}_{K_p})$, wie in Aufgabe 7.16 bewiesen wird. Ferner ist $\mathcal{H}_p^{K_p}$ kommutativ, siehe Aufgabe 7.14. Außerdem ist $\mathcal{H}_p^{K_p} = \mathbf{1}_K * \mathcal{H}_p * \mathbf{1}_K$. Die Algebra $\mathcal{H}_p^{K_p}$ operiert via π auf dem Raum $V_\pi^{K_p}$. Wir zeigen, dass diese Operation irreduzibel ist. Sei hierzu $v \in V_\pi^{K_p} \smallsetminus \{0\}$. Dann ist $\pi(\mathcal{H}_p)v$ ein dichter G-Untermodul von V_π, da $\mathcal{H}_p$ eine Dirac-Folge enthält. Damit ist $P\pi(\mathcal{H}_p)v = \pi(\mathbf{1}_K * \mathcal{H}_p * \mathbf{1}_K)v = \pi(\mathcal{H}_p^{K_p})v$ ein dichter $\mathcal{H}_p^{K_p}$-Untermodul von $V_\pi^{K_p}$. Also ist für jedes $v \in V_\pi^{K_p}$ der von v erzeugte abgeschlossene $\mathcal{H}_p^{K_p}$-Untermodul gleich dem ganzen Raum $V_\pi^{K_p}$, also ist die Darstellung der Algebra $\mathcal{H}_p^{K_p}$ auf $V_\pi^{K_p}$ irreduzibel. Nach dem Lemma von Schur ist jeder Operator T auf $V_\pi^{K_p}$, der mit jedem Element von $\pi(\mathcal{H}_p^{K_p})$ kommutiert, ein Skalar. Da aber $\mathcal{H}_p^{K_p}$ kommutativ ist, kommutiert ja jeder der Operatoren $\pi(f)$, $f \in \mathcal{H}_p^{K_p}$ mit allen anderen aus $\mathcal{H}_p^{K_p}$, ist also ein Skalar. Es existiert damit eine Abbildung $\chi_\pi : \mathcal{H}_p^{K_p} \to \mathbb{C}$

mit $\pi(f)v = \chi_\pi(f)v$ für jeden Vektor $v \in V_\pi^{K_p}$. Da die Darstellung aber irreduzibel ist, ist sie eindimensional. $\square$

Für jedes $p \leq \infty$ sei eine irreduzible Darstellung π_p von G_p gegeben. Fast alle π_p seien unverzweigt. Wir wollen diese Darstellungen zusammenfügen zu einer irreduziblen Darstellung

$$\pi = \widehat{\bigotimes_p} \pi_p$$

von $G_\mathbb{A}$, die wir noch definieren werden. Hierzu müssen wir zunächst einmal das Tensorprodukt von Hilbert-Räumen einführen.

Definition 7.5.6 Seien V, W Hilbert-Räume. Auf dem algebraischen Tensorprodukt $V \otimes W$ definieren wir ein Skalarprodukt durch hermitesche Fortsetzung von

$$\langle v \otimes w, v' \otimes w' \rangle \overset{\mathrm{def}}{=} \langle v, v' \rangle \langle w, w' \rangle .$$

(Siehe Aufgabe 7.5.) Dann ist $V \otimes W$ mit diesem Skalarprodukt ein Prä-Hilbert-Raum. Wir bezeichnen die Vervollständigung dieses Prä-Hilbert-Raums mit $V \hat{\otimes} W$. Insbesondere gilt folgendes: Ist $(e_i)_{i \in I}$ eine Orthonormalbasis von V und ist $(f_j)_{j \in J}$ eine Orthonormalbasis von W, so ist $(e_i \otimes f_j)_{(i,j) \in I \times J}$ eine Orthonormalbasis von $V \hat{\otimes} W$.

Für endlich viele Hilbert-Räume $V_1, \ldots, V_n$ definieren wir das Tensorprodukt $V_1 \hat{\otimes} \ldots \hat{\otimes} V_n$ durch Iteration, wobei wir zeigen müssen, dass es keine Rolle spielt, in welcher Reihenfolge man die Räume tensoriert, es gilt in der Tat, wie beim algebraischen Tensorprodukt, dass die Räume $(V_1 \hat{\otimes} V_2) \hat{\otimes} V_3$ und $V_1 \hat{\otimes} (V_2 \hat{\otimes} V_3)$ kanonisch isomorph sind. Außerdem ist $V_1 \hat{\otimes} V_2$ kanonisch isomorph zu $V_2 \hat{\otimes} V_1$.

Notation: In der Praxis lassen wir beim Tensorprodukt den Hut meistens weg, wenn klar ist, dass wir nur an Hilbert-Räumen interessiert sind. Wir schreiben dann also $V \otimes W$ statt $V \hat{\otimes} W$.

Beispiel 7.5.7 Sei V ein endlich-dimensionaler Hilbert-Raum. Dann ist der Dualraum V^* ebenfalls ein Hilbert-Raum und die Abbildung $v \mapsto \langle \cdot, v \rangle$ ist eine $\mathbb{R}$-lineare Bijektion von V nach V^*. Es gibt einen kanonischen Isomorphismus $\psi : V^* \otimes V \to \mathrm{End}(V)$, wobei $\mathrm{End}(V)$ der Vektorraum der linearen Abbildungen $T : V \to V$ ist. Für $\alpha, \beta \in V^* \otimes V$ gilt

$$\langle \alpha, \beta \rangle = \mathrm{Sp}(\psi(\alpha)\psi(\beta)^*) ,$$

wobei $\psi(\beta)^*$ der zu $\psi(\beta)$ adjungierte Operator ist. Die Abbildung ψ ist gegeben durch

$$\psi(L \otimes v)(w) = L(w)v .$$

Definition 7.5.8 Ist (π, V_π) eine unitäre Darstellung einer topologischen Gruppe G und ist (η, V_η) eine unitäre Darstellung einer topologischen Gruppe H, so definieren wir eine unitäre Darstellung $\rho = \pi \otimes \eta$ der Gruppe $G \times H$ auf dem Raum $V_\pi \otimes V_\eta$ durch

$$\rho(g, h)v \otimes w \overset{\text{def}}{=} \pi(g)v \otimes \eta(h)w \,.$$

Der Nachweis der Stetigkeit dieser Darstellung soll in Übungsaufgabe 7.7 erbracht werden.

Lemma 7.5.9 *Sei G eine lokalkompakte Gruppe und sei (η, V_η) eine irreduzible unitäre Darstellung. Sei W ein Hilbert-Raum. Dann ist jeder abgeschlossene G-stabile Teilraum von $V_\eta \otimes W$ von der Form $V_\eta \otimes W_1$ für einen abgeschlossenen Teilraum W_1 von W.*

Insbesondere folgt, dass für zwei lokalkompakte Gruppen G, H und irreduzible unitäre Darstellungen π, τ von G bzw. H die Darstellung $\pi \otimes \tau$ von $G \times H$ irreduzibel ist und dass aus $\pi \otimes \tau \cong \pi' \otimes \tau'$ schon folgt dass $\pi \cong \pi'$ ist und $\tau \cong \tau'$.

Beweis: Sei $U \subset V_\eta \otimes W$ ein abgeschlossener, G-stabiler Unterraum. Dann ist die Orthogonalprojektion P mit Bild U ein Operator auf $V_\eta \otimes W$, der mit allen $\eta(g)$, $g \in G$ vertauscht. Wir zeigen, dass jeder solche Operator T von der Form $1 \otimes S$ ist für einen Operator $S \in \mathcal{B}(W)$. Sei also T ein beschränkter Operator auf $V_\eta \otimes W$ mit

$$T(\eta(g) \otimes 1) = (\eta(g) \otimes 1)T$$

für jedes $g \in G$. Sei $(e_i)_{i \in I}$ eine Orthonormalbasis von W und für $j \in I$ sei P_j die Orthogonalprojektion auf den Unterraum $\mathbb{C}e_j$. Für $i, j \in I$ betrachte den Operator $T_{i,j}$ gegeben als Verkettung:

$$V_\eta \to V_\eta \otimes e_i \xrightarrow{\;T\;} V_\eta \otimes W \xrightarrow{\;1 \otimes P_j\;} V_\eta \otimes e_j \to V_\eta \,.$$

Dieser Operator ist zusammengesetzt aus Operatoren, die mit der G-Aktion vertauschen, vertauscht also selbst mit der G-Aktion. Außerdem ist er als Verkettung stetiger Operatoren stetig. Nach dem Lemma von Schur existiert eine komplexe Zahl $a_{i,j}$ mit $T_{i,j} = a_{i,j}\,\mathrm{Id}$. Da $\sum_j P_j = \mathrm{Id}_W$ ist, folgt

$$T(v \otimes e_i) = \sum_j a_{i,j} v \otimes e_j = v \otimes S(e_i) \,,$$

wobei $S(e_i) = \sum_j a_{i,j} e_j$ und die Summe in W konvergiert. Wegen der Stetigkeit von T setzt S zu einem eindeutig bestimmten stetigen Operator $S : W \to W$ fort, für den

$$T(v \otimes w) = v \otimes S(w)$$

für alle $v \in V_\eta$, $w \in W$ gilt. Es folgt also $T = 1 \otimes S$ wie behauptet.

Dies kann insbesondere auf die Projektion P auf den invarianten Teilraum U angewendet werden, die dann von der Form $P = 1 \otimes P_1$ sein muss. Dann ist auch P_1 eine Orthogonalprojektion. Sei W_1 ihr Bild, so folgt $U = V_\eta \otimes W_1$.

Nun zum Beweis der Irreduzibilität von $\pi \otimes \tau$. Aus dem ersten Teil folgt, dass ein abgeschlossener, $G \times H$-stabiler Unterraum U sowohl von der Form $U = V_\pi \otimes U_\tau$ als auch von der Form $U = U_\pi \otimes V_\tau$ sein muss mit abgeschlossenen Teilräumen $U_\pi \subset V_\pi$ und $U_\tau \subset V_\tau$. Diese Teilräume müssen aber selbst wieder invariant sein, also jeweils die ganzen Räume.

Sei schließlich $\pi \otimes \tau \cong \pi' \otimes \tau'$, es existiert also ein unitärer Isomorphismus $T : V_\pi \otimes V_\tau \to V_{\pi'} \otimes V_{\tau'}$, der mit der $G \times H$-Operation vertauscht. Sei $w \in V_\tau$ mit $\|w\| = 1$. Dann ist $V_\pi \otimes w$ eine irreduzible G-Unterdarstellung, also gibt es ein $w' \in V_{\tau'}$ mit $\|w'\| = 1$, so dass $T(V_\pi \otimes w) = V_{\pi'} \otimes w'$. Die Abbildung

$$V_\pi \to V_\pi \otimes w \xrightarrow{\ T\ } V_{\pi'} \otimes w' \to V_{\pi'}$$

ist ein unitärer G-Isomorphismus, also folgt $\pi \cong \pi'$ und analog $\tau \cong \tau'$. $\qquad\square$

Für jedes $p \leq \infty$ sei nun eine irreduzible unitäre Darstellung (π_p, V_p) von G_p gegeben, so dass π_p unverzweigt ist für fast alle p. Sei $S_0 \ni \infty$ die Menge der Stellen, für die π_p verzweigt ist. Für jedes $p \notin S_0$ fixiere einen Vektor $v_p^0 \in V_p^{K_p}$ mit $\|v_p^0\| = 1$. Für jede endliche Stellenmenge $S \supset S_0$ sei $\pi_S = \bigotimes_{p \in S} \pi_p$. Ist $S_0 \subset S \subset S'$ so definiere eine isometrische lineare Abbildung $\varphi_S^{S'} : \pi_S \to \pi_{S'}$ durch $w \mapsto w \otimes \bigotimes_{p \in S' \smallsetminus S} v_p^0$. Sei I die Menge aller endlichen Primzahlmengen S. Mit der partiellen Ordnung gegeben durch die Inklusion ist I eine gerichtete Menge. Mit den Abbildungen $\varphi_S^{S'}$ erhalten wir ein direktes System. Wir definieren

$$\bigotimes_p \pi_p \ = \ \varinjlim_S \pi_S \ .$$

Da die Abbildungen im direkten System alle isometrisch sind, ist die rechte Seite ein Prä-Hilbert-Raum. Wir fassen fortan $\bigotimes_p \pi_p$ als dessen Vervollständigung auf.

Der Raum $\bigotimes_p \pi_p$ hängt nach Definition von der Wahl der Vektoren v_p^0 ab, allerdings nur bis auf Isomorphie. Denn für eine andere Wahl v_p^1 gibt es zu jedem $p \notin S_0$ eine komplexe Zahl θ_p von Betrag 1, so dass $v_p^1 = \theta_p v_p^0$. Für jede endliche Stellenmenge $S \supset S_0$ induziert die Multiplikation mit $\prod_{p \in S \smallsetminus S_0} \theta_p$ induziert einen unitären Isomorphismus von $\pi_S = \bigotimes_{p \in S} \pi_p$ in sich selbst, der mit den jeweiligen Strukturabbildungen $\varphi_S^{S'}$ kommutiert, also einen unitären Isomorphismus zwischen den unendlichen Tensorprodukten induziert.

Sei $g \in G_\mathbb{A}$, dann existiert eine endliche Stellenmenge $S \ni \infty$ mit $g_p \in K_p$ für alle $p \notin S$. Dann operiert g durch einen unitären Operator auf jedem $\pi_{S'}$ falls $S' \supset S$ eine endliche Stellenmenge ist. Also operiert g unitär auf $W = \bigotimes_p V_p$. Wir erhalten eine Abbildung $\pi : G_\mathbb{A} \to \mathrm{GL}(W)$, so dass $\pi(g)$ unitär ist für jedes $g \in G_\mathbb{A}$. Diese Abbildung ist eine unitäre Abbildung (siehe Aufgabe 7.8).

Satz 7.5.10 *Die Darstellung π von $G_{\mathbb{A}}$ auf $\bigotimes_p \pi_p$ ist irreduzibel.*

Beweis: Sei $U \neq 0$ ein abgeschlossener, $G_{\mathbb{A}}$-stabiler Unterraum. Da die Faltungsalgebra $C_c^\infty(G_{\mathbb{A}})$ eine Dirac-Folge enthält, ist $\tilde{U} = \pi(C_c^\infty(G_{\mathbb{A}}))U$ dicht in U. Sei $u \in \tilde{U}$, so wird u stabilisiert von einer offenen Untergruppe von G_{fin}. Damit gibt es eine endliche Stellenmenge $S \supset S_0$, so dass u stabilisiert wird von K_p für jedes $p \notin S$. Für $p \notin S$ ist der lokale Beitrag von u bei p also ein Vielfaches des Vektors v_p, damit folgt $u = u_S \otimes \bigotimes_{p \notin S} v_p$ für ein $u_S \in V_S$. Nun ist $\pi|_{G_S}$ von der Form $V_S \otimes V^S$, wobei $V^S = \bigotimes_{p \notin S} V_p$. Nach dem Lemma ist daher U von der Form $V_S \otimes U^S$, wobei U^S ein abgeschlossener Teilraum von V^S ist. Wir haben gerade festgestellt, dass U^S den Vektor $\bigotimes_{p \notin S} v_p$ enthalten muss, dieser erzeugt aber V^S als G^S-Darstellungsraum. Es folgt $U = V$ wie behauptet. $\qquad\square$

7.5.2 Analyse

In diesem Unterabschnitt zeigen wir, dass jede irreduzible unitäre Darstellung von $G_{\mathbb{A}}$, die einer gewissen Zulässigkeitsbedingung genügt, schon isomorph zu einem Tensorprodukt im Sinne des letzten Unterabschnitts ist. Wir definieren zunächst die Zulässigkeitsbedingung.

Definition 7.5.11 Für eine lokalkompakte Gruppe G sei $\hat{G}$ das *unitäre Dual* von G, d. h. die Menge aller Isomorphieklassen irreduzibler unitärer Darstellungen.

Satz 7.5.12 (Unitäre Darstellungen kompakter Gruppen) (a) *Eine irreduzible unitäre Darstellung einer kompakten Gruppe K ist stets endlichdimensional.*

(b) *Jede unitäre Darstellung einer kompakten Gruppe K zerfällt in eine topologische direkte Summe von irreduziblen Darstellungen im Sinne von Lemma 3.2.8.*

Man beachte folgende Konsequenz. Sind (τ, V_τ) und (η, V_η) Darstellungen von K, so sind die Vektorräume $\mathrm{Hom}_K(V_\tau, V_\eta)$ und $\mathrm{Hom}_K(V_\eta, V_\tau)$ stets von derselben Dimension.

Beweis: Den Beweis findet man in der gängigen Literatur, etwa [8, 22, 28]. $\qquad\square$

Satz 7.5.13 (Peter-Weyl) *Sei K eine kompakte Gruppe. Wähle für jede irreduzible Darstellung (τ, V_τ) von K eine Orthonormalbasis $e_1, \dots, e_{d(\tau)}$ von V_τ und definiere die* Matrix-Koeffizienten

$$\tau_{i,j}(k) = \langle \tau(k)e_i, e_j \rangle$$

falls $1 \le i, j \le d(\tau)$. Dann ist

$$\left(\sqrt{d(\tau)}\tau_{i,j} \right)_{\tau, i, j}$$

eine Orthonormalbasis von $L^2(K)$.

Beweis: Auch diese Aussage findet sich in Standard-Lehrbüchern der Harmonischen Analyse [8, 22, 28]. $\qquad\square$

Definition 7.5.14 Sei L eine abgeschlossenen Untergruppe der kompakten Gruppe K. Ist (γ, V_γ) eine Darstellung von L, so definieren wir die *stetig induzierte Darstellung* $I_L^K(\gamma) = (I, V_I)$ wie folgt. Der Raum V_I ist der Banach-Raum aller stetigen Funktionen $f : K \to V_\gamma$ mit der Eigenschaft, dass $f(lk) = \gamma(l)f(k)$ für alle $l \in L, k \in K$. Die Norm ist $\|f\|_K = \sup_{k \in K} \|f(k)\|$ und die Darstellung I ist gegeben durch Rechtstranslation, also $I(k)f(k') = f(k'k)$.

Lemma 7.5.15 *Sei (η, V_η) eine Darstellung von K, dann gibt es eine kanonische lineare Bijektion*

$$\psi : \mathrm{Hom}_K\left(V_\eta, I_L^K(\gamma)\right) \to \mathrm{Hom}_L(V_\eta, V_\gamma).$$

Beweis: Wir definieren ψ durch $\psi(\alpha)(v) = \alpha(v)(1)$. Zum Beweis der Injektivität sei $\psi(\alpha) = 0$, dann ist $\alpha(v)(1) = 0$ für jedes $v \in V_\eta$. Für $k \in K$ folgt $\alpha(v)(k) = (I(k)\alpha(v))(1) = \alpha(\eta(k)v)(1) = 0$, damit ist also $\alpha = 0$. Für die Surjektivität sei $\beta : V_\eta \to V_\gamma$ ein L-Homomorphismus. Wir definieren $\alpha : V_\eta \to I_L^K(\gamma)$ durch $\alpha(v)(k) = \beta(\eta(k)v)$. Es folgt $\psi(\alpha) = \beta$ und damit ist ψ surjektiv. $\qquad\square$

Ist (π, V_π) eine beliebige Darstellung der kompakten Gruppe K und ist (τ, V_τ) eine irreduzible Darstellung von K, dann definieren wir den *τ-Isotyp $V_\pi(\tau)$* von π als das Bild der kanonischen Abbildung

$$\mathrm{Hom}_K(V_\tau, V_\pi) \otimes V_\tau \to V_\pi$$
$$\alpha \otimes v \mapsto \alpha(v).$$

Man kann $V_\pi(\tau)$ auch charakterisieren als die Summe aller Unterdarstellungen von π, die isomorph zu τ sind. Ist π unitär, so zerfällt der Raum V_π in eine direkte Summe

$$V_\pi = \bigoplus_{\tau \in \hat{K}} V_\pi(\tau).$$

Für eine gegebene Darstellung $\tau \in \hat{K}$ sei

$$e_\tau(k) = (\dim \tau)\, \overline{\mathrm{Sp}(\tau(k))}, \qquad k \in K.$$

Lemma 7.5.16 *Die Funktion e_τ ist ein Idempotent in der Faltungsalgebra $C(K)$, d. h., es gilt $e_\tau * e_\tau = e_\tau$. Die Abbildung*

$$P_\tau = \int\limits_K e_\tau(k)\pi(k)\,\mathrm{d}k$$

ist die Projektion auf den Isotyp $V_\pi(\tau)$ die durch die Isotypische Zerlegung induziert ist. Hierbei ist das Haar-Maß auf K so normalisiert, dass $\mathrm{vol}(K) = 1$ gilt. Ist $\pi|_K$ eine unitäre Darstellung, so ist P_τ eine Orthogonal-Projektion.

Ist γ eine weitere irreduzible unitäre Darstellung von K, die nicht isomorph zu τ ist. Dann gilt

$$e_\tau * e_\gamma = 0.$$

Beweis: Dies ist eine direkte Konsequenz des Peter-Weyl-Satzes. $\qquad\square$

Definition 7.5.17 Sei $F \subset \hat{K}$ eine endliche Teilmenge. Dann ist die Funktion

$$e_F \stackrel{\mathrm{def}}{=} \sum_{\tau \in F} e_\tau$$

ein Idempotent in $C(K)$, denn nach obigem Lemma ist

$$e_F * e_F = \sum_{\tau,\gamma \in F} e_\tau * e_\gamma = \sum_{\tau \in F} e_\tau = e_F.$$

Sei G eine lokalkompakte Gruppe und K eine kompakte Untergruppe. Eine Darstellung (π, V_π) von G heißt *K-zulässige Darstellung*, falls die Darstellung $\pi|_K$ mit endlichen Vielfachheiten zerfällt, d. h.,

$$\pi|_K = \bigoplus_{\tau \in \hat{K}} [\pi : \tau]\tau,$$

wobei die Vielfachheiten

$$[\pi : \tau] = \dim \mathrm{Hom}_K(V_\tau, V_\pi) = \dim \mathrm{Hom}_K(V_\pi, V_\tau)$$

endlich sind. Die Darstellung π ist genau dann K-zulässig, wenn jeder Isotyp $V_\pi(\tau)$ endlich-dimensional ist. Wir bezeichnen mit $\widehat{G}_K$ die Menge der Isomorphieklassen irreduzibler unitärer G-Darstellungen, die K-zulässig sind. Eine Darstellung heißt *zulässige Darstellung*, falls es eine kompakte Untergruppe K gibt, so dass die Darstellung K-zulässig ist.

Beispiel 7.5.18 Sei $G = G_p$ und π_λ sei die Hauptseriendarstellung zum Quasicharakter $\lambda \in \mathrm{Hom}(A_p, \mathbb{C}^\times)$. Wir zeigen, dass π_λ zulässig ist bezüglich der kompakten offenen Gruppe K_p. Sei (τ, V_τ) eine irreduzible Darstellung von K_p. Nach Aufgabe 7.17 faktorisiert τ über einen endlichen Quotienten K_p/K, hierbei ist K eine offene Untergruppe von K_p. Es reicht also zu zeigen, dass für jede kompakte offene Untergruppe K von G der Raum der K-Invarianten V_λ^K endlich-dimensional ist. Da jedes $f \in V_\lambda$ eindeutig festgelegt ist durch die Einschränkung auf K_p, kann man V_λ^K als einen Unterraum von $L^2(K_p)^K = L^2(K_p/K)$ auffassen. Da K_p/K endlich ist, ist dieser Raum also endlich-dimensional.

Lemma 7.5.19 *Sei G eine lokalkompakte Gruppe mit zwei kompakten Untergruppen $L \subset K$. Für jede irreduzible Darstellung (π, V_π) gilt dann*

$$\pi \text{ ist } L \text{ zulässig} \quad \Rightarrow \quad \pi \text{ ist } K \text{ zulässig.}$$

Hat L endlichen Index in K, so gilt auch die Rückrichtung.

Besitzt G eine offene kompakte Untergruppe K, so ist jede zulässige Darstellung von G schon K-zulässig.

Beweis: Die Darstellung π sei L-zulässig. Sei (τ, V_τ) eine irreduzible Darstellung von K. Da V_τ endlich-dimensional ist, zerfällt es als L-Darstellung in eine endliche Summe irreduzibler Darstellungen. Daher ist $\mathrm{Hom}_L(V_\tau, V_\pi)$ endlich-dimensional und damit auch der Unterraum $\mathrm{Hom}_K(V_\tau, V_\pi)$.

Die Gruppe L habe nun endlichen Index in K und π sei K-zulässig. Sei (γ, V_γ) eine irreduzible Darstellung von L. Wir wollen zeigen, dass $\mathrm{Hom}_L(V_\pi, V_\gamma)$ endlich-dimensional ist. Nach Lemma 7.5.15 hat dieser Raum die gleiche Dimension wie $\mathrm{Hom}_K(V_\pi, I_L^K(\gamma))$. Da π zulässig ist bezüglich der Gruppe K, reicht es daher, zu zeigen, dass $I_L^K(\gamma)$ endlich-dimensional ist. Sei $K = \bigcup_{j=1}^n Lk_j$, dann ist jedes $f \in I_L^K(\gamma)$ durch die endlich vielen Werte $f(k_1), \ldots, f(k_n)$ eindeutig festgelegt, also ist die Dimension von $I_L^K(\gamma)$ höchstens $\dim(V_\gamma)[K : L]$, also endlich.

Nun zur letzten Aussage des Lemmas. Sei K eine kompakte offene Untergruppe von G. Sei nun L eine gegebene kompakte Untergruppe, so dass π zulässig ist bezüglich L. Wir müssen zeigen, dass π auch schon K-zulässig ist. Die Gruppe $K \cap L$ ist offen in L, also hat sie endlichen Index in L, damit ist π schon $K \cap L$-zulässig und daher auch K-zulässig. $\qquad\square$

Satz 7.5.20 (Tensorprodukt-Satz) *Für jede Stellenmenge S ist jede zulässige irreduzible unitäre Darstellung π von G_S isomorph zu einem eindeutig bestimmten Tensorprodukt der Form $\bigotimes_{p \in S} \pi_p$ wobei alle π_p unitär, zulässig und irreduzibel sind. Fast alle π_p sind unverzweigt.*

Der Beweis braucht ein bisschen Arbeit.

Sei G eine lokalkompakte Gruppe. Die Menge $C_c(G)$ aller stetigen Funktionen mit kompakten Trägern ist eine komplexe Algebra unter der Faltung

$$f * g(x) = \int_G f(y)g(y^{-1}x)\,\mathrm{d}y = \int_G f(xy)g(y^{-1})\,\mathrm{d}y\,, \quad f, g \in C_c(G)\,.$$

Sei nun eine kompakte Untergruppe $K \subset G$ gegeben. Sind $\alpha, \beta \in C(K)$, so haben wir auch auf K eine Faltung

$$\alpha * \beta(k) = \int_K \alpha(l)\beta(l^{-1}k)\,\mathrm{d}l$$

und $C(K)$ wird eine Faltungsalgebra. Nun wollen wir aber Funktionen auf K und Funktionen auf G miteinander falten. Für $\alpha \in C(K)$ und $f \in C_c(G)$ definieren wir

$$\alpha * f(x) = \int_K \alpha(k)f(k^{-1}x)\,\mathrm{d}k \quad \text{und} \quad f * \alpha(x) = \int_K f(xk)\alpha(k^{-1})\,\mathrm{d}k\,.$$

Wir normalisieren das Haar-Maß der kompakten Gruppe K so, dass $\mathrm{vol}(K) = 1$ gilt. In vielen Fällen, wie zum Beispiel im Fall $G = \mathrm{GL}_2(\mathbb{R})$ und $K = O(2)$ ist K eine Nullmenge in G. Sollte dies nicht der Fall sein, so ist das Haar-Maß μ_G von G, eingeschränkt auf K, auch ein Haar-Maß von K. In dem Fall verlangen wir, dass dieses Haar-Maß mit dem auf K gewählten übereinstimmt.

Wir können jedes $f \in C(K)$ als Funktion auf G auffassen, indem wir f außerhalb von K durch Null fortsetzen. In diesem Sinne können wir die Summe

$$C_c(G) + C(K)$$

als Untervektorraum des Raums aller Abbildungen von G nach $\mathbb{C}$ auffassen. Ist K offen in G, so gilt $C(K) \subset C_c(G)$ und damit $C_c(G) + C(K) = C_c(G)$. Ist K nicht offen in G, so ist die Summe $C_c(G) + C(K)$ eine direkte Summe (Aufgabe 7.10).

Lemma 7.5.21 *Mit dieser Normalisierung sind die beiden Faltungsprodukte über G und K kompatibel in dem Sinne, dass stets gilt*

$$f * (g * h) = (f * g) * h\,.$$

für alle möglichen Kombinationen von f, g, h, die in $C_c(G)$ oder in $C(K)$ liegen können. Ferner gilt stets

$$(f * g)^* = g^* * f^*\,,$$

wobei $f^*(x) = \Delta(x^{-1})\overline{f(x^{-1})}$ und $\Delta(x)$ die Modularfunktion von G ist. Wir fassen diese Aussagen zusammen, indem wir sagen, dass mit diesen Strukturen der Vektorraum

$$C_c(G) + C(K)$$

*eine *-Algebra wird. Ist (π, V_π) eine unitäre Darstellung von G, so definiert π eine *-Darstellung von $C_c(G) + C(K)$ durch die Integrale $\pi(f) = \int_G f(x)\pi(x)\,dx$ falls $f \in C_c(G)$ und $\pi(f) = \int_K f(k)\pi(k)\,dk$ falls $f \in C(K)$.*

Beweis: Man rechnet dies leicht nach. Es steckt hinter dieser Aussage allerdings eine tiefere Wahrheit, diese Faltungsprodukte sind Spezialfälle einer umfassenderen Konstruktion, nach der man allgemeiner Radon-Maße auf G miteinander falten kann. Wir brauchen diese allgemeine Aussage allerdings nicht. Als Beispiel rechnen wir die Assoziativität für den Fall $f, g \in C_c(G)$ und $h \in C(K)$ nach. Es ist dann

$$f * (g * h)(x) = \int_G f(y)g * h(y^{-1}x)\,dy = \int_G f(y) \int_K g(y^{-1}xk)h(k^{-1})\,dk\,dy$$

$$= \int_K \int_G f(y)g(y^{-1}xk)h(k^{-1})\,dy\,dk = \int_K f * g(xk)h(k^{-1})\,dk$$

$$= (f * g) * h(x).$$

Das Lemma ist bewiesen. $\qquad\qquad\qquad\qquad\qquad\qquad\qquad\qquad\qquad\qquad\qquad\square$

Definition 7.5.22 Sei G eine lokalkompakte Gruppe und K eine kompakte Untergruppe. Eine Funktion f auf G heißt *K-endlich*, falls die Menge aller Funktionen $x \mapsto f(k_1 x k_2)$, $k_1, k_2 \in K$ einen endlich-dimensionalen Teilraum von $\mathrm{Abb}(G, \mathbb{C})$ aufspannt. Es ist leicht zu sehen, dass das Faltungsprodukt zweier K-endlicher Funktionen in $C_c(G)$ wieder eine K-endliche Funktion ist. Analog definieren wir die K-endlichen Elemente von $C(K)$.

Beispiel 7.5.23 Sei $f \in C_c(G)$. Betrachte die Darstellung ρ der kompakten Gruppe $K \times K$ auf $L^2(G)$ gegeben durch

$$\rho(k, l)\varphi(x) = \varphi(k^{-1}xl).$$

Dann hat der Hilbert-Raum $L^2(G)$ die isotypische Zerlegung

$$L^2(G) = \bigoplus_{\tau \in \widehat{K \times K}} L^2(G)(\tau).$$

Entsprechend lässt sich f als Summe schreiben

$$f = \sum_{\tau \in \widehat{K \times K}} f_\tau.$$

Die Funktion f ist genau dann K-endlich, wenn $f_\tau = 0$ für fast alle τ. Das heißt, die Menge der K-endlichen Vektoren ist genau die algebraische direkte Summe aller Isotypen $L^2(G)(\tau)$, $\tau \in \widehat{K \times K}$. Damit liegt die Menge der K-endlichen Funktionen dicht in $L^2(G)$.

Definition 7.5.24 Wir definieren die *Hecke-Algebra* $\mathcal{H} = \mathcal{H}_{G,K}$ des Paares (G, K) als die Faltungsalgebra aller K-endlichen Funktionen in $C_c(G)$.

Lemma 7.5.25 *Sei G eine lokalkompakte Gruppe und K eine kompakte Untergruppe.*

(a) *Sei I_K die Menge aller endlichen Teilmengen von $\hat{K}$. Für $F \in I_K$ setze $e_F = \sum_{\tau \in F} e_\tau$ und*

$$C_F \stackrel{\text{def}}{=} e_F * \mathcal{H}_{G,K} * e_F .$$

Dann ist C_F ist eine Unteralgebra von $\mathcal{H} = \mathcal{H}_{G,K}$. Die Hecke-Algebra $\mathcal{H}$ ist die Vereinigung all dieser Unteralgebren.

Ist $F = \{\tau\}$ eine einelementige Menge, so schreiben wir auch $C_F = C_\tau$.

(b) *Ist (π, V_π) eine unitäre Darstellung von G, so ist der Raum $\pi(\mathcal{H})V_\pi$ dicht in V_π.*

(c) *Die Hecke-Algebra ist eine *-Algebra mit der Involution $f^*(x) = \Delta(x^{-1}) \times \overline{f(x^{-1})}$. Ist π eine unitäre Darstellung von G, so definiert π eine *-Darstellung von $\mathcal{H}$. Für zwei unitäre Darstellungen π, π' von G gilt*

$$\pi \cong_G \pi' \iff \pi \cong_{\mathcal{H}} \pi' ,$$

das heißt, π und π' sind genau dann unitär isomorph als G-Darstellungen, wenn sie als $\mathcal{H}$-Darstellungen unitär isomorph sind.

Beweis: e_F ist idempotent, da die e_τ alle idempotent sind und $e_\tau * e_\gamma = 0$ ist falls $\tau \neq \gamma$. Da $\mathcal{H}$ aus K-endlichen Funktionen besteht, ist $\mathcal{H}$ die Vereinigung aller C_F. Damit ist Teil (a) bewiesen.

Nun zu (b). Für $h \in C(K)$ schreiben wir auch

$$\pi(h) = \int_K h(k)\pi(k) \, dk .$$

Sei $F \in I_K$ und $P_F = \pi(e_F)$. Dann gilt $P_F^2 = \pi(e_F)\pi(e_F) = \pi(e_F * e_F) = \pi(e_F) = P_F$. Also ist P_F eine Projektion. Das Bild dieser Projektion ist gerade $V_\pi(F) = \bigoplus_{\tau \in F} V_\pi(\tau)$, der F-Isotyp von π und der Kern ist $\bigoplus_{\tau \notin F} V_\pi(\tau)$. Nach Satz 7.5.12 ist die Vereinigung aller $V_\pi(F)$ mit $F \in I_K$ dicht in V_π. Es reicht also zu zeigen, dass $\pi(C_F)V_\pi$ dicht ist in $V_\pi(F)$. Sei $v \in V_\pi(F)$ und sei $\varepsilon > 0$. Da $\pi(e_F)$ stetig ist, existiert ein $C > 0$ so dass $\|\pi(e_F)w\| \leq C \|w\|$ für jedes $w \in V_\pi$ richtig ist. Da die Abbildung $G \times V_\pi \to V_\pi$; $(g, v) \mapsto \pi(g)v$ stetig ist, existiert eine Umgebung U der Eins in G, so dass $x \in U \implies \|\pi(x)v - v\| < \varepsilon/C$. Sei nun $f \in C_c(G)$ mit Träger in U so dass $f \geq 0$ ist und $\int_G f(x) \, dx = 1$ gilt. Dann folgt

$$\|\pi(f)v - v\| = \left\| \int_G f(x)(\pi(x)v - v) \, dx \right\| \leq \int_G f(x) \|\pi(x)v - v\| \, dx < \varepsilon/C .$$

Es gilt $e_F * f * e_F \in C_F \subset \mathcal{H}$ und es gilt

$$\|\pi(e_F * f * e_F)v - v\| \ = \ \|\pi(e_F)(\pi(f)v - v)\| < \varepsilon .$$

Wir beweisen schließlich (c). Die Abgeschlossenheit unter $*$ ist klar. Sei π eine unitäre G-Darstellung, dann gilt für $f \in \mathcal{H}$,

$$\pi(f^*) = \int_G \Delta(x^{-1})\overline{f(x^{-1})}\pi(x)\,\mathrm{d}x \ = \ \int_G \overline{f(x)}\pi(x^{-1})\,\mathrm{d}x$$

$$= \int_G \overline{f(x)}\pi(x)^*\,\mathrm{d}x \ = \ \left(\int_G f(x)\pi(x)\,\mathrm{d}x\right)^* \ = \ \pi(f)^* .$$

Sind π und π' als G-Darstellungen isomorph, so auch als $\mathcal{H}$-Darstellungen. Sei umgekehrt $T : V_\pi \to V_{\pi'}$ ein unitärer $\mathcal{H}$-Isomorphismus, also gilt $T\pi(f) = \pi'(f)T$ für jedes $f \in \mathcal{H}$. Wir stellen zunächst fest, dass dies schon für $f \in C_c(G)$ gilt. Hierzu sei $S = T\pi(f) - \pi'(f)T$, dann ist für jede endliche Teilmenge F von $\hat{K}$,

$$\pi'(e_F)S\pi(e_F) \ = \ T\pi(\underbrace{e_F\,f e_F}_{\in\mathcal{H}}) - \pi'(e_F\,f e_F)T \ = \ 0 .$$

Es folgt, dass $Sv = 0$ für jeden Vektor $v \in V_\pi(F)$ und da die $V_\pi(F)$ einen dichten Teilraum von V_π aufspannen, gilt $S = 0$, also $T\pi(f) = \pi'(f)T$ gilt für jedes $f \in C_c(G)$.

Sei $\varepsilon > 0$ und seien $x \in G$ und $v \in V$, dann existiert wegen der Stetigkeit der Darstellungen π und π' eine Umgebung U von $x \in G$ so dass $\|\pi(u)v - \pi(x)v\| < \varepsilon/2$ und $\|\pi'(u)Tv - \pi'(x)Tv\| < \varepsilon/2$. Sei $f \in C_c(G)$ mit Träger in U und so dass $f \geq 0$ und $\int_G f(x)\,\mathrm{d}x = 1$. Da T unitär ist, gilt

$$\|T\pi(f)v - T\pi(x)v\| \ = \ \|\pi(f)v - \pi(x)v\|$$

$$= \left\|\int_G f(u)(\pi(u)v - \pi(x)v)\,\mathrm{d}u\right\| \leq \int_G f(u)\,\|\pi(u)v - \pi(x)v\|\,\mathrm{d}u \ < \ \varepsilon/2$$

und ebenso $\|T\pi(f)v - \pi'(x)Tv\| = \|\pi'(f)Tv - \pi'(x)Tv\| < \varepsilon/2$. Hieraus folgt $\|T\pi(x)v - \pi'(x)Tv\| < \varepsilon$. Da $\varepsilon > 0$ und $v \in V_\pi$ beliebig sind, ist also $T\pi(x) = \pi'(x)T$. $\square$

Satz 7.5.26 *Seien G und H lokalkompakte Gruppen und K, L kompakte Untergruppen. Dann ist die Abbildung $\widehat{G}_K \times \widehat{H}_L \to \widehat{G \times H}_{K \times L}$ gegeben durch $(\pi, \tau) \mapsto \pi \otimes \tau$ eine Bijektion.*

Beweis: Die Injektivität folgt aus Lemma 7.5.9. Das Problem ist die Surjektivität. Ist (π, V_π) eine irreduzible unitäre Darstellung von G, so definiert jedes $f \in C_c(G)$ einen stetigen Operator auf V_π. Ist $0 \neq v \in V_\pi$, so ist $\pi(C_c(G))v$ ein G-stabiler Unterraum von V_π. Da π irreduzibel ist, muss $\pi(\mathcal{H})v$ ein dichter Unterraum sein.

Lemma 7.5.27 *Sei G eine lokalkompakte Gruppe und $K \subset G$ eine kompakte Untergruppe.*

(a) *Sei (π, V_π) eine irreduzible Darstellung von G. Sei F eine endliche Teilmenge von $\hat{K}$. Dann ist der F-Isotyp $V_\pi(F) = \bigoplus_{\tau \in F} V_\pi(\tau)$ ein irreduzibler C_F-Modul. Insbesondere ist $\pi(\mathcal{H})V_\pi$ ein irreduzibler $\mathcal{H}$-Modul. Ist $V_\pi(F)$ endlich-dimensional über $\mathbb{C}$, so ist $V_\pi(F)$ ein regulärer C_F-Modul.*

(b) *Ist (η, V_η) eine unitäre Darstellung von G und ist F eine endliche Teilmenge von $\hat{K}$. Ist M ein endlich-dimensionaler irreduzibler C_F-Untermodul von $V_\eta(F)$, so ist die von M erzeugte G-Unterdarstellung von π irreduzibel.*

(c) *Sind η, π irreduzible unitäre Darstellungen, die K-zulässig sind, so folgt*

$$\eta \cong \pi \ \Leftrightarrow \ V_\eta(F) \cong V_\pi(F) \ \textit{für jedes } F \in I_K \,,$$

wobei rechts die Isomorphie als C_F-Moduln gemeint ist.

Beweis: (a) Um die Irreduzibilität von $V_\pi(F)$ zu zeigen, sei $0 \neq U \subset V_\pi(F)$ ein abgeschlossener Untermodul. Da V_π irreduzibel ist, ist $\pi(C_c(G))U$ dicht in V_π. Sei $P_F : V_\pi \to V_\pi(F)$ die isotypische Projektion. Für $h \in C(K)$ schreiben wir auch

$$\pi(h) = \int_K h(k)\pi(k)\,\mathrm{d}k \,.$$

Es gilt dann $P_F = \pi(e_F)$. Sei $f \in C_c(G)$, dann gilt

$$\pi(f)\pi(e_\tau) = \pi(f * e_\tau) \quad \text{und} \quad \pi(e_\tau)\pi(f) = \pi(e_\tau * f)\,,$$

wie man leicht nachrechnet.

Da die Projektion P_F stetig ist, liegt der Raum $P_F(C_c(G)U)$ dicht in $V_\pi(F)$, also ist $\overline{P_F(C_c(G)U)} = V_\pi(F)$. Nun ist aber $P_F = \pi(e_F)$, also ist

$$V_\pi(F) = \overline{P_F(C_c(G)U)} = \overline{\pi(e_F)C_c(G)U} = \overline{\pi(e_F * C_c(G) * e_F)U}$$

$$= \overline{\pi(C_F)U} = \overline{U} = U \,,$$

und damit ist $V_\pi(F)$ in der Tat irreduzibel. Nun sei $V_\pi(F)$ endlich-dimensional. Wir haben gerade gezeigt, dass $\pi(C_F)V_\pi(F)$ dicht in $V_\pi(F)$ liegt. Da dieser Raum endlich-dimensional ist, ist sein einziger dichter Unterraum schon er selbst, also folgt $\pi(C_F)V_\pi(F) = V_\pi(F)$, also ist $V_\pi(F)$ regulär.

(b) Wir benutzen folgendes Prinzip. Ist M ein Modul einer $\mathbb{C}$-Algebra A und ist $m_0 \in M$ ein Element, so ist der *Annullator*

$$\mathrm{Ann}_A(m_0) \overset{\mathrm{def}}{=} \{a \in A : am_0 = 0\}$$

ein Linksideal in A und die Abbildung $a \mapsto am_0$ induziert einen Modulisomorphismus

$$A/\mathrm{Ann}_A(m_0) \to Am_0 .$$

Ist insbesondere M endlich-dimensional über $\mathbb{C}$ und irreduzibel, so folgt $M = Am_0$, also $M \cong A/J$ mit $J = \mathrm{Ann}_A(m_0)$.

Nun sei M ein endlich-dimensionaler irreduzibler C_F-Untermodul von $V_\eta(F)$. Wir können $M \neq 0$ annehmen. Sei U der von M erzeugte G-stabile abgeschlossene Unterraum von V_π. Wir zeigen dass $P_F(U) = M$ ist, wobei $P_F = \pi(e_F)$ die Orthogonalprojektion auf den F-Isotyp ist. Hierzu sei $v_0 \neq 0$ ein Vektor in M und sei $J = \mathrm{Ann}_{C_F}(v_0)$. Dann ist J ein Linksideal und die Abbildung $a \mapsto av_0$ ist ein Modul-Isomorphismus $C_F/J \overset{\cong}{\longrightarrow} M$, da M endlich-dimensional ist.

Behauptung: Sei $\overline{J}$ der Annullator $\mathrm{Ann}_{C_c(G)}(v_0)$ von v_0 in $C_c(G)$. Dann gilt

$$\overline{J} = \overline{J}e_F \oplus \mathrm{Ann}_{C_c(G)}(e_F) ,$$

wobei $\mathrm{Ann}_{C_c(G)}(e_F)$ der Annullator von e_F in $C_c(G)$ ist, also die Menge aller $f \in C_c(G)$ mit $f * e_F = 0$.

Wir beweisen die Behauptung. Zunächst ist klar, dass $\overline{J}e_F \subset \mathrm{Ann}_{C_c(G)}(v_0) = \overline{J}$. Ferner ist $v_0 = e_F v_0$ und damit folgt auch $\mathrm{Ann}_{C_c(G)}(e_F) \subset \mathrm{Ann}_{C_c(G)}(v_0) = \overline{J}$. Es bleibt zu zeigen, dass $\overline{J}$ in der rechten Seite liegt. Da e_F ein Idempotent ist, ist $C_c(G) = C_c(G)e_F \oplus \mathrm{Ann}_{C_c(G)}(e_F)$, denn jedes $f \in C_c(G)$ lässt sich schreiben als $f = fe_F + (f - fe_F)$ und $f - fe_F$ liegt im Annullator von e_F. Ferner ist $\mathrm{Ann}_{C_c(G)}(e_F) \subset \mathrm{Ann}_{C_c(G)}(v_0) = \overline{J}$ und damit folgt die Behauptung.

Es folgt hiermit

$$C_c(G)v_0 \cong C_c(G)/\overline{J} \cong C_c(G)e_F/(\overline{J}e_F) .$$

Damit ist

$$P_F(C_c(G)v_0) \cong e_F C_c(G)e_F/(\overline{J}e_F) \cong C_F/J \cong M .$$

Hieraus folgt $P_F(U) = M$. Ist nun U' eine Unterdarstellung von U, so ist $P_F(U') = 0$ oder M. Im ersten Fall ist $M \subset (U')^\perp$ und also $U \subset (U')^\perp$, da der Raum $(U')^\perp$ eine Unterdarstellung ist. Hieraus folgt aber $U' = 0$. Im anderen Fall ist $M \subset U'$ und damit $U' = U$. In der Tat ist also U irreduzibel.

(c) Sind (η, V_η), (π, V_π) isomorphe Darstellungen, so sind auch die C_F-Moduln $V_\eta(F)$ und $V_\pi(F)$ isomorph. Sei umgekehrt für jedes F ein C_F-Isomorphismus $\phi_F : V_\eta(F) \to V_\pi(F)$ gegeben. Nach dem Lemma von Schur unterscheiden sich für gegebenes F zwei Isomorphismen $V_\eta(F) \to V_\pi(F)$ nur um ein Skalar, also können wir die Isomorphismen so normieren, dass sie einander fortsetzen, dass also gilt $\phi_F = \phi_{F'}|_{V_\eta(F)}$, falls $F \subset F'$. Dann kann man die ϕ_F zusammensetzen zu einem $\mathcal{H}$-Isomorphismus

$$\phi : \eta(\mathcal{H})V_\eta \xrightarrow{\cong} \pi(\mathcal{H})V_\pi .$$

Beide Seiten sind dichte Unterräume. Wenn wir zeigen können, dass ϕ isometrisch ist, setzt diese Abbildung nach Lemma 7.5.25 zu einem Isomorphismus von G-Darstellungen fort. Sei $0 \neq v_0 \in \eta(\mathcal{H})V_\eta$ und sei $w_0 = \phi(v_0)$. Wir können annehmen, dass $\|v_0\| = \|w_0\| = 1$ und wir behaupten, dass ϕ dann isometrisch sein muss. Hierzu transportieren wir via ϕ beide Skalarprodukte auf dieselbe Seite, wir haben also, sagen wir, auf $\pi(\mathcal{H})V_\pi$ zwei Skalarprodukte $\langle ., . \rangle_1$ und $\langle ., . \rangle_2$ so dass v_0 in beiden die Norm 1 hat und die Operation von $\mathcal{H}$ ist in beiden eine $*$-Operation. Auf dem endlich-dimensionalen Raum $\pi(C_F)V_\pi$ müssen die Skalarprodukte aber nach dem Lemma von Schur übereinstimmen. Da dies für jedes $F \in I_K$ gilt, ist ϕ ist wirklich isometrisch.	$\square$

Seien nun G, H lokalkompakt mit kompakten Untergruppen $K \subset G$ und $L \subset H$. Sei E eine endliche Teilmenge von $\hat{K}$ und F eine endliche Teilmenge von $\hat{L}$. Es gibt einen natürlichen Homomorphismus

$$\psi : C_c(G) \otimes C_c(H) \to G_c(G \times H)$$

gegeben durch

$$\psi(f \otimes g)(x, y) = f(x)g(y) .$$

Dies induziert einen Homomorphismus

$$C_E \otimes C_F \to C_{E \times F} .$$

Diese Abbildung ist in der Regel nicht surjektiv, aber für unsere Zwecke spielt das keine Rolle, denn es gilt

Lemma 7.5.28 *Ist M ein endlich-dimensionaler irreduzibler $C_{E \times F}$-$*$-Untermodul einer unitären G-Darstellung, dann ist er schon irreduzibel und regulär als $C_E \otimes C_F$-Modul.*

Beweis: Wir versehen $C_{E \times F} \subset L^1(G \times H)$ mit der Topologie der L^1-Norm. Dann liegt $C_E \otimes C_F$ dicht in $C_{E \times F}$, wie man leicht aus der Tatsache folgert, dass $C_c(G)$ in $L^1(G)$ dicht liegt. Die Darstellung $\rho : C_{E \times F} \to \mathrm{End}_\mathbb{C}(M)$ ist eine stetige Abbildung, da M von einer unitären Darstellung von $G \times H$ kommt. Also liegt das Bild von $C_E \otimes C_F$ dicht in dem (endlich-dimensionalen) Bild von $C_{E \times F}$ in $\mathrm{End}(M)$, die Bilder sind also gleich.	$\square$

Um Satz 7.5.26 zu beweisen, brauchen wir demnach nur noch die zweite Aussage des folgenden Lemmas:

Lemma 7.5.29 (a) *Sei A eine $\mathbb{C}$-Algebra und M ein einfacher regulärer A-Modul, der endlich-dimensional über $\mathbb{C}$ ist. Dann ist die Abbildung $A \to \mathrm{End}_\mathbb{C}(M)$ surjektiv.*

(b) *Seien A, B Algebren über $\mathbb{C}$ und sei $R = A \otimes B$. Sind M, N einfache reguläre Moduln unter A bzw. B, die endlich-dimensional über $\mathbb{C}$ sind, dann ist $M \otimes N$ ein einfacher regulärer R-Modul und jeder einfache reguläre R-Modul, der endlich-dimensional über $\mathbb{C}$ ist, ist von dieser Form für eindeutig bestimmte M und N.*

Beweis: Teil (a) ist ein wohlbekannter Satz von Wedderburn, ein Beweis findet sich z. B. in Langs Buch über Algebra [24]. Allerdings ist dort vorausgesetzt, dass die Algebra A ein Einselement besitzt, was wir durch die schwächere Voraussetzung der Regularität von M ersetzt haben. Wir müssen also zeigen, wie man (a) aus der entprechenden Aussage für Algebren mit Eins folgert. Dies ist eine interessante Technik, die sich *Adjunktion einer Eins* nennt. Wir versehen den Vektorraum $B = A \times \mathbb{C}$ mit dem Produkt

$$(a, z)(b, w) = (ab + zb + wa, zw)\,.$$

Dann ist B eine Algebra mit Einselement $(0, 1)$, die A als zweiseitiges Ideal enthält. Man sagt, dass B aus A durch Adjunktion einer Eins entsteht. Jeder A-Modul M wird zu einem B-Modul, indem man $(a, z)m = am + zm$ setzt. Ist nun $A' \subset \mathrm{End}_\mathbb{C}(M)$ das Bild von A und $B' \subset \mathrm{End}_\mathbb{C}(M)$ das Bild von B, so gilt nach dem Satz von Wedderburn, wie er in Langs Buch steht, dass $B' = \mathrm{End}_\mathbb{C}(M)$ ist. Betrachte zunächst den Fall, dass $\dim_\mathbb{C}(M) = 1$ ist. Dann gibt es zwei Möglichkeiten: entweder ist $A' = 0$ oder $A' = \mathrm{End}_\mathbb{C}(M) = \mathbb{C}\mathrm{Id}_M$. Die erste Möglichkeit ist durch die Regularität ausgeschlossen, also folgt $A' = \mathrm{End}_\mathbb{C}(M)$. Sei nun $\dim_\mathbb{C}(M) \geq 2$. Angenommen, $A' \neq \mathrm{End}_\mathbb{C}(M) = B'$. Dann ist A' ein zweiseitiges Ideal in B', das nicht das Nullideal ist. Die Algebra $\mathrm{End}_\mathbb{C}(M) \cong \mathrm{M}_n(\mathbb{C})$ mit $n = \dim_\mathbb{C}(M)$ hat aber keine zweiseitigen Ideale außer den trivialen 0 und $\mathrm{M}_n(\mathbb{C})$ (Aufgabe 7.2). Wegen der Regularität ist wieder $A' \neq 0$, also folgt $A' = B' = \mathrm{End}_\mathbb{C}(M)$ wie behauptet.

Zu Teil (b). Nach (a) reicht es, die erste Aussage für den Fall $A = \mathrm{End}_\mathbb{C}(M)$ und $B = \mathrm{End}_\mathbb{C}(N)$ zu zeigen. Die kanonische Abbildung von der Algebra $\mathrm{End}_\mathbb{C}(M) \otimes \mathrm{End}_\mathbb{C}(N)$ nach $\mathrm{End}_\mathbb{C}(M \otimes N)$ ist aber surjektiv und damit ist $M \otimes N$ einfach.

Sei nun ein $\mathbb{C}$-endlich-dimensionaler einfacher $A \otimes B$-Modul V gegeben. Dann enthält V einen einfachen A-Modul M, da V endlich-dimensional ist. Sei $N = \mathrm{Hom}_A(M, V)$. Dieser Vektorraum ist in offensichtlicher Weise ein B-Modul. Betrachte die Abbildung $\phi : M \otimes N \to V$ gegeben durch

$$\phi(m \otimes \alpha) = \alpha(m)\,.$$

Dann ist $\phi \neq 0$ ein $A \otimes B$-Homomorphismus, also surjektiv, da V einfach ist. Wir müssen nun zeigen, dass ϕ keinen nichttrivialen Kern hat. Sei hierzu $\alpha_1, \ldots, \alpha_k$ eine Basis von N und $m_1, \ldots, m_l$ eine Basis von M. Seien $c_{i,j} \in \mathbb{C}$ gegeben mit

$\phi\left(\sum_{i,j} c_{i,j} m_i \otimes \alpha_j\right) = 0$. Wir müssen zeigen, dass aller Koeffizienten $c_{i,j}$ gleich Null sind. Es ist

$$0 = \phi\left(\sum_{i,j} c_{i,j} m_i \otimes \alpha_j\right) = \sum_{i,j} c_{i,j} \alpha_j(m_i) = \sum_j \alpha_j \left(\sum_i c_{i,j} m_i\right).$$

Sei $P : M \to M$ eine Projektion auf einen eindimensionalen Unterraum, sagen wir $\mathbb{C}m_0$. Nach Teil (a) existiert ein $a \in A$ mit $am = Pm$ für jedes $m \in M$. Es folgt

$$0 = \sum_j \alpha_j \left(P\left(\sum_i c_{i,j} m_i\right)\right) = \sum_j \lambda_j \alpha_j(m_0),$$

wobei $P\left(\sum_i c_{i,j} m_i\right) = \lambda_j m_0$. Ist nun $a \in A$ beliebig, so folgt

$$0 = \sum_j \lambda_j \alpha_j(am_0).$$

Nun durchläuft am_0 aber ganz M, wenn a in A läuft, also ist

$$\sum_j \lambda_j \alpha_j = 0.$$

Wegen der linearen Unabhängigkeit der α_j sind alle $\lambda_j = 0$. Damit sind dann aber auch alle $\sum_i c_{i,j} m_i = 0$ und wegen linearer Unabhängigkeit alle $c_{i,j} = 0$.

Der Beweis zeigt außerdem, dass alle einfachen A-Untermoduln von V isomorph sind, was die Eindeutigkeit liefert. $\qquad\square$

Wir beweisen nun den Satz 7.5.26. Sei η eine $K \times L$-zulässige irreduzible Darstellung von $G \times H$. Sei E eine endliche Teilmenge von $\hat{K}$ und F eine endliche Teilmenge von $\hat{L}$. Dann ist nach Lemma 7.5.28 ist $V_\eta(E \times F)$ ein endlichdimensionaler irreduzibler regulärer $C_E \otimes C_F$-Modul und nach Lemma 7.5.29 ist $V_\eta(E \times F)$ ein Tensorprodukt von Moduln, das wir als $V_\pi(E) \otimes V_\tau(F)$ schreiben. Die Eindeutigkeit der Tensorfaktoren stiftet uns injektive Homomorphismen $\varphi_E^{E'} : V_\pi(E) \to V_\pi(E')$ wenn $E \subset E'$ und ebenso für F. Die Eindeutigkeit der Skalarprodukte nach dem Schurschen Lemma erlaubt es uns, diese Homomorphismen so zu skalieren, dass sie isometrisch sind. Wir definieren dann

$$\tilde{V}_\pi \overset{\text{def}}{=} \varinjlim V_\pi(E).$$

Dann ist $\tilde{V}_\pi$ ein Prä-Hilbert-Raum und wir schreiben V_π für seine Komplettierung. Ebenso konstruieren wir V_τ. Für jede endliche Teilmenge $E \subset \hat{K}$ operiert die Algebra C_E auf $\tilde{V}_\pi$ und zwar durch stetige Operatoren. Diese setzen sich also stetig nach V_π fort und man erhält eine *-Darstellung der Hecke-Algebra $\mathcal{H}_G$ und ebenso für V_τ. Nach Konstruktion sind die Isotypen von V_π genau die Räume $V_\pi(E)$ für $E \in I_K$. Die isometrischen Abbildungen $V_\pi(E) \otimes V_\tau(F) \hookrightarrow V_\eta$ setzen sich zusammen zu einem isometrischen $\mathcal{H}_G \otimes \mathcal{H}_H$-Homomorphismus $\Phi : V_\pi \otimes V_\tau \to V_\eta$, der wegen der Irreduzibilität von η ein Isomorphismus sein muss. Wir müssen jetzt noch eine unitäre Darstellung der Gruppe $G \times H$ auf $V_\pi \otimes V_\tau$ installieren, also zuerst eine Darstellung π von G auf V_π. Fixiere einen beliebigen Vektor $w \in V_\tau$ mit $\|w\| = 1$, so liefert die Abbildung $V_\pi \to V_\pi \otimes w \xrightarrow{\Phi} V_\eta$ eine isometrische Einbettung von V_π nach V_η, die mit der $\mathcal{H}_G$-Operation vertauscht. Die G-Darstellung auf V_η definiert dann eine unitäre G-Darstellung auf V_π, die die $\mathcal{H}_G$-Darstellung induziert. Dasselbe machen wir mit H und erhalten irreduzible unitäre Darstellungen π und τ von G und H so dass Φ ein $G \times H$-Isomorphismus ist. $\square$

Nun beweisen wir Satz 7.5.20. Ist S eine endliche Stellenmenge, so folgt Satz 7.5.20 direkt aus Satz 7.5.26. Ebenso kann man die unendliche Stelle aus S herausnehmen. Sei also S unendlich und $\infty \notin S$. Sei (π, V) eine irreduzible unitäre zulässige Darstellung von G_S und sei K_S die kompakte offene Untergruppe $\prod_{p \in S} K_p$. Dann existiert nach Lemma 7.5.27 ein $\tau \in \hat{K}_S$ so dass $V_\pi(\tau) \neq 0$ ein irreduzibler Modul der Hecke-Algebra C_τ ist. Nach Lemma 6.2.5 ist τ auf einer offenen Untergruppe von K_S trivial. Also existiert eine endliche Stellenmenge $T \subset S$ mit $\tau\left(\prod_{p \in S \smallsetminus T} K_p\right) = 1$. Nach Satz 7.5.26 können wir G_S durch $G_{S \smallsetminus T}$ ersetzen, können also annehmen, dass $K = \prod_{p \in S} K_p$ und $\tau = 1$. Dann ist nach der Aufgabe 7.14 die Faltungs-Algebra $C_1 = C_c(G)^K$ kommutativ, damit ist jeder irreduzible $*$-Modul eindimensional, also ist $V_\pi(\tau) = V_\pi^K$ eindimensional. Für jede endliche Teilmenge $T \subset S$ erzeugt V_π^K nach Lemma 7.5.27 (b) eine irreduzible Darstellung π_T von $G_T = \prod_{p \in T} G_p$. Mit $\pi_p = \pi_{\{p\}}$ folgt $\pi_T \cong \bigotimes_{p \in T} \pi_p$. Sei $\eta = \bigotimes_{p \in S} \pi_p$. Nach Satz 7.5.10 ist η irreduzibel. Für jede endliche Teilmenge $T \subset S$ erhalten wir eine Isometrie $\eta_T = \bigotimes_{p \in T} \pi_p \hookrightarrow \pi$. Diese Isometrien können kompatibel gewählt werden, so dass sie eine G_S-äquivariante Isometrie $\eta \hookrightarrow \pi$ ergeben. Da π irreduzibel ist, ist diese Abbildung ein Isomorphismus. Damit ist der Tensorprodukt-Satz bewiesen. $\square$

7.5.3 Zulässigkeit automorpher Darstellungen

Eine irreduzible Darstellung π von $G_\mathbb{A}$ heißt *kuspidale Darstellung*, falls π isomorph zu einer Unterdarstellung von L^2_{cusp} ist. Wir wollen den Tensorprodukt-Satz auf kuspidale Darstellungen anwenden. Dazu müssen wir nachweisen, dass diese zulässig sind.

Sei A die Faltungsalgebra $C_c^\infty(G_\mathbb{A})$. Eine unitäre Darstellung (π, V_π) heißt *kompakte Darstellung*, falls der Operator $\pi(a)$ kompakt ist für jedes $a \in A$. Jede Unterdarstellung einer kompakten Darstellung ist kompakt. In Proposition 7.4.3 haben wir nachgewiesen, dass der Raum der Spitzenformen L^2_{cusp} eine kompakte Darstellung definiert und in Proposition 7.3.13 haben wir gezeigt, dass eine kompakte Darstellung stets eine direkte Summe von irreduziblen Darstellungen ist.

> **Satz 7.5.30** *Jede irreduzible kompakte Darstellung ist zulässig. Insbesondere ist jede kuspidale Darstellung zulässig.*

Beweis: Sei (π, V_π) eine irreduzible kompakte Darstellung und sei (τ, V_τ) eine irreduzible Darstellung der kompakten Gruppe $K_{\mathbb{A}} = \prod_{p \leq \infty} K_p$, wobei $K_p = \mathrm{GL}_2(\mathbb{Z}_p)$ falls $p < \infty$ und $K_\infty = \mathrm{SO}(2)$. Dann ist τ ein Tensorprodukt $\tau = \bigotimes_p \tau_p$. Sei $A_\tau = e_\tau A e_\tau$, dann ist $V_\pi(\tau)$ ein irreduzibler A_τ-$*$-Modul. Die Algebra A_τ ist ein Tensorprodukt der Form $A_\infty \otimes A_{\mathrm{fin}}$, wobei $A_\infty = e_{\tau_\infty} C_c^\infty(G_\infty) e_{\tau_\infty}$ und ebenso für A_{fin}.

Lemma 7.5.31 *Die Algebra A_∞ ist kommutativ.*

Beweis: Die irreduziblen Darstellungen der Gruppe $K_\infty = \mathrm{SO}(2)$ sind durch die Charaktere ε_ν, $\nu \in \mathbb{Z}$ gegeben, wobei

$$\varepsilon_\nu \begin{pmatrix} a & -b \\ b & a \end{pmatrix} = (a + ib)^\nu .$$

Die Algebra A_∞ kann verstanden werden als die Faltungsalgebra der Funktionen $f \in C_c^\infty(G_\infty)$ mit $f(k_1 x k_2) = \overline{\varepsilon(k_1 k_2)} f(x)$ für $k_1, k_2 \in K_\infty$. Sei D die Menge der Diagonalmatrizen. In Aufgabe 3.3 wurde gezeigt, dass $G_\infty = K_\infty D K_\infty$. Betrachte die Abbildung $\theta : G \to G$ gegeben durch

$$\theta(x) = \begin{pmatrix} -1 & \\ & 1 \end{pmatrix} x^t \begin{pmatrix} -1 & \\ & 1 \end{pmatrix} .$$

Es folgt $\theta(kal) = lak$, wenn $k, l \in K_\infty$ und $a \in A_\infty$. Daher ist für $f \in A_\infty$ schon $f^\theta = f$, wobei $f^\theta(x) = f(\theta(x))$. Da aber θ ein Anti-Automorphismus von G ist, d.h., $\theta(xy) = \theta(y)\theta(x)$, gilt für beliebige $f, g \in C_c(G)$, dass $(f * g)^\theta = g^\theta * f^\theta$. Hieraus folgt die Behauptung, denn für $f, g \in A_\infty$ gilt

$$f * g = (f * g)^\theta = g^\theta * f^\theta = g * f .$$

$\square$

Wir beenden den Beweis des Satzes. Für $f \in A_\infty$ definieren wir $\pi(f) = \int_{G_\infty} f(x)\pi(x)\,dx$ und analog für A_{fin}. Da A_∞ kommutativ ist, vertauscht jedes $f \in A_\infty$ mit jedem $a \in A_\tau$, also vertauscht $\pi(f)$ mit jedem $\pi(a)$ mit $a \in A_\tau$. Nach dem Lemma von Schur operiert $\pi(f)$ auf dem Isotyp $V_\pi(\tau)$ als ein Skalar. Sei e_τ das zu τ gehörige Idempotent. Dann ist $\pi(e_\tau)$ die Orthogonalprojektion auf den K-Isotyp $V_\pi(\tau)$. Wähle ein $f \in A_\infty$ so dass $\pi(f)$ als Identität auf $V_\pi(\tau)$ operiert. Der Operator $\pi(e_\tau)\pi(f)$ ist einerseits kompakt, operiert andererseits auf $V_\pi(\tau)$ als eine Orthogonalprojektion. Ergo muss $V_\pi(\tau)$ endlich-dimensional sein, was zu zeigen war.

$\square$

7.6 Aufgaben und Anmerkungen

Aufgabe 7.1 Sei (X, d) ein separabler metrischer Raum und sei $Z \subset X$ eine Teilmenge. Zeige, dass Z ebenfalls separabel ist.

Aufgabe 7.2 Zeige, dass die komplexe Algebra $\mathrm{M}_n(\mathbb{C})$ der $n \times n$ Matrizen außer 0 und $\mathrm{M}_n(\mathbb{C})$ keine zweiseitigen Ideal hat.

(Hinweis: Ist J ein zweiseitiges Ideal und $A \in J$, so auch die selbstadjungierte Matrix AA^*, die diagonalisierbar ist. Ist $J \neq 0$, so muss J invertierbare Elemente enthalten.)

Aufgabe 7.3 Zeige, dass jede Darstellung (π, V_π) einer kompakten Gruppe K in eine direkte Summe von irreduziblen zerfällt, d. h., dass es einen dichten Unterraum gibt, der eine algebraische direkte Summe von irreduziblen Unterräumen ist. Zeige weiter, dass dieser Raum eindeutig bestimmt ist, falls die Darstellung π zulässig bezüglich K ist.

(Hinweis: man kann den Peter-Weyl-Satz so formulieren, dass $L^2(K) = \bigoplus_{\tau \in \widehat{K}} L(e_\tau) L^2(K)$ als topologische Summe, wobei L die Darstellung durch Linkstranslation ist. Insbesondere ist $C(K) = \bigoplus_\tau e_\tau * C(K)$. Beachte nun, dass $\tau(C(K)) V_\tau$ dicht liegt in V_τ.)

Aufgabe 7.4 Zeige, dass die Modularfunktion von der Gruppe $B_p = A_p N_p$ gegeben ist durch $\Delta_{B_p}(an) = a^\delta$.

Aufgabe 7.5 Seien V, W Hilbert-Räume. Zeige, dass die hermitesche Fortsetzung von

$$\langle v \otimes w, v' \otimes w' \rangle \overset{\mathrm{def}}{=} \langle v, v' \rangle \langle w, w' \rangle$$

ein Skalarprodukt auf dem algebraischen Tensorprodukt $V \otimes W$ definiert.

(Hinweis: Für die Definitheit sei $f = \sum_i v_i \otimes w_i$ ein Element des Tensorporduktes. Man kann dann die endlich vielen v_i orthonormalisieren und erhält eine neue Darstellung von f, also kann man annehmen, dass die v_i paarweise orthogonal sind.)

Aufgabe 7.6 Zeige, dass für drei Hilbert-Räume V_1, V_2, V_3 die Tensorprodukte $(V_1 \otimes V_2) \otimes V_3$ und $V_1 \otimes (V_2 \otimes V_3)$ kanonisch isomorph sind. Zeige weiter, dass $V_1 \otimes V_2$ kanonisch isomorph zu $V_2 \otimes V_1$ ist.

(Hinweis: Man muss zeigen, dass die kanonischen Isomorphismen der algebraischen Tensorprodukte isometrisch sind.)

Aufgabe 7.7 Seien (π, V) und (η, W) unitäre Darstellungen der lokalkompakten Gruppen G und H. Zeige, dass $\rho = \pi \otimes \eta$ eine unitäre Darstellung von $G \times H$ auf dem Hilbert-Raum $V \hat{\otimes} W$ ist.

(Hinweis: Der schwierigste Punkt ist die Stetigkeit. Dazu muss man für $g, g' \in G$, $h, h' \in H$ und $v, v' \in V \hat{\otimes} W$ Ausdrücke der Form $\|\rho(g', h')v' - \rho(g, h)v\|$ abschätzen. Man benutzt die Dreiecksungleichung, indem man Terme der Form $\rho(g', h')v$ oder auch $\rho(g', h)v$ einbringt.)

Aufgabe 7.8 Zeige, dass das unendliche Tensorprodukt von unitären Darstellungen, wie definiert vor dem Satz 7.5.10, eine unitäre Darstellung ist.

(Hinweis: Es ist zu zeigen, dass für konvergente Folgen $g_n \to g$ in G und $v_n \to v$ in $W = \bigotimes_p V_p$ gilt $\pi(g_n)v_n \to \pi(g)v$. Ähnlich wie im Beweis von Satz 7.1.3 kann man sich auf Vektoren in einem dichten Teilraum zurückziehen.)

Aufgabe 7.9 Benutze den Peter-Weyl-Satz um zu zeigen, dass

$$e_\tau * e_\gamma = \begin{cases} e_\tau & \text{falls } \gamma \cong \tau, \\ 0 & \text{sonst.} \end{cases}$$

Aufgabe 7.10 Sei H eine Untergruppe der lokalkompakten Gruppe G. Wir setzen jede stetige Funktion $f \in C(H)$ auf H durch Null nach G fort und fassen so $C(H)$ als Teilmenge der Menge aller Abbildungen von G nach $\mathbb{C}$ auf. Zeige:

$$C(H) \subset C(G) \quad \Leftrightarrow \quad H \text{ offen in } G \, .$$

Zeige weiter: Ist H nicht offen in G, dann gilt

$$C(H) \cap C(G) = 0 \, .$$

Aufgabe 7.11 Sei (π, V) eine Darstellung von $G_p = \mathrm{GL}_2(\mathbb{Q}_p)$. Ein Vektor $v \in V$ heißt *glatt*, falls sein Stabilisator in G_p offen ist. Zeige: der Vektorraum V^∞ der glatten Vektoren in V ist dicht in V.

(Hinweis: Zeige, dass die Faltungsalgebra der lokalkonstanten Funktionen mit kompakten Trägern eine Dirac-Folge enthält.)

Aufgabe 7.12 Sei p eine Primzahl und M_p die Menge der ganzzahligen 2×2 Matrizen mit Determinante p. Zeige $M_p = \Gamma \left(\begin{smallmatrix} p & \\ & 1 \end{smallmatrix} \right) \Gamma$, wobei $\Gamma = \mathrm{SL}_2(\mathbb{Z})$.

Aufgabe 7.13 Sei $\Gamma = \mathrm{SL}_2(\mathbb{Z})$, $k \in 2\mathbb{N}$ und $f \in S_k(\Gamma)$ eine Spitzenform. Wir identifizieren $S_k(\Gamma)$ mit einem Unterraum von $L^2(G_\mathbb{Q} Z_\mathbb{R} \backslash G_\mathbb{A})$. Zur Unterscheidung schreiben wir $A(f) \in L^2(G_\mathbb{Q} Z_\mathbb{R} \backslash G_\mathbb{A})$ für das Element, das f zugeordnet wird.

Sei p eine Primzahl und $g_p \in \mathbb{C}_c^\infty(G_p)$ gegeben durch

$$g_p = \mathbf{1}_{K_p \left(\begin{smallmatrix} p^{-1} & \\ & 1 \end{smallmatrix} \right) K_p} \, .$$

Für $\varphi \in L^2(Z(\mathbb{R})G_\mathbb{Q} \backslash G_\mathbb{A})$ sei $R(g_p)\varphi(x) = \int_{G_p} g_p(y)\varphi(xy)\,dy$. Zeige:

$$R(g_p)A(f) = p^{1-k/2}A(T_p f),$$

wobei T_p der Hecke-Operator aus Kap. 2 ist.

Aufgabe 7.14 Sei G eine lokalkompakte Gruppe und K eine kompakte Untergruppe. Zeige, dass die Menge $C_c(G)^K$ aller K-biinvarianten Funktionen in $C_c(G)$ eine Unteralgebra von $C_c(G)$ ist. Ist $C_c(G)^K$ eine kommutative Algebra, so nennt man das Paar (G, K) ein *Gelfand-Paar*. Zeige: Ist S eine Menge von endlichen Stellen, so ist $(\mathrm{GL}_2(\mathbb{A}_S), \mathrm{GL}_2(\mathbb{Z}_S))$ ist ein Gelfand-Paar, wobei $\mathbb{Z}_S = \prod_{p \in S} \mathbb{Z}_p$ ist.

(Hinweis: Bestimme ein Vertretersystem von $K \backslash G / K$ wie in Proposition 2.7.2 aus dem letzten Semester. Zeige dann, dass die Matrixtransposition eine lineare Abbildung $T : C_c(G) \to C_c(G)$ definiert mit $T(f * g) = T(g) * T(f)$. Beachte, dass das Haar-Maß auf G invariant ist unter Transposition und Inversenbildung.)

Aufgabe 7.15 Sei $G = \mathrm{SL}_2(\mathbb{R})$ und $K = \mathrm{SO}(2)$. Zeige, dass für jedes $\tau \in \hat{K}$ die Faltungsalgebra C_τ kommutativ ist.

(Hinweis: Da K abelsch ist, ist jede irreduzible unitäre Darstellung τ von K durch einen Charakter e_τ gegeben. Zeige, dass C_τ genau aus den Funktionen $f \in C_c(G)$ besteht, die $f(uxl) = e_\tau(u)e_\tau(l^{-1})f(x)$ erfüllen. Zeige dann, dass die Transposition eine lineare Abbildung $T : C_\tau \to C_\tau$ definiert mit $T(f * g) = T(g) * T(f)$. Benutze nun Aufgabe 3.3 um zu sehen, dass $T(f) = f$ ist für jedes $f \in C_\tau$.)

Aufgabe 7.16 Sei G eine lokalkompakte Gruppe und sei K eine kompakte offene Untergruppe. Wir normieren das Haar-Maß von G so, dass K das Maß 1 hat. Sei (π, V_π) eine Darstellung von G. Zeige, dass $\pi(\mathbf{1}_K) = \int_K \pi(x)\,\mathrm{d}x$ eine Projektion ist mit Bild V_π^K. Zeige weiter, dass $\pi(\mathbf{1}_K)$ eine Orthogonalprojektion ist, falls die Darstellung $\pi|_K$ unitär ist.

Aufgabe 7.17 Sei K eine total unzusammenhängende kompakte Gruppe. Zeige, dass jede irreduzible Darstellung τ über einen endlichen Quotienten K/N von K faktorisiert.

(Hinweis: Nach Satz 7.5.12 ist τ endlich-dimensional. Zeige, dass $\mathrm{GL}_n(\mathbb{C})$ eine Einsumgebung hat, die außer der trivialen Gruppe keine Untergruppe enthält.)

Anmerkungen

Wir haben in diesem Kapitel gezeigt, dass jede kuspidale Darstellung zulässig und ein Tensorprodukt ist. Darüber hinaus ist es richtig, dass jede irreduzible unitäre Darstellung von G_p, G_∞ oder $G_\mathbb{A}$ zulässig und damit ein Tensorprodukt von lokalen Darstellungen ist. Um dies zu beweisen muss man aber tiefer in die lokale Darstellungstheorie einsteigen, was hier zu aufwändig wäre. Ein Beweis für G_∞ findet sich etwa in [23], für G_p in [15].

Kapitel 8
Automorphe L-Funktionen

Sei R ein Ring. Wir schreiben $M_2(R)$ für die Algebra der 2×2-Matrizen über R. Für $x \in M_2(\mathbb{A})$ sei

$$|x| = |\det(x)| = \prod_{p \le \infty} |\det(x_p)|.$$

Sei $\mathcal{S}(M_2(\mathbb{A}))$ der Raum der Schwartz-Bruhat Funktionen auf $M_2(\mathbb{A})$, d. h. jedes $f \in \mathcal{S}(M_2(\mathbb{A}))$ ist eine endliche Summe von Funktionen der Form $f = \prod_p f_p$, wobei $f_p = \mathbf{1}_{M_2(\mathbb{Z}_p)}$ für fast alle p und $f_p \in \mathcal{S}(M_2(\mathbb{Q}_p))$ für alle p. Hierbei ist $\mathcal{S}(M_2(\mathbb{R}))$ der Raum der Schwartz-Funktionen auf $M_2(\mathbb{R}) \cong \mathbb{R}^4$ und $\mathcal{S}(M_2(\mathbb{Q}_p))$ ist der Raum der lokalkonstanten Funktionen mit kompakten Trägern auf $M_2(\mathbb{Q}_p)$.

8.1 Das Gitter $M_2(\mathbb{Q})$

Sei e der übliche additive Charakter auf $\mathbb{A}$. Für $x \in M_2(\mathbb{A})$ schreiben wir der Einfachheit halber $e(x)$ für $e(\mathrm{Sp}(x))$, also

$$e \begin{pmatrix} a & b \\ c & d \end{pmatrix} = e(a + d).$$

Lemma 8.1.1 $M_2(\mathbb{Q})$ *ist eine diskrete, cokompakte Untergruppe von* $M_2(\mathbb{A})$, *also ein* Gitter. *Das Gitter* $M_2(\mathbb{Q})$ *ist selbstdual in* $M_2(\mathbb{A})$, *d. h., für* $x \in M_2(\mathbb{A})$ *gilt*

$$e(xy) = 1 \ \forall y \in M_2(\mathbb{Q}) \qquad \Leftrightarrow \qquad x \in M_2(\mathbb{Q}).$$

Beweis: Da $\mathbb{Q}$ diskret ist in $\mathbb{A}$ und $M_2(\mathbb{A}) \cong \mathbb{A}^4$ die Produkttopologie trägt, ist $M_2(\mathbb{Q})$ diskret in $M_2(\mathbb{A})$. Wegen

$$M_2(\mathbb{A}) / M_2(\mathbb{Q}) = \mathbb{A}^4/\mathbb{Q}^4 = (\mathbb{A}/\mathbb{Q})^4$$

ist $M_2(\mathbb{Q})$ auch cokompakt in $M_2(\mathbb{A})$.

A. Deitmar, *Automorphe Formen*
DOI 10.1007/978-3-642-12390-0, © Springer 2010

In der letzten Aussage ist die Rückrichtung trivial. Für die Hinrichtung erfülle $x \in M_2(\mathbb{A})$ die Voraussetzung. Ist $x = \begin{pmatrix} a & b \\ c & d \end{pmatrix} \in M_2(\mathbb{A})$ und $y = \begin{pmatrix} t & 0 \\ 0 & 0 \end{pmatrix}$, so gilt

$$e(xy) \;=\; e\left(\mathrm{Sp}\begin{pmatrix} at & 0 \\ ct & 0 \end{pmatrix}\right) \;=\; e(at)\,.$$

Da $t \in \mathbb{Q}$ beliebig ist, folgt $a \in \mathbb{Q}$. Der Rest geht ähnlich. $\qquad\square$

Für $f \in \mathcal{S}(M_2(\mathbb{A}))$ sei die Fourier-Transformation definiert durch

$$\hat{f}(x) \;=\; \int\limits_{M_2(\mathbb{A})} f(y)e(-xy)\mathrm{d}y\,.$$

Durch Ausnutzen der entsprechenden Tatsachen aus dem eindimensionalen Fall zeigt man, dass die Fourier-Transformation den Raum $\mathcal{S}(M_2(\mathbb{A}))$ in sich überführt und die Inversionsformel $\hat{\hat{f}}(x) = f(-x)$ erfüllt.

8.2 Lokale Faktoren

Wir führen zunächst den Begriff der *Gruppenalgebra* ein. Hierfür sei G eine Gruppe, dann ist die Gruppenalgebra $\mathbb{C}[G]$ über $\mathbb{C}$ definiert als die Faltungsalgebra aller Funktionen $f : G \to \mathbb{C}$ mit endlichen Träger. Genauer ist $\mathbb{C}[G]$ der komplexe Vektorraum aller $f : G \to \mathbb{C}$ so dass die Menge $\mathrm{supp}(f) = \{g \in G : f(g) \neq 0\}$ endlich ist. Sind $f, g \in \mathbb{C}[G]$ so definieren wir das *Faltungsprodukt* als

$$f * g(x) \;\overset{\mathrm{def}}{=}\; \sum_{y \in G} f(y)g(y^{-1}x)\,.$$

Die Gruppenalgebra hat eine kanonische Basis $(\delta_y)_{y \in G}$, wobei

$$\delta_y(x) \;=\; \begin{cases} 1 & x = y\,, \\ 0 & x \neq y\,. \end{cases}$$

Wir rechnen: $\delta_x * \delta_y(z) \;=\; \sum_{r \in G} \delta_x(r)\delta_y(r^{-1}z) \;=\; \delta_y(x^{-1}z) \;=\; \delta_{xy}(z)$. Also

$$\delta_x * \delta_y \;=\; \delta_{xy}\,.$$

Diese Identität gibt uns eine weitere Möglichkeit, die Gruppenalgebra zu definieren. Demnach ist $\mathbb{C}[G]$ der Vektorraum mit einer Basis $(\delta_y)_{y \in G}$ zusammen mit einer Multiplikation, die auf den Basiselementen durch $\delta_x\delta_y = \delta_{xy}$ definiert dann linear auf den ganzen Raum fortgesetzt wird.

Wir wollen in beiden Definitionen verstehen, was die Algebren-Homomorphismen von $\mathbb{C}[G]$ nach $\mathbb{C}$ sind, also die linearen Abbildungen $\phi : \mathbb{C}[G] \to \mathbb{C}$, die multiplikativ sind, also $\phi(ab) = \phi(a)\phi(b)$ für alle $a, b \in \mathbb{C}[G]$ erfüllen und für die gilt $\phi(\delta_1) = 1$. Zunächst ist klar, dass dann die Abbildung $\varphi : G \to \mathbb{C}$ gegeben durch

$\varphi(y) = \phi(\delta_y)$ eine multiplikative Abbildung ist. Wegen $1 = \phi(\delta_1) = \varphi(1) = \varphi(yy^{-1}) = \varphi(y)\varphi(y^{-1})$, folgt, dass jedes $\varphi(y)$ invertierbar ist, also in der multiplikativen Gruppe $\mathbb{C}^\times$ liegt. Damit induziert jeder Algebrenhomomorphismus ϕ einen Gruppenhomomorphismus $\varphi : G \to \mathbb{C}^\times$. Die Umkehrung ist auch richtig, denn für gegebenes φ kann man ϕ durch lineare Fortsetzung aus $\phi(\delta_y) = \varphi(y)$ gewinnen. Wir haben also eine kanonische Bijektion

$$\mathrm{Hom}_{\mathrm{Alg}}(\mathbb{C}[G], \mathbb{C}) \xrightarrow{\cong} \mathrm{Hom}_{\mathrm{Grp}}(G, \mathbb{C}^\times).$$

Wir wollen schließlich noch sehen, wie sich dies in der Darstellung von $\mathbb{C}[G]$ als Faltungsalgebra ausdrückt. Hierzu sei ein Gruppenhomomorphismus $\varphi : G \to \mathbb{C}^\times$ gegeben und sei ϕ der zugehörige Algebrenhomomorphismus. Sei $f : G \to \mathbb{C}$ eine Funktion mit endlichem Träger. Dann lässt sich f als endliche Summe schreiben $f = \sum_{y \in G} f(y)\delta_y$. Aus der Linearität von ϕ ergibt sich

$$\phi(f) = \sum_{y \in G} f(y)\varphi(y).$$

Diese Formel wird später gebraucht werden.

Sei $p < \infty$ eine Primzahl. Sei (π, V) eine irreduzible zulässige Darstellung von G_p auf einem Hilbert-Raum. Wir nehmen an, dass π unverzweigt ist. Die Algebra $\mathcal{H}_p^{K_p}$ der K_p bi-invarianten Funktionen mit kompaktem Träger auf G_p operiert auf dem Raum V^{K_p}. Da dieser Raum eindimensional ist, operiert $\mathcal{H}_p^{K_p}$ durch einen Charakter $\chi_\pi \in \mathrm{Hom}_{\mathrm{Alg}}(\mathcal{H}_p^{K_p}, \mathbb{C})$.

Sei $A_p \subset G_p$ die Untergruppe der Diagonalelemente und $N_p = N_{\mathbb{Q}_p}$ die Gruppe der oberen Dreiecksmatrizen mit Einsen auf der Diagonale. Dann ist $B_p = A_p N_p$ die Gruppe der oberen Dreiecksmatrizen. Für $a = \mathrm{diag}(a_1, a_2)$ sei $\delta(a) = |a_1|/|a_2|$. Dann ist $\Delta(an) = \delta(a)$ die Modularfunktion von B_p, wie in Aufgabe 7.4 gezeigt wurde. Sei das Haar-Maß dn auf N_p so normalisiert, dass $\mathrm{vol}(N_{\mathbb{Z}_p}) = 1$ ist.

Um die kommende Definition der Satake-Transformation zu motivieren, erinnern wir uns an die Hauptserien-Darstellung (π_λ, V_λ) zu einem Quasicharakter λ von A.

Lemma 8.2.1 *Die Darstellung π_λ ist genau dann unverzweigt, wenn der Quasicharakter λ unverzweigt ist. In diesem Fall gilt $V_\lambda^{K_p} = \mathbb{C}p_\lambda$, wobei das Element p_λ von V_λ durch*

$$p_\lambda(ank) = a^{\lambda + \delta/2},$$

für $a \in A_p$, $n \in N_p$, $k \in K_p$ definiert ist.

Beweis: Sei π_λ unverzweigt und $0 \neq \varphi \in V_\lambda^{K_p}$. Dann ist $\varphi|_{K_p}$ konstant außerhalb einer Nullmenge, nach Abänderung von φ können wir also voraussetzen, dass φ konstant ist auf K_p. Gegebenenfalls multiplizieren wir φ mit einem Skalar, so dass diese Konstante gleich Eins ist. Also ist für $a \in A_p \cap K_p$:

$$1 = \varphi(1) = \varphi(a) = a^{\lambda + \delta/2}\varphi(1) = a^\lambda,$$

das bedeutet, dass λ unverzweigt ist. Sei umgekehrt λ unverzweigt, so können wir p_λ widerspruchsfrei durch die Formel im Lemma definieren. Dann gilt $p_\lambda \in V_\lambda$, denn für $a \in A_p$, $n \in N_p$ und $x \in G_p$ gilt

$$p_\lambda(anx) \;=\; p_\lambda(ana_1 n_1 k) \;=\; p_\lambda(\underbrace{aa_1}_{\in A_p}\;\underbrace{n^{a_1} n_1}_{\in N_p}\,k) \;=\; (aa_1)^{\lambda + \delta/2}$$

$$= a^{\lambda + \delta/2} p_\lambda(a_1 n_1 k) \;=\; a^{\lambda + \delta/2} p_\lambda(x)\,,$$

wobei wir die Iwasawa-Zerlegung von x als $x \;=\; a_1 n_1 k$ geschrieben haben und $n^{a_1} = a_1^{-1} n a_1$. Die Funktion p_λ ist bis auf skalare Vielfache das einzige Element von V_λ, das auf K_p konstant ist, also spannt p_λ den Raum $V_\lambda^{K_p}$ auf. $\qquad\Box$

Sei nun λ unverzweigt. Da π_λ unverzweigt ist, existiert ein Algebrenhomomorphismus $\chi_\lambda : \mathcal{H}_p^{K_p} \to \mathbb{C}$ so dass

$$\pi_\lambda(f) p_\lambda \;=\; \chi_\lambda(f) p_\lambda\,.$$

Da $p_\lambda(1) = 1$ ist, folgt $\chi_\lambda(f) \;=\; \pi_\lambda(f) p_\lambda(1)$. Wir rechnen

$$\chi_\lambda(f) = \pi_\lambda(f) p_\lambda(1) \;=\; \int\limits_{G_p} f(x) \pi_\lambda(x) p_\lambda(1)\,\mathrm{d}x$$

$$= \int\limits_{G_p} f(x) p_\lambda(x)\,\mathrm{d}x \;=\; \int\limits_{A_p N_p K_p} f(an) p_\lambda(ank)\,\mathrm{d}a\,\mathrm{d}n\,\mathrm{d}k$$

$$= \int\limits_{A_p N_p} f(an) a^{\lambda + \delta/2}\,\mathrm{d}a\,\mathrm{d}n\,.$$

Definition 8.2.2 Wir definieren die *Satake-Transformierte* von f als

$$Sf(a) = a^{\delta/2} \int\limits_{N_p} f(an)\,\mathrm{d}n\,.$$

Es gilt dann $\chi_\lambda(f) \;=\; \int_{A_p} Sf(a) a^\lambda\,\mathrm{d}a$. Wir schreiben $\overline{A} = A_p / A_p \cap K_p \cong (\mathbb{Q}_p^\times / \mathbb{Z}_p^\times)^2 \cong \mathbb{Z}^2$. Der Normalisator $N(A_p)$ von A_p in G_p ist die Gruppe aller monomialen Matrizen, d. h. der Matrizen, die in jeder Zeile und Spalte genau einen von Null verschiedenen Eintrag haben. Die *Weyl-Gruppe* von A_p ist die Gruppe $N(A_p)/A_p$, diese Gruppe ist isomorph zur Permutationsgruppe Per(2) in zwei Buchstaben und operiert auf A durch Vertauschen der Einträge. Sie operiert ebenso auf $\overline{A} \cong \mathbb{Z}^2$ und auf der Gruppenalgebra $\mathbb{C}\left[\,\overline{A}\,\right]$. Die Menge der W-Invarianten,

$$\mathbb{C}\left[\,\overline{A}\,\right]^W \;=\; \{\alpha \in \mathbb{C}\left[\,\overline{A}\,\right] : w\alpha = \alpha \ \forall w \in W\}$$

ist eine Unteralgebra, die abgeschlossen ist unter $\alpha \mapsto \alpha^*$, wobei $\alpha^*(a) = \overline{\alpha(a^{-1})}$ die kanonische Involution auf der Gruppenalgebra ist.

> **Satz 8.2.3** *Die* Satake-Transformation $f \mapsto Sf$ *mit* $Sf(a) = \delta(a)^{\frac{1}{2}} \int_{N_p} f(an)\,\mathrm{d}n$ *ist ein Algebren-Isomorphismus*
>
> $$S : \mathcal{H}_p^{K_p} \xrightarrow{\cong} \mathbb{C}\left[\,\overline{A}\,\right]^W ,$$
>
> *mit der Eigenschaft, dass* $S(f^*) = S(f)^*$.

Beweis: Als erstes überlegen wir uns, dass die Funktion Sf kompakten Träger in A hat. Ist Ω der Träger von f, so ist $\Omega \cap AN$ eine kompakte Teilmenge von AN. Aus der Formel

$$an = \begin{pmatrix} a_1 & \\ & a_2 \end{pmatrix} \begin{pmatrix} 1 & x \\ & 1 \end{pmatrix} = \begin{pmatrix} a_1 & a_1 x \\ & a_2 \end{pmatrix}$$

wird aber klar, dass die Multiplikations-Abbildung $A \times N \to AN$ ein Homöomorphismus ist. Der Träger von Sf ist eine Teilmenge von $P(\Omega \cap AN)$, wobei $P : AN \to A$ die Projektion ist. Da P stetig ist, ist der Träger von Sf also kompakt. Wir werden später in Lemma 8.2.4 noch explizit angeben, wie der Träger in konkreten Fällen aussieht.

Wir zeigen nun, dass es sich um einen Algebrenhomomorphismus handelt. Dazu rechnen wir für $f, g \in \mathcal{H}_p^{K_p}$:

$$S(f * g)(a) = \delta(a)^{\frac{1}{2}} \int_{N_p} \int_{G_p} f(y) g(y^{-1}an)\,\mathrm{d}y\,\mathrm{d}n$$

$$= \delta(a)^{\frac{1}{2}} \int_{N_p} \int_{A_p} \int_{N_p} f(a'n') \underbrace{g(n'^{-1}a'^{-1}an)}_{=\,g(a'^{-1}an''n)}\,\mathrm{d}a'\,\mathrm{d}n'\,\mathrm{d}n ,$$

wobei $n'' = (a'^{-1}a)^{-1} n'^{-1}(a'^{-1}a) \in N$. Da $\mathrm{d}n$ ein Haar-Maß ist, können wir $n''n$ durch n ersetzen und erhalten

$$S(f * g)(a) = \delta(a)^{\frac{1}{2}} \int_{N_p} \int_{A_p} \int_{N_p} f(a'n') g(a'^{-1}an)\,\mathrm{d}a'\,\mathrm{d}n'\,\mathrm{d}n$$

$$= \int_{A_p} \delta(a')^{\frac{1}{2}} \underbrace{\int_{N_p} f(a'n)\,\mathrm{d}n}_{=\,Sf(a')} \; \delta(a'^{-1}a)^{\frac{1}{2}} \underbrace{\int_{N_p} g(a'^{-1}an)\,\mathrm{d}n}_{=\,Sg(a'^{-1}a)}\,\mathrm{d}a'$$

$$= (Sf) * (Sg)(a) .$$

Nun zeigen wir, dass die Satake-Transformation auch wirklich in den Weyl-Gruppen-Invarianten landet. Hierzu sei $w = \left(\begin{smallmatrix} & 1 \\ 1 & \end{smallmatrix}\right)$ ein Vertreter für das nichttriviale Element der Weyl-Gruppe. Da $w = w^{-1}$ ist, gilt $waw^{-1} = waw$ für jedes $a \in A_p$.

Wegen $w \in K_p$ und der K_p-Invarianz von $f \in \mathcal{H}_p^{K_p}$ erhalten wir

$$Sf(waw) \;=\; \delta(waw)^{\frac{1}{2}} \int_{N_p} f(wawn)\,\mathrm{d}n \;=\; \delta(waw)^{\frac{1}{2}} \int_{N_p} f(awnw)\,\mathrm{d}n.$$

Ist $a = \begin{pmatrix} a_1 & \\ & a_2 \end{pmatrix}$ und $n = \begin{pmatrix} 1 & x \\ & 1 \end{pmatrix}$, so gilt

$$awnw = \begin{pmatrix} a_1 & \\ & a_2 \end{pmatrix}\begin{pmatrix} 1 & \\ x & 1 \end{pmatrix} = an^t = (na)^t.$$

In der Übungsaufgabe 7.14 haben wir gezeigt, dass für jedes $g \in G_p$ gilt $K_p g K_p = K_p g^t K_p$, also gilt $f((na)^t) = f(na)$. Beachte nun, dass gilt $\delta(waw) = \delta(a)^{-1} = \frac{|a_2|}{|a_1|}$, so dass wir insgesamt erhalten:

$$Sf(waw) = \left(\frac{|a_2|}{|a_1|}\right)^{\frac{1}{2}} \int_{\mathbb{Q}_p} f\begin{pmatrix} a_1 & a_2 x \\ & a_2 \end{pmatrix} \mathrm{d}x = \left(\frac{|a_1|}{|a_2|}\right)^{\frac{1}{2}} \int_{\mathbb{Q}_p} f\begin{pmatrix} a_1 & a_1 x \\ & a_2 \end{pmatrix} \mathrm{d}x = Sf(a).$$

Als Nächstes zeigen wir die $*$-Eigenschaft: Es ist

$$S(f^*)(a) = \delta(a)^{\frac{1}{2}} \int_N \overline{f(n^{-1}a^{-1})}\,\mathrm{d}n \;=\; \delta(a)^{\frac{1}{2}} \int_N \overline{f(a^{-1}ana^{-1})}\,\mathrm{d}n$$

$$= \delta(a^{-1})^{\frac{1}{2}} \int_N \overline{f(a^{-1}n)}\,\mathrm{d}n \;=\; \overline{S(f)(a^{-1})} \;=\; S(f)^*(a).$$

Nun zur *Injektivität:* Für $k, l \in \mathbb{Z}$ sei $A(k,l) = K_p \begin{pmatrix} p^k & \\ & p^l \end{pmatrix} K_p$. Dann ist nach dem Elementarteilersatz für den Hauptidealring $\mathbb{Z}_p$,

$$G_p \;=\; \bigcup_{k \leq l} A(k,l), \qquad \text{(disjunkte Vereinigung)}.$$

Lemma 8.2.4 *Ist* $a = \begin{pmatrix} p^i & \\ & p^j \end{pmatrix}$, *so trifft die Menge* aN_p *eine Doppelnebenklasse* $A(k,l)$ *genau dann, wenn* $k \leq i, j$ *und* $l = i + j - k$.

Beweis: Sei zunächst $aN_p \cap K_p \begin{pmatrix} p^k & \\ & p^l \end{pmatrix} K_p \neq \emptyset$. Nach Multiplikation mit p^ν mit $\nu \in \mathbb{N}$ können wir annehmen, dass $i, j, k, l \geq 0$. Dann sind alle Matrizen ganzzahlig und p^k ist der erste Elementarteiler von an, also der größte gemeinsame Teiler aller Einträge der Matrix $an = \begin{pmatrix} p^i & p^i x \\ & p^j \end{pmatrix}$. Daher ist $k \leq i, j$. Ferner muss die Determinante von an von der Form $p^{k+l}u$ sein, wobei $u \in \mathbb{Z}_p^\times$ ist. Es ist also $p^{i+j} = p^{k+l}u$ und damit $i + j = k + l$.

Für die Rückrichtung nimm an, dass $k \leq i, j$ und $k + l = i + j$. Wieder können wir alle Indizes als positiv annehmen. Dann liegt die Matrix $\begin{pmatrix} p^i & p^k \\ & p^j \end{pmatrix}$ in aN. Diese hat den ersten Elementarteiler p^k und liegt damit in $K_p \begin{pmatrix} p^k & \\ & p^{l'} \end{pmatrix} K_p$ für ein $l' \geq k$. Da aber die Determinante von $\begin{pmatrix} p^i & p^k \\ & p^j \end{pmatrix}$ gleich $p^{i+j} = p^{k+l} = p^{k+l'}u$ ist für ein $u \in \mathbb{Z}_p^\times$, folgt $l' = l$. $\qquad\square$

Im nachfolgenden Bild sehen wir die Koordinaten (k, l) der Doppelnebenklassen $A(k, l)$, die von der Menge $\begin{pmatrix} p^i & \\ & p^j \end{pmatrix} N$ getroffen werden.

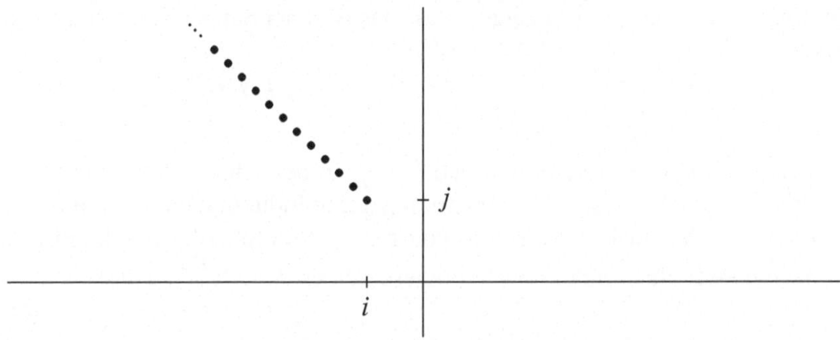

Ein gegebenes $0 \neq f \in \mathcal{H}_p^{K_p}$ hat als Träger nur endlich viele Nebenklassen. Ist also i sehr klein und j groß, so wird die Menge aN mit dem Träger von f einen leeren Schnitt haben. Vergrößert man i und verkleinert man j, so findet man ein $a = \begin{pmatrix} p^i & \\ & p^j \end{pmatrix}$ so dass aN den Träger von f in genau einer Doppelnebenklasse $A(k, l)$ trifft. Für dieses a ist dann $Sf(a) \neq 0$. Dies zeigt die Injektivität der Satake-Transformation.

Umgekehrt zeigt das folgende Bild die Koordinaten (i, j) der $a = \begin{pmatrix} p^i & \\ & p^j \end{pmatrix}$, so dass aN von einer gegeben Doppelnebenklasse $A(k, l)$ getroffen wird.

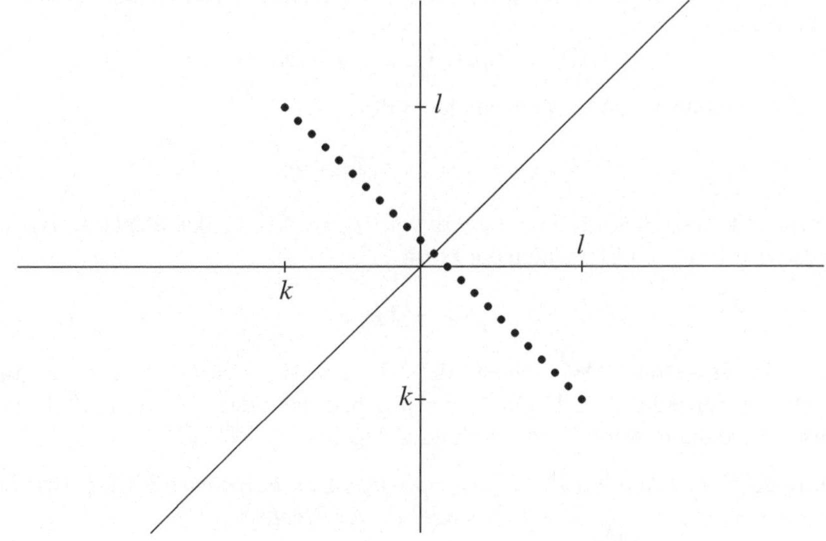

Wir sehen, dass das Bild der charakteristischen Funktion $f = \mathbf{1}_{A(k,l)}$ unter der Satake-Transformation von der Form

$$Sf = \sum_{v=k}^{l} c_v^{k,l} \delta \begin{pmatrix} p^v & \\ & p^{k+l-v} \end{pmatrix}$$

ist, mit reellen Zahlen $c_v^{k,l} > 0$, die die Symmetriebedingung $c_i^{k,l} = c_{k+l-i}^{k,l}$ erfüllen. Wir nutzen dies aus, um zu zeigen, dass das Bild der Satake-Transformation die Erzeuger

$$e_{i,j} = \delta \begin{pmatrix} p^i & \\ & p^j \end{pmatrix} + \delta \begin{pmatrix} p^j & \\ & p^i \end{pmatrix}, \qquad i,j \in \mathbb{Z},$$

von $\mathbb{C}\left[\overline{A}\right]^W$ enthält. Es reicht, den Fall $i \leq j$ zu betrachten. Wir schreiben $j = i + n$ für $n \geq 0$ und beweisen die Behauptung durch Induktion über n. Für $n = 0$ ist der Erzeuger ein Vielfaches des Bildes von $\mathbf{1}_{A(i,i)}$. Nun folgt der Induktionsschluss von n nach $n+1$: Nach Induktionshypothese gibt es $f_0 \in \mathcal{H}_p^{K_p}$ so dass

$$S(f_0) = \sum_{v=i+1}^{i+n} c_v^{i,i+n+1} \delta \begin{pmatrix} p^v & \\ & p^{2i+n+1-v} \end{pmatrix}.$$

Ist nun $f = \mathbf{1}_{A(i,i+n+1)}$, so folgt

$$S(f) - S(f_0) = c_i^{i,i+n+1} e_{i,i+n+1}.$$

Damit ist zum Schluss auch die Surjektivität des Satake-Homomorphismus bewiesen. $\qquad\square$

Wir wollen die Hecke-Algebra $\mathcal{H}_p$ noch etwas besser verstehen. Sei $\mathcal{Z}_p$ der Untervektorraum

$$\mathcal{Z}_p = \mathrm{Span}\{\mathbf{1}_{p^k K_p} : k \in \mathbb{Z}\}.$$

Für $k, l \in \mathbb{Z}$ rechnet man leicht nach, dass gilt

$$\mathbf{1}_{p^k K_p} * \mathbf{1}_{p^l K_p} = \mathbf{1}_{p^{k+l} K_p}.$$

Das bedeutet, dass $\mathcal{Z}_p$ eine Unteralgebra von $\mathcal{H}_p$ ist. Sei $\mathcal{J}_p$ das Ideal von $\mathcal{H}_p$, das erzeugt wird von allen Elementen der Form

$$\mathbf{1}_{p^k K_p} - \mathbf{1}_{K_p}.$$

Sei V ein $\mathcal{H}_p$-Modul. Wir sagen, dass V ein $\mathcal{Z}_p$-*trivialer Modul* ist, falls $\mathbf{1}_{p^k K_p} v = v$ für jedes $v \in V$ gilt. Dies ist genau dann der Fall, wenn $\mathcal{J}_p V = 0$ ist, also genau dann, wenn V ein Modul der Algebra $\mathcal{H}_p/\mathcal{J}_p$ ist.

Lemma 8.2.5 *Die Algebra $\mathcal{H}_p/\mathcal{J}_p$ ist isomorph zum Polynomring $\mathbb{C}[x]$. Das Element $g_p = \mathbf{1}_{K_p\begin{pmatrix} p^{-1} & \\ & 1 \end{pmatrix} K_p}$ ist ein Erzeuger dieser Algebra.*

Beweis: Eine kleine Rechnung zeigt, dass der Satake-Isomorphismus die Algebra $\mathcal{Z}_p$ auf die Gruppenalgebra $D = \mathbb{C}[\overline{A}^W] \subset \mathbb{C}[\overline{A}]^W$ abbildet. Hierbei ist $\overline{A}^W$ die Untergruppe der W-invarianten Elemente, also

$$\overline{A}^W = \mathbb{Q}_p^\times \begin{pmatrix} 1 & \\ & 1 \end{pmatrix} / \mathbb{Z}_p^\times \begin{pmatrix} 1 & \\ & 1 \end{pmatrix}.$$

Ferner ist $S(g_p)$ ein Vielfaches von $\delta_{\begin{pmatrix} p^{-1} & \\ & 1 \end{pmatrix}} + \delta_{\begin{pmatrix} 1 & \\ & p^{-1} \end{pmatrix}}$. Die Algebra $\mathbb{C}[\overline{A}]^W$ wird als komplexer Vektorraum aufgespannt von den Elementen

$$a(k,l) = \delta_{\begin{pmatrix} p^k & \\ & p^l \end{pmatrix}} + \delta_{\begin{pmatrix} p^l & \\ & p^k \end{pmatrix}}, \qquad k,l \in \mathbb{Z}.$$

Für $m \in \mathbb{Z}$ gilt $a(k+m, l+m) = a(k,l)\delta_{\begin{pmatrix} p^m & \\ & p^m \end{pmatrix}}$, und dieses Element liegt in $a(k,l) + \mathcal{J}_p$. Das bedeutet, dass modulo des Ideals $\mathcal{J}_p$ jedes Element $a(k,l)$ in die Form $a(k,0)$ mit $k \geq 0$ gebracht werden kann. Sei $k \geq 1$, dann ist $a(1,0)^k = a(k,0) + c$, wobei c eine Linearkombination von Elementen von $\mathcal{J}_p$ und $a(m,0)$ ist mit $0 \leq m < k$. Daraus folgt, dass die von g_p erzeugte Algebra $\mathbb{C}[g_p]$ surjektiv auf $\mathcal{H}_p / \mathcal{J}_p$ abgebildet wird und dass $\mathcal{J}_p \cap \mathbb{C}[g_p] = 0$ ist. $\qquad\square$

Sei $Z_p = \mathbb{Q}_p^\times \begin{pmatrix} 1 & \\ & 1 \end{pmatrix}$ das Zentrum von G_p. Eine Darstellung (π, V_π) von G_p heißt Z_p-*trivial*, falls die Gruppe Z_p trivial auf V_π operiert. Wir erhalten $\mathcal{Z}_p$-triviale Hecke-Moduln aus Z_p-trivialen G_p-Moduln wie folgt.

Lemma 8.2.6 *Sei (π, V_π) eine irreduzible unverzweigte Darstellung von G_p. Dann ist π genau dann Z_p-trivial, wenn V_π^K ein $\mathcal{Z}_p$-trivialer Hecke-Modul ist.*

Beweis: Sei π eine Z_p-triviale Darstellung. Für $k \in \mathbb{Z}$ gilt dann

$$\pi(\mathbf{1}_{p^k K_p}) = \int_{K_p} \pi(p^k x)\, dx = \underbrace{\pi(p^k)}_{=1} \int_{K_p} \pi(x)\, dx = \pi(\mathbf{1}_{K_p}),$$

wobei wir $\pi(p^k)$ für $\pi\left(p^k \begin{pmatrix} 1 & \\ & 1 \end{pmatrix}\right)$ geschrieben haben. Sei umgekehrt V_π^K ein $\mathcal{Z}_p$-trivialer Modul und sei $v_0 \in V_\pi^K \smallsetminus \{0\}$. Dann ist $\pi(C_c(G_p))v_0$ dicht in V_π, sei also $v = \pi(f)v_0$ aus diesem dichten Teilraum. Sei $a \in \mathbb{Q}_p^\times$, so folgt

$$\pi(a)v = \pi(a)\pi(f)v_0 = \pi(f)\pi(a)v_0 = \pi(f)\pi(\mathbf{1}_{aK_p})v_0 = \pi(f)v_0 = v.$$

Das Lemma ist bewiesen. $\qquad\square$

Nach dem Satake-Isomorphismus haben wir $\mathcal{H}_p^{K_p} \cong \mathbb{C}[\overline{A}]^W$. Wir wollen die Algebren-Homomorphismen von $\mathcal{H}_p^{K_p}$ nach $\mathbb{C}$ bestimmen. Hierzu brauchen wir das folgende Lemma.

Lemma 8.2.7 *Sei $\mathcal{A}$ eine Algebra über $\mathbb{C}$ und sei $W = \{1, w\}$ eine zweielementige Gruppe von Automorphismen von $\mathcal{A}$. Die Menge $\mathcal{A}^W$ der W-Invarianten ist eine Unteralgebra von $\mathcal{A}$. Die Gruppe W operiert auf der Menge $\mathrm{Hom}_{\mathrm{Alg}}(\mathcal{A}, \mathbb{C})$ der Algebren-Homomorphismen von $\mathcal{A}$ nach $\mathbb{C}$ und die Restriktionsabbildung liefert eine Bijektion*

$$\mathrm{Hom}_{\mathrm{Alg}}(\mathcal{A}, \mathbb{C})/W \xrightarrow{\cong} \mathrm{Hom}_{\mathrm{Alg}}(\mathcal{A}^W, \mathbb{C}).$$

Beweis: Da W aus Algebren-Automorphismen besteht, ist es klar, dass $\mathcal{A}^W$ eine Unteralgebra ist. Sei $\mathcal{A}^-$ die Menge aller $a \in \mathcal{A}$ so dass $w(a) = -a$. Jedes $a \in \mathcal{A}$ kann geschrieben werden als

$$a = \tfrac{1}{2}(a + w(a)) + \tfrac{1}{2}(a - w(a)).$$

Da $w^2 = 1$ ist, folgt $a - w(a) \in \mathcal{A}^-$ und man hat damit eine direkte Summenzerlegung

$$\mathcal{A} = \mathcal{A}^W \oplus \mathcal{A}^-.$$

Wir betrachten die Restriktionsabbildung

$$\mathrm{res} : \mathrm{Hom}_{\mathrm{Alg}}(\mathcal{A}, \mathbb{C})/W \;\to\; \mathrm{Hom}_{\mathrm{Alg}}(\mathcal{A}^W, \mathbb{C}).$$

Zur Injektivität: Seien $\phi, \psi \in \mathrm{Hom}_{\mathrm{Alg}}(\mathcal{A}, \mathbb{C})$ mit $\phi|_{\mathcal{A}^W} = \psi|_{\mathcal{A}^W}$. Mit $a \in \mathcal{A}^-$ ist das Element a^2 in $\mathcal{A}^W$. Daher folgt $\phi(a)^2 = \phi(a^2) = \psi(a^2) = \psi(a)^2$, also $\phi(a) = \pm\psi(a)$.

Erster Fall: Es gilt $\phi(a) = \psi(a)$ für jedes $a \in \mathcal{A}^-$, dann folgt $\phi = \psi$.

Zweiter Fall: Es gibt ein $a_0 \in \mathcal{A}^-$ mit $\phi(a_0) \neq \psi(a_0)$. Dann muss folgen $0 \neq \phi(a_0) = -\psi(a_0)$. Für ein beliebiges $b \in \mathcal{A}^-$ ist dann $a_0 b \in \mathcal{A}^W$ und es gilt also

$$\phi(b) \;=\; \frac{\phi(a_0 b)}{\phi(a_0)} \;=\; -\frac{\psi(a_0 b)}{\psi(a_0)} \;=\; -\psi(b) \;=\; \psi(-b) \;=\; \psi(w(b)).$$

Wir schließen hieraus, dass $\phi = \psi^w$ ist und damit ist die Injektivität bewiesen.

Zur Surjektivität: Sei ein Algebrenhomomorphismus $\phi : \mathcal{A}^W \to \mathbb{C}$ gegeben. Wir müssen zeigen, dass ϕ sich zu einem Homomorphismus ψ von $\mathcal{A}$ nach $\mathbb{C}$ liften lässt. Wir unterscheiden zwei Fälle:

Erster Fall: Es gilt $\phi(b^2) = 0$ für jedes $b \in \mathcal{A}^-$. In diesem Fall folgt $\phi(bb') = 0$ für alle $b, b' \in \mathcal{A}^-$, wie man aus der Gleichung $2bb' = (b + b')^2 - b^2 - b'^2$ ersieht. Wir setzen

$$\psi(a + b) \;=\; \phi(a),$$

falls $a \in \mathcal{A}^W$ und $b \in \mathcal{A}^-$. Es ist zu zeigen, dass ψ multiplikativ ist. Seien also $a, a' \in \mathcal{A}^W$ und $b, b' \in \mathcal{A}^-$. Dann ist

$$\psi\big((a + b)(a' + b')\big) \;=\; \psi(aa' + ab' + a'b + bb') \;=\; \phi(aa')$$

$$=\; \psi(a + b)\psi(a' + b').$$

Zweiter Fall: Es gibt ein $b_0 \in \mathcal{A}^-$ mit $\phi(b_0^2) \neq 0$. In diesem Fall wähle ein Wurzel $\psi(b_0)$ von $\phi(b_0^2)$ und setze

$$\psi(a+b) \;=\; \phi(a) + \frac{\phi(bb_0)}{\psi(b_0)}\,.$$

Man rechnet leicht nach, dass auch diese Abbildung multiplikativ ist, womit das Lemma bewiesen ist. $\qquad\square$

Die Algebren-Homomorphismen von $\mathcal{H}_p^{K_p}$ nach $\mathbb{C}$ können daher bestimmt werden als

$$\operatorname{Hom}_{\mathrm{Alg}}\left(\mathcal{H}_p^{K_p},\mathbb{C}\right) \;\cong\; \operatorname{Hom}_{\mathrm{Alg}}\left(\mathbb{C}\left[\,\overline{A}\,\right]^W,\mathbb{C}\right)$$
$$\cong\; \operatorname{Hom}_{\mathrm{Alg}}\left(\mathbb{C}\left[\,\overline{A}\,\right],\mathbb{C}\right)/W$$
$$\cong\; \operatorname{Hom}_{\mathrm{Grp}}\left(\overline{A},\mathbb{C}^\times\right)/W\,.$$

Ist nun (π,V_π) eine irreduzible unverzweigte Darstellung, so ist der Raum $V_\pi^{K_p}$ eindimensional. Sei $v \in V_\pi^{K_p} \smallsetminus \{0\}$. Dann existiert ein Algebrenhomomorphismus $\chi_\pi : \mathcal{H}_p^{K_p} \to \mathbb{C}$ so dass

$$\pi(f)v \;=\; \chi_\pi(f)v$$

für jedes $f \in \mathcal{H}_p^{K_p}$.

Wir ordnen also einer unverzweigten irreduziblen Darstellung π einen Gruppen-homomorphismus $\lambda_\pi : \overline{A} \to \mathbb{C}^\times$ zu, der bis auf die Operation der Weyl-Gruppe wohlbestimmt ist, so dass für jedes $f \in \mathcal{H}_p^{K_p}$ gilt

$$\chi_\pi(f) = \int\limits_{A_p} Sf(a)a^{\lambda_\pi}\,\mathrm{d}a.$$

Wir brauchen diese Identität für eine etwas größere Algebra als $\mathcal{H}_p^{K_p}$. Sei also $\check{\mathcal{H}}_p^{K_p}$ die Faltungsalgebra aller $f \in C_c^\infty(G_p)$ so dass $f*e = e*f$ gilt, wobei $e = \mathbf{1}_{K_p}$. Dann ist $\mathcal{H}_p^{K_p} \subset \check{\mathcal{H}}_p^{K_p}$.

Lemma 8.2.8 *Sei (π,V_π) eine unverzweigte irreduzible Darstellung von G_p. Dann ist der eindimensionale Raum $V_\pi^{K_p}$ stabil unter der Algebra $\check{\mathcal{H}}_p^{K_p}$ und ein gegebenes $f \in \check{\mathcal{H}}_p^{K_p}$ operiert auf $V_\pi^{K_p}$ durch den Skalar*

$$\chi_\pi(f) \;=\; \int\limits_{A_p} Sf(a)a^{\lambda_\pi}\,\mathrm{d}a\,.$$

Beweis: Die Aussage ist bekannt, falls f in $\mathcal{H}_p^{K_p}$ liegt. Außerdem ist die Aussage klar, falls π eine Hauptseriendarstellung π_λ ist. Sei also $f \in \check{\mathcal{H}}_p^{K_p}$. Dann ist $f*e \in \mathcal{H}_p^{K_p}$, also operiert f auf $V_\pi^{K_p}$ durch den Skalar $\chi_\pi(f*e)$. Wir müssen also zeigen, dass $\chi_\pi(f) = \chi_\pi(f*e)$ ist. Ist $\pi = \pi_\lambda$, so ist dies wiederum klar. Nun hängt χ_π

aber doch nur von $\lambda = \lambda_\pi$ ab, also ist $\chi_\pi = \chi_{\pi_\lambda}$ und damit folgt $\chi_\pi(f * e) = \chi_{\pi_\lambda}(f * e) = \chi_{\pi_\lambda}(f) = \chi_\pi(f)$. $\qquad\square$

Die Gruppe $\overline{A}$ ist isomorph zu $\mathbb{Z}^2$. Um einen Isomorphismus anzugeben, muss man zwei Erzeuger der Gruppe $\overline{A}$ wählen. Wir wählen die Erzeuger

$$\begin{pmatrix} p & \\ & 1 \end{pmatrix} \quad \text{und} \quad \begin{pmatrix} 1 & \\ & p \end{pmatrix}.$$

Es folgt

$$\mathrm{Hom}_{\mathrm{Alg}}\left(\mathcal{H}_p^{K_p}, \mathbb{C}\right) \cong \mathrm{Hom}_{\mathrm{Grp}}(\mathbb{Z}^2, \mathbb{C}^\times)/W$$
$$\cong \left(\mathbb{C}^\times\right)^2/W$$
$$\cong T/W,$$

wobei $T \subset \mathrm{GL}_2(\mathbb{C})$ die Gruppe der Diagonalmatrizen ist und $W \cong \mathbb{Z}/2\mathbb{Z}$ operiert durch Vertauschen der Einträge. Damit wird dem Algebrenhomomorphismus χ_π ein Element λ_π von T/W zugeordnet. Mit dieser Zuordnung definieren wir den *lokalen L-Faktor* von π als

$$L(\pi) \overset{\text{def}}{=} \det(1 - \lambda_\pi)^{-1}.$$

Man beachte, dass die so definierten lokalen Faktoren von der Wahl des Isomorphismus $\overline{A} \cong \mathbb{Z}^2$ abhängen. Diese Wahl wird aber durch nachfolgende Betrachtungen gerechtfertigt. Sei $\varpi_1 = \begin{pmatrix} p & \\ & 1 \end{pmatrix}$ und $\varpi_2 = \begin{pmatrix} 1 & \\ & p \end{pmatrix}$. Dann ist

$$L(\pi)^{-1} = (1 - \lambda_\pi(\varpi_1))(1 - \lambda_\pi(\varpi_2)).$$

Wir definieren

$$|\pi| = \max_j(|\lambda_\pi(\varpi_j)|).$$

Die charakteristische Funktion $\mathbf{1}_{\mathrm{M}_2(\mathbb{Z}_p)}$, die wir als Funktion auf $G_p = \mathrm{GL}_2(\mathbb{Q}_p)$ auffassen, liegt nicht in der Hecke-Algebra $\mathcal{H}_p^{K_p}$. Nach dem Elementarteilersatz für den Hauptidealring $\mathbb{Z}_p$ gilt $\mathrm{M}_2(\mathbb{Z}_p) \cap G_p = \bigcup_{0 \le k \le l} K_p \begin{pmatrix} p^k & \\ & p^l \end{pmatrix} K_p$. Daher kann $\mathbf{1}_{\mathrm{M}_2(\mathbb{Z}_p)}$ als unendliche Summe von Elementen der Hecke-Algebra geschrieben werden. Genauer sei für $v \in \mathbb{N}$,

$$M_v = \bigcup_{0 \le k \le l \le v} K_p \begin{pmatrix} p^k & \\ & p^l \end{pmatrix} K_p.$$

Dann ist $\mathbf{1}_{M_v} \in \mathcal{H}_p$ für jedes v.

Proposition 8.2.9 *Sei $P_1 = \pi(\mathbf{1}_{K_p})$ die isotypische Projektion auf den eindimensionalen Raum $V_\pi^{K_p}$ von K_p-Fixvektoren. Ist $|\pi| < 1$ dann gilt*

$$\lim_{v \to \infty} \pi\left(\mathbf{1}_{M_v}(x)|x|^{\frac{1}{2}}\right) = L(\pi)P_1,$$

wobei die Folge im Banach-Raum der stetigen Operatoren auf V_π konvergiert. Wir schreiben symbolisch $\pi(\mathbf{1}_{M_2(\mathbb{Z}_p)}|x|^{\frac{1}{2}})$ für diesen Operator auf V_π.

Beweis: Sei $f(x) = \mathbf{1}_{M_2(\mathbb{Z}_p)}(x)|x|^{\frac{1}{2}}$ und für $\nu \in \mathbb{N}$ sei $f_\nu = \mathbf{1}_{M_\nu}(x)|x|^{\frac{1}{2}}$. Wir zeigen nun, dass das Satake-Integral $Sf(a) = \delta(a)^{\frac{1}{2}} \int_{n_p} f(an)\, dn$ konvergiert. Wir zeigen dann, dass das Integral

$$\chi_\lambda(f) = \int_A Sf(a)a^\lambda \, da$$

für $\lambda = \lambda_\pi$ absolut konvergiert und dass gilt $\chi_\lambda(f) = \lim_\nu \chi_\lambda(f_\nu)$.

Beachte zunächst, dass aus $f(an) \neq 0$ schon folgt $a = \begin{pmatrix} a_1 & \\ & a_2 \end{pmatrix} \in A \cap M_2(\mathbb{Z}_p)$, also $|a_j| \leq 1$ für $j = 1,2$. Damit ist auch $Sf(a) = 0$ falls $a \notin M_2(\mathbb{Z}_p)$. Für $a \in M_2(\mathbb{Z}_p)$ rechnen wir

$$Sf(a) = \left(\frac{|a_1|}{|a_2|}\right)^{\frac{1}{2}} \int_{\mathbb{Q}_p} f\begin{pmatrix} a_1 & a_1 x \\ & a_2 \end{pmatrix} dx$$

$$= \left(\frac{1}{|a_1||a_2|}\right)^{\frac{1}{2}} \int_{\mathbb{Q}_p} f\begin{pmatrix} a_1 & x \\ & a_2 \end{pmatrix} dx$$

$$= \left(\frac{1}{|a_1||a_2|}\right)^{\frac{1}{2}} \int_{\mathbb{Q}_p} (|a_1||a_2|)^{\frac{1}{2}} \mathbf{1}_{M_2(\mathbb{Z}_p)} \begin{pmatrix} 1 & x \\ & 1 \end{pmatrix} dx = 1.$$

Es folgt also $Sf = \mathbf{1}_{A\cap M_2(\mathbb{Z}_p)}$. Da die Folge f_ν monoton wachsend gegen f konvergiert, konvergiert auch Sf_ν monoton wachsend gegen die Funktion Sf. Ist $|\pi| < 1$, so konvergiert das Integral $\chi_\lambda(f)$ absolut und stellt damit eine Majorante für die Folge Sf_ν dar, so dass in der Tat gilt $\chi_\lambda(f) = \lim_\nu \chi_\lambda(f_\nu)$.

Wir fassen im Folgenden den Gruppenhomomorphismus $\lambda_\pi : \overline{A} \to \mathbb{C}^\times$ auch als Algebrenhomomorphismus $\mathbb{C}[\overline{A}] \to \mathbb{C}$ auf. Wegen $|\pi| < 1$ erhalten wir

$$L(\pi) = \det(1 - \lambda_\pi)^{-1} = \prod_j (1 - \lambda_\pi(\varpi_j))^{-1} = \prod_j \sum_{k=0}^{\infty} \lambda_\pi(\varpi_j)^k$$

$$= \lim_{N\to\infty} \lambda_\pi \left(\prod_j \sum_{k=0}^{N} \delta^k_{\varpi_j}\right) = \lim_{N\to\infty} \lambda_\pi \left(\sum_{l,k=0}^{N} \delta^k_{\varpi_1} \delta^l_{\varpi_2}\right)$$

$$= \lim_N \lambda_\pi(\mathbf{1}_{A_N}) = \lim_N \int_A \mathbf{1}_{A_N}(a)a^{\lambda_\pi} \, da = \int_A Sf(a)a^{\lambda_\pi} \, da$$

$$= \chi_{\lambda_\pi}(f) = \lim_\nu \chi_{\lambda_\pi}(f_\nu),$$

wobei A_N die Menge aller $\begin{pmatrix} a_1 & \\ & a_2 \end{pmatrix}$ mit $p^{-N} \leq |a_1|, |a_2| \leq 1$ ist und wir in der zweitletzten Zeile wieder mit majorisierter Konvergenz geschlossen haben. Die Proposition folgt. $\qquad\square$

Für $s \in \mathbb{C}$ ist der unverzweigte Charakter $g \mapsto |g|^s$ eine unverzweigte zulässige Darstellung und daher ist $\pi_s = |.|^s \pi : g \mapsto |g|^s \pi(g)$ ebenfalls eine zulässige unverzweigte Darstellung.

Es gilt

$$|\pi_s| = p^{-\operatorname{Re}(s)} |\pi|,$$

also folgt das

Korollar 8.2.10 *Für jede irreduzible zulässige Darstellung π und $s \in \mathbb{C}$ mit $|\pi| < p^{\operatorname{Re}(s)}$ gilt*

$$
\begin{aligned}
L(\pi, s) P_1 \ &\overset{\text{def}}{=}\ L(\pi_s) P_1 \\[2mm]
&=\ |.|^s \pi \left(\mathbf{1}_{\mathrm{M}_2(\mathbb{Z}_p)}(x) |x|^{\frac{1}{2}} \right) \\[2mm]
&=\ \pi \left(\mathbf{1}_{\mathrm{M}_2(\mathbb{Z}_p)}(x) |x|^{s + \frac{1}{2}} \right).
\end{aligned}
$$

Zu Ende des Abschnitts wollen wir die L-Funktion der trivialen Darstellung bestimmen. Ist $\pi = 1$, so folgt für jedes $f \in \mathcal{H}_p^{K_p}$

$$
\chi_\pi(f) \ =\ \int\limits_{G_p} f(x)\, \mathrm{d}x \ =\ \int\limits_{A_p N_p} f(an)\, \mathrm{d}a\, \mathrm{d}n \ =\ \int\limits_{A_p} a^{-\delta/2} Sf(a)\, \mathrm{d}a.
$$

Das bedeutet, dass $\lambda_\pi \begin{pmatrix} p & \\ & 1 \end{pmatrix} = \begin{pmatrix} p & \\ & 1 \end{pmatrix}^{-\delta/2} = 1/\sqrt{p}$ und $\lambda_\pi \begin{pmatrix} 1 & \\ & p \end{pmatrix} = \sqrt{p}$. Also ist der lokale Euler-Faktor

$$
L(\pi, s) \ =\ \frac{1}{(1 - p^{-s + \frac{1}{2}})(1 - p^{-s - \frac{1}{2}})}.
$$

Dies ist gerade der Euler-Faktor der Funktion

$$
\zeta\left(s + \frac{1}{2}\right) \zeta\left(s - \frac{1}{2}\right),
$$

wobei ζ die Riemannsche Zetafunktion ist.

8.3 Globale L-Funktionen

In diesem Abschnitt führen wir die globale L-Funktion ein und beweisen eine Funktionalgleichung.

Sei π eine irreduzible zulässige unitäre Darstellung von $G_\mathbb{A}$, dann ist π ein Tensorprodukt der Form $\pi = \bigotimes_p \pi_p$ und π_p ist für fast alle p unverzweigt. Sei F eine endliche Stellenmenge so dass $\infty \in F$ und so dass F alle Stellen enthält, an denen π verzweigt ist. Wir definieren die (partielle) globale L-Funktion von π als

$$L^F(\pi, s) = \prod_{p \notin F} L(\pi_p, s), \qquad s \in \mathbb{C},$$

falls das Produkt konvergiert. Als Beispiel betrachten wir die triviale Darstellung $\pi = \mathrm{triv}$. In diesem Fall können wir $F = \{\infty\}$ wählen und wir haben im letzten Abschnitt bewiesen, dass

$$L(\mathrm{triv}, s) = \zeta\left(s + \frac{1}{2}\right) \zeta\left(s - \frac{1}{2}\right)$$

gilt.

Man beachte, dass $L^F(\pi, s)$ nur von den π_p mit $p \notin F$ abhängt, also von der Darstellung $\bigotimes_{p \notin F} \pi_p$ von $G_{\mathbb{A}^F}$.

Jede kuspidale Darstellung π ist zulässig und daher ein Tensorprodukt $\pi = \bigotimes_p \pi_p$ von lokalen Darstellungen, wobei fast alle π_p unverzweigt sind.

Sei von nun an (π, V_π) eine nichttriviale kuspidale Darstellung. Wir wählen einen isometrischen $G_\mathbb{A}$-Homomorphismus

$$\eta : V_\pi \hookrightarrow L^2(G_\mathbb{Q} Z_\mathbb{R} \backslash G_\mathbb{A})$$

und einen Vektor $v = \otimes_p v_p \in V_\pi$ so dass $v_p \in V_{\pi_p}^{K_p}$ falls π_p unverzweigt ist. Sei $\varphi = \eta(v)$. Wir können annehmen, dass φ im Bild von $R(f)$ für ein $f \in C_c^\infty(G_\mathbb{A})$ liegt. Dann ist φ glatt und nach Proposition 7.4.3 ist φ schnell fallend, also insbesondere beschränkt. Außerdem können wir annehmen, dass $\varphi(1) = 1$ ist. Dies kann erreicht werden, indem man, falls erforderlich, $\varphi(x)$ durch $c\varphi(xy)$ ersetzt für geeignetes $y \in G_\mathbb{A}$ und $c \in \mathbb{C}$. Sei F eine endliche Stellenmenge, die ∞ enthält und alle Stellen, an denen π verzweigt ist. Sei $\mathbb{A}_F$ das Produkt der Körper $\mathbb{Q}_p$ über $p \in F$ und $\mathbb{A}^F$ das eingeschränkte Produkt über alle Stellen außerhalb F, so dass gilt $\mathbb{A} = \mathbb{A}_F \times \mathbb{A}^F$.

Wir betrachten das globale *Zeta-Integral*

$$\zeta(f, \varphi, s) = \int_{G_\mathbb{A}} f(x)\varphi(x)|x|^{s+\frac{1}{2}}\, \mathrm{d}x,$$

wobei $f \in \mathcal{S}(\mathrm{M}_2(\mathbb{A}))$. Für die endliche Stellenmenge F brauchen wir außerdem das lokale Zeta-Integral

$$\zeta_F(f, \varphi, s) = \int_{G_F} f(x)\varphi(x)|x|^{s+\frac{1}{2}}\, \mathrm{d}x,$$

wobei wir $G_F = \prod_{p \in F} G_p$ in $G_\mathbb{A}$ einbetten, indem wir x auf $(x, 1)$ abbilden, d. h., die Koordinaten außerhalb F werden alle auf Eins gesetzt.

Für einen Ring R sei $Q(R)$ die Menge aller Matrizen in $\mathrm{M}_2(R)$ mit Determinante Null. Sei $\mathcal{S}_0 = \mathcal{S}_0(\mathrm{M}_2(\mathbb{A}))$ die Menge aller $f \in \mathcal{S}(\mathrm{M}_2(\mathbb{A}))$ mit $f(Q(\mathbb{A})) = 0 = \hat{f}(Q(\mathbb{A}))$. Beispiele solcher Funktionen sind leicht konstruiert. Ist etwa $f = \prod_p f_p$, so braucht man nur zwei Stellen p, q so dass supp $f_p \subset G_p$ und supp $\hat{f}_q \subset G_q$ gilt, dann liegt f in $\mathcal{S}_0$. Beachte, dass die Menge $\mathcal{S}_0$ stabil ist unter der Fourier-Transformation.

Wir nennen eine Funktion $f \in \mathcal{S}(\mathrm{M}_2(\mathbb{A}))$ eine *F-einfache Funktion*, falls $f = \prod_p f_p$ mit

$$p \notin F \;\Rightarrow\; f_p = \mathbf{1}_{\mathrm{M}_2(\mathbb{Z}_p)} \,.$$

Satz 8.3.1 *Sei π eine kuspidale Darstellung, dann setzt sich die L-Funktion $L^F(\pi, s)$ zu einer meromorphen Funktion auf $\mathbb{C}$ fort.*

(a) *Ist $f \in \mathcal{S}(\mathrm{M}_2(\mathbb{A}))$, so konvergiert das globale Zeta-Integral lokalgleichmäßig für $\mathrm{Re}(s) > \frac{3}{2}$ und definiert dort eine holomorphe Funktion. Ist $f \in \mathcal{S}_0$, so setzt sich das Zeta-Integral zu einer ganzen Funktion fort. Es gilt dann die Funktionalgleichung*

$$\zeta(f, \varphi, s) = \zeta(\hat{f}, \varphi^\vee, 1 - s) \,,$$

wobei $\varphi^\vee(x) = \varphi(x^{-1})$.

(b) *Ist f eine F-einfache Funktion, so gilt für $\mathrm{Re}(s) > \frac{3}{2}$*

$$\zeta(f, \varphi, s) = L^F(\pi, s)\zeta_F(f, \varphi, s) \,.$$

(c) *Enthält F mindestens zwei Primzahlen, so existiert ein F-einfaches $f \in \mathcal{S}_0$. Für jedes solche f ist das lokale Zeta-Integral $\zeta_F(f, \varphi, s)$ meromorph und es gilt die Funktionalgleichung*

$$L^F(\pi, s) = \frac{\zeta_F(\hat{f}, \varphi^\vee, 1 - s)}{\zeta_F(f, \varphi, s)} L^F(\pi, 1 - s) \,.$$

Der Beweis dieses Satzes wird im Wesentlichen den Rest dieses Abschnittes ausmachen.

Wir zeigen zunächst die lokal-gleichmäßige Konvergenz des Integrals für $\mathrm{Re}(s) > \frac{3}{2}$. Die Funktion φ ist beschränkt, also können wir $|\varphi(x) f(x)|$ durch eine Konstante mal $\mathbf{1}_{q\,\mathrm{M}_2(\widehat{\mathbb{Z}})}(1 + \|x_\infty\|^N)^{-1}$ abschätzen, wobei $q \in \mathbb{Q}$ ist und $N \in \mathbb{N}$ beliebig groß gewählt werden kann. Schließlich ist $\|x\|$ die euklidische Norm auf $\mathbb{R}^4 \supset G_\mathbb{R}$, also

$$\left\| \begin{pmatrix} a & b \\ c & d \end{pmatrix} \right\| = \sqrt{a^2 + b^2 + c^2 + d^2} \,.$$

Wir haben daher die Konvergenz der zwei Integrale

$$\int_{G_{\mathrm{fin}} \cap q\, M_2(\widehat{\mathbb{Z}})} |x|^{\mathrm{Re}(s)+\frac{1}{2}}\, \mathrm{d}x \quad \text{und} \quad \int_{G_{\mathbb{R}}} \frac{|x|^{\mathrm{Re}(s)+\frac{1}{2}}}{1+\|x\|^N}\, \mathrm{d}x$$

zu zeigen. Nach Beispiel 3.1.9 können wir das zweite Integral berechnen. Es ist gleich

$$\int_{\mathbb{R}} \int_{\mathbb{R}} \int_{\mathbb{R}} \int_{\mathbb{R}} \frac{|xw - yz|^{\mathrm{Re}(s)-\frac{3}{2}}}{1+(x^2+y^2+z^2+w^2)^{N/2}}\, \mathrm{d}x\, \mathrm{d}y\, \mathrm{d}z\, \mathrm{d}w\,.$$

Nach der Cauchy-Schwarz-Ungleichung ist $|xw + yz| \le (x^2+y^2)^{\frac{1}{2}}(w^2+z^2)^{\frac{1}{2}} \le x^2+y^2+z^2+w^2$, unser Integral hat also die Majorante

$$\int_{\mathbb{R}} \int_{\mathbb{R}} \int_{\mathbb{R}} \int_{\mathbb{R}} \frac{(x^2+y^2+z^2+w^2)^{2\,\mathrm{Re}(s)-3}}{1+(x^2+y^2+z^2+w^2)^{N/2}}\, \mathrm{d}x\, \mathrm{d}y\, \mathrm{d}z\, \mathrm{d}w\,.$$

Nach Polarkoordinaten-Transformation (siehe [27]), ist dies gleich einer Konstanten mal dem Integral $\int_0^\infty \frac{r^{2\,\mathrm{Re}(s)}}{1+r^N}\, \mathrm{d}r$, welches lokal-gleichmäßig für $-\frac{1}{2} < \mathrm{Re}(s) < \frac{N-1}{2}$ konvergiert. Da wir N beliebig groß wählen können, folgt die verlangte Konvergenz, wenn wir jetzt noch das erste der beiden obigen Integrale behandeln. Zunächst substituieren wir $y = qx$ und erhalten ein Skalar mal dem Integral

$$\int_{G_{\mathrm{fin}} \cap M_2(\widehat{\mathbb{Z}})} |x|^{s+\frac{1}{2}}\, \mathrm{d}x\,.$$

Die Menge $G_{\mathrm{fin}} \cap M_2(\widehat{\mathbb{Z}})$ ist die disjunkte Vereinigung der Mengen D_n, wobei $n \in \mathbb{N}$ läuft und

$$D_n = \{x \in M_2(\widehat{\mathbb{Z}}) : |x| = n^{-1}\}\,.$$

Nach Lemma 2.5.1 ist $|D_n/G_{\widehat{\mathbb{Z}}}| = \sum_{d|n} d$. Daher können wir zunächst formal rechnen

$$\int_{G_{\mathrm{fin}} \cap M_2(\widehat{\mathbb{Z}})} |x|^{s+\frac{1}{2}}\, \mathrm{d}x = \sum_{n=1}^\infty \sum_{d|n} d\, n^{-s-\frac{1}{2}} = \sum_{n=1}^\infty \sum_{ad=n} d^{-s+\frac{1}{2}} a^{-s-\frac{1}{2}}$$

$$= \sum_{a=1}^\infty \sum_{d=1}^\infty a^{-s-\frac{1}{2}} d^{-s+\frac{1}{2}} = \zeta\left(s+\frac{1}{2}\right)\zeta\left(s-\frac{1}{2}\right)\,.$$

Daher konvergiert das Integral lokal-gleichmäßig für $\mathrm{Re}(s) > \frac{3}{2}$ und die im Satz behauptete Konvergenz ist bewiesen.

Sei nun $p \le \infty$ eine Stelle. Ist $z \in Z_p$ und ist π eine irreduzible unitäre Darstellung von G_p, so vertauscht $\pi(z)$ mit allen $\pi(g)$, $g \in G_p$. Nach dem Lemma von

Schur folgt $\pi(z) \in \mathbb{C}\mathrm{Id}$. Also existiert ein Charakter $\omega_\pi : Z_p \to \mathbb{T}$, genannte der *zentrale Charakter* von π, so dass $\pi(z) = \omega_\pi(z)\mathrm{Id}$ für jedes $z \in Z_p$.

Für $f \in \mathcal{S}(\mathrm{M}_2(\mathbb{A}))$ seien $E(f), \hat{E}(f) : G_\mathbb{A} \to \mathbb{C}$ definiert durch

$$E(f)(x) = |x| \sum_{\gamma \in G_\mathbb{Q}} f(\gamma x)$$

und

$$\hat{E}(f)(x) = |x| \sum_{\gamma \in G_\mathbb{Q}} f(x\gamma)$$

Proposition 8.3.2 *Für jedes $f \in \mathcal{S}(\mathrm{M}_2(\mathbb{A}))$ konvergiert die Summe $E(f)(x)$ lokal gleichmäßig in x gegen eine stetige Funktion. Für jedes $\alpha \in \mathbb{R}$ mit $\alpha > 1$ existiert ein $C(\alpha) > 0$ so dass für jedes x gilt*

$$|E(f)(x)| \leq C(\alpha)|x|^{-\alpha}.$$

Beweis: Mit $\mathrm{M}_2(\mathbb{Q})$ ist auch $\mathrm{M}_2(\mathbb{Q})x$ ein Gitter in $\mathrm{M}_2(\mathbb{A})$ für $x \in G_\mathbb{A}$. Wir können annehmen, dass f von der Form $f = f_\mathrm{fin} f_\infty$ ist mit $f_\mathrm{fin} \in \mathcal{S}(\mathrm{M}_2(\mathbb{A}_\mathrm{fin}))$ und $f_\infty \in \mathcal{S}(\mathrm{M}_2(\mathbb{R}))$.

Die Funktion f_fin hat kompakten Träger, dieser ist enthalten in $\frac{1}{m}\mathrm{M}_2(\widehat{\mathbb{Z}})$ für ein $m \in \mathbb{N}$. In dem wir Faktoren von f_fin nach f_∞ verschieben, können wir annehmen dass $|f_\mathrm{fin}| \leq 1$ und damit

$$|E(f)(x)| \leq |x| \sum_{\gamma \in G_\mathbb{Q}} |f(\gamma x)|$$

$$\leq |x| \sum_{\gamma \in G_\mathbb{Q} \cap \frac{1}{m}\mathrm{M}_2(\widehat{\mathbb{Z}})x_\mathrm{fin}^{-1}} |f_\infty(\gamma x_\infty)|.$$

Indem wir m vergrößern, können wir $x_\mathrm{fin} = 1$ annehmen. Es gilt aber

$$G_\mathbb{Q} \cap \frac{1}{m}\mathrm{M}_2(\widehat{\mathbb{Z}}) \subset \mathrm{M}_2(\mathbb{Q}) \cap \frac{1}{m}\mathrm{M}_2(\widehat{\mathbb{Z}}) = \frac{1}{m}\mathrm{M}_2(\mathbb{Z}).$$

Sei also $\Lambda = \frac{1}{m}\mathrm{M}_2(\mathbb{Z})$. Dies ist ein Gitter in $\mathrm{M}_2(\mathbb{R})$. Die Summe $\sum_{\gamma \in \Lambda} |f_\infty(\gamma x_\infty)|$ konvergiert lokal gleichmäßig in x_∞ da f_∞ schnell fallend ist.

Wir zeigen noch die Wachstumsabschätzung. Hierzu benutzen wir

$$|E(f)(x)| \leq |x| \sum_{\gamma \in G_\mathbb{Q} \cap \Lambda} |f_\infty(\gamma x_\infty)|.$$

Sei $\|g\| = \mathrm{Sp}(g^t g)$ die euklidische Norm auf $\mathrm{M}_2(\mathbb{R})$. Zu jedem $A > 0$ existiert ein $C_A' > 0$ so dass $|f_\infty(x_\infty)| \leq C_A' \|x_\infty\|^{-A}$. Es gibt eine eindeutige Zerlegung

$x_\infty = yz$, wobei $z \in Z_\mathbb{R}$ und $|y| = 1$. Es gilt $\|\gamma x_\infty\| = \|\gamma yz\| = \|\gamma y\| \, |z|^{\frac{1}{2}} = \|\gamma y\| \, |x_\infty|^{\frac{1}{2}}$. Ferner ist $|x| = |x_{\mathrm{fin}} x_\infty| = |x_{\mathrm{fin}}| |x_\infty|$, und da x_{fin} in einem festen Kompaktum verbleibt, kann $|x_{\mathrm{fin}}|$ nach oben durch eine Konstante abgeschätzt werden. Es existiert also ein $C(\frac{A}{2} - 1) > 0$ so dass

$$|E(f)(x)| \leq C\left(\frac{A}{2} - 1\right) |x|^{1 - \frac{A}{2}} \sum_{\gamma \in G_\mathbb{Q} \cap \Lambda} \|\gamma y\|^{-A}$$

Die Proposition ergibt sich nun aus dem folgenden Lemma.

Lemma 8.3.3 *Für $A > 4$ ist die Abbildung $\mathrm{SL}_2^{\pm}(\mathbb{R}) \to \mathbb{R}$, gegeben durch*

$$y \mapsto \sum_{\gamma \in G_\mathbb{Q} \cap \Lambda} \|\gamma y\|^{-A}$$

beschränkt.

Beweis: Da $|\det(\gamma y)| = |\det(\gamma)| \geq 1/m^2$, existiert ein $c > 0$ mit $\|\gamma y\| \geq c$ für alle γ und alle y. Daher existiert ein $C > 0$ mit $1 + \frac{1}{\|\gamma y\|^A} \leq C$, was gleichbedeutend ist mit

$$\|\gamma y\|^{-A} \leq \frac{C}{1 + \|\gamma y\|^A}.$$

Wir betrachten zunächst die Menge Λ' aller $\begin{pmatrix} a & b \\ c & d \end{pmatrix} \in \Lambda$ so dass alle vier Einträge a, b, c, d ungleich Null sind. Mit den Standard-Koordinaten auf $\mathrm{M}_2(\mathbb{R}) \cong \mathbb{R}^4$ sind dies gerade die Punkte des Gitters, deren sämtliche Koordinaten ungleich Null sind. Diese bilden $2^4 = 16$ Quadranten und es reicht, die Beschränktheit für einen dieser Quadranten zu zeigen. Wir wählen den Quadranten Q, in dem alle Einträge a, b, c, d positiv (≥ 0) sind. Sei dann F die abgeschlossene Fundamentalmasche des Gitters Λ, die ganz in $-Q$ liegt und die Null enthält. Für jedes $\gamma \in \Lambda \cap Q$ ist dann γ der Extremalpunkt der konvexen Menge $\gamma + F$ ist, der die größte Norm hat. Für jedes $y \in \mathrm{GL}_2(\mathbb{R})$ ist ebenso γy der Extremalpunkt von $\gamma y + Fy$, der die größte Norm hat. Da y die Determinante 1 hat, folgt

$$\sum_{\gamma \in \Lambda \cap Q} \frac{1}{1 + \|\gamma y\|^A} \leq \int_{\mathrm{M}_2(\mathbb{R})} \frac{1}{1 + \|xy\|^A} \, \mathrm{d}x = \int_{\mathrm{M}_2(\mathbb{R})} \frac{1}{1 + \|x\|^A} \, \mathrm{d}x < \infty.$$

Betrachte nun die $\gamma = \begin{pmatrix} a & b \\ c & d \end{pmatrix}$, für die ein Eintrag gleich Null ist. Diese kann man von links mit einer Matrix aus $\mathrm{SL}_2(\mathbb{Z})$ multiplizieren, so dass alle Einträge ungleich Null sind und dann kann man das obige Argument anwenden. $\qquad\Box$

Proposition 8.3.4 *Sei $f \in \mathcal{S}_0(\mathrm{M}_2(\mathbb{A}))$. Für jedes $N \in \mathbb{N}$ mit $N \geq 2$ existiert ein $C(N) > 0$, so dass für jedes x gilt*

$$|E(f)(x)| \leq C(N) \min\left(|x|^N, |x|^{-N}\right).$$

Es gilt die Funktionalgleichung

$$E(f)(x) = \hat{E}(\hat{f})(x^{-1}).$$

Beweis: Mit Proposition 8.3.2 folgt die Wachstumsabschätzung aus der Funktionalgleichung. Zum Beweis der Funktionalgleichung beachte, dass für $f \in \mathcal{S}_0$ gilt:

$$E(f)(x) = |x| \sum_{\gamma \in \mathrm{M}_2(\mathbb{Q})} f(\gamma x),$$

wobei die Summe jetzt über $\mathrm{M}_2(\mathbb{Q})$ statt über $G_{\mathbb{Q}}$ erstreckt wird. Die Funktionalgleichung ist damit eine sofortige Konsequenz aus dem folgenden Lemma.

Lemma 8.3.5 *Für $x \in G_{\mathbb{A}}$ und $f \in \mathcal{S}$ gilt*

$$|x|^2 \sum_{\gamma \in \mathrm{M}_2(\mathbb{Q})} f(\gamma x) = \sum_{\gamma \in \mathrm{M}_2(\mathbb{Q})} \hat{f}(x^{-1}\gamma).$$

Beweis: Die Poissonsche Summenformel, die man ebenso beweist wie im eindimensionalen Fall, sagt

$$\sum_{\gamma \in \mathrm{M}_2(\mathbb{Q})} f(\gamma) = \sum_{\gamma \in \mathrm{M}_2(\mathbb{Q})} \hat{f}(\gamma).$$

Für $x \in G_{\mathbb{A}}$ sei $f_x(y) = f(yx)$. Dann gilt

$$\widehat{f_x}(y) = \int\limits_{\mathrm{M}_2(\mathbb{A})} f_x(z)e(-zy)\,\mathrm{d}z = \int\limits_{\mathrm{M}_2(\mathbb{A})} f(zx)e(-zy)\,\mathrm{d}z$$

$$= |x|^{-2} \int\limits_{\mathrm{M}_2(\mathbb{A})} f(z)e(-zx^{-1}y)\,\mathrm{d}z = |x|^{-2}\hat{f}(x^{-1}y).$$

Das Lemma und die Proposition folgen. $\qquad\square$

Proposition 8.3.6 *Sei $f \in \mathcal{S}(\mathrm{M}_2(\mathbb{A}))$ von der Form $\prod_p f_p$, wobei für $p \notin F$ gilt $f_p = \mathbf{1}_{\mathrm{M}_2(\mathbb{Z}_p)}$. Für $\mathrm{Re}(s) > \frac{3}{2}$ gilt dann*

$$\int\limits_{G_{\mathbb{Q}}\backslash G_{\mathbb{A}}} E(f)(x)\varphi(x)|x|^{s-\frac{1}{2}}\mathrm{d}x = \zeta(f,\varphi,s) = L^F(\pi,s)\int\limits_{G_F} f_F(x)\varphi(x)|x|^{s+\frac{1}{2}}\mathrm{d}x,$$

wobei $f_F = \prod_{p \in F} f_p$. Ist $f \in \mathcal{S}_0$, so konvergiert das Integral auf der linken Seite gleichmäßig in $s \in \mathbb{C}$, definiert also eine ganze Funktion in s.

Beweis: Mit dem üblichen Auffaltungstrick rechnen wir für $\mathrm{Re}(s) > 1$

$$\int_{G_{\mathbb{Q}}\backslash G_{\mathbb{A}}} E(f)(x)\varphi(x)|x|^{s-\frac{1}{2}}dx \;=\; \int_{G_{\mathbb{A}}} f(x)|x|^{s+\frac{1}{2}}\varphi(x)dx \;=\; \zeta(f,\varphi,s)$$

$$y \;=\; \int_{G_{\mathbb{A}}} f(x)|x|^{s+\frac{1}{2}}R(x)\varphi(1)dx$$

$$=\; \eta\left(\int_{G_{\mathbb{A}}} f(x)|x|^{s+\frac{1}{2}}\pi(x)v\,dx\right)\;(1)$$

$$=\; \eta\left(\otimes_p \int_{G_p} f_p(x)|x|^{s+\frac{1}{2}}\pi_p(x)v_p\,dx\right)\;(1)\,.$$

so dass wir wegen der Linearität von η und Proposition 8.2.9 erhalten

$$\int_{G_{\mathbb{Q}}\backslash G_{\mathbb{A}}} E(f)(x)\,\varphi(x)|x|^{s-\frac{1}{2}}dx$$

$$=\; L^F(\pi,s)\,\eta\left(\bigotimes_{p\notin F} v_p \otimes \bigotimes_{p\in F}\int_{G_p} f_p(x)|x|^{s+\frac{1}{2}}\pi_p(x)v_p\,dx\right)\;(1)$$

$$=\; L^F(\pi,s)\int_{G_F} f_F(x)\varphi(x)|x|^{s+\frac{1}{2}}dx\,. \qquad\qquad \square$$

Wir beweisen nun den Satz. Sei $f \in \mathcal{S}_0$. Dann gilt die Funktionalgleichung $E(f)(x) = \hat{E}(\hat{f})(x^{-1})$. Wir erhalten also

$$\zeta(f,\varphi,s) \;=\; \int_{G_{\mathbb{Q}}\backslash G_{\mathbb{A}}} E(f)(x)\varphi(x)|x|^{s-\frac{1}{2}}\,dx \;=\; \int_{G_{\mathbb{Q}}\backslash G_{\mathbb{A}}} \hat{E}(\hat{f})(x^{-1})\varphi(x)|x|^{s-\frac{1}{2}}dx$$

$$=\; \int_{G_{\mathbb{A}}/G_{\mathbb{Q}}} \hat{E}(\hat{f})(x)\varphi(x^{-1})|x|^{-s+\frac{1}{2}}dx \;=\; \int_{G_{\mathbb{A}}} \hat{f}(x)|x|^{\frac{3}{2}-s}\varphi(x^{-1})dx\,.$$

Die Abbildung $\varphi \mapsto \varphi^{\vee}$ mit $\varphi^{\vee}(x) = \varphi(x^{-1})$ ist eine unitäre Abbildung von $L^2(G_{\mathbb{Q}}Z\backslash G_{\mathbb{A}})$ nach $L^2(G_{\mathbb{A}}/G_{\mathbb{Q}}Z)$ die $G_{\mathbb{A}}$-äquivariant ist, wenn $G_{\mathbb{A}}$ auf $L^2(G_{\mathbb{A}}/G_{\mathbb{Q}}Z)$ durch die Linkstranslation $L(y)\varphi(x) = \varphi(y^{-1}x)$ operiert. Dies sieht man ein durch die folgende Rechnung:

$$(R(y)\varphi)^{\vee}(x) \;=\; R(y)\varphi(x^{-1}) \;=\; \varphi(x^{-1}y) \;=\; \varphi((y^{-1}x)^{-1}) \;=\; \varphi^{\vee}(y^{-1}x)$$

$$=\; L(y)(\varphi^{\vee})(x)\,.$$

Das bedeutet, dass $\varphi^\vee$ die Rolle von φ übernimmt, wenn man alles für Links- statt Rechtstranslation formuliert. Man erhält also folgende Funktionalgleichung:

$$\zeta(f, \varphi, s) \;=\; \zeta(\hat{f}, \varphi^\vee, 1 - s)\,.$$

Damit ist Teil (a) des Satzes bewiesen. Teil (b) haben wir dank Proposition 8.3.6 auch schon.

Nun zu Teil (c). Seien p und q zwei verschiedene Primzahlen in F, so wählen wir f_q mit kompaktem Träger in G_q und f_p so, dass die Fourier-Transformierte $\hat{f}_p$ kompakten Träger in G_p hat. Wählen wir weiter $f_\infty \in C_c^\infty(G_\mathbb{R})$, sehen wir, dass es in der Tat eine F-einfache Funktion in $\mathcal{S}_0$ gibt. Die Funktionalgleichung folgt aus Teil (a) und (b), falls wir noch zeigen, dass $L^F(\pi, s)$ eine meromorphe Fortsetzung besitzt. Zunächst macht man sich klar, dass diese Aussage nicht von der Stellenmenge F abhängt, da sich die Funktionen L^F und $L^{F'}$ für zwei verschiedene Stellenmengen F und F' nur um endlich viele Euler-Faktoren der Gestalt

$$\frac{1}{(1 - ap^{-s})(1 - bp^{-s})}$$

unterscheiden. Diese Euler-Faktoren sind selbst auf ganz $\mathbb{C}$ meromorph, also ist L^F genau dann meromorph nach $\mathbb{C}$ fortsetzbar, wenn dies für $L^{F'}$ gilt. Wir wählen also F so, dass es mindestens zwei Primzahlen enthält und dass es eine Primzahl p enthält, an der π unverzweigt ist. Ist l eine Primzahl außerhalb von F, so setze $f_l = \mathbf{1}_{\mathrm{M}_2(\mathbb{Z}_l)}$. Für jede Primzahl $l \neq p$ in F wählen wir f_l in $C_c^\infty(G_l)$. Ferner sei f_p die Fourier-Transformierte von $p\mathbf{1}_{-1+p\,\mathrm{M}_2(\mathbb{Z}_p)}$. Dann ist $f = \prod_l f_l$ eine F-einfache Funktion in $\mathcal{S}_0$. Man rechnet nach, dass

$$f_p(x) \;=\; e_p(\mathrm{Sp}(x))\mathbf{1}_{p^{-1}\,\mathrm{M}_2(\mathbb{Z}_p)}(x)\,.$$

Lemma 8.3.7 *Die Funktion f_p liegt in der Algebra $\check{\mathcal{H}}_p^{K_p}$.*

Beweis: Sei $e = \mathbf{1}_{K_p}$. Wir müssen zeigen, dass $e * f_p = f_p * e$ gilt. Wir stellen fest, dass für $x \in G_p$ und $y \in K_p$ gilt

$$f_p(xy) \;=\; f_p(yx)\,.$$

Dies folgt aus $\mathrm{Sp}(xy) = \mathrm{Sp}(yx)$, da die Menge $p^{-1}\,\mathrm{M}_2(\mathbb{Z}_p)$ invariant unter K_p von beiden Seiten ist. Hieraus folgt das Lemma durch Integration über $y \in K_p$. $\qquad\square$

Mit $f = \prod_p f_p$ gilt dann

$$\zeta_F(f, \varphi, s) = \int\limits_{G_F} f(x)\varphi(x)|x|^{s+\frac{1}{2}}\,\mathrm{d}x$$

$$= \eta\left(\bigotimes_{l \neq p}\int\limits_{G_l} |x|_l^{s+\frac{1}{2}} f_l(x) R(x) v_l\,\mathrm{d}x \otimes \int\limits_{G_p} |x|_p^{s+\frac{1}{2}} f_p(x) R(x) v_p\,\mathrm{d}x\right) (1)\,.$$

Da die Funktion $|.|^{s+\frac{1}{2}} f_p$ in $\check{\mathcal{H}}_p^{K_p}$ liegt, ist $\int_{G_p} |x|_p^{s+\frac{1}{2}} f_p(x) R(x) v_p = \chi_{\pi_p}\left(|.|^{s+\frac{1}{2}} f_p\right) v_p$ nach Lemma 8.2.8. Weiter ist, nach demselben Lemma,

$$\chi_{\pi_p}\left(|.|^{s+\frac{1}{2}} f_p\right) = \int_{A_p} S\left(|.|^{s+\frac{1}{2}} f_p\right)(a) a^{\lambda_\pi}\, \mathrm{d}a\,.$$

Wir rechnen

$$\int_{A_p} S\left(|.|^{s+\frac{1}{2}} f_p\right)(a) a^{\lambda_\pi}\, \mathrm{d}a = \int_{A_p} S(f_p)(a) a^{\lambda_\pi} |a|^{s+\frac{1}{2}}\, \mathrm{d}a$$

Mit $a = \begin{pmatrix} a_1 & \\ & a_2 \end{pmatrix} \in A_p$ und $n \in N_p$ hat man $\mathrm{Sp}(an) = \mathrm{Sp}(a)$, so dass wir erhalten

$$Sf_p(a) = a^{\delta/2} \int_N f_p(an)\, \mathrm{d}n$$

$$= \left(\frac{|a_1|}{|a_2|}\right)^{\frac{1}{2}} e(\mathrm{Sp}(a)) \int_{\mathbb{Q}_p} \mathbf{1}_{p^{-1} \mathrm{M}_2(\mathbb{Z}_p)} \begin{pmatrix} a_1 & a_1 x \\ & a_2 \end{pmatrix}\, \mathrm{d}x$$

$$= \frac{e_p(\mathrm{Sp}(a))}{|a|^{\frac{1}{2}}} \mathbf{1}_{p^{-1} \mathrm{M}_2(\mathbb{Z}_p)}(a)\,.$$

Damit folgt

$$\chi_{\pi_p}\left(|.|^{s+\frac{1}{2}} f_p\right)$$

$$= \int_A Sf_p(a) a^{\lambda_\pi} |a|^{s+\frac{1}{2}}\, \mathrm{d}a = \int_{A \cap p^{-1} \mathrm{M}_2(\mathbb{Z}_p)} e(\mathrm{Sp}(a)) a^{\lambda_\pi} |a|^s\, \mathrm{d}a$$

$$= \sum_{i,j=-1}^{\infty} p^{-i(\lambda_1+s)} p^{-j(\lambda_2+s)} \int_{A \cap \mathrm{GL}_2(\mathbb{Z}_p)} e\left(\begin{pmatrix} p^i & \\ & p^j \end{pmatrix} a\right)\, \mathrm{d}a$$

$$= p^{\lambda_1+\lambda_2+2s} \int_{A \cap \mathrm{GL}_2(\mathbb{Z}_p)} e(p^{-1}a)\, \mathrm{d}a + \frac{p^{\lambda_1+s}}{1 - p^{-\lambda_2-s}} \int_{A \cap \mathrm{GL}_2(\mathbb{Z}_p)} e\left(\begin{pmatrix} p^{-1} & \\ & 1 \end{pmatrix} a\right)\, \mathrm{d}a$$

$$+ \frac{p^{\lambda_2+s}}{1 - p^{-\lambda_1-s}} \int_{A \cap \mathrm{GL}_2(\mathbb{Z}_p)} e\left(\begin{pmatrix} 1 & \\ & p^{-1} \end{pmatrix} a\right)\, \mathrm{d}a + \frac{1}{\left(1 - p^{-\lambda_1-s}\right)\left(1 - p^{-\lambda_2-s}\right)}\,,$$

hierbei ist $\lambda_1 = \lambda_\pi \begin{pmatrix} p & \\ & 1 \end{pmatrix}$ und $\lambda_2 = \lambda_\pi \begin{pmatrix} 1 & \\ & p \end{pmatrix}$. Dies ist eine rationale Funktion in p^{-s}. Schreiben wir $R(p^{-s})$ für diese Funktion. Wir haben gezeigt:

$$\zeta_F(f, \varphi, s) = R(p^{-s}) \eta \left(\bigotimes_{p \neq l \in F} \int_{G_l} |x|_l^{s+\frac{1}{2}} f_l(x) R(x) v_l\, \mathrm{d}x \otimes v_p\, \mathrm{d}x \right) \quad (1)\,.$$

Da jedes f_l mit $p \neq l \in F$ kompakten Träger in G_l hat, ist das lokale Zeta-Integral also eine meromorphe Funktion auf $\mathbb{C}$. Nach Teil (a) des Satzes ist damit auch $L^F(\pi, s)$ meromorph auf ganz $\mathbb{C}$. Der Satz ist damit vollständig bewiesen. $\square$

Man kann zeigen, dass es weitere Euler-Faktoren $L(\pi_p, s)$ gibt, so dass für jede endliche Stelle die Funktion $L(\pi_p, s)^{-1}$ ein Exponentialpolynom ist und $L(\pi_\infty, s)$ ist ein Exponential mal einer Γ-Funktion so dass die Funktion

$$L(\pi, s) \;=\; \prod_{p \leq \infty} L(\pi_p, s)$$

eine Funktionalgleichung der Form

$$L(\pi, s) \;=\; a_\pi b_\pi^s L(\pi', 1 - s)$$

erfüllt, wobei $a_\pi, b_\pi \in \mathbb{C}$ sind mit $b_\pi > 0$ und π' die zu π *duale Darstellung* ist. Wir erklären jetzt, was die duale Darstellung ist, und warum dies Ergebnis nicht im Widerspruch zu der von uns gefundenen Funktionalgleichung steht.

Ist V ein Banach-Raum, so ist der *stetige Dualraum V'* definiert als die Menge aller stetigen Linearformen $\alpha : V \to \mathbb{C}$. Mit der Norm $\|\alpha\| \;=\; \sup_{\|v\|=1} |\alpha(v)|$ wird V' wieder ein Banach-Raum. Sei (π, V) eine Darstellung der lokalkompakten Gruppe G auf dem Banach-Raum V. Die *duale Darstellung (π', V')* ist die Darstellung auf V' gegeben durch

$$\pi'(x)\alpha(v) \;=\; \alpha(\pi(x^{-1})v) \,.$$

Ist V ein Hilbert-Raum, so liefert die Abbildung $v \mapsto \alpha_v$ mit $\alpha_v(w) = \langle w, v \rangle$ einen komplex-konjugiert linearen Isomorphismus $V \to V'$, so dass in diesem Fall V' wieder ein Hilbert-Raum ist. Ist π unitär, dann ist auch π' unitär. Die Darstellung π heißt *selbstdual*, falls $\pi \cong \pi'$ gilt. Für eine irreduzible Darstellung $\pi = \otimes_p \pi_p$ von $G_\mathbb{A}$ gilt

$$\pi' \;=\; \otimes_p \pi_p' \,.$$

Proposition 8.3.8 *Sei $p < \infty$ eine Primzahl und sei (π, V) eine irreduzible unverzweigte Darstellung von G_p mit dualer Darstellung π'.*

(a) *Definiere eine Darstellung π_1 auf V durch $\pi_1(x) \;=\; \pi(x^{-t})$, wobei x^t die transponierte Matrix ist und $x^{-t} = (x^t)^{-1} = (x^{-1})^t$. Dann ist π_1 als $\mathcal{H}_p^{K_p}$-Modul isomorph zu π'. Insbesondere folgt $L(\pi_1, s) = L(\pi', s)$ für jedes $s \in \mathbb{C}$.*

(b) *Sei π unitär und ω der zentrale Charakter. Definiere eine Darstellung π_2 auf V durch $\pi_2(x) = \omega(\det(x))^{-1}\pi(x)$. Dann ist π_2 als $\mathcal{H}_p^{K_p}$-Modul isomorph zu π'.*

Insbesondere folgt: Ist π unitär mit trivialem zentralem Charakter, dann ist $L(\pi, s) = L(\pi', s)$ für jedes $s \in \mathbb{C}$. (Dies erklärt die Kompatibilität der Funktionalgleichungen.)

Beweis: Für eine Funktion $f : G_p \to \mathbb{C}$ sei $f^\vee(x) \;=\; f(x^{-1})$ und $f^t(x) = f(x^t)$. Sei $f \in \mathcal{H}_p^{K_p}$, dann ist f eine Linearkombination von Funktionen der Form

$\mathbf{1}_{K_p D K_p}$, wobei D eine Diagonalmatrix ist. Daher folgt $f = f^t$. Damit ist

$$\pi_1(f) = \int_{G_p} f(x)\pi(x^{-t})\,\mathrm{d}x = \int_{G_p} \underbrace{f(x^{-t})}_{=f^\vee(x)}\pi(x)\,\mathrm{d}x = \pi(f^\vee).$$

Sei α aus dem Dualraum und $v \in V^{K_p}$ dann gilt

$$\chi_\pi(f)\alpha(v) = \alpha(\pi(f)v) = \int_{G_p} f(x)\alpha(\pi(x)v)\,\mathrm{d}x = \int_{G_p} f(x)\pi'(x^{-1})\alpha(v)\,\mathrm{d}x$$

$$= \int_{G_p} f^\vee(x)\pi'(x)\alpha(v)\,\mathrm{d}x = \pi'(f^\vee)\alpha(v).$$

Es folgt $\chi_{\pi'}(f) = \chi_\pi(f^\vee) = \chi_{\pi_1}(f)$ und damit gilt (a).

Teil (b) folgt aus der Identität

$$x^{-t} = \det(x)^{-1} w^{-1} x w, \qquad w = \begin{pmatrix} & -1 \\ 1 & \end{pmatrix}.$$

$\square$

8.4 Das Beispiel der klassischen Spitzenformen

In diesem Abschnitt zeigen wir, dass die nunmehr erlernte adelische Definition der L-Funktionen kompatibel ist zu der klassischen Variante, d. h., wir zeigen, dass für eine klassische Spitzenform beide Definitionen dieselbe L-Funktion beschreiben.

Es sei $\Gamma = \mathrm{SL}_2(\mathbb{Z})$ die Modulgruppe und $f \in S_k(\Gamma)$ eine Spitzenform vom Gewicht $k \in 2\mathbb{N}_0$. Zur Erinnerung: das heißt, dass $f : \mathbb{H} \to \mathbb{C}$ holomorph ist, die Gleichung $f(\gamma z) = (cz + d)^k f(z)$ für jedes $\gamma = \begin{pmatrix} * & * \\ c & d \end{pmatrix} \in \Gamma$ erfüllt und eine Fourier-Entwicklung der Form

$$f(z) = \sum_{n=1}^\infty a_n e^{2\pi i n z}$$

hat. Die L-Funktion zu f ist dann definiert durch die Reihe

$$L(f, s) = \sum_{n=1}^\infty a_n n^{-s},$$

sie konvergiert für $\mathrm{Re}(s) > \frac{k}{2} + 1$ und setzt sich zu einer ganzen Funktion fort. Es gilt die Funktionalgleichung

$$\Lambda(f, s) = (-1)^{k/2}\Lambda(f, k - s),$$

wobei $\Lambda(f,s) \overset{\text{def}}{=} (2\pi)^{-s}\Gamma(s)L(f,s)$. Wir nehmen nun an, dass f eine simultane Eigenfunktion aller Hecke-Operatoren T_n ist und dass f normalisiert ist so, dass $a_1 = 1$. Dann ist a_n der Eigenwert von f unter T_n. Unter diesen Umständen hat $L(f,s)$ ein Euler-Produkt:

$$L(f,s) \;=\; \prod_p \frac{1}{1 - a_p\, p^{-s} + p^{k-1-2s}}\,,$$

wobei sich das Produkt über alle Primzahlen erstreckt. Die Gruppe G_∞ operiert auf der oberen Halbebene durch

$$gz \;=\; \begin{pmatrix} a & b \\ c & d \end{pmatrix} z \overset{\text{def}}{=} \begin{cases} \frac{az+b}{cz+d} & \text{falls } \det g > 0\,, \\[2mm] \frac{a\bar z+b}{c\bar z+d} & \text{falls } \det g < 0\,. \end{cases}$$

Wir definieren die Funktion

$$\phi_f(x) \;=\; \det(x)^{k/2}(ci + d)^{-k} f(xi), \qquad x = \begin{pmatrix} a & b \\ c & d \end{pmatrix} \in G_\infty\,.$$

Dann ist $\phi_f \in L^2(Z_\mathbb{R}\Gamma\backslash G_\infty)$. Wir definieren $\varphi_f \in L^2(Z_\mathbb{R} G_\mathbb{Q}\backslash G_\mathbb{A})$ durch

$$\varphi_f(1,x) \;=\; \phi_f(x), \qquad x \in G_\infty\,.$$

Satz 8.4.1 *Der Vektor φ_f liegt in L^2_{cusp}. Das Zentrum $Z_\mathbb{A} = \mathbb{A}^\times \left(\begin{smallmatrix} 1 & \\ & 1 \end{smallmatrix}\right)$ von $G_\mathbb{A}$ operiert trivial auf φ_f in dem Sinne, dass $R(z)\varphi_f = \varphi_f$ für jedes $z \in Z_\mathbb{A}$ gilt. Das Element φ_f erzeugt eine irreduzible Darstellung π_f von $G_\mathbb{A}$. Für $F = \{\infty\}$ gilt*

$$L^F(\pi_f, s) \;=\; L^\infty(\pi_f, s) \;=\; L\left(f, s + \tfrac{k-1}{2}\right).$$

Der Satz besagt, dass der Abschluss des Raums

$$\operatorname{Span}(R(G_\mathbb{A})\varphi_f)$$

eine irreduzible $G_\mathbb{A}$-Darstellung π_f definiert, wobei R die Darstellung von $G_\mathbb{A}$ durch Rechtstranslation auf $L^2(Z_\mathbb{R} G_\mathbb{Q}\backslash G_\mathbb{A})$ ist.

Beweis: Die Tatsache, dass φ_f kuspidal ist, folgt direkt aus der Tatsache, dass f eine Spitzenform ist. Sei $z \in Z_\mathbb{A}$. Wegen $\mathbb{A}^\times = \mathbb{Q}^\times \mathbb{R}^\times \widehat{\mathbb{Z}}^\times$ ist jedes $z \in Z_\mathbb{A}$ ein Produkt aus einem Element von $G_\mathbb{Q}$, einem aus $Z_\mathbb{R}$ und einem von $G_{\widehat{\mathbb{Z}}}$. Daher ist φ_f trivial unter der Gruppe $\mathbb{Z}_\mathbb{A}$. Da L^2_{cusp} eine direkte Summe von irreduziblen Darstellungen ist, zerfällt auch φ_f in eine Summe von Vektoren, die in irreduziblen

Darstellungen liegen. Diese müssen dann alle $Z_\mathbb{A}$-trivial sein. Nach Lemma 8.2.6 ist φ_f trivial unter der Algebra $\mathcal{Z}_p$ für jedes $p < \infty$. Nach der Übungsaufgabe 7.13 und Lemma 8.2.5 ist der eindimensionale Raum $\mathbb{C}\varphi_f$ stabil unter der Hecke-Algebra $\mathcal{H}_p^{K_p}$ für jede Primzahl p. Nach Lemma 7.5.27 erzeugt φ_f demnach eine irreduzible Darstellung der Gruppe G_{fin}.

Derselbe Schluss funktioniert auch an der unendlichen Stelle. Zunächst stellen wir fest, dass $\varphi_f \in L^2(Z_\mathbb{R}G_\mathbb{Q}\backslash G_\mathbb{A})(\tau)$, wobei $\tau = \varepsilon_{-k}$ der Charakter der Gruppe SO(2) ist, der durch das Gewicht k gegeben wird. Wir müssen zeigen, dass $R(h)\varphi_f = c(h)\varphi_f$ mit $c(h) \in \mathbb{C}$ ist, falls $h \in C_\tau$ ist. Da L^2_{cusp} in eine direkte Summe von irreduziblen Darstellungen zerfällt, ist $\varphi_f = \sum_{i \in I} \varphi_i$, wobei φ_i jeweils in einer irreduziblen zulässigen Darstellung liegt. Für $h \in C_\tau$ gilt dann $R(h)\varphi_f = \sum_{i \in I} c_i(h)\varphi_i$ mit Skalaren $c_i(h) \in \mathbb{C}$. Die φ_i sind alle glatt nach Lemma 3.4.3. Sei D der Differentialoperator aus Aufgabe 3.6, so folgt $D\varphi_i = P_i(D\varphi_f) = 0$, wobei P_i die Projektion auf den i-ten Summanden ist. Damit folgt $DR(h)\varphi_f = 0$. Das bedeutet, $R(h)\varphi_f$ kommt von einer holomorphen Funktion im Sinne von Aufgabe 3.6. Es gilt also $R(h)\varphi_f = \varphi_{f'}$ für eine Spitzenform f'. Diese hat unter den endlichen Hecke-Operatoren $R(g_p)$ dieselben Eigenwerte wie f, da diese Operatoren mit $R(h)$ vertauschen. Damit hat f', nach Satz 2.5.19 bis auf ein multiplikatives Skalar dieselben Fourier-Koeffizienten wie f, also folgt $f' = cf$ für ein $c \in \mathbb{C}$. Das bedeutet, dass $\mathbb{C}\varphi_f$ ein irreduzibler Modul unter der Algebra C_τ ist, damit folgt, dass φ_f eine irreduzible Darstellung U der Gruppe $\tilde{H} = G_{\text{fin}} \times \text{SL}_2(\mathbb{R})$ erzeugt. Die Gruppe $Z_\mathbb{R}$ operiert trivial und die Gruppe $H = \tilde{H}/Z_\mathbb{R}$ hat den Index 2 in $G = G_\mathbb{A}/Z_\mathbb{R}$, genauer ist $G = H \cup \omega H$ mit $\omega = \begin{pmatrix} -1 & \\ & 1 \end{pmatrix}$. Es gibt nun zwei Fälle: entweder ist $R(\omega)U = U$, dann ist U schon $G_\mathbb{A}$ stabil und damit irreduzibel. Oder es ist $R(\omega)U \perp U$, dann ist aber $U \oplus R(\omega)U$ irreduzibel, also erzeugt φ_f in der Tat eine irreduzible Darstellung der Gruppe $G_\mathbb{A}$.

Nun zu den L-Funktionen. Sei a_n der n-te Fourier-Koeffizient von f. Dann gilt

$$L(f,s) = \sum_{n=1}^{\infty} a_n n^{-s} = \prod_{p < \infty} \frac{1}{1 - a_p p^{-s} + p^{k-1-2s}}.$$

Damit folgt

$$L\left(f, s + \frac{k-1}{2}\right) = \prod_p \frac{1}{1 - a_p p^{\frac{1-k}{2}} p^{-s} + p^{-2s}}.$$

Nach der Übungsaufgabe 7.13 ist der Eigenwert von $R(g_p)$ auf $\pi_f^{K_p}$ gleich $a_p p^{1-k/2}$, wobei $g_p = \mathbf{1}_{K_p\begin{pmatrix} p^{-1} & \\ & 1 \end{pmatrix}K_p}$.

Lemma 8.4.2 *Als Funktion auf $\overline{A} = A_p/A_p \cap K_p$ gilt*

$$S(g_p) = p^{\frac{1}{2}}\left(\mathbf{1}_{\begin{pmatrix} p^{-1} & \\ & 1 \end{pmatrix}} + \mathbf{1}_{\begin{pmatrix} 1 & \\ & p^{-1} \end{pmatrix}}\right).$$

Beweis: Wir rechnen

$$S(g_p)(a) = \left(\frac{|a_1|}{|a_2|}\right)^{\frac{1}{2}} \int\limits_{\mathbb{Q}_p} \mathbf{1}_{K_p\left(\begin{smallmatrix} p^{-1} & \\ & 1 \end{smallmatrix}\right)K_p} \begin{pmatrix} a_1 & a_1 x \\ & a_2 \end{pmatrix} \, \mathrm{d}x \,.$$

Die Doppelnebenklasse $K_p \left(\begin{smallmatrix} p^{-1} & \\ & 1 \end{smallmatrix}\right) K_p$ ist die Vereinigung der Nebenklassen

$$\bigcup_{0 \le b < p} \begin{pmatrix} 1 & -b/p \\ & 1/p \end{pmatrix} K_p \,\cup\, \begin{pmatrix} p^{-1} & \\ & 1 \end{pmatrix} K_p \,,$$

ist nun $\left(\begin{smallmatrix} a_1 & a_1 x \\ & a_2 \end{smallmatrix}\right)$ in, sagen wir, in der Klasse $\left(\begin{smallmatrix} 1 & -b/p \\ & 1/p \end{smallmatrix}\right) K_p$, so gibt es ein $k \in K_p$ so dass gilt $\left(\begin{smallmatrix} a_1 & a_1 x \\ & a_2 \end{smallmatrix}\right) = \left(\begin{smallmatrix} 1 & -b/p \\ & 1/p \end{smallmatrix}\right) k$. Dann muss k eine obere Dreiecksmatrix sein, also $k = \left(\begin{smallmatrix} \alpha & \beta \\ & \delta \end{smallmatrix}\right)$ mit $\alpha, \delta \in \mathbb{Z}_p^\times$ und $\beta \in \mathbb{Z}_p$. Dann ist also

$$\begin{pmatrix} a_1 & a_1 x \\ & a_2 \end{pmatrix} = \begin{pmatrix} 1 & -b/p \\ & 1/p \end{pmatrix}\begin{pmatrix} \alpha & \beta \\ & \delta \end{pmatrix} = \begin{pmatrix} \alpha & \beta - \delta b/p \\ & \delta/p \end{pmatrix} .$$

Wir unterscheiden zwei Fälle:

1. Ist $b \ne 0$, dann ist $a_1 \in \mathbb{Z}_p^\times$, $a_2 \in \frac{1}{p}\mathbb{Z}_p^\times$ und $x \in \frac{1}{p}\mathbb{Z}_p^\times$. Da das additive Volumen von $\frac{1}{p}\mathbb{Z}_p^\times = \frac{1}{p}\mathbb{Z}_p \smallsetminus \mathbb{Z}_p$ gleich $(p-1)$ ist, erhalten wir durch das Integral über $x \in \frac{1}{p}\mathbb{Z}_p^\times$ einen Summanden der Form

$$\frac{p-1}{p^{\frac{1}{2}}} \mathbf{1}_{\left(\begin{smallmatrix} 1 & \\ & p^{-1} \end{smallmatrix}\right)} \,.$$

2. Ist $b = 0$, dann ist $a_1 \in \mathbb{Z}_p^\times$, $a_2 \in \frac{1}{p}\mathbb{Z}_p^\times$ und $x \in \mathbb{Z}_p$. Das Integral über $x \in \mathbb{Z}_p$ liefert einen Summanden

$$\frac{1}{p^{\frac{1}{2}}} \mathbf{1}_{\left(\begin{smallmatrix} 1 & \\ & p^{-1} \end{smallmatrix}\right)} \,.$$

Bleibt schließlich die Nebenklasse von $\left(\begin{smallmatrix} p^{-1} & \\ & 1 \end{smallmatrix}\right)$. Es ist

$$\begin{pmatrix} a_1 & a_1 x \\ & a_2 \end{pmatrix} = \begin{pmatrix} 1/p & \\ & 1 \end{pmatrix}\begin{pmatrix} \alpha & \beta \\ & \delta \end{pmatrix} = \begin{pmatrix} \alpha/p & \beta/p \\ & \delta \end{pmatrix} .$$

Das impliziert $a_1 \in \frac{1}{p}\mathbb{Z}_p^\times$, $a_2 \in \mathbb{Z}_p^\times$ und $x \in \mathbb{Z}_p$, wir erhalten also einen Summanden

$$p^{\frac{1}{2}} \mathbf{1}_{\left(\begin{smallmatrix} p^{-1} & \\ & 1 \end{smallmatrix}\right)} \,.$$

Zusammen folgt das Lemma. $\square$

Nun zum Beweis des Satzes. Schreibe $\pi_f = \otimes_p \pi_p$. Für eine Primzahl p ist die unverzweigte Darstellung π_p selbstdual und es gilt $\lambda_{\pi'} = \lambda_\pi^{-1}$. Damit folgt $\lambda_{\pi_p} = \begin{pmatrix} \lambda & \\ & 1/\lambda \end{pmatrix} \in T/W$ für ein $\lambda \in \mathbb{C}^\times$. Der lokale L-Faktor ist dann gleich

$$L(\pi_p, s) = \frac{1}{\left(1 - \lambda p^{-s}\right)\left(1 - \frac{1}{\lambda} p^{-s}\right)} = \frac{1}{1 - \left(\lambda + \frac{1}{\lambda}\right) p^{-s} + p^{-2s}}\,.$$

Da $p^{1-k/2} a_p$ der Eigenwert von $R(g_p)$, also gleich $\chi_{\pi_p}(g_p)$ ist, folgt

$$p^{\frac{1}{2}} \left(\lambda + \frac{1}{\lambda}\right) = p^{1-k/2} a_p\,,$$

also

$$\lambda + \frac{1}{\lambda} = p^{\frac{1-k}{2}} a_p\,.$$

Der Satz ist bewiesen. $\qquad\qquad\square$

8.5 Aufgaben und Anmerkungen

Aufgabe 8.1 Sei $(H_i)_{i \in I}$ eine Familie von Hilbert-Räumen. Zeige, dass die algebraische direkte Summe $\bigoplus_{i \in I} H_i$ mit dem Skalarprodukt

$$\left\langle \sum_{i \in I} v_i, \sum_{i \in I} w_i \right\rangle = \sum_{i \in I} \langle v_i, w_i \rangle_i$$

ein Prä-Hilbert-Raum ist, dessen Komplettierung sich beschreiben lässt als die Menge aller Elemente $v \in \prod_{i \in I} H_i$ so dass $\sum_{i \in I} \|v_i\|_i^2 < \infty$ und das Skalarprodukt ist durch dieselbe Formel wie oben gegeben, nur dass die Summe jetzt nicht endlich sein muss, aber immer konvergent ist.

Aufgabe 8.2 Zeige dass $da\,dn$ ein Haar-Maß der Gruppe $B = A_p N_p$ der oberen Dreiecksmatrizen in G_p ist.

Aufgabe 8.3 Sei λ unverzweigt, also $\lambda \begin{pmatrix} a_1 & \\ & a_2 \end{pmatrix} = |a_1|^{\lambda_1} |a_2|^{\lambda_2}$ für zwei komplexe Zahlen λ_1, λ_2. Zeige, dass der Satake-Parameter der Darstellung π_λ durch die Matrix $\begin{pmatrix} p^{-\lambda_1} & \\ & p^{-\lambda_2} \end{pmatrix}$ gegeben ist.

Aufgabe 8.4 Sei (π, V) eine Darstellung der lokalkompakten Gruppe G. Zeige, dass die Abbildung $g \mapsto \|\pi(g)\|_{\mathrm{op}}$ von G nach $(0, \infty)$ auf jedem Kompaktum $K \subset G$ beschränkt ist.

Aufgabe 8.5 Sei (π, V) wie in der ersten Aufgabe. Sei V' der stetige Dualraum von V und für $g \in G$ sei $\pi'(g)\alpha(v) = \alpha(\pi(g^{-1})v)$, wobei $v \in V$ und $\alpha \in V'$ ist. Zeige: π' ist eine Darstellung auf dem Banach-Raum V'.

Aufgabe 8.6 Sei (π, V) eine Hilbert-Darstellung, d. h. V ist ein Hilbert-Raum. Zeige, dass es einen kanonischen Isomorphismus von Darstellungen $\pi \to \pi''$ gibt. Folgere, dass π genau dann irreduzibel ist, wenn π' irreduzibel ist.

Aufgabe 8.7 Sei V ein endlich-dimensionaler komplexer Vektorraum und V^* sein Dualraum. Wir schreiben $(v, \alpha) = \alpha(v)$ falls $v \in V$ und $\alpha \in V^*$. Ist G eine Gruppe, die wir mit der diskreten Topologie versehen und sei $\pi : G \to \mathrm{GL}(V)$ eine Darstellung. Dann wird V ein $\mathbb{C}[G]$-Modul. Für $f \in \mathbb{C}[G]$ sei $f^\vee(x) = f(x^{-1})$. Zeige: ist $\eta : G \to \mathrm{GL}(V^*)$ eine Darstellung mit $(\pi(f)v, \alpha) = (v, \eta(f^\vee)\alpha)$ für jedes $f \in \mathbb{C}[G]$, dann ist $\eta \cong \pi'$.

Aufgabe 8.8 Zeige, dass eine irreduzible unverzweigte Darstellung η der Gruppe $G_p = \mathrm{GL}_2(\mathbb{Q}_p)$ als $\mathcal{H}_p^{K_p}$-Modul isomorph ist zu der Hauptserien-Darstellung π_λ mit $\lambda = \lambda_\eta$.

Aufgabe 8.9 Zeige, dass eine irreduzible Hilbert-Darstellung der Gruppe $G_p = \mathrm{GL}_2(\mathbb{Q}_p)$ genau dann unverzweigt ist, wenn ihre duale π' unverzweigt ist und dass in diesem Fall gilt

$$\lambda_{\pi'} = \lambda_\pi^{-1}.$$

Aufgabe 8.10 Zeige, dass der Inhalt von Abschn. 8.4 analog für Maaßsche Wellenformen gilt.
(Diese Aufgabe ist etwas aufwändig.)

Anmerkungen

Wir wollen dieses Buch mit ein paar Anmerkungen zu weiterführender Literatur beschließen. Hier werden nur einige wenige Tipps gegeben und es soll in keiner Weise versucht werden, einen kompletten Überblick zu geben. Wir ordnen die Bücher alphabetisch nach dem Autor und beginnen demzufolge mit dem Buch von Tom Apostol [1]. In diesem Buch werden die klassischen Modulformen, also bei uns Kap. 1 und 2, weit genauer und ausgedehnter unter die Lupe genommen, als wir es hier getan haben. Wer sich für die klassischen Modulformen interessiert, ist hier gut aufgehoben.

Das Buch von Daniel Bump [3] enthält alles, was ich mit dem vorliegenden sagen wollte und vieles mehr. Ich kann es uneingeschränkt zum Weiterstudium empfehlen. Das Tempo ist allerdings hoch und die Ansprüche an die Mitarbeit des Lesers nicht gering.

Wer sich für automorphe L-Funktionen, Umkehrsätze und ihre Bedeutung im Rahmen des Langlands-Programms interessiert, sollte unbedingt das Buch von James Cogdell, Henry Kim und Ram Murty [5] lesen.

Wer die Spurformel verstehen möchte, für den ist Stephen Gelbarts Buch [12] das Richtige. Es ist eine elementare Einführung in dieses vielleicht wichtigste Werkzeug in der Theorie der Automorphen Formen.

Ein Klassiker von 1969 ist das Buch von Gelfand, Graev und Pyatetskii-Shapiro [13]. Es ist wunderbar geschrieben. Dieses Buch markiert den Siegeszug der Darstellungstheorie innerhalb der Theorie der Automorphen Formen.

Auf elementarem Level bleibt das Buch von Dorian Goldfeld [14], das vorwiegend auf klassische Methoden setzt.

Interessant ist das Buch von Haruzo Hida [18], welches auf eine darstellungstheoretische Interpretation von Automorphen Formen verzichtet, aber dafür wesentlichen Wert auf kohomologische Schlussweisen legt, die in diesem Buch gar nicht vorkommen. Das Buch von Hida nimmt also einen komplementären Standpunkt ein und eignet sich daher besonders für die weitere Lektüre.

In unserem Kap. 1 und 2 ist die Verbindung von Modulformen zu elliptischen Kurven nur am Rande erwähnt worden. Wer diese vertiefen möchte, sollte ein weiteres Buch von Hida [19] lesen. Für dieses Buch ist eine Grundlage in algebraischer Geometrie von Nutzen.

Das Buch von Henryk Iwaniec [20] konzentriert sich auf Maaßsche Formen und deren analytische Aspekte bis hin zur Spurformel. Ich kann dieses Buch als Einstieg in die Spurformel empfehlen. Man sollte allerdings nach diesem Buch nicht Schluss machen, da es ganz auf klassischen Methoden beruht, also keine Darstellungstheorie benutzt und die Spurformel erst ihre volle Kraft durch die Darstellungstheorie gewinnt.

Wer sich den automorphen Formen gerade von der Darstellungstheorie her nähern will, kommt an Anthony Knapps Buch [23] nicht vorbei. Es ist meines Erachtens eines der besten Bücher die (zu dem Thema) je geschrieben wurden.

Anhang A
Topologie und Integrationstheorie

In diesem Anhang versammeln wir einige Fakten aus der Maß- und Integrationstheorie, die im Buch verwendet werden. Wir erinnern wir an die grundlegenden Definitionen von Maßen und Integration und geben die wesentlichen Sätze der Lebesgueschen Integrationstheorie an. Beweise dieser Aussagen kann man etwa in [27] oder in [9] finden.

A.1 Messbare Funktionen und Integration

Sei X eine Menge. Eine σ-*Algebra* auf X ist eine Menge $\mathcal{A}$ von Teilmenge von X, die den folgenden Axiomen genügt:

- Die leere Menge liegt in $\mathcal{A}$ und mit jeder Menge $A \in \mathcal{A}$ liegt auch ihr Komplement $X \smallsetminus A$ in $\mathcal{A}$.
- Die Menge $\mathcal{A}$ ist abgeschlossen unter abzählbaren Vereinigungen.

Es folgt sofort, dass eine σ-Algebra $\mathcal{A}$ auch unter abzählbaren Schnitten abgeschlossen ist und dass mit A, B auch die Menge $A \smallsetminus B$ in $\mathcal{A}$ liegt.

Die Menge $\mathcal{P}(X)$ aller Teilmengen von X ist eine σ-Algebra und die Schnittmenge von beliebig vielen σ-Algebren ist eine σ-Algebra. Hieraus folgt, dass es zu einer beliebigen Menge $S \subset \mathcal{P}(X)$ eine kleinste σ-Algebra $\mathcal{A}$ gibt, die S enthält. Wir sagen dann, dass S die σ-Algebra $\mathcal{A}$ erzeugt. Ist X ein topologischer Raum, so nennt man die σ-Algebra $\mathcal{B} = \mathcal{B}(X)$ die von der Topologie erzeugt wird, auch die *Borel-σ-Algebra* von X. Die Elemente von $\mathcal{B}(X)$ heißen *Borel-Mengen*. Ist $\mathcal{A}$ eine σ-Algebra auf X, so nennt man das Paar $(X, \mathcal{A})$ einen *Messraum*. Die Elemente von $\mathcal{A}$ nennt man *messbare Mengen*.

Eine Abbildung $f : X \to Y$ zwischen zwei Messräumen $(X, \mathcal{A}_X)$ und $(Y, \mathcal{A}_Y)$ heißt eine *messbare Abbildung*, falls $f^{-1}(A) \in \mathcal{A}_X$, falls $A \in \mathcal{A}_Y$. Die Komposition zweier messbarer Abbildungen ist messbar.

Wir versehen die reelle Gerade $\mathbb{R}$ und die komplexe Ebene $\mathbb{C}$ jeweils mit der σ-Algebra der Borel-Mengen.

Lemma A.1.1 *Sei* $(X, \mathcal{A})$ *ein Messraum.*

(a) *Eine Funktion* $f : X \to \mathbb{R}$ *ist genau dann messbar, wenn für jedes* $a \in \mathbb{R}$ *gilt* $f^{-1}((a, \infty)) \in \mathcal{A}$.

(b) *Eine Funktion* $f : X \to \mathbb{C}$ *ist genau dann messbar, wenn* $\mathrm{Re}\, f$ *und* $\mathrm{Im}\, f$ *messbar sind.*

(c) *Sind* $f, g : X \to \mathbb{C}$ *messbar, dann auch* $f + g$, $f \cdot g$, *und* $|f|^p$ *für* $p > 0$.

(d) *Sind* $f, g : X \to \mathbb{R}$ *messbar, dann sind auch* $\max(f, g)$ *und* $\min(f, g)$ *messbar.*

(e) *Ist für jedes* $n \in \mathbb{N}$ *eine messbare Funktion* $f_n : X \to \mathbb{C}$ *gegeben, so dass* $(f_n)_{n \in \mathbb{N}}$ *punktweise gegen* $f : X \to \mathbb{C}$ *konvergiert, dann ist* f *ebenfalls messbar.*

Im Folgenden ist es nützlich, Funktionen $f : X \to [0, \infty]$ zu betrachten, wobei wir $[0, \infty]$ mit der offensichtlichen Topologie und der entsprechenden Borel-σ-Algebra versehen. Dann ist eine solche Funktion genau dann messbar, wenn $f^{-1}((a, \infty]) \in \mathcal{A}$ für jedes $a \in \mathbb{R}$ gilt. Die Aussagen (c), (d) und (e) des Lemmas behalten Gültigkeit für Funktionen $f : X \to [0, \infty]$.

Ein *Maß* μ auf einem Messraum $(X, \mathcal{A})$ ist eine Abbildung $\mu : \mathcal{A} \to [0, \infty]$ so dass $\mu(\emptyset) = 0$ und

- $\mu\left(\cup_{n=1}^{\infty} A_n \right) = \sum_{n=1}^{\infty} \mu(A_n)$ für jede Folge $(A_n)_{n \in \mathbb{N}}$ paarweise disjunkter Elemente $A_n \in \mathcal{A}$.

Man leitet aus dieser Definition leicht die folgenden Tatsachen her.

- $\mu(A \cup B) = \mu(A) + \mu(B) - \mu(A \cap B)$ für alle $A, B \in \mathcal{A}$.
- Ist $(A_n)_{n \in \mathbb{N}}$ eine Folge in $\mathcal{A}$ so dass $A_n \subseteq A_{n+1}$ für jedes $n \in \mathbb{N}$, dann konvergiert $\mu(A_n) \to \mu(A)$ für $A = \cup_{n=1}^{\infty} A_n$.
- Ist $(A_n)_{n \in \mathbb{N}}$ eine Folge in $\mathcal{A}$ so dass $A_n \supseteq A_{n+1}$ für jedes $n \in \mathbb{N}$ und $\mu(A_1) < \infty$, dann gilt $\mu(A_n) \to \mu(A)$ für $A = \cap_{n=1}^{\infty} A_n$.

Ist $\mu : \mathcal{A} \to [0, \infty]$ ein Maß auf $(X, \mathcal{A})$, so nennen wir das Tripel $(X, \mathcal{A}, \mu)$ einen *Maßraum.*

Ist $(X, \mathcal{A}, \mu)$ ein Messraum, dann ist eine *Treppenfunktion* $g : X \to \mathbb{C}$ eine Funktion der Form $g = \sum_{i=1}^{m} a_i 1_{A_i}$ mit $a_i \in \mathbb{C}$ und $A_i \in \mathcal{A}$ mit $\mu(A_i) < \infty$ für jedes $1 \leq i \leq m$. Für solch eine Treppenfunktion definieren wir

$$\int_X g \, d\mu \stackrel{\mathrm{def}}{=} \sum_{i=1}^{m} a_i \mu(A_i) \in \mathbb{C}.$$

Für eine messbare Funktion $f : X \to [0, \infty]$ definieren wir

$$\int_X f \, d\mu = \sup \left\{ \int_X g \, d\mu : 0 \leq g \leq f, g \ \text{ist eine Treppenfunktion} \right\}.$$

Wir nennen die Funktion f *integrabel* oder *integrierbar*, falls $\int_X f \, d\mu < \infty$. Eine messbare Funktion $f : X \to \mathbb{R}$ heißt integrabel falls $f^+ = \max(f, 0)$

und $f^- = -\min(f, 0)$ beide integrabel sind. In dem Fall setzen wir $\int_X f \, d\mu = \int_X f^+ \, d\mu - \int_X f^- \, d\mu$. Das Integral komplexwertiger Funktionen wird durch Zerlegung in Imaginär- und Realteil definiert.

Proposition A.1.2 *Sei $(X, \mathcal{A}, \mu)$ ein Maßraum. Eine messbare Funktion $f : X \to \mathbb{C}$ ist genau dann integrierbar, wenn ihr Betrag $|f|$ integrierbar ist. In diesem Fall gilt*

$$\left| \int_X f \, d\mu \right| \leq \|f\|_1 \overset{\text{def}}{=} \int_X |f| \, d\mu .$$

Sind $f, g : X \to \mathbb{C}$ messbar mit $|f| \leq |g|$ und ist g integrierbar, so ist auch f integrierbar.

Korollar A.1.3 *Ist $f : X \to [0, \infty]$ integrierbar, so kann f den Wert ∞ nur auf einer* Nullmenge *annehmen, d. h., auf einer Menge N mit $\mu(N) = 0$.*

Außerdem ist dann die Menge $A = \{x \in X : f(x) \neq 0\}$ stets σ-endlich, d. h. A ist die Vereinigung abzählbar vieler Mengen endlichen Maßes.

Die folgenden zwei Sätze sind von zentraler Bedeutung.

Satz A.1.4 (Satz von der monotonen Konvergenz)
Sei $(f_n)_{n \in \mathbb{N}}$ eine punktweise monoton wachsende Folge integrierbarer Funktionen $f_n \geq 0$. Für $x \in X$ setze $f(x) = \lim_n f_n(x)$, wobei ∞ als Wert zugelassen ist. Dann gilt

$$\int_X f \, d\mu = \lim_n \int_X f_n \, d\mu ,$$

wobei auch hier der Wert ∞ zugelassen ist.

Satz A.1.5 (Satz von der majorisierten Konvergenz)
Sei $(f_n)_{n \in \mathbb{N}}$ eine Folge komplex-wertiger integrierbarer Funktionen, die punktweise gegen eine Funktion f konvergiert. Es gebe eine integrierbare Funktion g so dass $|f_n| \leq |g|$ für jedes $n \in \mathbb{N}$. Dann ist f integrierbar und es gilt

$$\int_X f \, d\mu = \lim_n \int_X f_n \, d\mu .$$

Ein Maßraum $(X, \mathcal{A}, \mu)$ heißt *vollständig*, falls $\mathcal{A}$ jede Teilmenge einer Nullmenge enthält, d. h., falls $A \in \mathcal{A}$ mit $\mu(A) = 0$ und $B \subseteq A$, dann folgt $B \in \mathcal{A}$.

Zu einem gegebenen Maßraum $(X, \mathcal{A}, \mu)$, definiert man die Vervollständigung $(X, \bar{\mathcal{A}}, \bar{\mu})$, wobei $\bar{\mathcal{A}}$ die σ-Algebra ist, die erzeugt ist von $\mathcal{A}$ und allen Teilmengen von Nullmengen. Jedes Element von $\bar{\mathcal{A}}$ lässt sich schreiben in der Form $A \cap N$, wobei $A \in \mathcal{A}$ und N die Teilmenge einer Nullmenge ist. Das Maß $\bar{\mu}$ ist dann definiert durch $\bar{\mu}(A \cap N) = \mu(A)$. Eine Funktion ist genau dann $\bar{\mu}$-integrierbar, wenn sie sich nur auf einer $\bar{\mu}$-Nullmenge von einer μ-integrierbaren Funktion unterscheidet. Der Übergang zur Vervollständigung ändert die Theorie also nicht substantiell, gibt einem aber mehr messbare und integrierbare Funktionen.

A.2 Der Satz von Fubini

Ein Maß μ auf einem Messraum $(X, \mathcal{A})$ heißt σ-*endliches Maß*, falls es abzählbar viele messbare Teilmengen $X_j \subset X$, $j \in \mathbb{N}$ gibt mit $X = \bigcup_{j=1}^{\infty} X_j$ und $\mu(X_j) < \infty$ für jedes $j \in \mathbb{N}$.

Beispiele A.2.1 • Das Lebesgue-Maß auf $X = \mathbb{R}$ ist σ-endlich, denn $\mathbb{R}$ kann als Vereinigung der Intervalle $[k, k + 1]$ mit $k \in \mathbb{Z}$ geschrieben werden.
• Das Zählmaß ist nicht σ-endlich auf $X = \mathbb{R}$, da $\mathbb{R}$ überabzählbar ist.

Sind $(X, \mathcal{A}, \mu)$ und $(Y, \mathcal{C}, v)$ zwei σ-endliche Maßräume, dann zeigt man, dass ein eindeutig bestimmtes Maß $\mu \cdot v$ auf der σ-Algebra $\mathcal{A} \otimes \mathcal{C}$ erzeugt von den Mengen $\{A \times C : A \in \mathcal{A},\ C \in \mathcal{C}\}$ existiert, so dass stets gilt

$$\mu \cdot v(A \times C) = \mu(A)v(C), \qquad A \in \mathcal{A},\ C \in \mathcal{C}.$$

Man nennt $\mu \cdot v$ das *Produktmaß* von μ und v.

Satz A.2.2 (Satz von Fubini) *Seien (X, μ) und (Y, v) zwei σ-endliche Maßräume und sei f eine messbare Funktion auf $X \times Y$.*

(a) *Ist $f \geq 0$, dann definieren die partiellen Integrale $\int_X f(x, y)\, \mathrm{d}\mu(x)$ und $\int_Y f(x, y)\, \mathrm{d}v(y)$ messbare Funktionen und es gilt die Fubini-Formel:*

$$\int_{X \times Y} f(x, y)\, \mathrm{d}\mu \cdot v(x, y) = \int_X \int_Y f(x, y)\, \mathrm{d}v(y)\, \mathrm{d}\mu(x)$$
$$= \int_Y \int_X f(x, y)\, \mathrm{d}\mu(x)\, \mathrm{d}v(y).$$

(b) *Ist f beliebig mit Werten in $\mathbb{C}$ und ist eines der iterierten Integrale*

$$\int_X \int_Y |f(x, y)|\, \mathrm{d}v(y)\, \mathrm{d}\mu(x) \quad oder \quad \int_Y \int_X |f(x, y)|\, \mathrm{d}\mu(x)\, \mathrm{d}v(y)$$

endlich, dann ist f integrierbar bezüglich des Produktmaßes und die Fubini-Formel gilt.

Alle in diesem Buch auftretenden Maßräume sind σ-endlich, so dass der Satz von Fubini stets ohne weitere Erwähnung angewendet wird. Für Radon-Maße gibt es auch eine Version des Satzes, die auf die σ-Endlichkeit verzichten kann, siehe [8], Appendix.

A.3 L^p-Räume

Sei $(X, \mathcal{A}, \mu)$ ein Maßraum. Für $1 \le p < \infty$ sei $\mathcal{L}^p(X)$ die Menge aller messbaren Funktionen $f : X \to \mathbb{C}$ so dass

$$\|f\|_p \stackrel{\text{def}}{=} \left(\int_X |f|^p \, d\mu \right)^{\frac{1}{p}} < \infty .$$

Eine Funktion in $\mathcal{L}^1(X)$ heißt integrierbar, wie wir schon wissen. Eine Funktion in $\mathcal{L}^2(X)$ heißt *quadratintegrierbar*. Sei ferner $\mathcal{L}^\infty(X)$ die Menge aller messbare Funktionen $f : X \to \mathbb{C}$ so dass es eine Nullmenge N gibt, so dass f auf dem Komplement $X \smallsetminus N$ beschränkt ist. Man kann die Menge $\mathcal{L}^\infty(X)$ auch definieren als die Menge aller messbaren Funktionen f mit $\|f\|_\infty < \infty$, wobei

$$\|f\|_\infty \stackrel{\text{def}}{=} \inf\{0 < c \le \infty : \exists \, \text{null} - \text{set } N \text{ with } |f(X \smallsetminus N)| \le c\} .$$

Beachte den Unterschied zwischen $\|\cdot\|_\infty$ und der *Supremumsnorm*

$$\|f\|_X \stackrel{\text{def}}{=} \sup_{x \in X} |f(x)| .$$

Es ist leicht zu sehen, dass $\|\cdot\|_\infty$ eine Halbnorm auf den komplexen Vektorraum $\mathcal{L}^\infty(X)$ ist. Dies ist analog auch richtig für $\|\cdot\|_p$ mit $1 \le p < \infty$.

Proposition A.3.1 (Minkowski-Ungleichung) *Sei $p \in [1, \infty]$. Für alle $f, g \in \mathcal{L}^p(X)$ gilt dann $f + g \in \mathcal{L}^p(X)$ mit*

$$\|f + g\|_p \le \|f\|_p + \|g\|_p .$$

Also ist $\|\cdot\|_p$ eine Halbnorm auf $\mathcal{L}^p(X)$.

Definition A.3.2 Eine messbare Funktion f auf X heißt *Nullfunktion*, falls eine Nullmenge N existiert mit $f(X \smallsetminus N) = \{0\}$. Der Raum $\mathcal{N}$ der Nullfunktionen ist ein Unterraum von $\mathcal{L}^p(X)$ für jedes $p \in [1, \infty]$. Sei $1 \le p \le \infty$. Es gilt

$$f \in \mathcal{N} \Leftrightarrow \|f\|_p = 0 .$$

Definiere

$$L^p(X) \stackrel{\text{def}}{=} \mathcal{L}^p(X)/\mathcal{N}.$$

Dann ist $\|\cdot\|_p$ eine Norm auf $L^p(X)$. Wir zeigen, dass $(L^p(X), \|\cdot\|_p)$ ein Banach-Raum ist. Wir beginnen mit $p = \infty$. Für eine gegebene Cauchy-Folge $(f_n)_{n\in\mathbb{N}}$ in $\mathcal{L}^\infty(X)$ können wir eine Nullmenge $N \subseteq X$ finden, so dass $(f_n)_{n\in\mathbb{N}}$ eine Cauchy-Folge bezüglich $\|\cdot\|_{X\smallsetminus N}$ ist. Also konvergiert die Folge gleichmäßig zu einer beschränkten Funktion $f : X \smallsetminus N \to \mathbb{C}$. Wir setzen f durch Null nach X fort und erhalten einen Limes der Folge (f_n). Damit ist der Raum $L^\infty(X)$ vollständig, also ein Banach-Raum.

Es bleibt der Fall $1 \le p < \infty$.

Satz A.3.3 (Riesz-Fischer) *Sei* $1 \le p < \infty$ *und sei* $(f_n)_{n\in\mathbb{N}}$ *eine Folge in* $\mathcal{L}^p(X)$ *die eine Cauchy-Folge ist für* $\|\cdot\|_p$. *Dann existiert eine Funktion* $f \in \mathcal{L}^p(X)$ *so dass Folgendes gilt:*

(a) $\|f_n - f\|_p \to 0$.

(b) *Es gibt eine Teilfolge* $(f_{n_k})_{k\in\mathbb{N}}$ *von* $(f_n)_{n\in\mathbb{N}}$, *so dass* f_{n_k} *auf dem Komplement einer Nullmenge punktweise gegen* f *konvergiert.*

Korollar A.3.4 *Die Räume* $(L^p(X), \|\cdot\|_p)$ *mit* $1 \le p \le \infty$ *sind Banach-Räume.*

Ein wichtiger Spezialfall ist der Fall $p = 2$, denn in diesem Fall ist $L^2(X)$ ein Hilbert-Raum mit Skalarprodukt

$$\langle f, g \rangle = \int_X f(x)\overline{g(x)}\, \mathrm{d}\mu(x).$$

Für uns von besonderer Wichtigkeit ist noch das folgende topologische Resultat.

Lemma A.3.5 (Lemma von Urysohn) *Sei X ein lokalkompakter Hausdorff-Raum. Sei $K \subset X$ kompakt und sei $A \subset X$ abgeschlossen mit $K \cap A = \emptyset$.*

(i) *Es gibt eine relativ kompakte Umgebung U von K so dass $K \subset U \subset \overline{U} \subset X \smallsetminus A$.*

(ii) *Es gibt eine stetige Funktion mit kompaktem Träger $f : X \to [0, 1]$ mit $f \equiv 1$ auf K und $f \equiv 0$ auf A.*

(iii) *Sei $B \subset X$ abgeschlossen. Sei $h : B \to [0, \infty)$ in $C_0(B)$ mit $h(x) \ge 1$ für jedes $x \in K \cap B$. Dann existiert eine stetige Funktion f wie in (ii) mit der zusätzlichen Eigenschaft dass $f(b) \le h(b)$ für jedes $b \in B$.*

Das Lemma ist von großer Wichtigkeit. Wir geben einen Beweis.

Beweis: Für die erste Aussage sei $a \in A$. Für jedes $k \in K$ gibt es eine offene, relativ kompakte Umgebung U_k von k, die disjunkt ist zu einer Umgebung $U_{k,a}$ von a. Die Familie $(U_k)_{k \in K}$ ist eine offene Überdeckung der kompakten Menge K, daher gibt es eine endliche Teilüberdeckung. Sei V die Vereinigung der Mengen dieser Teilüberdeckung und sei W der Schnitt der entsprechenden $U_{k,a}$. Dann sind V und W offene disjunkte Umgebungen von HK und a. Ferner ist V relativ kompakt. Wir wiederholen dieses Argument mit K an Stelle von $\{a\}$ und $\bar{V} \cap A$ an Stellen von K und erhalten disjunkte Umgebungen U' von K und W' von $\bar{V} \cap A$. Die Menge $U = U' \cap V$ erfüllt die erste Aussage.

Für (ii), wähle U wie im ersten Teil und ersetze A durch $A \cup (X \smallsetminus U)$. Man sieht, dass es reicht, die Behauptung ohne die Bedingung zu beweisen, dass f kompakten Träger hat. Sei also wieder U wie im ersten Teil und nenne diese offene Menge $U_{\frac{1}{2}}$. Es gibt dann eine relativ kompakte offene Umgebung $U_{\frac{1}{4}}$ von K so dass $U_{\frac{1}{2}} \subset \overline{U_{\frac{1}{2}}} \subset U_{\frac{1}{4}}$. Sei R die Menge aller Zahlen der Form $\frac{k}{2^n}$ im Intervall $[0, 1)$. Setze $U_0 = X \smallsetminus A$. Durch Iteration der obigen Konstruktion erhalten wir offene Mengen U_r, $r \in R$ mit $K \subset U_r \subset \overline{U_r} \subset U_s \subset X \smallsetminus A$ für alle $r > s$ in R. Wir definieren jetzt f. Für $x \in A$ setze $f(x) = 0$ und sonst setze $f(x) = \sup\{r \in R : x \in \overline{U_r}\}$. Dann gilt $f \equiv 1$ auf K. Für $r > s$ in R ist

$$f^{-1}(s, r) = \bigcup_{s < s' < s'' < r} U_{s'} \smallsetminus \overline{U_{s''}}.$$

Diese Menge ist offen. Ebenso sind $f^{-1}([0, s))$ und $f^{-1}((r, 1])$ offen. Da die Intervalle der Form (r, s), $[0, s)$, und $(r, 1]$ die Topology auf $[0, 1]$ erzeugen, folgt, dass f stetig ist.

Der Beweis von (iii) ist eine Variation des letzten Beweises, bei der man in jedem Schritt der Konstruktion der Mengen U_r Teil (i) mit $A \cup \{b \in B : h(b) \le r\}$ an Stelle von A anwendet. $\qquad\square$

Literaturverzeichnis

1. Apostol, T.: *Modular Functions and Dirichlet Series in Number Theory*. Graduate Texts im Mathematics 41. Springer-Verlag, New-York, 1990
2. Bosch, S.: *Lineare Algebra*. 2. Auflage. Springer-Verlag, Berlin, 2002
3. Bump, D.: *Automorphic Forms and Representations*. Cambridge Studies in Advanced Mathematics 55. Cambridge University Press, Cambridge, 1998
4. Bump, D.; Cogdell, J. W.; de Shalit, E.; Gaitsgory, D.; Kowalski, E.; Kudla, S. S.: *An introduction to the Langlands program*. Lectures presented at the Hebrew University of Jerusalem, Jerusalem, March 12–16, 2001. Edited by Joseph Bernstein and Stephen Gelbart. Birkhäuser Boston, Inc., Boston, MA, 2003
5. Cogdell, J. W.; Kim, H. H.; Murty, M. R.: *Lectures on automorphic L-functions*. Fields Institute Monographs, 20. American Mathematical Society, Providence, RI, 2004
6. Conway, J. B.: *Functions of one complex variable*. Second edition. Graduate Texts in Mathematics, 11. Springer-Verlag, New York-Berlin, 1978
7. Deitmar, A.: *A first course in harmonic analysis*. Second edition. Universitext. Springer-Verlag, New York, 2005
8. Deitmar, A.; Echterhoff, S.: *Principles of harmonic analysis*. Universitext. Springer-Verlag, New York, 2009
9. Elstrodt, J.: *Maß- und Integrationstheorie*. Springer-Lehrbuch. Grundwissen Mathematik. Springer-Verlag, Berlin, 2005
10. Forster, O.: *Analysis 2*. Vieweg+Teubner, 8. Auflage, 2008
11. Forster, O.: *Analysis 3. Integralrechnung im $\mathbb{R}^n$ mit Anwendungen*. Friedr. Vieweg & Sohn, Braunschweig, 1981
12. Gelbart, S.: *Lectures on the Arthur-Selberg trace formula*. University Lecture Series, 9. American Mathematical Society, Providence, RI, 1996
13. Gelfand, I. M.; Graev, M. I.; Pyatetskii-Shapiro, I. I.: *Representation theory and automorphic functions*. Translated from the Russian by K. A. Hirsch. Reprint of the 1969 edition. Generalized Functions, 6. Academic Press, Inc., Boston, MA, 1990
14. Goldfeld, D.: *Automorphic forms and L-functions for the group $GL(n, \mathbf{R})$*. Cambridge Studies in Advanced Mathematics, 99. Cambridge University Press, Cambridge, 2006
15. Harish-Chandra: *Harmonic analysis on reductive p-adic groups*. Notes by G. van Dijk. Lecture Notes in Mathematics, Vol. 162. Springer-Verlag, Berlin-New York, 1970
16. Harris, J.; Morrison, I.: *Moduli of Curves*. Springer-Verlag, New-York, 1998
17. Heuser, H.: *Funktionalanalysis. Theorie und Anwendung*. Mathematische Leitfäden. B. G. Teubner, Stuttgart, 2006
18. Hida, H.: *Elementary theory of L-functions*. London Mathematical Society Student Texts 26. Cambridge University Press, Cambridge, 1993

19. Hida, H.: *Geometric Modular Forms and Elliptic curves.* World Scientific Publishing Co., 2000

20. Iwaniec, H.: *Spectral methods of automorphic forms.* Second Edition. Graduate Studies in Mathematics, 53. American Mathematical Society, Providence, RI; Revista Matemática Iberoamericana, Madrid, 2002

21. Katz, N. M.; Mazur, B.: *Arithmetic moduli of elliptic curves.* Annals of Mathematics Studies, 108. Princeton University Press, Princeton, NJ, 1985

22. Katznelson, Y.: *An introduction to harmonic analysis.* 3rd ed. Cambridge University Press, Cambridge, 2004

23. Knapp, A.: *Representation Theory of Semisimple Lie Groups.* Princeton University Press, Princeton, NJ, 1986

24. Lang, S.: *Algebra.* Revised third edition. Graduate Texts in Mathematics, 211. Springer-Verlag, New York, 2002

25. Pedersen, G. K.: *Analysis Now.* Graduate Texts in Mathematics, Springer-Verlag, 1989

26. Rudin, W.: *Functional Analysis.* 2nd ed. McGraw-Hill, New York, 1991

27. Rudin, W.: *Reelle und komplexe Analysis.* R. Oldenbourg Verlag, Munich, 1999

28. Schempp, W.; Dreseler, B.: *Einführung in die harmonische Analyse.* Mathematische Leitfäden. B. G. Teubner, Stuttgart, 1980

29. Silverman, J. H.: *The arithmetic of elliptic curves.* Corrected reprint of the 1986 original. Graduate Texts in Mathematics, 106. Springer-Verlag, New York, 1992

30. Solomentsev, E. D.: *Phragmén–Lindelöf theorem.* in Hazewinkel, Michiel, Encyclopaedia of Mathematics, Kluwer Academic Publishers, 2001

31. Stein, E. M.; Shakarchi, R.: *Complex analysis.* Princeton Lectures in Analysis, II. Princeton, NJ: Princeton University Press, 2003

32. Stein, E. M.; Weiss, G.: *Introduction to Fourier analysis on Euclidean spaces.* Princeton Mathematical Series, No. 32. Princeton University Press, Princeton, N.J., 1971

33. Stroppel, M.: *Locally compact groups.* EMS Textbooks in Mathematics. European Mathematical Society (EMS), Zürich, 2006

34. Weidmann, J.: *Lineare Operatoren in Hilberträumen.* B. G. Teubert, 1976

35. Wiles, A.: *Modular elliptic curves and Fermat's last theorem.* Ann. of Math. (2) 141, no. 3, 443–551, 1995

36. Yosida, K.: *Functional analysis.* Reprint of the sixth (1980) edition. Classics in Mathematics. Springer-Verlag, Berlin, 1995

Sachverzeichnis